高等学校电子信息类规划教材

智能控制理论和方法

（第二版）

李人厚　主　编
王　拓　副主编

西安电子科技大学出版社

内 容 简 介

本书较全面地论述了智能控制的理论、方法和应用。全书共分9章。主要内容包括：智能控制的发展过程和基本概念；从信息和熵的概念出发，论述三级递阶智能控制的机理；模糊控制、神经元网络、遗传算法、蚁群算法、人工免疫算法以及粒子群算法的基本原理和它们在智能控制中的应用。

本书可作为高等院校工科电子信息类自动控制科学与工程专业研究生和高年级本科生教材，也可供从事相关专业的科技人员参考。

图书在版编目(CIP)数据

智能控制理论和方法/李人厚主编．—2版．—西安：西安电子科技大学出版社，2013.2

高等学校电子信息类规划教材

ISBN 978-7-5606-2966-7

Ⅰ．①智…　Ⅱ．①李…　Ⅲ．①智能控制—高等学校—教材　Ⅳ．①TP273

中国版本图书馆CIP数据核字(2013)第024946号

策　　划　戚文艳

责任编辑　戚文艳　杨　璠

出版发行　西安电子科技大学出版社(西安市太白南路2号)

电　　话　(029)88242885　88201467　　邮　　编　710071

网　　址　www.xduph.com　　电子邮箱　xdupfxb001@163.com

经　　销　新华书店

印刷单位　陕西华沐印刷科技有限责任公司

版　　次　2013年2月第2版　2013年2月第6次印刷

开　　本　787毫米×1092毫米　1/16　印张19.5

字　　数　455千字

印　　数　14 001～17 000册

定　　价　33.00元

ISBN 978-7-5606-2966-7/TP

XDUP 3258002-6

出 版 说 明

为做好全国电子信息类专业“九五”教材的规划和出版工作，根据国家教委《关于“九五”期间普通高等教育教材建设与改革的意见》和《普通高等教育“九五”国家级重点教材立项、管理办法》，我们组织各有关高等学校、中等专业学校、出版社，各专业教学指导委员会，在总结前四轮规划教材编审、出版工作的基础上，根据当代电子信息科学技术的发展和面向21世纪教学内容和课程体系改革的要求，编制了《1996—2000年全国电子信息类专业教材编审出版规划》。

本轮规划教材是由个人申报，经各学校、出版社推荐，由各专业教学指导委员会评选，并由我们与各专指委、出版社协商后审核确定的。本轮规划教材的编制，注意了将教学改革力度较大、有创新精神、有特色风格的教材和质量较高、教学适用性较好、需要修订的教材以及教学急需、尚无正式教材的选题优先列于规划。在重点规划本科、专科和中专教材的同时，选择了一批对学科发展具有重要意义，反映学科前沿的选修课、研究生课教材列入规划，以适应高层次专门人才培养的需要。

限于我们的水平和经验，这批教材的编审、出版工作还可能存在不少缺点和不足，希望使用教材的学校、教师、学生和其他广大读者积极提出批评和建议，以不断提高教材的编写、出版质量，共同为电子信息类专业教材建设服务。

电子工业部教材办公室

前　言

《智能控制理论和方法》一书于 1994 年作为研究生系列教材之一，由西安交通大学出版社出版，后选列为原电子工业部 1996—2000 年全国高校电子信息类规划教材，于 1999 年 10 月由西安电子科技大学出版社出版。本书作为教科书已有 17 年的实际使用历史，读者反映良好。随着智能控制理论和技术的飞速发展，需要对教材内容进行更新、补充和修正。

这次再版，全书基本保持了原书的体系结构和编写理念，但内容上有很大的更新和充实，主要增补了国内外在智能控制方面的新进展以及作者近年来在智能控制方面的教学和科研成果。

全书共 9 章，其中第 1、2、3 章基本上保持了原来的结构和内容，只做了部分删减；第 4、5、6 章内容未作变更；删除了原来第 7 章的全部内容；增添了第 7、8、9 章，即增加了蚁群算法、人工免疫算法以及粒子群算法的基本原理和它们在智能控制中的应用，从而使全书的内容更加丰富。

本书新补充的第 7、9 章由王拓教授编写，第 8 章由田锋副教授编写。全书由李人厚教授统稿。

在本书修订过程中得到许多人的支持和帮助。其中选用了张璟、高峰、张平安、秦世引、张毅、郝翔、王矛、张朋柱、徐晓燕、罗印升等博士研究生和硕士研究生所提供的素材，唐家兴对第 7、9 章中的实例进行了仿真实验。谨向这些同志及其他为本书提供帮助的人们一并表示感谢。

修订之后的本书在概念描述上更注意由浅入深，同时增加了实例，以帮助读者加深对本书相关内容的理解。本书修订后增加了习题数量，为读者提供了更多的练习机会。

由于本书所涉及的方面较广，虽然经过认真修订，但由于编者水平有限，书中难免还存在各种不足，很多理论与实践问题有待于进一步探讨，敬希广大读者不吝批评指正！

编　者

2012 年 9 月

前言

编者

目　录

第1章 绪　　论

本章首先对控制科学发展的历史予以简要回顾，对智能控制产生的背景进行必要分析；然后对智能控制的基本概念和主要研究内容进行讨论；最后对智能控制的发展动态加以述评，包括研究的现状和未来发展趋势的展望。

1.1 控制科学发展的历史回顾

在科学技术发展史上，控制科学同其他技术科学一样，它的产生与发展主要由人类的生产发展需求以及人类当时的技术和知识水平所决定。从古亚历山大运用反馈控制来调节水流的水钟到现代太空探索和大规模复杂工业系统的综合自动化，控制科学在技术进步中都起着十分重要的作用。

J. Watt的飞球调节器保证了蒸汽机的有效运行，在工业革命中发挥了巨大的作用。此后，经过了100年，J. K. Maxwell以飞球调节器系统为对象，完成了其稳定性分析的研究工作，从而拉开了关于控制系统分析和反馈原理等基础研究的序幕。1892年，Lyapunov发表了《论运动稳定性的一般问题》博士论文，建立了从概念到方法的关于稳定性理论的完整体系。当时，由于社会生产力发展的局限性，在Lyapunov的工作问世后近半个世纪内，除了为数不多的数学家和力学家之外，控制科学界并未对他的卓越贡献产生足够的重视。直到第二次世界大战之后，特别是20世纪50年代后期，由于控制科学中研究非线性系统大范围稳定性问题的推动，才掀起了相当持久的Lyapunov热，使他的理论在广度和深度上有了很大的发展。今天，Lyapunov理论和方法在控制科学界已家喻户晓，在系统的稳定与镇定、二次型最优、模型参考自适应、大系统等众多领域得到了极广泛的应用与发展。

20世纪20年代以来，Black、Nyquist、Bode关于反馈放大器的研究，奠定了自动控制理论的基础，并在此基础上逐步发展形成了经典控制理论。

从20世纪40年代中到50年代末，由于生产过程局部自动化的需要，经典控制理论又进一步得到了发展和完善。进入20世纪60年代以来，因为人类探索空间的需要及电子计算机的飞速发展和普及，以多变量控制为特征的现代控制理论得到了重大发展。Apollo宇宙飞船按最优轨线飞向月球的制导和登月艇的软着陆等都是现代控制理论的精彩应用成果。

自20世纪70年代开始，关于大系统理论及其应用的研究逐渐形成了一个专门领域。它综合了现代控制理论、图论、数学规划和决策方面的成果，不仅把复杂的工业系统作为研究的对象，并扩展到社会、政治经济系统和生态环境中。大系统理论涉及大系统的建模和模型简化，大系统的结构和信息，大系统的稳定性和镇定，以及大系统的递阶与分散控制。这些理论已成功地用于工农业生产、资源开发、水源管理、交通运输、环境保护等方面。

在现代控制理论和大系统理论中具有重要意义的工作有Kalman的滤波理论和能控

性、能观性理论，Pontryagin的极大值原理，Bellman的动态规划，Lyapunov的稳定性理论等。它们同反馈、灵敏度及动态稳定性等概念相结合，形成了完整的理论体系，不仅推进了控制科学和技术的发展，而且对其他学科领域也产生了很大的影响。

但是，应当看到，无论是现代控制理论还是大系统理论，其分析、综合和设计都是建立在严格和精确的数学模型基础之上的。而在科学技术和生产力水平高速发展的今天，人们对大规模、复杂和不确定性系统实行自动控制的要求不断提高。因此，传统的基于精确数学模型的控制理论的局限性日益明显。所以我们说，自20世纪70年代以来，虽然控制理论以科学史上少有的速度经历了现代控制理论和大系统理论两个重要的发展阶段，但是由于它对精确数学模型的依赖性，使其应用受到很大的限制。

1.2 智能控制的产生背景

智能控制的概念和原理主要是针对被控对象、环境、控制目标或任务的复杂性而提出来的。而计算机科学、人工智能、信息科学、思维科学、认知科学和人工神经网络的连接机制等方面的新进展和智能机器人的工程实践，从不同的角度为智能控制的诞生奠定了必要的理论和技术基础。被控对象的复杂性表现为：模型的不确定性、高度非线性、分布式的传感器和执行器、动态突变、多时间标度、复杂的信息模式、庞大的数据量以及严格的特性指标。

环境的复杂性是以其变化的不确定和难以辨识为特征的。在传统的控制中，往往只考虑控制系统和受控对象所组成的"独立"体系，忽略了环境所施予的影响，而现在的大规模复杂的控制和决策问题，必须把外界环境和对象，以及控制系统作为一个整体来进行分析和设计。

对于控制任务或控制目标，以往都着眼于用数学语言进行描述，这种描述经常是不精确的。实际上，控制任务和目标有多重性(多目标)和时变性，一个复杂任务的确定，需要多次的反复，而且还包括任务所含信息的处理过程，也即任务集合的处理。

面对复杂的对象、复杂的环境和复杂的任务，用传统的控制理论和方法去解决是不可能的，这是因为：

(1) 传统的控制理论都是建立在以微分和积分为工具的精确模型之上的。迄今为止，还不存在一种直接使用工程技术用语描述系统和解决问题的方法。从工程技术用语到数学描述的映射过程中，一方面虽使问题作了很多简化，但另一方面却使原问题丢失很多信息。随着科学技术的发展，出现了很多必须建立在工程技术语言描述基础上的新型复杂系统，譬如智能机器人或机器人、柔性和集成制造系统、包括自动车在内的自治系统、C^3系统(Control, Computer & Command)、智能化通信系统以及智能化信息检索(SDI)系统等。所有这些系统具备一个十分重要的特点，即有计算机作为工具而给予支持，它会"思考"、会推理，能部分地实现人的"智能"。对于这些复杂系统，用传统的数学语言去分析和设计就显得无能为力，因此，必须寻求新的描述方法。

(2) 传统的控制理论虽然也有办法处理控制对象的不确定性和复杂性，如自适应控制和鲁棒(Robust)控制，也可以克服系统中所包含的不确定性，达到优化控制的目的。但是自适应控制是以自动调节控制器的参数，使控制器与被控对象和环境达到良好的"匹配"，从而削弱不确定性的影响为目标的。从本质上说，自适应和自校正控制都是通过对系统某些重要参数的估计，以补偿的方法来克服干扰和不确定性。它较适合于系统参数在一定范围内慢变化的情况。鲁棒控制则是在一定的外部干扰和内部参数变化作用下，以提高系统的不灵敏度为宗旨来抵御不确定性的。根据这一思想和原理所导出的算法，其鲁棒的区域是很有限的。因此，在实际应用中，尤其在工业过程控制中，由于被控对象的严重非线性、数学模型的不确定性、系统工作点变化剧烈等因素，自适应和鲁棒控制存在着难以弥补的严重缺陷，其应用的有效性受到很大的限制，这就促使人们要提出新的控制技术和方法。

(3) 传统的控制系统输入信息比较单一，而现代的复杂系统要以各种形式——视觉的、听觉的、触觉的以及直接操作的方式，将周围环境信息(图形、文字、语言、声音和传感器感知的物理量)作为系统输入，并将各种信息进行融合(Fusion)、分析和推理，它要随环境与条件的变化，相应地采取对策或行动。对这样的控制系统就要求有自适应、自学习和自组织的功能，因而需要新一代的控制理论和技术来支持。

人类具有很强的学习和适应周围环境的能力，有些复杂的系统，凭人的知觉和经验能很好地进行操作并达到较理想的结果。这就产生了一种仿人的控制理论和方法，形成了智能控制产生的背景。

与传统的控制理论相比，智能控制对于环境和任务的复杂性有更大的适配程度。它不仅仅是对建立的模型，而且对于环境和任务能抽取多级的描述精度，进而发展了自学习、自适应和自组织等概念，所以能在更广泛的领域中获得应用。

1.3 智能控制的基本概念与研究内容

1.3.1 智能控制的基本概念

“智能控制”这个术语在1967年由Leondes等人提出。1971年，傅京生[4](Kingsun Fu)通过对含有拟人控制器的控制系统和自主机器人诸方面的研究，以“智能控制”这个词，概念性地强调系统的问题求解和决策能力。他把智能控制(IC)概括为自动控制(AC)和人工智能(AI)的交集，即

$$IC = AC \cap AI \tag{1.1}$$

可以用图1.1形象地表示这种交叉关系。

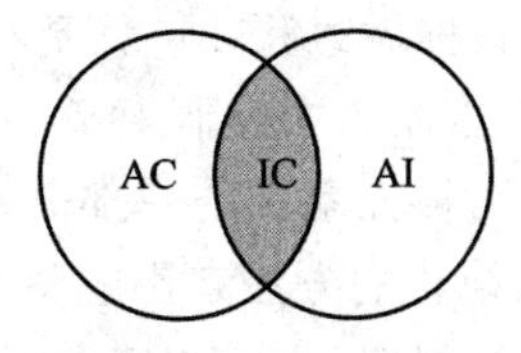

图1.1 智能控制的二元交集论示意图

傅京生主要强调人工智能中“仿人”的概念与自动控制的结合。

以后，Saridis[6,7,8]等人从机器智能的角度出发，对傅的二元交集论进行了扩展，引入运筹学，并以此作为另一个集合，提出如图1.2所示的三元交集的智能控制概念，即

$$IC = AI \cap OR \cap AC \tag{1.2}$$

式中 OR 表示运筹学。从图 1.2 可以看出，三元交集除“智能”与“控制”之外还强调了更高层次控制中调度、规划和管理的作用。这为他们所创导的递阶智能控制结构和理论提供了依据，这方面内容我们将在第 2 章中加以深入的讨论。

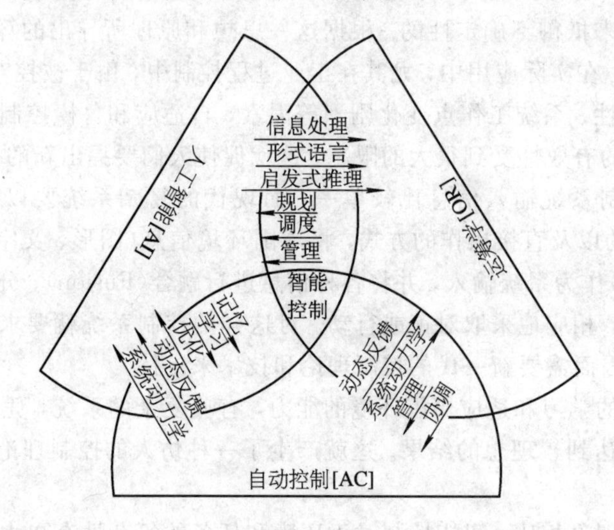

图 1.2　智能控制的三元交集论示意图

智能控制与传统的或常规的控制有着密切的关系，它们不是相互排斥的。一般情况下，常规控制往往包含在智能控制之中，智能控制也利用常规控制的方法来解决“低级”的控制问题，它力图扩充常规控制方法并建立一系列新的理论与方法来解决更具有挑战性的复杂控制问题。与常规控制相比较，智能控制所具有的特点如下：

(1) 智能控制所涉及的控制范围更广泛。它所研究的控制过程，不仅可以由微分/差分方程来描述，也可以由离散事件模型来描述，也可由二者混合的方法来描述，也可以用形式化语言或部分地用工程技术用语来描述。由此，在智能控制领域发展了传统或常规的控制系统理论。譬如，它可以用离散状态序列机方法来研究连续状态的动态过程。

(2) 智能控制的目标更为一般化。上面已经提到，智能控制必须满足巨大的不确定性，而一般固定反馈的鲁棒控制器或自适应控制器难以处理不确定性问题。智能控制的目标要在巨大的不确定性中实现。因此，在智能控制器中，要考虑故障诊断、控制重构、自适应和自学习等重要方面。可以认为，智能控制的控制问题是常规控制问题的一种增强形式，它具有任意性和一般性。

(3) 在传统的控制中，被控对象称做过程，它总是与控制器分离的。控制器由控制工程师设计，而对象则是给定的。智能控制中控制对象与控制器(或控制系统)不明显地分离。控制器可以嵌入对象之中而成为被控系统的一部分。这样，也为智能控制开辟了一种新的机会与挑战，有可能以更为系统化的方法来影响整个过程的设计。除了传统的控制之外，与智能控制有关的研究领域包括规划、学习、搜索算法、混合系统、故障诊断和系统重构、神经元网络、模糊逻辑，以及 Petri 网等等。为了控制复杂系统，计算复杂性也是智能控制的中心议题之一。

1.3.2　智能与智能控制的定义

至今，智能和智能控制有许多不同的定义。它们都是从不同的角度，强调某些因素，对智能和智能控制作出描述。现在列举几种定义，以便对智能与智能控制有较全面的了解。

按系统的一般行为特性，J. S. Albus[10]把智能定义为在不确定的环境中做出合适动作的能力。合适动作是指增加成功的概率，而成功就是达到行为的子目标，以支持系统实现最终的目标。

对人造的智能系统而言，所谓合适的动作，就是摹仿生物或人类思想行为的功能。

智能有不同的程度或级别。低级智能表现为感知环境、作出决策、控制行为，低级动物就具有这种低级智能；较高级的智能表现为能认识对象和事件，表达环境模型中的知识，对未来作出规划和推理；高级智能表现为具有理解和觉察能力，能在复杂甚至险恶的环境中进行明智的选择，作出成功的决策，以求生存和进步。

成功和系统的最终目标是由智能系统的外界所确定的。对人造的智能机器，成功和目标的判据由设计员、程序员和操作员来确定。对生物，其最终目标是基因繁殖，而成功的判据则由自然选择过程所确定。

从人类的认知过程出发，A. Meystel 认为智能是系统的一个特性，当集注(Focusing Attention)、组合搜索(Combinatorial Search)和归纳(Genelization)过程作用于系统输入信息并产生系统输出时，就表现有这种特性。这种智能的定义实质上就是把人类认知的过程——集注、组合搜索和归纳当作智能。所有智能的其他性质，包括学习、认知、分辨能力的存在性，都可以归纳为上述三个过程的存在性。因此，任何智能都可以看成集注(FA)、组合搜索(CS)和归纳(G)这三种过程或基本操作的作用结果。

对于机器智能，Saridis 从信息处理的角度进行了定义，他提出机器智能是数据分析、组织并把它转换成知识的过程。而知识就是所得到的结构性信息，它可以用于智能机器来执行一个特定的任务，以消除该任务的不确定性或盲目性。根据这个定义引出了"机器智能与精度逆向增降"的原理，即"精度随智能的提高而降低"(IPDI)。我们在第 2 章会详细介绍这个重要的原理。

从以上有关智能或智能系统的定义中可知，智能必须确定目标。有了目标，可以在不确定的环境中，运用控制手段和方法，将系统逐步(在某些条件下，快速)移向目标，达到目标。因此，任何智能系统必定是一个控制系统。另一方面，在变化的环境和条件下，为了使系统具有所期望的功能，它必须具有智能。而且在控制中，为了达到高度的自治性，也必须具备智能。可见，智能与控制是密切相关的。正因为控制是智能系统的基本部分，故在许多工程文献中常用"智能控制"来代替"智能"，以突出智能系统中的控制作用。

但是从控制工程的角度来看，智能控制又有其特定的含义，需要有比较确切的定义。

像智能的定义一样，智能控制也可以用不同的观点，做出多种定义。

定性地说，智能控制系统应具有仿人的功能(学习、推理)；能适应不断变化的环境；能处理多种信息以减少不确定性；能以安全和可靠的方式进行规划、产生和执行控制的动作，获取系统总体上最优或次优的性能指标。

相应地，从系统一般行为特性出发，J. S Albus(1986)提出，智能控制是有知识的"行为舵手"，它把知识和反馈结合起来，形成感知—交互式、以目标为导向的控制系统。该系统可以进行规划，产生有效的、有目的的行为，在不确定的环境中，达到既定的目标。

从认知过程看，智能控制是一种计算上有效的过程，它在非完整的指标下，通过最基本的操作，即归纳(G)、集注(FA)和组合搜索(CS)，把表达不完善、不确定的复杂系统引向规定的目标。对人造智能机器而言，往往强调机器信息的加工和处理，强调语言方法、数学方法和多种算法的结合。因此，可以定义智能控制为认知科学的研究成果和多种数学编程的控制技术的结合。它把施加于系统的各种算法和数学与语言方法融为一体。

1.3.3 智能控制的主要研究内容

如前所述，智能控制系统应当对环境和任务的变化具有快速的应变能力，其控制器应该能够处理环境和任务的变化，决定要控制什么，应当采用什么样的控制策略。这就要求控制器应具有适应和决策功能，还应当能够进行符号处理，及时给出控制指令。因此，智能控制系统应当包含诸如知识库、推理机等智能信息处理单元。

由美国国家科学基金会和陆、海、空三军科学研究管理机构组织的专家组于1988年提出的题为《控制理论的未来发展方向》的报告中指出：智能控制理论必须考虑在各个层次上的系统模型的结构表达方法，必须研究关于学习、自适应和自组织等概念的数学描述。美国国家科学基金会于1992年发出的一个关于发展智能控制研究的建议中指出：智能控制研究工作的重心应放在对系统的问题描述和智能控制器设计等方面的新方法的研究上，而不是在下层拼凑诸如PID控制器之类的传统控制技术方法，在监控级开发基于规则的控制器，并把它们连接，构成松耦合系统，应当着重于基础性控制工程方法的开发而不是技术演示。在人工智能的发展历史中，人们总是由于对人工智能技术的能力期望过高而后来感到失望太多。将人工智能应用于实时控制时，我们不能再重复这样的错误。关于人工智能在实时控制中的应用，应根据自然需要和解决问题的实际能力来决定采取哪种手段或方法。如果数学方法能够解决问题，就采用数学方法；如果数学方法不能够直接采用，则选择包括人工智能在内的其他方法。

根据智能控制的基本控制对象的开放性、复杂性、多层次、多时标和信息模式的多样性、模糊性、不确定性等的特点，智能控制的基本研究内容应从以下几个方面展开。

(1) 智能控制认识论和方法论的研究。探索人类的感知、判断、推理和决策的活动机理。

(2) 智能控制系统的基本结构模式的分类研究。着重于多个层次上系统模型的结构表达；学习、认知和自适应与自组织等概念的软分析和数学描述。

(3) 在根据实验数据和机理模型所建立的动态系统中，对不确定性的辨识、建模与控制。

(4) 含有离散事件和动态连续时间子系统的交互反馈混合系统(Hybrid System)的分析与设计。

(5) 基于故障诊断的系统组态理论和容错控制。

(6) 基于实时信息学习的自动规划生成与修改方法。

(7) 实时控制的任务规划的集成和基于推理的系统优化方法。

(8) 处理组合复杂性的数学和计算的框架结构。

(9) 在一定结构模式条件下，系统的结构性质分析和稳定性分析方法。

(10) 基于模糊逻辑和神经网络以及软计算的智能控制方法。

(11) 智能控制在工业过程和机器人等领域的应用研究。

目前，在智能控制的研究中，虽然对诸如“智能”和“智能控制”等最基本问题的概念和定义仍有一些争议，但关于智能控制及其相关领域的研究工作已如雨后春笋，在各个专业技术领域中迅速地发展起来了，而且在实际应用中已经取得了明显的成绩。

但是，应当清醒地看到，智能控制作为一门技术科学，经过了20世纪60年代的孕育期，70年代到80年代前期的诞生和形成期，80年代末期到90年代的发展期，至最近10几年，各种借鉴于自然界生物活动规律的智能算法，更是层出不穷。当前的研究重点应放在基础理论和机理的研究上。理论和机理研究上的突破，将给应用研究提供指导，应用的成功又会促进理论研究进一步深入。

值得指出的是，智能控制是从“仿人”的概念出发的。因此，为了发展智能控制，应该进一步从人类的感知和思维过程的机理研究入手，深入探索人脑的活动奥秘，建立模型，掌握人类判断、推理和决策的内在活动规律，并把它用于复杂系统的控制与决策，把“智能”提到更高的水平。从智能控制的理论方面，应该更强调从控制、人类认知和运筹学的交叉中建立新的概念和新的理论体系，不能囿于从传统的方法中借用某些概念。

智能控制是一门跨学科、需要多学科提供基础支持的技术科学。综观智能控制形成的历史过程，我们可以满怀信心地说，有众多学科发展成果的强有力支持，又有十分广泛的实际应用领域，智能控制必将取得长足的发展，为智能自动化提供理论基础，并将控制科学推向一个崭新的阶段。

参考文献

[1] Challenge to Control—A Collective View, Report of the Workshop. Univ of Santa Clara, 1986

[2] Fleming W H. Future Directions in Control Theory: A Mathematical Perspective, Report of the Panel on Future Directions in Control Theory. SIAM Philadelphia, 1989

[3] Fu K S, Waltz M. A Heuristic Approach to Reinforcement Learning Control Systems. IEEE Trans. Auto. Contr., 1965, 10(4): 390-398

[4] Fu K S. Learning Control Systems and Intelligent Control Systems. IEEE Trans. Auto. Contr., 1971, 16(1): 70-72

[5] Saridis G N. Self Organizing Controls of Stochastic Systems. New York: Marcel Decker, 1977

[6] Saridis G N. Foundation of Intelligent Controls. Proc. IEEE Workshop on Intelligent Controls, RPI, Troy, NY, 1986: 23-28

[7] Saridis G N. Towards the Realization of Intelligent Controls. Proceedings of IEEE, 1979, 67(8): 1115-1133

[8] Saridis G N, Valavanis K P. Analytical Design of Intelligent Machines. Automatica, 1988, 4(2): 123-133

[9] Brooks R A. Intelligence Without Reason. IJCAI'91, 1991, 569-595

[10] Albus J S. Outline for a Theory of Intelligence. IEEE Trans. on Systems, Man and Cybernetics, 1991, 21(3): 473-509

[11] Astrom K J, et al. Expert Control, Automatica, 1986, 22: 277-286

[12] Astrom K J, Hang C C, Person P. Towards Intelligent PID Control. IFAC Second Workshop on Artificial Intelligence in Realtime Control, Shenyang, PRC, 1989

[13] Meystel A. Intelligent Control: Issues and Perspectives. Proceedings of IEEE Workshop on Intelligent

Control, PRI Troy, NY, 1985: 1-15
[14] Meystel A. Cognitive Controllers for Autonomous Systems. Proceedings of IEEE Workshop on Intelligent Control, PRI Troy, NY, 1985: 222-223
[15] Meystel A. Multiresolutional Recursive Design Operator for Intelligent machines. Proc. of the 1991 IEEE International Symposium on Intelligent Control, Arlington, Virginia, U. S. A. , 1991
[16] Meystel A. Multiresolutional Feedforward/Feedback Loops. Proc. of the 1991 IEEE International Symposium on Intelligent Control, Arlington Virginia, U. S. A. , 1991: 85-90
[17] Qin Shiyin, Lu Yongzai. A Novel Structure and Principle for Intelligent Control Systems. Preprints of Second Japan China Joint Symposium on Systems Control Theory and Its Applications, Osaka, Japan, 1990: 78-93
[18] Narendra K S. Intelligent Control. IEEE Control Systems Magazine, 1991, 11(1): 39-40
[19] Weaver W. Science and Complexity, Amercian Scientist, 1968, 36: 536-544
[20] Flood R L. Complexity: A Definition by Construction of a Conceptual Framework. Systems Research, 1987, 4(3): 177-185

第 2 章　智能控制系统的结构体系

2.1　智能控制系统的基本结构

目前已经提出了很多种类的智能和智能控制系统的结构，但真正实现的还为数不多。

图 2.1 表示了智能系统的一般结构。它由六个部分组成，即执行器、感知处理器、环境模型、判值部件、传感器和行为发生器。图中箭头表示了它们之间的关系。

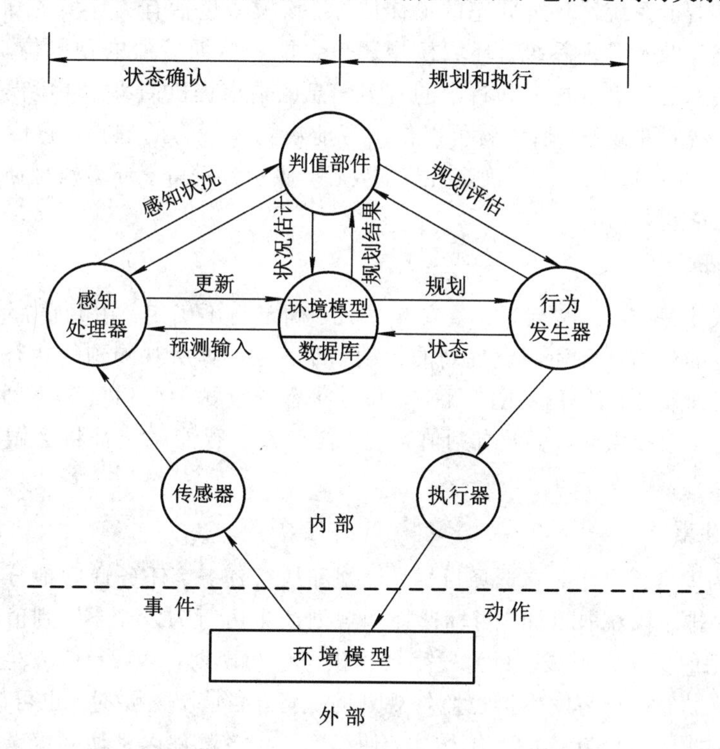

图 2.1　智能系统的一般结构

现将各部分的功能叙述于下：

1. 执行器

执行器是系统的输出，对外界对象发生作用。一个智能系统，可能有许多(甚至成千上万)个执行器。为了完成给定的目标和任务，它们必须进行协调。机器执行器有电机、定位器、阀门、线圈以及变速器等。自然执行器就是人类的四肢、肌肉和腺体。

2. 传感器

传感器产生智能系统的输入，它可以包括视觉、触觉、声音等信号，也包括力、力矩、压力、温度、位置、距离等测量装置。传感器用来监测外部环境和系统本身的状态。传感器向感知信息处理器提供输入。自然传感器就是身、眼、口、鼻等器官；人工传感器有红外检测器、摄像机、各种电信号检测仪、机械力学检测器等。

3. 感知处理器

感知处理器也叫感知信息处理器，在感知信息单元中产生感知。它将传感器观测到的信号与内部的环境模型产生的期望值进行比较。感知处理算法在时间和空间上，综合观测值与期望值之间的异同，以检测发生的事件，识别环境中的特征、对象和关系。在持续的时间周期里，从种类繁多的传感器来的数据被融合成一致的环境状态统一感知。感知信息处理算法还计算所观察对象的距离、式样、方向、表面特征、物理和动态属性以及空间区域。信息处理还包括语音识别以及语言和音乐的解释。

4. 环境模型

环境模型是智能系统对环境状态的最佳估计。该模型包括有关环境的知识库、存储与检索信息的数据库及其管理系统。环境模型还包含能产生期望值的预测仿真功能。因此，模型可以对环境状态现在、过去和将来的有关信息的请求提供回答。环境模型提供这些信息，为行为发生器部件服务。后者就可以作出智能规划和行为的选择，它传送给判值部件以计算诸如价值、利润、风险、不确定性、重要性、吸引性等等。环境模型通过感知信息处理系统一直进行着更新。

5. 判值部件

判值部件决定好与坏、奖与罚、重要与平凡、确定与不确定。由判值部件构成的判值系统，估计环境的观测状态和假设规划的预期结果。它计算所观测到的状态和所规划的行动的价值、利润和风险，计算校正的概率，并对状态变量赋予可信度和不确定性参数。因此，判值系统为决策提供基础。没有判值系统，任何人工智能系统都将会做出不适宜的动作而可能遭受毁坏。

6. 行为发生器

行为由行为发生器产生，它选择目标、规划和执行任务。任务递归地分解成许多子任务，子任务依次排序以获取目标。目标选择和规划产生由行为发生器、判值部件和环境模型之间相互作用的环路来形成。行为发生器提供假想的规划，然后行为发生器选择具有最高期望的规划来执行。行为发生器也监督规划的执行，当情况需要时，也可修改规划。

智能现象要求有一个互连的系统结构，使得系统中各部件以密切和复杂的方式互相作用和通信。图 2.1 所示的系统结构，清晰地表示了各部件之间的功能关系和信息流。在所有的智能系统中，感知信息处理单元接收传感器的信息以获取和维持外部环境的内部模型。行为发生器控制执行机构，以追求所知环境模型意义下的目标。在智能较高的系统中，行为发生系统可以与环境模型和判值系统交互。根据价值、风险、利用性以及目标优先程度，推断空间、时间、几何形状和动力学，以描述或选择规划。感知信息处理器可以与环境模型和判值系统进行交互，把值赋给认识到的实体、事件和状态。

在一般情况下，智能系统结构具有递阶形式。图 2.2 表示了系统结构重复和分布关系。它是一个具有逻辑和时间性质的递阶结构。图的左边是组织递阶结构，此处计算结点按层次排列，犹如军队组织中的指挥所。组织递阶层的每一结点包含四种类型的计算模块：行为发生(BG)、环境模型(WM)、感知信息处理(SP)和判值模块(VJ)。组织递阶层次中的每一个指挥环节(结点)，从传感器和执行器到控制的最高层，可以由图中间的计算递阶层来表示。在每一层，结点以及结点内的计算模块由通信系统紧密地互相连接，每一结点内通信系统提供了如图 2.1 所示的模块间通信。查询与任务状况的检查由 BG 模块到 WM 模块进行通信；信息检索由 WM 模块返回 BG 模块进行通信；预测的传感数据从 WM 模块送到 SP 模块；环境模型的更新从 SP 到 WM 模块进行；观测到的实体、事件和情况由 SP 送给 VJ。这些实体、事件和情况构成环境模型，要赋以一定的值，它由 VJ 送到 WM 模块；假设的规划由 BG 传至 VJ；估计由 VJ 返回到假设规划的 BG 模块。

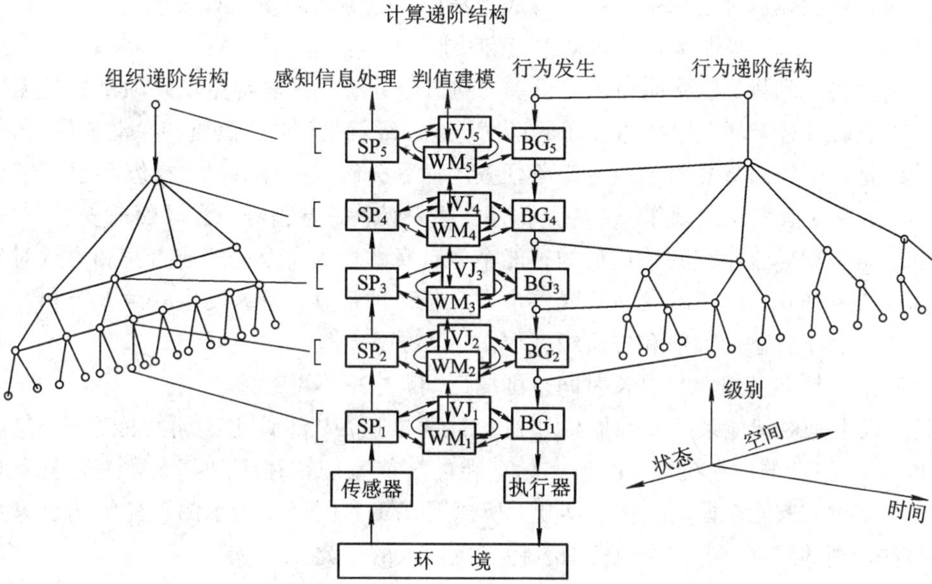

图 2.2　递阶智能系统结构

通信也在不同级别的结点间进行。命令由上级监控 BG 模块向下传送到下级从属的 BG 模块。状态报告通过环境模型向上由较低级的 BG 模块传回到发命令的高一级监控 BG 模块。在某一级上由 SP 所观测到的实体、事件和状况向上送到高一级的 SP 模块。存储在较高级 WM 模块的实体、事件和状况的属性，向下送到较低级上的 WM 模块。最低级 BG 模块的输出传送到执行器驱动机构。输入到最低级的 SP 模块的信号是由传感器提供的。

通信系统可按各种不同的方法来实现。在人工系统中，通信功能的物理实现可以是计算机总线、局部网络、共享存储器、报文传输系统或几种方法的组合。

输入到每一级上的每一 BG 模块的命令串，通过状态空间产生一个时间函数的轨迹。所有命令串的集合，建立了一个行为的递阶层。执行器的输出轨迹相应于可观测的输出行为，在行为的递阶层中所有其他轨迹构成了行为的纵深结构。

智能系统，尤其是人类活动这种高级的智能系统，其过程是非常复杂的。不仅总系统呈递阶结构，BG、WM、SP 和 VJ 以及传感器、执行器，它们本身也还存在着许多子结点或子系统。图 2.2 所示的递阶结构，其中每一个结点都可以与智能行为发生过程中机体的不同部位相对应。

以行为发生(BG)的递阶层为例，它的功能是将任务命令分解成子任务命令。其输入是由上一级 BG 来的命令和优先级信号，加上由附近 VJ 来的估值，以及由 WM 来的有关外界过去、现在和将来的信息所组成的。BG 的输出则是送到下一级 BG 的子任务命令和送到 WM 的状态报告，以及关于外界现在和将来"什么"和"倘使……怎么样"的查询。

任务和目标的分解常常具有时间和空间特性。例如，在 BG 的第一级，躯体部件(如手臂、手、指头、腿、眼睛、躯干以及头)的速度和力的协调命令被分解成为单个执行器的运动命令，反馈修正各执行器的位置、速度和力。对于脊椎动物，这一级是运动神经元和收缩反射。

第二级是将躯体部件的调遣命令分解成平滑的、受协调的动态有效轨迹，反馈修正受协调的轨迹运动。这一级就是脊髓运动中枢和小脑。

第三级是将送到操纵、移动和通信子系统的命令分解成许多避免障碍和奇异的无冲突路径。反馈修正相对于环境中物体表面的运动。这一级就是红核、黑质和原动皮层。

第四级是将个体对单独对象执行简单任务的命令分解成躯体移动、操纵和通信子系统的协调动作。反馈激发系统动作。并将其排序。这一级就是基神经节和动额前皮层。

第五级是将相对于小组其他成员的智能个体自身的行为命令分解成自身和附近对象或物体之间的交互作用，反馈激发和驾驭整个自身任务的活动。行为发生的第五级和第五级以上都假想为处于暂态的额前和皮质缘区域。

第六和第七级涉及组间与更长时间范围的活动，这里不再细述。

总之，以上是对智能系统一种抽象和概念性的描述，从总体上说明智能系统(包括低级动物和人类)活动的内在机理。由于实际存在的智能系统往往十分复杂，人们至今对它还缺乏深入了解，未能掌握其规律和实质，所以图 2.1 和图 2.2 所示的智能结构也只是一种猜想和较合理的解释，更精确的模型有待于更深入的研究。

2.2 智能控制系统的分类

智能控制有各种形式和各种不同的应用领域，至今尚无统一的分类方法，就其构成的原理而言，大致上可以分为以下几类。

1. 基于规则的智能控制系统

在基于规则的智能控制系统中，又有基于专家系统的智能控制及基于模糊集合和算法的智能控制。基于规则的智能控制系统把知识表示成产生式规则或其他(如框架式、语义网络或谓词等)形式，用统计或模糊数学中的隶属函数来处理知识的不确定性和模糊性，采用正、反向和非单调推理方式或模糊推理建立推理机制，根据一定的条件和系统的输入产生系统所需的控制规律，以达到控制的目标。

2. 基于神经元网络构成的智能控制系统

基于神经元网络构成的智能控制系统也称为基于连接机制(Connectism)的智能控制系统。由于神经元网络有很强的学习、自适应和处理非线性的能力，因而被非常广泛地用于复杂系统的辨识、建模和复杂系统的控制。

3. 基于模糊控制器或仿生行为与神经元网络相结合的智能控制系统

基于规则的系统有许多重要的优点，如可以模拟无法用数学模型来表达的控制知识，能像专家一样处理复杂的和异常的情况，在已知基本规则的情况下无需输入大量的细节数据即可运行；易于对推理作出解释。但它的缺点是获取知识困难，没有学习的功能，不便于并行处理。而神经元网络却有很强的自学习和自适应能力，可以在训练样本中自动获取知识，具有并行处理的特征。它的缺点是网络中映射规则是透明的，训练时间较长，结论的解释比较困难，出现事先未经训练的异常情况时难以应付。为了更好地构造智能控制系统，将两者结合起来，取长补短，将是智能控制系统发展的一个方向。根据两者结合方式的不同，这类智能控制系统又有模块相接式的智能控制系统(见图 2.3)、嵌入式神经网络专家控制系统(见图 2.4)，以及模拟式专家神经元系统。

近年来，人们从自然界动物的行为中得到启发，如蚁群、鸟群、蜂群的活动，人类和动物的遗传规律，免疫系统等，发明和开创了许多智能算法。它们和神经网络相结合，形成了一大类的智能控制器，并得到广泛应用。

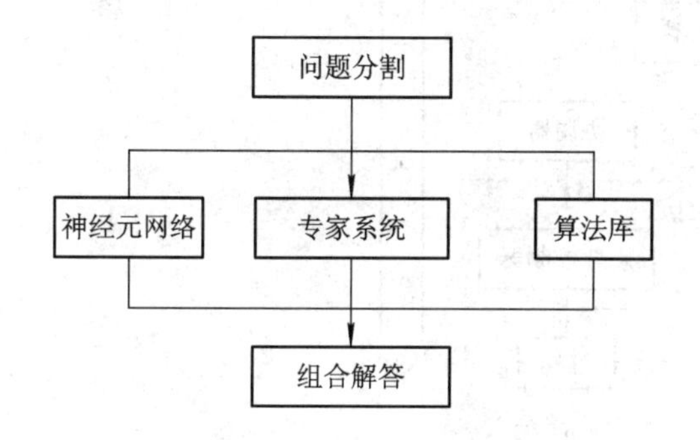

图 2.3　模块相接式智能控制系统

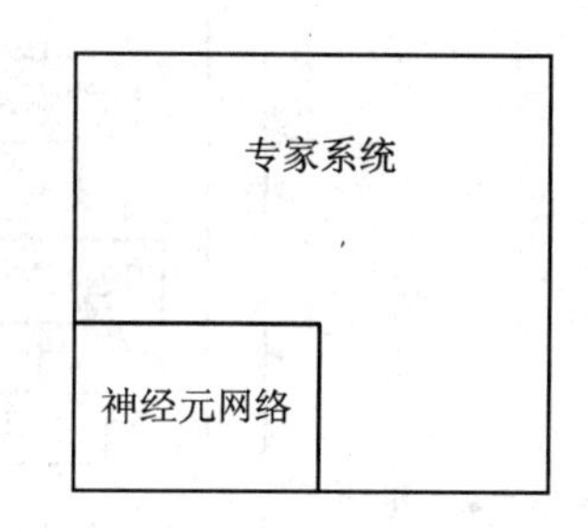

图 2.4　嵌入式神经元网络专家控制系统

4. 基于行为的智能控制系统

基于行为的智能控制系统不是建立在推理和外界环境建模的基础上，而是建立在行为主义思想上的。Rodney A. Brooks 对此作出了很大的贡献。所谓行为主义，在心理范畴定义为：对心灵活动的科学研究建立在有关行为、动作和载体可测量的事实基础上。因此，可以认为智能活动是在“感知—运动”这种模式下进行的。譬如骑自行车的人在急转时所采取的反应；动物在遇到障碍时回避障碍的反应，其动作不是经过推理，而是通过感官，从神经传送到小脑，由小脑发出适应自然环境的动作命令而形成的。注意，这里指的是自然环境，不是人为构成的工程环境。用这种思想建立的智能控制系统具有以下的特点：

(1) 分布性。系统中没有中心。

(2) 模块性。执行器、控制器、感知器都是一种模块，无一定的界限。

(3) 进化性。可以不断增加特殊行为所需的模块节点，扩展是无限的。

(4) 动态性。将环境作为环境与模型之间的通信媒介，智能由与环境交互的动态所决定。

(5) 实时性。

这类智能控制系统具有为数众多的感知器和执行器，是十分复杂的分布式系统，具有强大的功能。至今，在这方面的成果还不多，也还未形成较系统的理论。

2.3 递阶智能控制系统的结构和理论

2.3.1 递阶智能控制系统的结构

在第1章中已经提到，Saridis认为智能控制是数学与语言描述和用于系统与过程的算法之间的结合。为了解决现代技术问题，要求控制系统具有智能性功能。譬如，同时使用一个存储器，学习或多级决策以响应"模糊"或定性的命令等，都需要有智能性规则来处理。一般情况下，智能控制系统的结构与智能系统一样，具有递阶结构形式。而且，智能是按照随精度逆向递增的原理来分布的，即精度随智能降低而增加(IPDI)。典型的智能控制系统的递阶结构如图2.5所示，它由三级组成，即组织级、协调级和执行级。

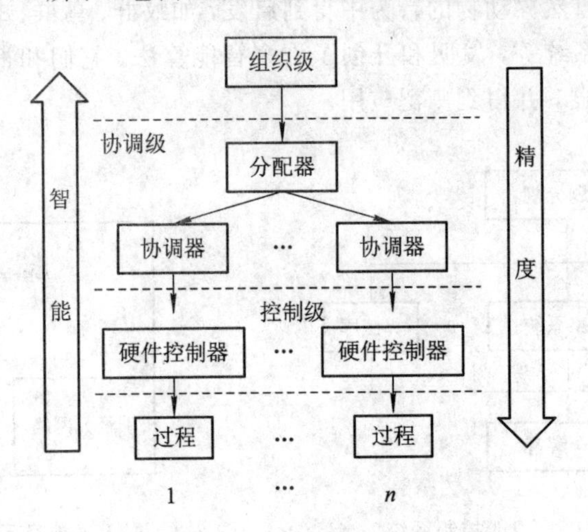

图2.5 递阶智能控制系统

递阶结构的最高层是组织级，借助于长期记忆装置，该级具有执行规划和高级决策的功能，需要高级的信息处理。类同于AI中一种基于知识的系统，它要求有大量的信息，但精度要求甚低。

因此，在一个智能机器或智能控制系统的高层，所涉及的功能与人类行为的功能相仿，可以当作一个基于知识系统的单元。实际上，规划、决策、学习、数据存储与检索、任务协调等等活动，可以看成是知识的处理与管理。所以，知识流是这种系统的一个关键变量。在智能机器中组织级的知识流表示如图2.6所示，它完成以下功能：

(1) 数据处理；

(2) 由中央单元实行规划与决策；

(3) 通过外围装置发送和获取数据；

(4) 定义软件的形式语言。

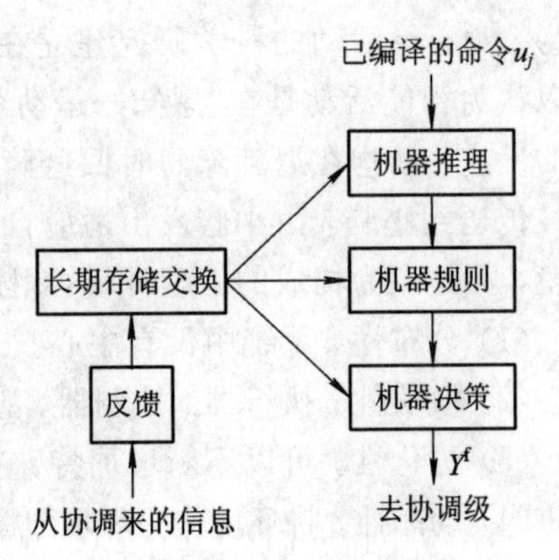

图2.6 组织级的框图

对各功能可赋以主观的概率模型或模糊集合。因此，对每一个所执行的任务，可以用熵来进行计算，它对整个活动提供了一个分析的度量准则。

协调级是一个中间结构，它是组织级和执行级之间的接口，它的结构表示如图 2.7 所示。在协调级，其功能包括在短期存储器(如缓冲器)基础上所进行的协调、决策和学习。它可以利用具有学习功能的语言决策手段，并对每一行动指定主观概率，其相应的熵也可以直接从这些主观概率中获取。

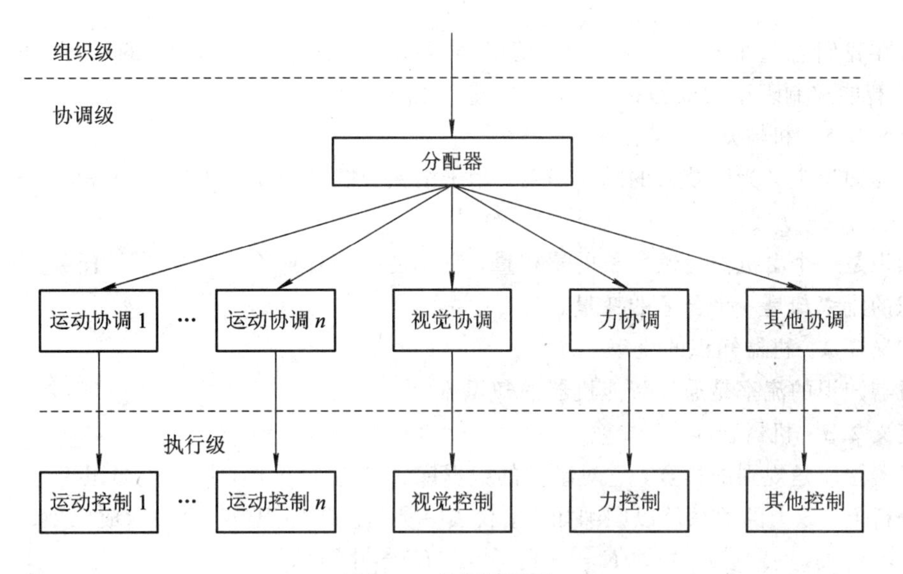

图 2.7　协调级框图

最低层是执行级，它执行适当的控制功能。其特性指标也可以表示成熵。

2.3.2　信息熵与 IPDI 原理

为了便于读者理解本书中的有关公式，现把熵的定义重新简述于下，关于熵详细的定义可在有关信息论的文献和书籍中查到。

$$H(x)=-\int p(x)\ \ln p(x)\ \mathrm{d}x=-E[\ln p(x)] \tag{2.1}$$

式中，$p(x)$是 x 的概率密度；$E[\,]$表示取期望值。对离散过程，有

$$H(x)=-\sum p(x)\ \ln p(x) \tag{2.2}$$

熵是不确定的一种度量。由熵的表达式可知，熵愈大，期望值愈小。熵最大就表明不确定性最大，时间序列最随机，功率谱最平坦。

举例：设$\{x(n)\}$是具有零均、高斯分布的随机过程，求一维的高斯分布的熵。

一维的高斯分布为

$$p(x)=\frac{1}{\sigma\sqrt{2\pi}}\mathrm{e}^{-x^2/2\sigma^2}$$

$$\sigma^2=\int_{-\infty}^{\infty}x^2p(x)\ \mathrm{d}x$$

代入熵的表达式，得

$$H=-\int p(x)\ \ln p(x)\ \mathrm{d}x=-\int p(x)\left[-\ln\sqrt{2\pi\sigma^2}-\frac{x^2}{2\sigma^2}\right]\mathrm{d}x$$

$$= \ln \sqrt{2\pi\sigma^2}\int p(x)\ \mathrm{d}x + \frac{\int x^2 p(x)\ \mathrm{d}x}{2\sigma^2}$$

$$= \ln \sqrt{2\pi\sigma^2} + \frac{1}{2} = \ln \sqrt{2\pi\sigma^2} + \ln\sqrt{\mathrm{e}}$$

$$= \ln \sqrt{2\pi\sigma^2 \mathrm{e}}$$

现在我们着重来描述一下关于“精度随智能降低而增高”(IPDI)的原理，因为这是Saridis 智能控制理论的依据。为此，需要建立以下一些概念。

定义 2.1　机器知识

机器知识定义为所获取的结构信息，用于消除智能机器要完成特定任务的不确定性或无知性。

知识是一个由机器自然增长的累积量，它不能被当作一个变量去执行任务。相反，机器知识的流率却是一个合适的变量。

定义 2.2　机器知识的流率

机器知识的流率是通过智能机器的知识流。

定义 2.3　机器智能

机器智能是规则的集合，它对事件的数据库(DB)进行操作，以产生知识流。

分析上，以上的关系可以归纳如下。代表一类信息的知识(K)可表示成

$$K = -a - \ln P(K) = [\text{能量}] \tag{2.3}$$

式中，$P(K)$为知识的概率密度。

由式(2.3)，概率密度函数 $P(K)$满足以下表达式，并与 Jaynes 最大熵原理一致，即

$$P(K) = \mathrm{e}^{-a-K}$$

$$\int_x P(k)\ \mathrm{d}x = 1$$

$$a = \ln\int \mathrm{e}^{-K}\ \mathrm{d}x \tag{2.4}$$

这里知识 K 的概率密度函数假定为 $P(K)$，因为在这种情况下，它的熵，也即它的不确定性最大。

知识流率是具有离散状态的智能机器的一个主要变量，它表示为

$$R = \frac{K}{T}(\text{功率})$$

直觉地可以看出，知识流率必须满足以下关系：

$$(\mathrm{MI}):(\mathrm{DB}) \rightarrow (R) \tag{2.5}$$

即机器智能对数据库进行操作产生知识流。它可当作“精度随智能降低而增高”的原理的一种定性表示。式(2.5)中 MI 是机器智能，DB 是数据库，它与被执行任务有关，代表任务的复杂性。复杂性反比于执行的精度。在特殊情况下，它有明显的解释。即当 R 为固定时，较小的知识库(过程复杂)，要有较多的机器智能。精度随智能降低而提高的原理在概率上可以理解为 MI 和 DB 的联合概率产生知识流的概率，它可表示为

$$P(\mathrm{MI}:\mathrm{DB}) = P(R) \tag{2.6}$$

由式(2.6)关系产生：

$$
\begin{aligned}
P(\mathrm{MI/DB})P(\mathrm{DB}) &= P(R) \\
\ln P(\mathrm{MI/DB}) + \ln(\mathrm{DB}) &= \ln P(R)
\end{aligned}
\tag{2.7}
$$

两边取期望：

$$
H(\mathrm{MI/DB}) + H(\mathrm{DB}) = H(R) \tag{2.8}
$$

式中 $H(x)$是与 x 有关的熵。在一个任务形成和执行期间，当取期望的知识流率为恒定时，增加 DB 的熵，对特定的知识库就要求减少 MI 的熵，也就是说，当知识流率不变时，如果 DB 不确定性增加，即库内数据或规则减小，精度降低，就要求减少 MI 的不确定性，提高 MI 的智能程度。这就是 IPDI 的原理。如果 MI 与 DB 无关，则

$$
H(\mathrm{MI}) + H(\mathrm{DB}) = H(R) \tag{2.9}
$$

在 $P(\mathrm{MI})$和 $P(\mathrm{DB})$如 $P(R)$一样满足 Jaynes 的原理情况下，

$$
\begin{cases}
P(\mathrm{MI/DB}) = \mathrm{e}^{-a_2-\mu_2{}^{\mathrm{MI/DB}}} \\
P(\mathrm{DB}) = \mathrm{e}^{-a_3-\mu_3{}^{\mathrm{DB}}}
\end{cases}
\tag{2.10}
$$

式中 a_i和 $\mu_i(i=1, 2, 3)$，均为适当的常数。因此，式(2.8)所示的熵重写成

$$
-a_2-\mu_2\mathrm{MI/DB}-a_3-\mu_3\mathrm{DB}=-a_1-\mu_1 R \tag{2.11}
$$

如果

$$
a_1 = a_2 + a_3, \quad r_2 = \mu_2/\mu_1, \quad r_3 = \mu_3/\mu_1
$$

则

$$
r_2\mathrm{MI/DB} + r_3\mathrm{DB} = R \tag{2.12}
$$

式(2.12)代表了一个特殊但更清晰的 IPDI 原理。

IPDI 原理既可用于智能递阶结构的一个级上，也可用于整个的递阶结构。在这种情况下，流量 R 以信息方式表示系统的吞吐量。

DB 的熵按下述方式与 ε-熵建立关系：如一个系统，要求提高精度 n 倍，则就要有 n 倍的数据库 DB，但

$$
H(n\mathrm{DB}) = H\{\ln n\} + H\{\ln\mathrm{DB}\} \tag{2.13}
$$

式中，$H\{\ln n\}$称作与执行复杂性有关的 ε-熵。

有了熵的概念后，我们可以用它作为工具来分析递阶智能控制系统各级的功能。

2.3.3 组织级的分析理论

智能机器组织级的主要功能有：

(1) 接收命令并对此进行推理。推理将不同的基本动作与所收到的命令联系起来，并从概率上评估每一个动作。

(2) 规划。主要是对动作进行操作，根据所选择的规划，实现动作的排序并插入重复的基本事件以完成规划。为了动作排序并计算总概率，要用到矩阵和转移概率等概念。

(3) 决策。选择最大可能的规划。

(4) 反馈。在完成作业和每一任务并对此进行评估之后，通过学习算法更新概率。

(5) 存储交换。更新存在长期存储器中的信息。

假定组织级的不同状态为 S，组织级的输入属于 E。可以证明，组织级的功能服从信息率划分的一般规律：

$$F = F_T(E:S) + F_E(E:S) + F_C(E:S) + F_D(E:S) + F_N(E:S) \tag{2.14}$$

其中，F 为总的动作率；F_T为相应于组织级内部信息传输的吞吐率；F_E为相应于决策的信息阻塞率；F_C为相应于规划的协调率；F_D为相应于推理的内部决策率；F_N为当命令已接收时相应于信息的噪声。

2.3.4 协调级的分析理论

为了讨论方便，我们把协调级的拓扑结构画成图 2.8。由图可见，协调级的拓扑可以表示成树状结构(C, D)。D 是分配器，即树根；C 是子结点的有限子集，称为协调器。

每一个协调器与分配器都有双向连接，而协调器之间无连接。协调级中分配器的任务是处理对协调器的控制和通信。它主要关心的问题是：由组织级为某些特定作业给定一系列基本任务之后，应该由哪些协调器来执行任务(任务共享)和(或)接受任务执行状态的通知(结果共享)。控制和通信可以由以下方法来实现：将给定的基本事件的顺序变换成具有必需信息的、面向协调器的控制动作，并在适当的时刻把它们分配给相应的协调器。在完成任务后，分配器也负责组成反馈信息，送回给组织级。由此，分配器需要有以下能力：

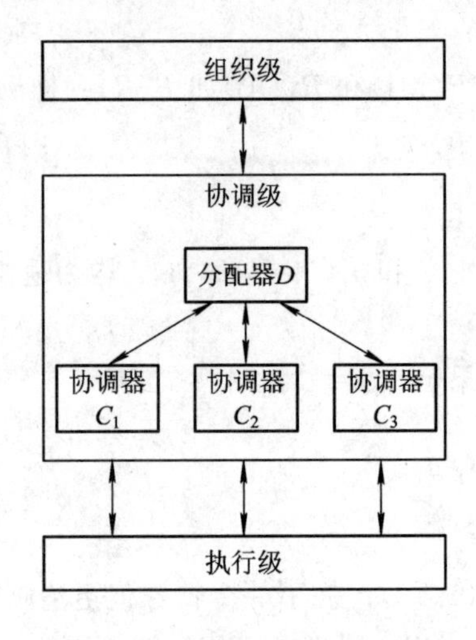

图 2.8 协调级的拓朴图

(1) 通信能力。允许分配器接收和发送信息，沟通组织级与协调器之间的联系。

(2) 数据处理能力。描述从组织级来的命令信息和从协调器来的反馈信息，为分配器的决策单元提供信息。

(3) 任务处理能力。辨识要执行的任务，为相应的协调器选择合适的控制程序，组成组织级所需的反馈。

(4) 学习功能。减少决策中的不确定性，而且当获得更多的执行任务经验时，减少信息处理过程，以此来改善分配器的任务处理能力。

每一个协调器与几个装置相连，并为这些装置处理操作过程和传送数据。协调器可以被看做在某些特定领域内具有确定性功能的专家。根据工作模型所加的约束和时间要求，它有能力从多种方案中选择一种动作，完成分配器按不同方法所给定的同一种任务；将给定的和面向协调器的控制动作顺序变换成具有必需数据的和面向硬件的实时操作动作，并将这些动作发送给装置。在执行任务之后，协调器应该将结果报告给分配器。协调器所需具备的能力与分配器完全一样。

以上描述说明，分配器和协调器处在不同的时标级别，但有相同的组织结构，如图 2.9 所示。这种统一的结构由数据处理器、任务处理器和学习处理器组成。数据处理器的功能是提供被执行任务有关信息和目前系统的状态。它完成三种描述，即任务描述，状态描述和数据描述。

在任务描述中，给出从上一级来的要执行的任务表。在状态描述过程中任务表提供了每一个任务执行的先决条件以及按某种抽象术语表达的系统状态。数据描述给出了状态描述中抽象术语的实际值。这种信息组织对任务处理器的递阶决策非常有用。该三级描述的维护和更新受监督器操纵。监督器操作是基于从上级来的信息和从下级来的任务执行后的反馈。监督器还负责数据处理器和任务处理之间的连接。

任务处理器的功能是为下级单元建立控制命令。任务处理器采用递阶决策，包含三个步骤：任务调度、任务转换和任务建立。任务调度通过检查任务描述和包含在状态中相应的先决和后决条件来确认要执行的任务，而不管具体的状态值。如果没有可执行的子任务，那么任务调度就必须决定内部操作，使某些任务的先决条件变为真。任务转换将任务或内部操作分解成控制动作，后者根据目前系统的状态，以合适的次序排列。任务建立过程将实际值赋给控制动作，建立最后完全的控制命令。它利用数据处理器中的递阶信息描述，使递阶决策和任务处理快速和有效。

学习处理器的功能是改善任务处理器的特性，以减少在决策和信息处理中的不确定性。学习处理器所用的信息如图 2.9 所示。学习处理器可以使用各种不同的学习机制以完成它的功能。协调级的连接以及功能，可以应用 Petri 网来进一步详细分析，限于篇幅，这里从略。

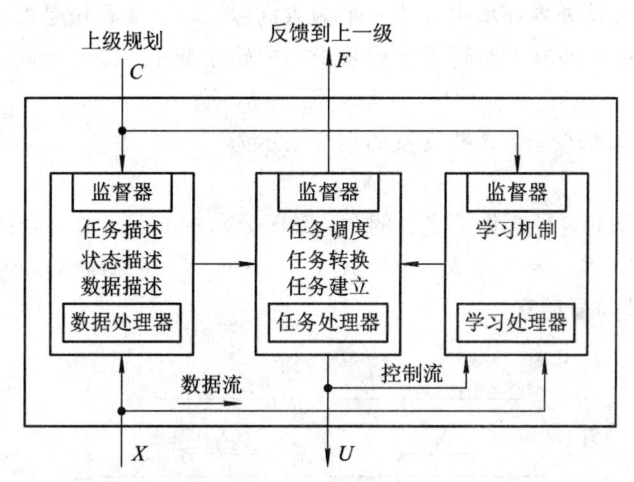

图 2.9　分配器和协调器的统一结构

2.3.5　执行级的最优控制

动态系统的最优控制已有系统的数学描述。在递阶智能控制中，为了用熵进行总体的评估，必须将传统的最优控制描述方法转化到用熵进行描述。具体的公式推导，可以参考文献[11]。

以上讨论说明，应用熵的概念，可以把智能控制三级的功能统一用熵来描述。虽然 Saridis 所提出的智能控制系统是针对智能机器人的，但这种分析方法也适用于一般情况。

2.4　智能控制系统的信息结构理论

Saridis 等采用熵的概念来描述递阶智能控制系统的功能，并定量地分析各级的动态性能以及各子系统之间的相互关系。现在我们再深入地讨论主宰系统的信息规律，以便于用一种统一的形式来描述和分析基于知识的控制系统。信息论与其他统计分析技术相比，具有两个主要的优点：① 可以计量约束率(即动态变量之间每步或每秒的约束，这些变量具有已往历史的信息)；② 计算具有可加性，使得约束可以分解。

本节首先介绍由 R. C. Conant 创导的基于信息论的信息率划分定律。然后再讨论在递阶智能控制中如何应用这个定律。

2.4.1 *N*维信息理论

现在考虑系统 S，可以认为它是一个变量的有序集合：

$$S=\{X_j \mid 1\leqslant j\leqslant n\}$$

为了阐述简单，下式表示的集合是等效的：

$$S=\{X_1, X_2, \cdots, X_n\}=<X_1, X_2, \cdots, X_n>=x_1, x_2, \cdots, x_n \tag{2.15}$$

一个特殊情况：

$$S=\{\}=<>=\varnothing$$

是空系统。该系统 S 从外界环境中接收一个输入向量 E，E 被看做是所有有关的但不在 S 中的变量。可以直接从外界观测到的 S 变量中构成输出变量。输出变量的集合表示为：

$$S_o=X_1, X_2, \cdots, X_k$$

其余 S 中的变量为内部变量，这些变量的集合表示为

$$S_{int}=X_1, X_2, \cdots, X_n$$

这里用等号代表等效，逗号既作为集合的并，又区分向量的元素或集合的成员。

$$S=S_o, S_{int}=X_1, X_2, \cdots, X_k, X_l, \cdots, X_n=X_1, X_2, \cdots, X_n \tag{2.16}$$

图 2.10 说明了上述符号的意义。

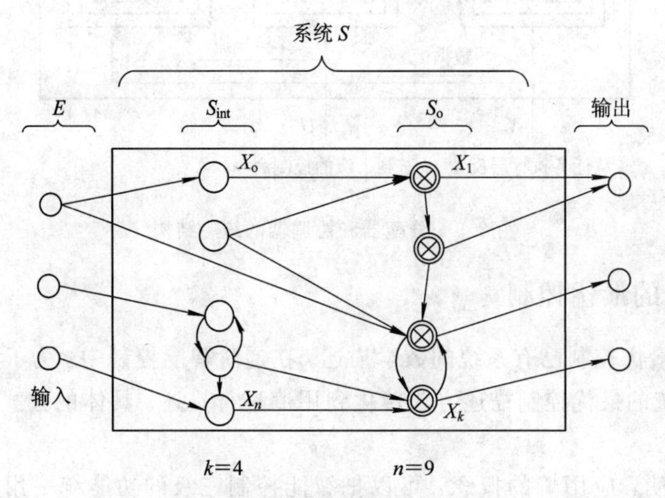

图 2.10　系统图示符号

S 可以分成 N 个(由变量 X_j^i 组成的)S^i 子系统。每一个 S^i 从它的环境接收输入 E^i(这些变量不在 S^i 中)，并具有直接可观测或输出变量的集合 $S_o^i=X_1^i, X_2^i, \cdots, X_k^i$ 和内部变量集合 $S_{int}^i=X_l^i, X_m^i, \cdots, X_n^i$。注意到系统变量可以在 S_o^i 中而不在 S_o 中。也就是说，它可能从 S 中其他子系统观测到，但不能从 S 的外界环境中观测到。在图 2.10 和式(2.16)中，如果符

号标以上标 i，则表示为子系统 i(除了 k，l，$n \to k_i$，l_i，n_i)。

子系统还可以再划分。所谓递阶分解，就是指 S 划分成许多子系统，子系统再划分成许多子子系统，等等。所有 S^i分成二类：一类含有一个或多个 S_o中的变量；另一类不含 S_o的变量。前者称为输出子系统：

$$S_{out} = S^1, S^2, \cdots, S^k$$

后者称为内部子系统：

$$S_{int} = S^1, S^m, \cdots, S^n$$

因此，根据以上的定义，有

$$S^i \in S_{out} \leftrightarrow \exists X_j^i \in S^i: X_j^i \in S_0 \leftrightarrow S^i \not\subset S_{int}$$

$$S^i \in S_{int} \leftrightarrow \forall X_j^i \in S^i: X_j^i \in S_{int} \leftrightarrow S^i \subset S_{int}$$

$$S = S_{out}, S_{int} = S^1, S^2, \cdots, S^k, S^l, \cdots, S^n = S^1, S^2, \cdots, S^n$$

当然，这些子系统中的任一个都可以是空集。图 2.11 表示了一般系统的符号。

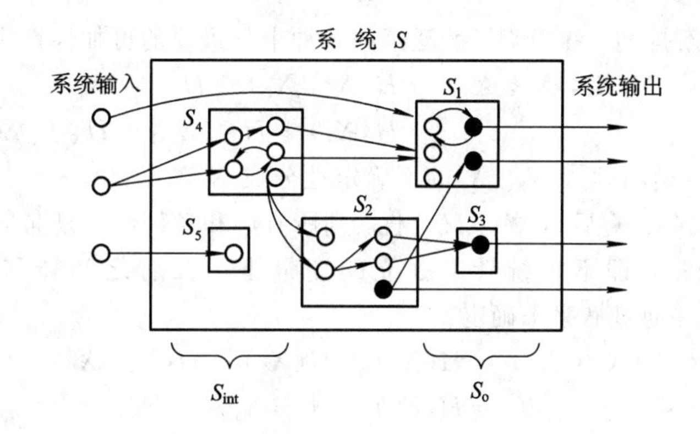

图 2.11　系统分解图示

(输出子系统数目 $K=3$，子系统总数 $N=5$，输出变量数目 $k=4$，变量总数 $n=17$)

N 维信息理论有时也称为多元不确定性分析理论。与一个离散变量 X 有关的基本量就是熵 $H(X)$，X 也可以是连续变量的离散化形式。熵的概念已在 2.3 节中用过，这里再提一下，熵 $H(X)$是 X 概率分布的函数：

$$H(X) = -\sum_x P(X) \ln P(X) \tag{2.17}$$

式中对 X 所取的所有值求和。这是当非期望值由 $-\ln P(X)$度量时，特定 X 的平均非期望值；如果概率分布预先知道，这就是在任何时刻当 X 取值时所得到的平均信息量。它与变量所定义的方差有关，但更为一般化。因为它不要求 X 为连续，甚至不要求有一个区间尺度。如果 X 具有 n 个有限数，则 $H(X)$落入区间$[0, \ln n]$。值小表示概率密度集中；值大表示分散。当且仅当某些 X 概率为 1 时，$H(X)=0$；当且仅当所有 X 为等概率时，$H(X)=\ln n$。关于 X 取什么值的平均不确定性，与具有 $2^{H(X)}$ 等概率互斥的分布相关。同样，一个系统的熵可以定义为

$$H(S) = -\sum_x P(S) \ln P(S) \tag{2.18}$$

式中对向量 $S=X_1, X_2, \cdots, X_n$所有可能值 S 求和，而 P 是 n 元分布。式(2.17)是式(2.18)的特殊情况。

诸如 $H_{x_1,x_2}(X_3)$，可以通过条件分布确定

$$\begin{aligned}H_{x_1,x_2}(X_3) &= -\sum_{x_1,x_2} P(X_1, X_2)\sum_{x_1}(X_3 \mid X_1, X_2)\ \ln P(X_3 \mid X_1, X_2)\\ &= -\sum_{x_1,x_2,x_3} P(X_1, X_2, X_3)\ln P(X_3 \mid X_1, X_2)\end{aligned}$$

或等效地由熵来确定：

$$H_{x_1,x_2}(X_3) = H(X_1, X_2, X_3) - H(X_1, X_2)$$

上式中 $H_{x_1,x_2}(X_3)$度量了知道 X_1和 X_2后，X_3的平均不确定性，即不计 X_1、X_2时 X_1、X_2、X_3的可变性。$H_{x_1,x_2}(X_3)$处在区间$[0, H(X_3)]$。如果 X_3由 X_1、X_2确定，则为 0，这意味 $P(X_3|X_1X_2)$为 0 或 1；如果 X_3与 X_1、X_2无关，则为 $H(X_3)$，这意味着 $P(X_3|X_1X_2)=P(X_3)$。

像 $H_{S^3}(S^4, X_2, S^6)$这样的条件熵，同样可表示成

$$H_{S^3}(S^4, X_2, S^6) = H(S^3, S^4, X_2, S^6) - H(S^3)$$

如果把这类公式重新排列，就阐明了熵泛函的一种十分重要的可加性性质：

$$\begin{aligned}H(X_1, X_2, X_3) &= H(X_1, X_2) + H_{X_1,X_2}(X_3)\\ &= H(X_1) + H_{X_1}(X_2) + H_{X_1,X_2}(X_3)\end{aligned}$$

这可以解释为：若将 X_1、X_2、X_3的不确定性分成 X_1的不确定性，以及知道 X_1后 X_2的不确定性和知道 X_1、X_2后 X_3的不确定性，则所有熵和条件熵都是非负的。

两个相关的变量，即不是统计上独立的变量是由二者之间转移来度量的。它由 $T(X_1 : X_2)$来表示并通过概率来确定：

$$\begin{aligned}T(X_1 : X_2) &= H(X_1) + H(X_2) - H(X_1, X_2)\\ &= H(X_1) - H_{X_2}(X_1)\\ &= H(X_2) - H_{X_1}(X_2)\end{aligned} \tag{2.19}$$

这是对称的。它度量了知道一个变量，减少了对另一变量不确定性的量值，或者度量了联合不确定性 $H(X_1, X_2)$比 X_1和 X_2为独立时的不确定性少多少的量值。所以转移是变量间相关性的度量。$T(X_1 : X_2)$处于区间$[0, \min\{H(X_1)+H(X_2)\}]$，当且仅当 X_1和 X_2是统计上独立时为 0；当且仅当一个变量决定另一变量时为最大。把上式扩展到 n 维，则

$$T(X_1 : X_2 : \cdots : X_n) = \sum_{j=1}^{n} H(X_j) - H(X_1, X_2, \cdots, X_n) \tag{2.20}$$

确定了 n 个变量之间的转移。上式第 1 项是所有变量互相独立的联合熵，而第 2 项是实际联合熵。所以这个转移度量了总体相关性或 n 个变量系统之间的约束。这是 n 个变量不相交子集间所有转移的上界。

将式(2.20)一般化，可以描述子系统 S^i之间的转移，此时把 S^i当作向量变量：

$$T(S^1 : S^2 : \cdots : S^n) = \sum_{i=1}^{n} H(S^i) - H(S^1, S^2, \cdots, S^n) \tag{2.21}$$

上式度量了向量之间(不是向量元素之间)的相关性。条件转移，如 $T_{S^1}(S^2 : S^3)$，$T_{X_1}(X_1 : X_2 : X_3)$等都可由式(2.21)所有项对同一变量或向量取条件熵而得

$$T_{S^1,X_2}(X_3 : S^4) = H_{S^1,X_2}(X_3) + H_{S^1,X_2}(S^4) - H_{S^1,X_2}(X_3, S^4)$$

所有转移和条件转移都是非负的。利用其可加性质，可将变量群之间整体关系或约束按上面讨论的熵或约束的划分方式来加以划分。例如：

$$T(X_1:X_2:X_3:X_4)=T(X_1:X_2)+T(X_3:X_4)+T(X_1,X_2:X_3,X_4)$$

将四个变量系统内的约束分成 $S^1=X_1$，X_2，$S^2=X_3$，X_4 内的约束和 S^1 与 S^2 之间的约束。

关于熵和转移已建立了许多恒等式，这里不具体列出。但有一个重要的规则，统一下标规则，是十分有用的。该规则断定：如果在一个恒等式中，每一项加上相同的下标，则恒等式仍然成立。例如式(2.19)，可表示为

$$T(X_1:X_2)\equiv H(X_1)-H_{X_2}(X_1)$$

整个式子加以下标 X_2，则得到新的恒等式：

$$T_{X_2}(X_1:X_2)\equiv H_{X_2}(X_1)-H_{X_2}(X_1)=0$$

注意到双重下标是不需要的。

虽然上述定义的熵和转移在度量动态系统变量取值范围或可变性和相关性方面非常有用，但把它们用于系统过去历史在多大程度上约束当前值的这样动态系统时仍有缺陷。其缺陷的根本原因在于这种历史性约束没有反映在计算的概率和联合概率中。这样，历史信息在减少不确定性方面的利用就被浪费了。

信息论在处理动态系统方面的缺陷可以用定义几个新变量来克服。新变量表明了当前变量的以前形式。但定义熵率更容易些。即 X 对它所有以往值取条件熵。熵率是在一序列中每次观测带的信息。因此，一个长序列$\{X(t),\ X(t+1),\ \cdots,\ X(t+m-1)\}$中的总的不确定性，(近似地)等于该熵率乘上序列长度。由此，熵率 $\overline{H}(X)$ 定义为

$$\overline{H}(X)=\lim_{m\to\infty}\frac{1}{m}\{X(t),\ X(t+1),\ \cdots,\ X(t+m-1)\} \tag{2.22}$$

其单位为每步位数(bit/step)。条件熵率为

$$\overline{H}_{X_1}(X_2)=\overline{H}(X_1,\ X_2)-\overline{H}(X_1)$$

它是每步 X_2 的不确定性，即完全知道 X_1(过去、现在和将来的情况下)的条件熵率。转移率 $\overline{T}(X_1:X_2)$定义为

$$\begin{aligned}T(X_1:X_2)&=\overline{H}(X_1)+\overline{H}(X_2)-\overline{H}(X_1,\ X_2)\\&=\overline{H}(X_1)-\overline{H}_{X_2}(X_1)\\&=\overline{H}(X_2)-\overline{H}_{X_1}(X_2)\end{aligned}$$

这是动态变量之间所保持的每步约束，也是动态变量相关的真实度的极好度量，又是通信工程师力图使其极大化的量(X_1 相当于所发送的消息流，X_2 相当于所接收的消息流)。

熵率和转移率是了解动态系统很好的工具。熵率是度量一个变量或子系统不确定性或不可预测的行为；而转移率则是度量变量间或子系统间的相关性。为了生存，任何重要的机体(譬如生物组织、公司、大学、政府等)必须从它的环境中接收信息，并执行与环境相适应的合理行为。所以，度量这种关系的 $\overline{T}$(环境：行为)是机体重要的生存参数，并且是一个适应能力的限制。因为任何系统的 $\overline{T}$(输入：输出)由系统的通道容量 C 决定了它的上限，所以可以推断，进化就表现为生存机体保证有足够的通道容量来执行动作，或者力图以不足的容量来执行动作以适应外界环境。

下一节提出递阶智能控制理论借以建立的一个重要规律——信息率划分定律。

2.4.2 信息率划分定律

为了引出信息率划分定律，需要几个恒等表达式：

$$T(S^1 : S^2) = H(S^1) - H_{S^2}(S^1) = H(S^2) - H_{S^1}(S^2) \tag{2.23}$$

$$\begin{aligned} T(S^1 : S^2 : \cdots : S^n) &\equiv \sum_{t=1}^{n} H(S^i) - H(S^1, S^2, \cdots, S^n) \\ &= \sum_{t=1}^{n} H(s^i) - H(S) \end{aligned} \tag{2.24}$$

$$T(S^1 : S^2, S^3) = T(S^1 : S^2) + T_{S^2}(S^1 S^3) \tag{2.25}$$

对 $T(E : S)$，这里 $S=S_o$，S_{int}，由式(2.23)和(2.21)有

$$\begin{aligned} T(E : S) &= T(E : S_o : S_{int}) = H(S) - H_E(S) \\ &= T(E : S_o) + T_{S_o}(E : S_{int}) \end{aligned}$$

利用上面恒等式(2.24)，消去 $H(S)$，得

$$\sum_{j=1}^{n} H(X_j) - T(X_1 : X_2 : \cdots : X_n) - H_E(S) = T(E : S_o) + T_{S_o}(E : S_{int})$$

利用比率和下标统一的法则，可得

$$\sum_{j=1}^{n} \overline{H}(X_j) = \overline{T}(E : S_o) + \overline{T}_{S_o}(E : S_{int}) + \overline{T}(X_1 : X_2 : \cdots : X_n) + \overline{H}_E(S) \tag{2.26}$$

式(2.26)就是信息率划分定律的一般形式，因为它把上式左边的和分成右边几个非负的量。为了表示方便，可以把式(2.26)中各项给以名称和符号：

$F = \sum_{j=1}^{n} \overline{H}(X_j)$	总的信息流率
$F_t = \overline{T}(E : S_o)$	吞吐率
$F_b = \overline{T}_{S_o}(E : S_{int})$	阻塞率
$F_c = \overline{T}(X_1 : X_2 : \cdots : X_n)$	协调率
$F_n = \overline{H}_E(S)$	噪声率

这种信息率划分定律可以写成

$$F = F_t + F_b + F_c + F_n \tag{2.27}$$

下面对各项的物理意义作一定的解释。

总流率 F 是各变量流率之和，如果忽略变量间的关系，它就代表 S 中总的(非确定性)行为(或活动)。因为每一 X_j 假定为(可能是噪声) E 和 S 中其他变量的函数，并且可以看做是计算该函数的实体，所以可以把 F(不太严格地)看成是发生在 S 中的"计算"总量。由式(2.26)或式(2.27)，F 限定了各个 F_t、F_b、F_c 和 F_n 以及它们的和。因此，它也代表了所有信息率的总体上限。

吞吐率 F_t 度量了 S 输入—输出的流率。或者说，S 作为通道，F_t 度量了通过 S 每步的位数，或 S 的输入和输出间关联的强度。这个比率对于 S(作为机体)的生存是十分重要的。作为一个目标，生存就要支配某个最小的 F_t。按照定义，S 的通道容量 C_s 是 F_t 的最小上限。区分输出率(S_o)与吞吐率 F_t 间的差别是重要的，因为如果 S 是信息发生器，则 $\overline{H}(S_o)$ 可能会超过 F_t。而吞吐量仅仅是与输入 E 有关的输出部分。

阻塞率 F_b 是 S 内有关输入 E 信息被阻塞的比率，且不允许影响输出。为了明白起见，可将 F_b 展开，由式(2.23)：

$$F_b = \overline{T}_{S_o}(E : S_{int}) = \overline{H}_{S_o}(E) - \overline{H}_{S_o, S_{int}}(E)$$

注意到 S_o，$S_{int}=S$，把上式加减(E)，得

$$F_b = [\overline{H}(E) - \overline{H}_S(E)] - [\overline{H}(E) - \overline{H}_{S_o}(E)]$$
$$= \overline{T}(E:S) - \overline{T}(E:S_o)$$

$\overline{T}(E:S)$度量E和整个系统S之间的关系，或者说是E对S的影响，也可以说是S携带有关E的信息。$\overline{T}(E:S_o)$是同样的，但只是对S的输出子系统。因此，F_b是S所带的而S_o没有的关于E的信息，即由S_{int}所带的关于E的信息，但并不反映在输出中。其基本思想是：一般来说，E以不影响S_o的方式作用于S_{int}，而F_b是系统S内信息阻塞的一种度量。通常一个系统，在接收环境信息的过程中，往往有滤波器滤去不需要的信息(如噪声)，只允许所需的信息作用到输出，F_b就反映了这个信息阻塞的过程。

协调率F_c是S中所有变量之间总协调的一种度量。正如$(X_1:X_2)$度量两个变量之间的约束、关系和协调量一样，F_c是度量所有变量之间的约束、关系和协调量。一般来说，把全局约束分解成每个约束之和是不太可能的。然而，通过分解或划分规则，有可能把F_c表示成由几个松耦合子系统组成的分解式。

总体(全局)约束率可以被看成是S内部的通信率，允许S按整体而不是以各独立部分之和来工作。当S面对非常复杂的问题时，就要求有系统内部信令。而且，为了成功地与问题相适配，所需的最小F_c可以解释为问题复杂性的适应，即为了成功地求解问题S，各部分之间所需的全局合作。

噪声率F_n是S输入完全知道后，有关S每步不确定性的总量。显然，它与内部产生的信息相对应，或者有些人把它当作“自由意志”率。因为它与无明显原因所产生的行为相对应(至少不是由于已知的环境影响E)。如果输出率(S_o)超过了吞吐率$(E:S_o)$，则其差就构成了F_n部分。它可以看成类似于信道的噪声——不是由输入消息造成的输出消息(message)。当$F_n=0$时，系统就成为确定性的，这时有

$$F = F_t + F_b + F_c \tag{2.28}$$

2.4.3 对递阶智能控制系统的信息流分析

根据2.3节中的论述，递阶智能控制系统可以分成三级，即组织级、协调级和执行级，它们之间的关系重新画于图2.12。这个系统可以看做是一个动态系统(DS)。它由三个子系统构成：S_o，S_c，S_E，所以

$$DS = \{S_o, S_c, S_E\} \tag{2.29}$$

每一个子系统都有其自己的模型。最一般的组织级模型为

$$S_o = \{u_j, f_{co}, S_{oi}, Y^f\} \tag{2.30}$$

式中，u_j是送到组织级的已编译的输入命令；f_{co}是执行所需作业之后，由协调级返回到组织级的离线反馈信息，一般当作组织级附加的外部输入；S_{oi}是组织级所有内部状态变量的集合；Y^f是输入到协调级的组织级的输出(最大可能的、最终规划)。协调级与执行级的模型也可以同样方式来定义：

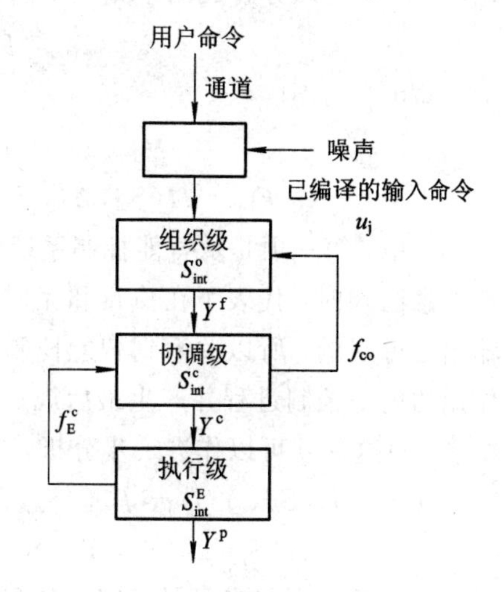

图2.12　智能系统框图

$$S_c = \{Y^f, f_{Ec}, S_{ci}, Y^c\}$$
$$S_E = \{Y^c, S_{Ei}, Y^p\}$$

参照图 2.12，式中各符号的定义就十分清楚。

假定编译命令统计上是独立的，那么根据2.4.2 节的原则就确定了所有的比率。

对于整个三级递阶智能控制系统，信息率的划分定律描述了系统内部的知识（信息）流；阐述了为选择合适的知识处理对智能控制系统的要求，对无关知识的舍弃，级间和级内的内部协调；尽可能准确地执行所需作业的内部控制策略；存储器交换过程的协调以及吞吐量。以上这些需求是可加的，因此它们都要争用智能控制系统的计算资源。智能控制系统可缩写为

$$F = F_t + F_b + F_c + F_n' + F_D \tag{2.31}$$

式中 F 表示通过控制系统的总的活动率。它分解成总的吞吐率 F_t、阻塞率 F_b、协调率 F_c、外部噪声率 F_n'、内部控制率 F_D。当最后二项合并起来时，$F_n = F_D + F_n'$，就是 2.4.2 节中系统内部总的噪声率。从数学上，各项定义如下。

智能控制系统总的活动率 F 表示为所有内部变量的熵率：

$$F = \sum_{S_i} \overline{H}(S)$$

$$S_i = (S_{oi}, S_{ci}, S_{Ei}, Y^f, Y^c, Y^p) \tag{2.32}$$

当所有外部输入，即编译输入命令和反馈信息都已知时，总噪声率代表智能控制系统变量所存在的不确定性。它可表达为

$$F_n = \overline{H}(S_{oi}, Y^f, S_{ci}, Y^c, S_{Ei}, Y^p/u_j, f_{co}, f_{Ec}) \tag{2.33}$$

式中，$F_n = \overline{H}(S_{oi}, Y^f, S_{ci}, Y^c, S_{Ei}, Y^p/u_j, f_{co}, f_{Ec})$与$\overline{H}_{u_j, f_{co}, f_{Ec}} = (S_{co}, Y^f, S_{cI}, Y^c, S_{Ei}, Y^p)$写法是等效的。以下类同。

要注意，这里的噪声项不像通信中那样并非一定是不希望有的。要把它考虑在内，并把它当作由智能控制系统供给的内部产生信息，作为补充输入，用在内部的决策过程。一般地，噪声项可以分解成两个完全不同的量，即内部控制 F_D和外部噪声 F_n'，即

$$F_n = F_n' + F_D \tag{2.34}$$

式(2.34)中：

$$F_n' = \overline{H}(Y^p/u_j, f_{co}, f_{Ec}) \tag{2.35}$$

$$F_D = \overline{H}(S_{oi}, Y^f, S_{ci}, Y^c, S_{Ei}, Y^p/u_j, f_{co}, f_{Ec}, Y^p) \tag{2.36}$$

式(2.34)中，第一项是从智能控制系统输出直接可观测到的，且在组织级编译输入命令和反馈信息已知时，代表了在执行和完成所需作业中的不确定性。因为这一项在智能控制系统输出是可观的，所以关系到智能控制系统完成作业的精确度。第二项，F_D代表三个级相互作用的内部控制过程并产生最后规划，且对所需的作业提出和执行与所选规划相应的实际控制。对这一项可以作进一步分析，以了解智能控制系统各级的内部控制过程：

$$F_D = \overline{H}(S_{oi}, Y^p/u_j, f_{co}, f_{Ec}, Y^p) + \overline{H}(S_{ci}, Y^p/u_j, S_{oi}, Y^f, f_{co}, f_{Ec}, Y^p)$$
$$+ \overline{H}(S_{Ei}/u_j, S_{oi}, Y^f, S_{ci}, Y^c, f_{co}, f_{Ec}, Y^p) \tag{2.37}$$

式(2.37)各项分别代表了尽可能完整和适宜的组织级规划所必须的内部控制过程；在最佳规划 Y^f和所有输入及输出都已知情况下，与协调级有关的内部控制过程；所有其他变量都

已知时，关于执行级的内部策略。由式(2.31)所引出的式(2.32)和(2.33)不是唯一的。根据特殊的应用问题，可以导出等效的 F_n 表达式。在一定的约束下，即熵率之和不超过 F_n，则在外部噪声和内部控制策略之间寻求折中是有好处的，也是很重要的。

智能控制系统的总的吞吐率是代表系统输出与编译输入命令和反馈信息之间关系的一个度量，它可表示成

$$F_t = \overline{T}(u_f, f_{co}, f_{Ec}, Y^p) \tag{2.38}$$

由式(2.23)和(2.35)，它可分成如下二项：

$$F_t = \overline{H}(Y^p) - F_n' \tag{2.39}$$

上式第一项说明与执行级过程功能有关的不确定性。在机器人控制中，即是不存在有关输入和所选规划的知识时，机器人手臂的机械运动。在过程控制中，即为控制对象的输出。

智能控制系统的总的阻塞率可以看做是不包含在系统输出但加到系统输入的信息量，它表示成

$$F_b = \overline{T}(u_j, f_{co}, f_{Ec} : Y^f, S_{oi}, Y^c, S_{ci}, S_{Ei}/Y^p) \tag{2.40}$$

上式进一步分成二项：

$$F_b = \overline{H}(u_j, f_{co}, f_{Ei}/Y^p) - F_D \tag{2.41}$$

式中第一项表示当执行级的过程为已知时，关于编译输入命令和有关反馈的联合的不确定性。

智能控制系统的协调率表示智能控制系统内部信息(知识的处理)的转移，即智能控制系统所有内部变量相互约束的总量。它表达为

$$F_c = \overline{T}(S_i : Y^p) \tag{2.42}$$

它可以分解为组织级、协调级和执行级内部的协调 F_c^o、F_c^c 和 F_c^E 以及加上三级之间的协调，即

$$F_c = F_c^o + F_c^c + F_c^E + T(S_o : S_c : S_E) \tag{2.43}$$

式(2.43)的最后一项进一步简化为

$$\begin{aligned}\overline{T}(S_o : S_c : S_E) &= \overline{T}(S_o : S_c) + \overline{T}(S_o : S_c : S_E) \\ &= \overline{H}(S_c) - \overline{H}(S_c/S_o) + \overline{H}(S_E) - \overline{H}(S_E/S_o, S_c)\end{aligned} \tag{2.44}$$

式中，

$$\overline{T}(S_o : S_c) = \overline{H}(S_c) - \overline{H}(S_c/S_o) \tag{2.45}$$

$$\overline{T}(S_o : S_c : S_E) = \overline{H}(S_E) - \overline{H}(S_E/S_o, S_c) \tag{2.46}$$

式(2.45)二项之差说明组织级与协调级之间的相互作用。$\overline{H}(S_c)$表示与如何建立(和执行)任何控制问题有关的协调级的不确定性，而 $\overline{H}(S_c/S_o)$说明在组织级收到信息的基础上如何提出和执行一个特定控制问题的不确定性。式(2.46)中的二项之差说明执行与协调级之间的互作用。$\overline{H}(S_E)$表示与任何控制问题实际执行有关的执行级的不确定性，而 $\overline{H}(S_E/S_o, S_c)$表示由组织级规划并由协调级提出的与控制问题执行有关的不确定性。

关于存储器的交换过程已嵌入在本节所提出的一般表达式中，其特定的表达式与存储存取方式(即长期、短期、或永久、暂时)有关。这里不再详细讨论。

应该指出，信息率划分的分解并不是唯一的。根据特殊的应用问题，可以有其他相似

但等效的划分方法。对于智能控制系统各级的信息关系也可以按同样的原则予以描述，这将涉及各级的具体结构，限于篇幅，这里不作介绍，有兴趣的读者可参阅所列的参考文献[12]、[13]。

总之，基于熵和熵率的理论和方法，对于定量地、统一地分析智能控制系统的行为性具有重要的应用价值，如何把这种信息论方法和传统的控制理论及系统论结合起来仍有很多工作可做。

习题与思考题

1. 递阶智能控制系统结构和理论的核心是什么？它与一般大系统的递阶结构有什么区别？

2. 试用熵的概念分析协调级各决策变量的不确定性和概率。（提示：可参照书中对组织级的分析。）

3. 试证明以下恒等式：

(1) $T(S^1 : S^2) = H(S^1) - H_{S^2}(S^1) = H(S^2) - H_{S^1}(S^2)$

(2) $T(S^1 : S^2 : \cdots : S^N) = \sum_{i=1}^{N} H(S^i) - H(S)$

(3) $T(S^1 : S^2, S^3) = T(S^1 : S^2) + T_{S^3}(S^1 : S^2)$

参 考 文 献

[1] Brooks R A. Intelligent Without Reason. IJCAI，'91 Proceedings of the Twelth International Conference on Artificial Intelligence，Sydney，1991：569-595

[2] Albus J S. Outline for A Theory of Intelligence. IEEE Trans. on Systems，Man，and Cybernetics，1991，21(3)：473-509

[3] Astrom K J. Where is the Intelligence in Intelligent Control. IEEE Control Systems，1991，1：37-38

[4] Antsaklis K P. Passino K M and Wang S J. An Introduction to Autonomous Control Systems. IEEE Control Systems，June 1991：5-13

[5] Valavanis K P，Saridis G N. Information Theoretic Modeling of Intelligent Robotic Systems. IEEE Trans. on Systems，Man，and Cybernetics，1974，1：9-18

[6] Conant R C. Information Flow in Hierarchical Systems. Int. J. General Systems，1974，1：9-18

[7] Conant R C. Laws of Information Which Govern Systems. IEEE Trans，on Systems，Man，and Cybernetics，1986，6(4)：240-255

[8] Saridis G N，Valavanis K P. Mathematical Formulation for the Organization Level of Intelligent Machines. Proc. Conference of Robotics and Automati on，San Francisco，CA，Apr. 1986，4：267-272

[9] Saridis G N，Valavanis K P. Analytical Design of Intelligent Machines，Automatica，Feb. 1968，2，123-133

[10] Valavanis K P，Saridis G N. Architectural Models for Intelligent Machines. Proc. 28th CDC，Athens，Greece，1988

[11] Saridis G N. Entropy Formulation of Optimal and Adaptive Control. IEEE Tran. on AC, 1988, 33(8): 713-721
[12] Wang F, Saridis G N. A Model for Coordination of Intelligent Machine Using Petri Nets. Proce. of IEEE International Symposium on Intelligent Control, Arlington Virginia, 1988: 28-33
[13] Saridis G N. Analytic Formulation of Intelligent Machines as Neural Nets. Proc. of IEEE International Symposium on Intelligent Control, Arlington Virginia, 1989: 22-28
[14] 蔡自兴. 智能控制. 北京: 电子工业出版社, 1990
[15] 高峰, 李人厚. 复杂控制系统智能化建模方法及应用. 信息与控制, 1993(5): 267-273

第3章 基于模糊推理的智能控制系统

基于规则的智能控制主要有两大类，即模糊控制和专家系统控制。本章讨论模糊控制的原理、设计和应用。关于专家控制系统的原理、设计和应用问题，读者可参阅有关的文献和资料，本书限于篇幅不作专门论述。这两类智能控制在知识获取，知识表示，推理机制以及知识库、规则库构造等方面有很多类似之处，但它们的理论基础却是不同的。前者以模糊数学为基础，而后者却来源于人工智能。在应用上是相互交叉的，各有其特点。在构成智能控制器或系统时双方都从对方借鉴有益的成果，而且有时可结合在一起。近年来又由于人工神经元网络的发展，各自都可与神经元网络结合，产生新一代的智能控制系统。

3.1 模糊控制系统的基本概念与发展历史

自从1965年美国加里福尼亚大学控制论专家Zadeh提出模糊数学以来，其理论和方法日臻完善，并且广泛地应用于自然科学和社会科学各领域。把模糊逻辑应用于控制则始于1972年。

模糊控制建立的基础是模糊逻辑，它比传统的逻辑系统更接近于人类的思维和语言表达方式，而且提供了对现实世界不精确或近似知识的获取方法。模糊控制的实质是将基于专家知识的控制策略转换为自动控制的策略。它所依据的原理是模糊隐含概念和复合推理规则。经验证明，在一些复杂系统，特别是系统存在定性的、不精确和不确定信息的情况下，模糊控制的效果常优于常规的控制。

有关模糊控制器和系统的设计与分析，大多建立在经验基础上，至今还缺乏系统的理论指导。但是近几年来，对模糊系统的动态建模以及稳定性的分析已引起很多学者的注意，研究出了不少成果，人们企图在模糊智能控制系统方面建立较完整的理论、分析方法和工具，以进一步推广模糊控制器和系统的应用。

很多国家，尤其在日本，模糊控制器已成为产品，用于控制摄像机的自动聚焦；用于家用电器，如模糊吸尘器(被吸表面的自动辩识)、模糊空调器(自动调节温度，节能30%)、模糊洗衣机(自动调节洗衣时间及洗衣剂量)；还用于电梯控制(乘客平均等待时间减少20%～30%)。近来还进一步用于地铁火车的自动启动和制动，达到平稳、舒适和定位准确。利用模糊控制，日本已在横须贺港建立了集装箱吊车模糊控制系统。经验表明，这个系统只需一个非熟练的工人操作，每小时可装载30个集装箱，这相当于一个非常熟练工人操作所能达到的水平。

正是因为模糊控制技术在各方面的成功应用，基于模糊推理的智能控制系统越来越受到工程技术人员和学者的青睐，也使得模糊控制得到了飞速的发展。

3.2　模糊集合与模糊推理

3.2.1　模糊集合

经典或精确的集合具有精确的边界，譬如，实数大于 6 的精确集合可以表示为

$$A = \{X \mid X > 6\} \tag{3.1}$$

式中边界没有任意性，大于 6 属于集合 A；小于 6 不属于集合 A。这里也可以引入隶属函数 $\mu_A(X)$，

$$\mu_A(X) = \begin{cases} 1 & \text{如果 } X \in A \\ 0 & \text{如果 } X \notin A \end{cases}$$

虽然精确集合适用于不同的应用领域，并且是数学和计算机科学的重要工具，但它不能反映人的思维方法和概念。人们在表达某一事物或对象时，往往是抽象的和不精确的。譬如我们说这个人"个儿高"或"个儿矮"，它所指的没有精确界限，不能说身高 1.80 米的人是"高"，而 1.79 米就"矮"。所以"高"与"矮"之间的界限是模糊的、平滑的。其他如"温度高"，"自来水冷"等也同样是不精确的概念。因此，需要用一种模糊集合来描述，这种集合没有精确的边界，从"属于一个集合"到"不属于一个集合"是逐渐过渡的。它体现了用语言表达一种事物的灵活性和多样性。现在我们定义模糊集合及其相关的基本术语。

定义 3.1　模糊集合和隶属函数

如果 X 是对象 x 的论域，则在 X 的模糊集合 A 定义为有序对的集合，即

$$A = \{(x, \mu_A(x) \mid x \in X\} \tag{3.2}$$

式中 $\mu_A(x)$称为模糊集 A 的隶属函数(或简写为 MF)。MF 把 X 中每一个元素映射成 0 与 1 之间的隶属度(或)隶属值。

显然，模糊集合是精确集合的简单推广，后者的隶属函数的值只允许有 1 或 0；而模糊集的隶属函数可以在 0 与 1 之间连续变化。

式(3.2)中 X 称作论域，或简称为域。它可以由离散(有序或无序)对象或连续空间组成。

例：令 X={上海，北京，西安}为人们可能的居住城市的集合。则模糊集合 C="希望居住的城市"可表示为：

$$C = \{(\text{上海}, 0.8), (\text{北京}, 0.9), (\text{西安}, 0.5)\}$$

显然 X 的论域是离散的，它包含无序的对象。目前情况下是中国的三个城市。由上可见，上面列出的隶属度是十分主观的，换一个人就会有不同的三个值以反映他或她的偏好。

若令 $X=\{0, 1, 2, 3, 4, 5, 6\}$为一个家庭可选的拥有自行车的数目。则模糊集合 A="一个家庭合适的自行车数目"可表示为

$$A = \{(0, 0.1), (1, 0.3), (2, 0.7), (3, 1), (4, 0.7), (5, 0.3), (6, 0.1)\}$$

这里我们有一个离散的论域 X，模糊集合 A 的 MF 表示于图 3.1(a)，该模糊集的隶属度显然也是带有主观性的。

令 $X=\mathbf{R}^+$ 是人类可能年龄的集合，则模糊集合 B="年龄 50 岁左右"可表示成

$$B = \{x, \mu_B(x) \mid x \in X\}$$

式中

$$\mu_B(x) = \frac{1}{1 + \left(\frac{x-50}{10}\right)^4}$$

该 MF 表示在图 3.1(*b*)中。

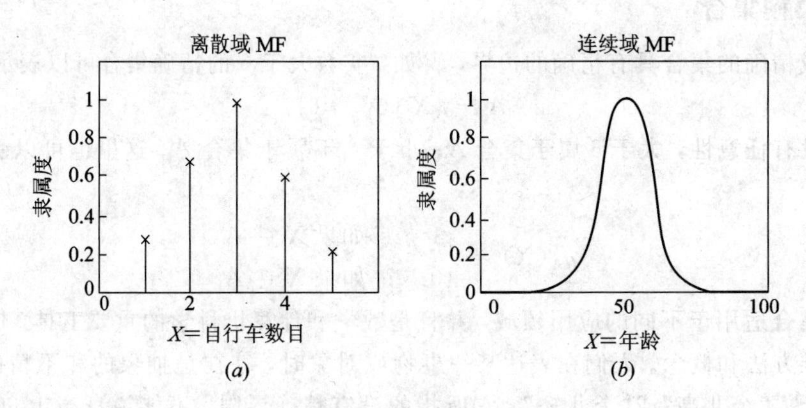

图 3.1　模糊集合

(*a*) *A*="一家拥有自行车合适数目"；(*b*) *B*="年龄 50 岁左右"

从上面这些例子中，我们知道了模糊集合的构造取决于两件事情：确立合适的论域和指定适当的隶属函数。隶属函数的指定是主观的。对同一概念，不同的人的所指定的隶属函数会有巨大的差别。这个主观性来源于个人在感受和表达抽象概念上的差异，这与随机性无关。所以模糊集合的主观性与非随机性是研究模糊集合和概率论的基本差别，后者是随机现象的客观处理。

为了简单，模糊集合还可表示为

$$A = \begin{cases} \sum_{x_i \in X} \mu_A(x_i)/x_i & X \text{ 为离散对象集合} \\ \int_X \mu_A(x)/x & X \text{ 为连续空间(通常为实轴 } R\text{)} \end{cases} \tag{3.3}$$

这样，上述三个例子可以分别另外表示为：

$$C = 0.8/\text{上海} + 0.9/\text{北京} + 0.5/\text{西安}$$

$$A = 0.1/0 + 0.3/1 + 0.7/2 + 1.0/3 + 0.7/4 + 0.3/5 + 0.1/6$$

以及

$$B = \int_{R^+} \frac{1}{1 + \left(\frac{x-50}{10}\right)^4} / x$$

应注意的是，式(3.3)的求和号和积分号不是进行求和或积分，而是代表(x, $\mu_A(x)$)对的并。同样，/只是一个记号，决不是进行除法。

实际上，当论域 X 为连续空间时(实轴或它的子集)，我们往往将 X 划分成几个模糊集合，它们的 MF 大体上以一致的方式覆盖 X，这些模糊集合通常具有一个与日常形容语言相符的名字，如"大"，"中"，"小"等，因此也被称作语言值或语言标识，论域 X 也常叫做语言变量。精确的语言变量的定义，由定义 3.7 给出。

定义 3.2　支集

模糊集合 A 的支集是 X 中 $\mu_A(x) > 0$ 所有 x 点的集合，

$$\text{支集}(A) = \{x \mid \mu_A(x) > 0\} \tag{3.4}$$

定义 3.3 核

模糊集合 A 的核是 X 中 $\mu_A(x)=1$ 的所有 x 点的集合

$$\text{核}(A) = \{x \mid \mu_A(x) = 1\} \tag{3.5}$$

定义 3.4 交叉点

模糊集合 A 的交叉点是一个 $\mu_A(x)=0.5$，$x\in X$ 的点

$$\text{交叉点}(A) = \{x \mid \mu_A(x) = 0.5\} \tag{3.6}$$

定义 3.5 模糊单点

支集是 X 的一个点，且 $\mu_A(x)=1$，这个模糊集称作为模糊单点。

图 3.2(a)和(b)表示了代表“中年”的钟形隶属函数的核、支集、交叉点，以及表征“45 岁”的模糊单点。

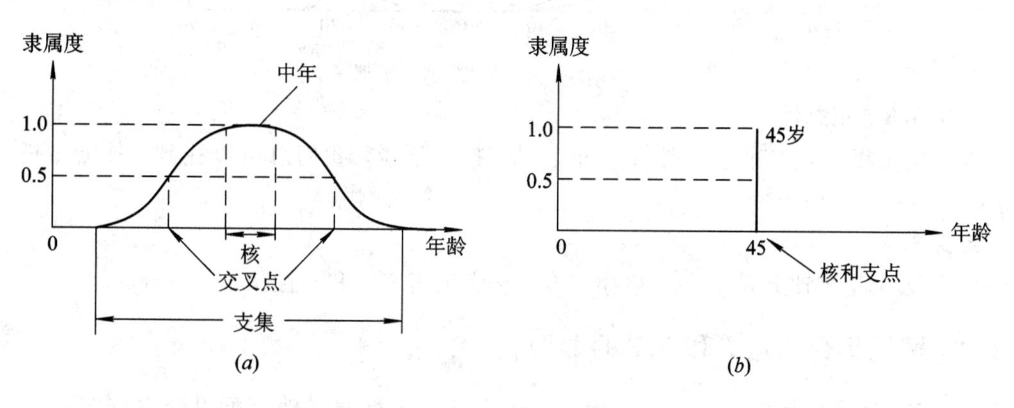

图 3.2 模糊集合的隶属度

(a) 模糊集合“中年”的核、支集和交叉点；(b)“45 岁”的模糊单点

定义 3.6 凸性

一个模糊集合 A 是凸的，当仅当对任何 x_1，$x_2\in X$ 和任何 $\lambda\in[0, 1]$，满足

$$\mu_A(\lambda x_1 + (1-\lambda)x_2) \geqslant \min\{\mu_A(x_1), \mu_A(x_2)\} \tag{3.7}$$

值得注意的是，模糊集合的凸性定义并不像普通的函数 $f(x)$ 凸性的定义那样严格，普通函数的凸性定义为

$$f(\lambda x_1 + (1-\lambda)x_2) \geqslant \lambda f(x_1) + (1-\lambda)f(x_2) \tag{3.8}$$

方程(3.8)要比式(3.7)更严格。

图 3.3 表示了两个凸的模糊集合。左边同时满足式(3.7)和(3.8)；而右边只满足式(3.7)。

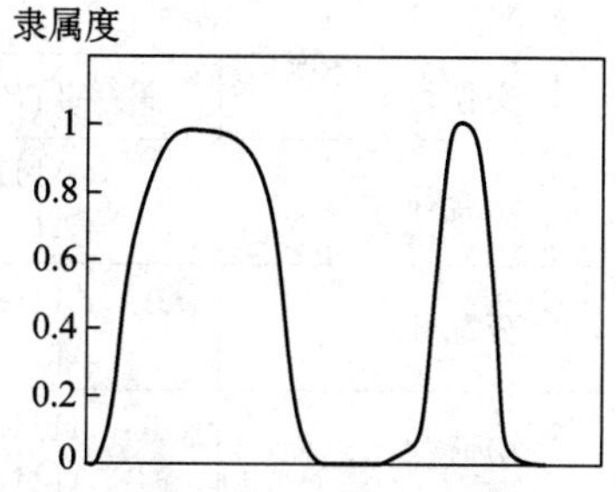

图 3.3 两个凸隶属函数

定义 3.7 语言变量

语言变量是以多元组(x，$T(x)$，X，G，M)为其特征的，其中 x 是变量的名称；$T(x)$是 x 术语的集合，即 x 的语言值名称的集合，每一个值定义在论域 X 中；G 是产生 x 值名称的句法规则；M 是与各值含义有关的语法规则。譬如，年龄当作语言变量，名称为年龄，则它的术语集合 T(年龄)可以是：

T(年龄)＝{年轻，不年轻，很年轻，不很年轻，

中年，非中年，…，

老年，不老，很老，也许老，不很老，…}

式中，T(年龄)中每一项由论域＝{0，90}中一个模糊集合来表征，如图 3.4 所示。句法规则是术语集 T(年龄)语言值产生的方法；语法规则定义了术语集中每一语言值的隶属函数。图 3.4 中表示了几种典型的隶属函数。

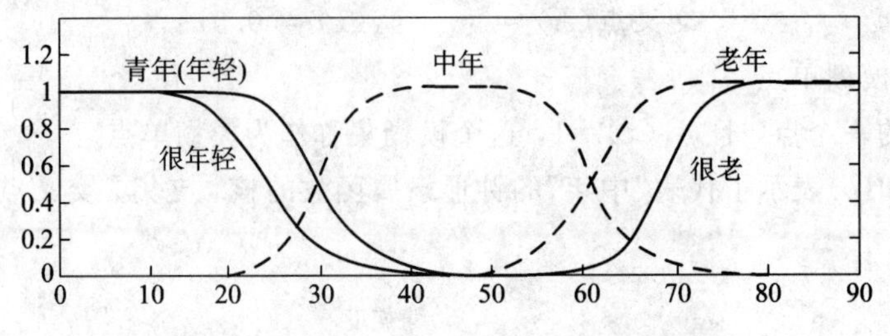

图 3.4　术语集 T(年龄)典型的隶属函数

定义 3.8　正态性

如果模糊集 A 的核非空，则 A 是正态的。换句话说，我们总可以找到一个点 $x\in X$，使 $\mu_A(x)=1$。

定义 3.9　模糊数

模糊数 A 是实轴上 R 的一个模糊集合，它满足正态性和凸性。

3.2.2　模糊集合的运算和 MF 的参数化

并、交、补是精确集合最基本的运算，在这三个运算的基础上可以建立许多恒等式，如表 3.1 所示。

表 3.1　精确集合的基本运算

矛盾律	$A\cap\overline{A}=\varnothing$
排中律	$A\cup\overline{A}=X$
幂等性	$A\cap A=A$, $A\cup A=A$
对　合	$\overline{\overline{A}}=A$
交换律	$A\cap B=B\cap A$, $A\cup B=B\cup A$
结合律	$(A\cup B)\cup C=A\cup(B\cup C)$ $(A\cap B)\cap C=A\cap(B\cap C)$
分配律	$A\cup(B\cap C)=(A\cup B)\cap(A\cup C)$ $A\cap(B\cup C)=(A\cap B)\cup(A\cap C)$
吸收律	$A\cup(A\cap B)=A$ $A\cap(A\cup B)=A$
补的吸收	$A\cup(\overline{A}\cap B)=A\cup B$ $A\cap(\overline{A}\cup B)=A\cap B$
德·摩根律	$\overline{A\cup B}=\overline{A}\cap\overline{B}$ $\overline{A\cap B}=\overline{A}\cup\overline{B}$

注：A、B、C 为精确集合，$\overline{A}$，$\overline{B}$，$\overline{C}$ 为它们的补，X 为论域。

与精确集合的并、交、补的运算相对应，模糊集合也有相似的运算，在引出三个模糊集合的基本运算之前，我们先定义包含的概念，此概念不论在模糊集合还是在精确集合都起重要的作用。

定义 3.10　包含或子集

仅且仅当对所有 x，$\mu_A(x) \leqslant \mu_B(x)$，则模糊集合 A 被包含在模糊集合 B 中，或等效地说，A 是 B 的子集，或 A 等于或小于 B。符号上可写成：

$$A \subseteq B \leftrightarrow \mu_A(x) \leqslant \mu_B(x) \tag{3.9}$$

图 3.5 表示了 $A \subseteq B$ 的概念。

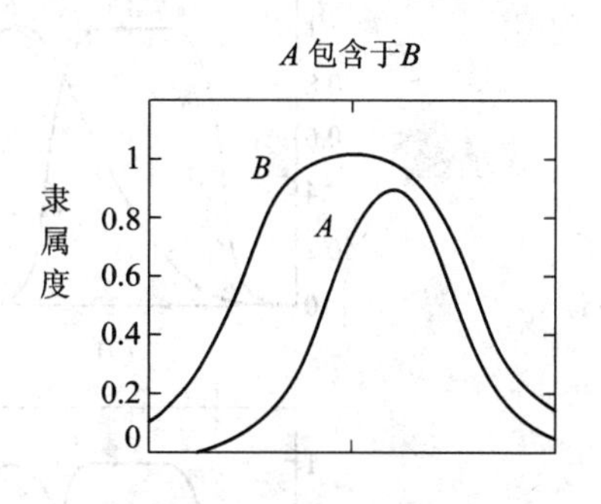

图 3.5　$A \subseteq B$ 的概念

定义 3.11　并(析取)

两个模糊集合 A 和 B 的"并"为模糊集合 C，写成 $C = A \cup B$，或 $C = A$ or B，其 MF 与 A 和 B 的关系为

$$\mu_C(x) = \max(\mu_A(x), \mu_B(x)) = \mu_A(x) \vee \mu_B(x) \tag{3.10}$$

更直觉但等效的"并"的定义为包含 A 和 B，因此也是包含 $A \cup B$ 的"最小"模糊集合。

定义 3.12　交(合取)

两个模糊集合 A 和 B 的"交"是模糊集合 C，写成 $C = A \cap B$ 或 $C = A$ and B，其 MF 与 A 和 B 的关系为

$$\mu_C(x) = \min(\mu_A(x), \mu_B(x)) = \mu_A(x) \wedge \mu_B(x) \tag{3.11}$$

显然，A 和 B 的"交"是被包含在 A 和 B 中"最大"的模糊集合。如果 A 和 B 是非模糊的，就变成一般交的运算。

定义 3.13　补(负)

模糊集合 A 的补表示 $\overline{A}$($-A$，非 A)，定义为

$$\mu_A(x) = 1 - \mu_A(x) \tag{3.12}$$

图 3.6 表示了这三种基本的运算。图 3.6 中(a)说明两个模糊集合 A 和 B；图(b)是 A 的补；图(c)是 A 和 B 的并；图(d)是 A 和 B 的交。

模糊集合除了上述的基本运算之外，还有更一般化的三角范式和协三角范式的并和交运算，在讨论这些运算之前，我们先对常用的一维和二维的隶属函数 MF 作参数化描述。

常用的一维 MF 有三角形、梯形、高斯型和钟形等几种，它们都可以用一组参数来描述。

(1) 三角形 MF：

$$\operatorname{trig}(x; a, b, c) = \begin{cases} 0 & x \leqslant a \\ \dfrac{x-a}{b-a} & a \leqslant x \leqslant b \\ \dfrac{c-x}{c-b} & b \leqslant x \leqslant c \\ 0 & c \leqslant x \end{cases} \tag{3.13}$$

或

$$\operatorname{trig}(x; a, b, c) = \max\left(\min\left(\frac{x-a}{b-a}, \frac{c-x}{c-b}\right), 0\right) \tag{3.14}$$

或中参数 a，b，c 确定了三角形 MF 三个顶的 x 坐标。图 3.7(a)表示了 trig(x; 20, 60, 80)的三角形 MF。

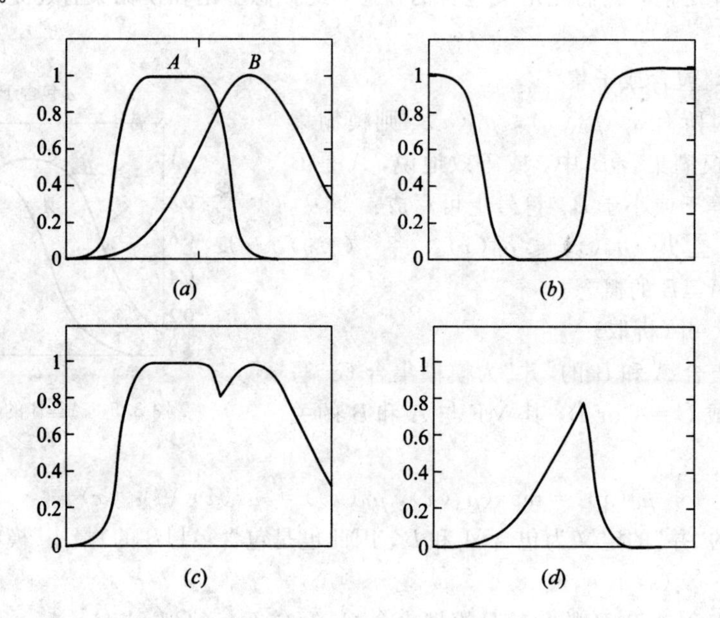

图 3.6　模糊集合的运算

(a) 两个模糊集合 A 和 B；(b) $\overline{A}$；(c) $A\cup B$；(d) $A\cap B$

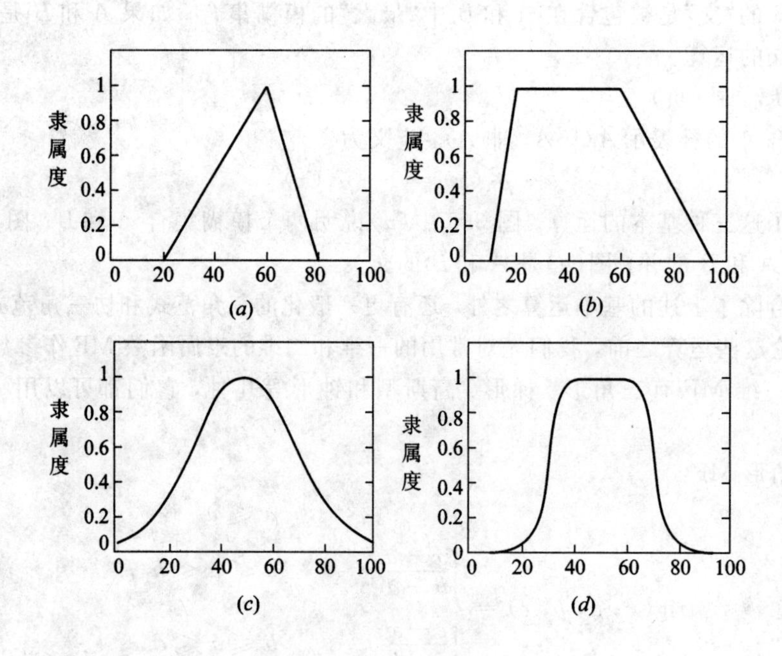

图 3.7　四种参数化 MF

(a) 三角形 trig(x; 20, 60, 80)；(b) 梯形 trap(x, 10, 20, 60, 95)；

(c) 高斯 g(x; 50, 20)；　　(d) 一般钟形 bell(x; 20, 4, 50)

（2）梯形 MF：

$$\operatorname{trap}(x;\ a,\ b,\ c,\ d)=\begin{cases}0 & x\leqslant a\\ \dfrac{x-a}{b-a} & a\leqslant x\leqslant b\\ 1 & b\leqslant x\leqslant c\\ \dfrac{d-x}{d-c} & c\leqslant x\leqslant d\\ 0 & d\leqslant x\end{cases}\tag{3.15}$$

或

$$\operatorname{trap}(x;\ a,\ b,\ c,\ d)=\max\left(\min\left(\frac{x-a}{b-a},\ 1,\ \frac{d-x}{d-c}\right),\ 0\right)\tag{3.16}$$

式中参数 a，b，c，d 确定了梯形四个角的 x 坐标。当 $b=c$ 时，梯形就演化成三角形。图 3.7(b)表示了 trap(x；10，20，60，95)的梯形 MF。

（3）高斯型 MF：

$$g(x;\ c,\ \sigma)=e^{-\frac{1}{2}\left(\frac{x-c}{\sigma}\right)^2}\tag{3.17}$$

高斯 MF 完全由 c 和 σ 决定；c 代表 MF 的中心；σ 决定了 MF 的宽度。图 3.7(c)画出了 g(x；50，20)的高斯 MF。

（4）一般化的钟形 MF：

$$\operatorname{bell}(x;\ a,\ b,\ c)=\frac{1}{1+\left|\dfrac{x-c}{a}\right|^{2b}}\tag{3.18}$$

式中参数 b 通常是正的；如 b 为负，钟形将倒过来。钟形 MF 实际上是概率论中柯西(Cauchy)分布的推广，所以也叫做柯西 MF。图 3.7(d)中表示了 bell(x；20，4，50)的一般化钟形 MF。

由于高斯型和钟形 MF 的平滑性和概念精确，所以在模糊集合的运算中应用日益广泛。钟形 MF 的参数的几何意义表示于图 3.8 中。

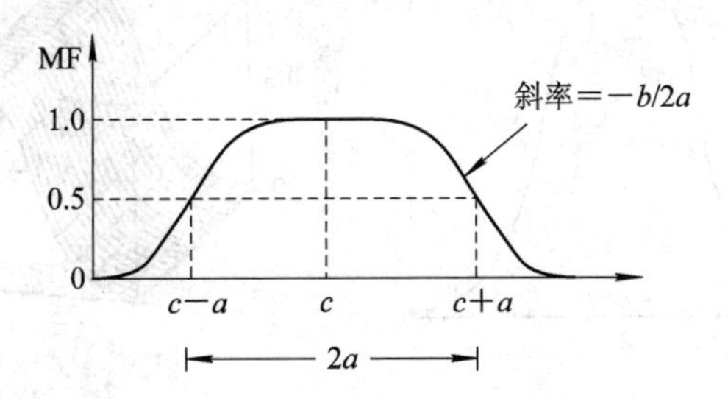

图 3.8　钟形 MF 参数的几何意义

适当地选择参数集{a，b，c}可以获得所需的钟形 MF。调节 c 和 a，可以改变 MF 的中心和宽度；用 b 来控制 MF 交叉点上的斜率。图 3.9 表示了参数改变对 MF 的影响。

有时，我们需要利用具有两个输入的 MF，每个输入处在不同的论域，这种 MF 称之为二维 MF；而普通的 MF 称为一维的 MF。把一维 MF 扩展成二维 MF 的一种方法是通过圆柱扩展。其定义如下：

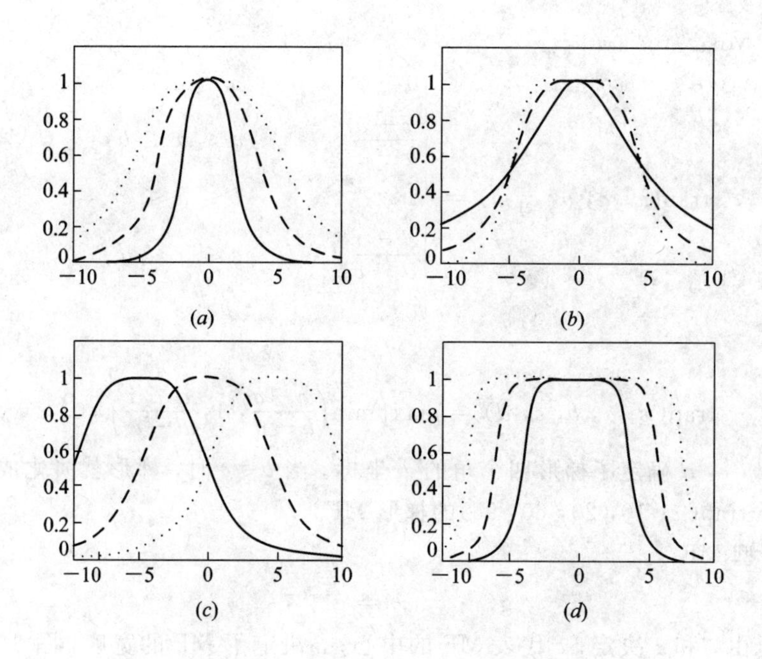

图 3.9　钟形 MF 参数改变对 MF 的影响

(a) 改变"a"；(b) 改变"b"；(c) 改变"c"；(d) 同时改变 a 和 b

定义 3.14　一维模糊集合的圆柱扩展

如果 A 是 X 中的一个模糊集合，则它在 $X\times Y$ 中的圆柱扩展是一个模糊集合 $C(A)$，定义为

$$C(A)=\int_{X\times Y}\mu_A(x)/(x,\ y) \tag{3.19}$$

通常 A 当作模糊基集。圆柱扩展的概念表示于图 3.10。由图可见，A 的圆柱扩展就是沿 Y 轴将 A 伸展。

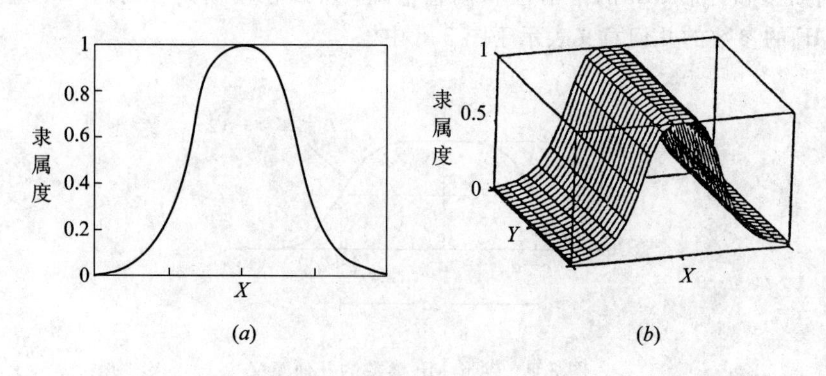

图 3.10　圆柱扩展的概念

(a) 基集 A；(b) A 的圆柱扩展

定义 3.15　模糊集合的投影

令 R 为 $X\times Y$ 的二维模糊集合，则 R 在 X 和 Y 的投影定义分别为

$$R_X=\int_X[\max_y \mu_R(x,\ y)]/x$$

和

$$R_Y = \int_Y [\max_x \mu_R(x, y)]/y$$

图 3.11 表示了二维 MF 投影的概念，其中图(a)是二维 MF；图(b)是在 X 上的投影；图(c)是在 Y 上的投影。

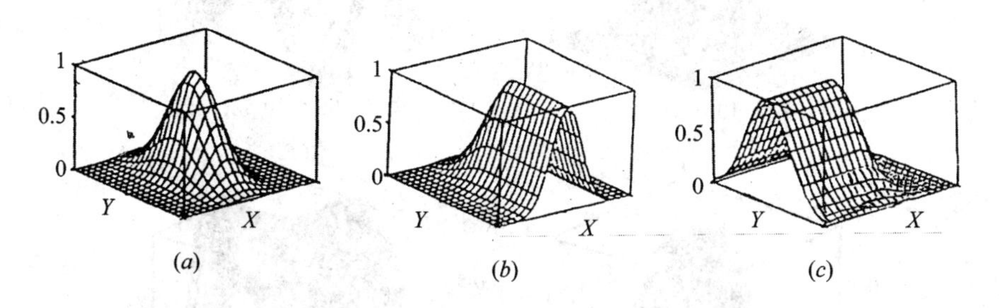

图 3.11　二维 MF 的投影

(a) 二维 MF；(b) 在 X 的投影；(c) 在 Y 的投影

一般而言，二维 MF 有两种类型：复合式和非复合式。如果一个二维 MF 可以表示成两个一维的 MF 的解析式，则它是复合式的；否则，是非复合式的。下面举例说明。

假定模糊集合 A＝"(x, y)接近(3, 4)"，表示为

$$\mu_A(x, y) = \exp\left[-\left(\frac{x-3}{2}\right)^2 - (y-4)^2\right]$$

因为它可以分解成两个高斯 MF，所以二维 MF 是复合式的。

$$\mu_A(x, y) = \exp\left[-\left(\frac{x-3}{2}\right)^2\right]\exp\left[-\left(\frac{y-4}{1}\right)^2\right]$$
$$= g(x; 3, 2)g(x; 4, 1)$$

注意到我们可把模糊集合 A 看成由连接符 AND 连起来的两个语句："x 接近于 3　AND y 接近于 4"。两个语句可分别写成

$$\mu_{\text{接近}3}(x) = g(x; 3, 2)$$

和

$$\mu_{\text{接近}4}(x) = g(x; 4, 1)$$

如果模糊集合定义为

$$\mu_A(x, y) = \frac{1}{1+| x-3 || y-4 |^{2.5}}$$

这时二维 MF 是非复合式的。

由上例可知，复合的二维 MF 可以由连接符 AND 或 OR 连起来的两个语句。根据这个条件，二维 MF 定义为它的两个组成部分"AND"或"OR"的集结。我们已知道，对模糊集合经典的"AND"和"OR"运算是 min 和 max，它们对二维 MF 的影响如图 3.12 所示。

令 trap(x)＝trap(x; －6, －2, 2, 6)，trap(y)＝trap(y; －6, －2, 2, 6)为两个分别在 X 和 Y 的梯形 MF，在进行 min 和 max 运算之后，就产生在 $X\times Y$ 上的二维 MF，如图 3.12(a)和(b)所示。图 3.12(c)和(d)重复相同的运算，只是梯形 MF 由钟形 MF bell(x)＝bell(x; 4, 3, 0)和 bell(y)＝bell(y; 4, 3, 0)来代替。

当 min 算子用于集结一维 MF 时，其合成的二维 MF 可以看成是将经典的模糊交(定义 3.12)作用于各一维 MF 的圆柱扩展；同样，max 算子相当于经典的模糊并(定义 3.11)

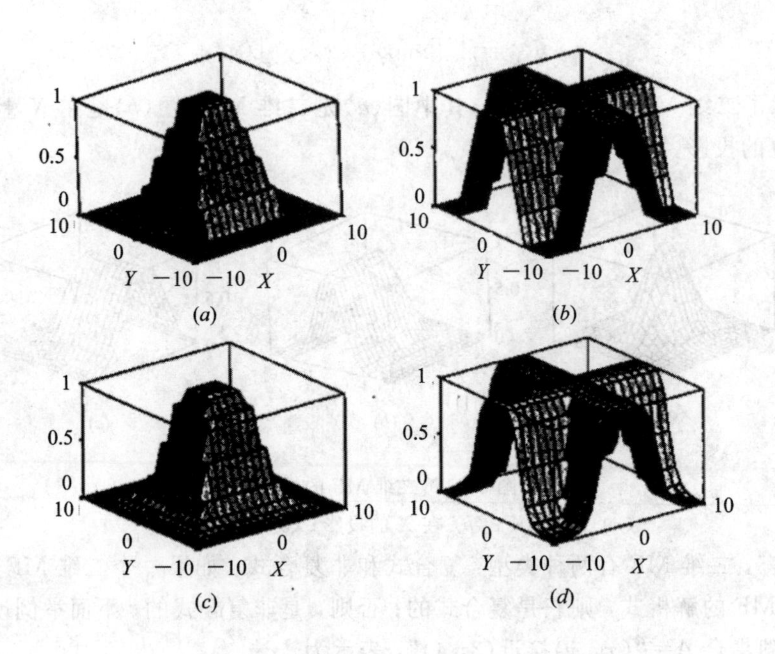

图 3.12 由 min 和 max 运算所确定的二维 MF

(*a*) $Z=\min(\mathrm{trap}(x), \mathrm{trap}(y))$；(*b*) $Z=\max(\mathrm{trap}(x), \mathrm{trap}(y))$；

(*c*) $Z=\min(\mathrm{bell}(x), \mathrm{bell}(y))$；(*d*) $Z=\max(\mathrm{bell}(x), \mathrm{bell}(y))$

作用于各一维 MF 的圆柱扩展。

现在我们来讨论更一般的模糊交和并的运算以及模糊补。

两个模糊集合 A 和 B 的“交”一般地可用函数 T：$[0, 1]\times[0, 1]\rightarrow[0, 1]$来确定，它把两个隶属函数按下式进行集结：

$$\mu_{A\cap B} = T(\mu_A(x), \mu_B(x)) = \mu_A(x) \tilde{*} \mu_B(x) \tag{3.20}$$

式中 $\tilde{*}$ 是函数 T 的二元算子，这种模糊交算子称作为 T－范式(三角范式)算子，满足以下要求：

$$\left.\begin{array}{l} T(0, 0) = 0, T(a, 1) = T(1, a) = a \quad (\text{有界}) \\ T(a, b) < T(c, d) \quad \text{如 } a \leqslant c \text{ 和 } b \leqslant d (\text{单调性}) \\ T(a, b) = T(b, a) \quad (\text{交换性}) \\ T(a, T(b, c)) = T(T(a, b), c) \quad (\text{结合性}) \end{array}\right\} \tag{3.21}$$

最常用的 4 个 T－范式算子如下：

$$\left.\begin{array}{rl} \text{交(极小)：} & T_{\min}(a, b) = a \wedge b = \min\{a, b\} \\ \text{代数积：} & T_{ap}(a, b) = a \cdot b = ab \\ \text{有界积：} & T_{bp}(a, b) = a \odot b = \max\{0, a+b-1\} \\ \text{强积：} & T_{dp}(a, b) = a \odot b = \begin{cases} a & \text{如 } b = 1 \\ b & \text{如 } a = 1 \\ 0 & \text{如 } a, b < 1 \end{cases} \end{array}\right\} \tag{3.22}$$

a，b 在 0 与 1 之间，我们可以画出这四个 T 范式算子作为 a 和 b 函数的表面图。见图 3.13

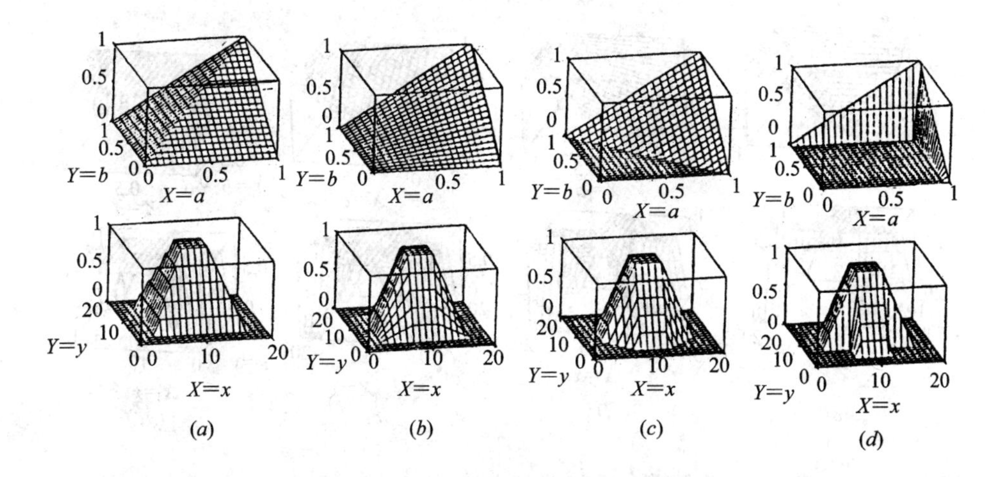

图 3.13　T－范式的四个算子(第一行为 $T_{\min}(a, b)$、$T_{ap}(a, b)$、$T_{bp}(a, b)$和 $T_{dp}(a, b)$；第二行为 $a=\text{trap}(x; 3, 8, 12, 17)$和 $b=\text{trap}(y; 3, 8, 12, 17)$相应的表面图)
(a) min；(b) 代数积；(c) 有界积；(d) 强积

的第一行。

当 $a=\mu_A(x)=\text{trap}(x; , 3, 8, 12, 17)$和 $b=\mu_B(y)=\text{trap}(y; 3, 8, 12, 17)$时，相应的表面图，见图 3.13 的第二行。

从图 3.13 可见，数学上也可证明：

$$T_{dp}(a, b) \leqslant T_{bp}(a, b) \leqslant T_{ap} \leqslant T_{\min}(a, b) \tag{3.23}$$

同模糊交一样，一般化的模糊并也可由函数 S：$[0, 1]\times[0, 1]\rightarrow[0, 1]$来确定。表示为

$$\mu_{A\cup B}(x) = S(\mu_A(x), \mu_B(x)) = \mu_A(x) \tilde{+} \mu_B(x) \tag{3.24}$$

式中$\tilde{+}$是函数 S 的二元算子。这类模糊并算子通常称作 T－协范式(协三角范式)或 S－范式。与 T－范式一样，它也满足以下四个基本条件：

$$\left.\begin{array}{lr} S(1, 1) = 1,\ S(0, a) = S(a, 0) = a & (\text{有界}) \\ S(a, b) \leqslant S(c, d) \quad a \leqslant c,\ b \leqslant d & (\text{单调性}) \\ S(a, b) = S(b, a) & (\text{交换性}) \\ S(a, S(b, c)) = S(S(a, b), c) & (\text{结合性}) \end{array}\right\} \tag{3.25}$$

相应地，S－范式也有四种常用的协三角算子：

$$\begin{array}{rl} \text{并(极大)：} & S_{\max}(a, b) = a \vee b = \max\{a, b\} \\ \text{代数和：} & S_{as}(a, b) = a \hat{+} b = a + b - ab \\ \text{有界和：} & S_{bs}(a, b) = a \oplus b = \min\{1, a + b\} \\ \text{强和：} & S_{ds}(a, b) = a \dot{\cup} b = \begin{cases} a & \text{如 } b = 0 \\ b & \text{如 } a = 0 \\ 1 & \text{如 } a, b = 0 \end{cases} \end{array} \tag{3.26}$$

图 3.14 的第一行表示了这些 T－协范式算子的表面图，当 $a=\mu_A(x)=\text{Trap}(x; 3, 8, 12, 17)$和 $b=\mu_B(y)=\text{Trap}(y; 3, 8, 12, 17)$时，其相应的二维 MF 表示在图 3.14 的第二行中。

从图 3.14 可以看出，数学上也可以证明

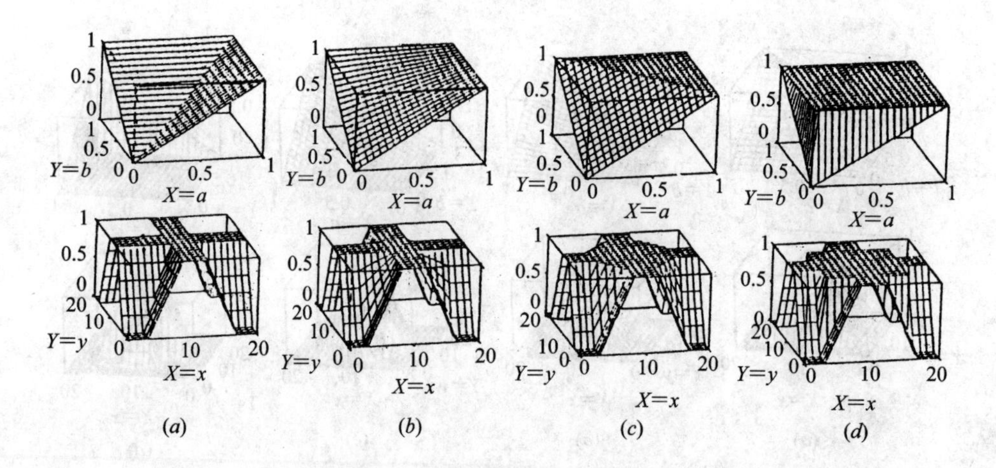

图 3.14　T－协范式四个算子(第一行为 $S_{\max}(a, b)$、$S_{as}(a, b)$、$S_{bs}(a, b)$和 $S_{ds}(a, b)$；第二行为 $a=\text{trap}(x; 3, 8, 12, 17)$和 $b=\text{trap}(y; 3, 8, 12, 17)$相应的表面图)

(a) max；(b) 代数和；(c) 有界和；(d) 强和

$$S_{\max}(a, b) \leqslant S_{as}(a, b) \leqslant S_{bs}(a, b) \leqslant S_{ds}(a, b) \tag{3.27}$$

一般化的模糊补算子可以定义为一个连续函数 N：$[0, 1] \to [0, 1]$，它满足以下基本要求：

$$\left.\begin{array}{ll} N(0)=1, N(1)=0 & (\text{有界}) \\ N(a) \geqslant N(b), \text{如 } a<b & (\text{单调性}) \end{array}\right\} \tag{3.28}$$

满足这些要求的函数，组成了模糊补的通类。显然，任何一个条件的破坏，就会加入作为补算子所不能接受的函数。尤其是，破坏边界条件，就会将一些与精确集合常规补运算不一致的函数包括进来。单调性的要求也是最基本的，模糊集合的增加，必须使其补减少。另一个对模糊补的可选的要求是

$$N(N(a))=a \qquad (\text{对合}) \tag{3.29}$$

这保证模糊集合的双补就是它本身。

根据上述的要求，提出两种模糊补：

$$N_s(a)=(1-a)/(1+sa) \tag{3.30}$$

$$N_w(a)=(1-a^w)^{1/w} \tag{3.31}$$

式(3.30)中 s 为大于－1 的参数；式(3.31)中 w 是一个正的参数。由于它们均满足对合条件，故模糊集合的补均对称于连接点(0, 0)和点(1, 1)的直线。

除了以上讨论的 MF 运算之外，还有几个比较重要的修正运算(Hedges Operation)。一般的 MF 修正运算可表示为

$$A^k=\int_X [\mu_a(x)]^k / x$$

特别地，当 $k=2$ 时，称为压缩(Concentration)，

$$\mu_{\text{con}A}(x)=[\mu_A(x)]^2$$

当 $k-0.5$ 时，称为扩张(Dilation)，

$$\mu_{\text{dil}A}(x)=[\mu_A(x)]^{0.5}$$

当 k 为任意值时，称为人为修正，如：

$$\mu_{\text{plus}A}(x) = [\mu_A(x)]^{1.25}$$

$$\mu_{\text{minus}A}(x) = [\mu_A(x)]^{0.75}$$

3.2.3 模糊关系与复合运算

精确的关系表示两个或两个以上集合元素之间关连、交互或互连是否存在；而模糊关系表示两个或两个以上集合元素之间关连、交互或互连存在或不存在的程度。二元模糊关系是 $X \times Y$ 中的模糊集合，它把 $X \times Y$ 中的元素映射成 0 和 1 之间的隶属度。特别地，单元模糊关系是具有一维 MF 的模糊集合；而二元模糊关系是具有二维 MF 的模糊集合。模糊关系的应用包括模糊控制和决策。我们把重点放在二元模糊关系上，多元模糊关系可以直接从二元模糊关系中推导出来。令 X 和 Y 是两个论域，则模糊关系 $R(X, Y)$ 是 $X \times Y$ 空间中的模糊集合，可表示为

$$R(X, Y) = \{((x, y), \mu_R(x, y)) \mid (x, y) \in X \times Y\} \tag{3.32}$$

这就称作 $X \times Y$ 中的二元模糊关系。$\mu_R(x, y)$ 实际上就是一个二维的 MF。

举例：令 $X=Y=R^+$（正实轴），$R=$“y 比 x 大得多”，则模糊关系的隶属函数 R 可以主观地定义为

$$\mu_R(x, y) = \begin{cases} (y-x)/(x+y+2), & \text{如 } y > x \\ 0, & \text{如 } y \leqslant x \end{cases} \tag{3.33}$$

假如 $X=\{3, 4, 5\}$，$Y=\{3, 4, 5, 6, 7\}$，那么可将模糊关系 R 方便地表示成关系矩阵：

$$R = \begin{bmatrix} 0 & 0.111 & 0.200 & 0.273 & 0.333 \\ 0 & 0 & 0.0091 & 0.167 & 0.231 \\ 0 & 0 & 0 & 0.077 & 0.143 \end{bmatrix}$$

矩阵中第 i 行 j 列的元素等于 X 的第 i 元素和 Y 的第 j 元素之间的隶属度。

在不同乘积空间中的模糊关系可以通过复合运算联合起来。模糊关系的复合运算有很多种，但最常用的是 max—min 和 max—乘积两种复合运算。

设 $R(X, Y)$ 和 $S(Y, Z)$ 分别为定义在 $X \times Y$ 和 $Y \times Z$ 空间中的两个模糊关系，则其复合运算为

$$P(X, Z) = R(X, Y) \circ S(Y, Z) \tag{3.34}$$

或简写为

$$P = R \circ S \tag{3.35}$$

当 X、Y、Z 为连续论域时，隶属函数 $\mu_{R \circ S}$ 可表达为

$$\mu_{R \circ S} = \sup(\mu_R(x, y) \star \mu_S(y, z)) \tag{3.36}$$

这种复合运算称为 sup—star 运算。当 X，Y，Z 为离散论域时，sup 运算就变为极大(max)运算，☆运算是三角范式的简化，可以是 min 或乘积。这样，对离散论域，模糊关系的复合运算可表示为

$$\begin{aligned} \mu_{R \circ S}(x, y) &= \max_y \min[\mu_R(x, y), \mu_S(y, z)] \\ &= \vee_y [\mu_R(x, y) \wedge \mu_S(y, z)] \end{aligned} \tag{3.37}$$

或

$$\mu_{R \circ S}(x, y) = \max_y [\mu_R(x, y) \cdot \mu_S(y, z)] \tag{3.38}$$

式(3.37)为 max－min 复合运算，式(3.38)为 max－乘积复合运算。

现在举例说明 max－min 和 max－乘积复合运算的方法。令 R＝“x 与 y 有关”，S＝“y 与 z 有关”分别是定义在 $X\times Y$ 和 $Y\times Z$ 中的两个模糊关系，式中 $X=\{1, 2, 3\}$，$Y=\{\alpha, \beta, \gamma, \delta\}$，$Z=\{a, b\}$，$R$ 和 S 可以表示成以下的关系矩阵：

$$R=\begin{bmatrix} 0.1 & 0.3 & 0.5 & 0.7 \\ 0.4 & 0.2 & 0.8 & 0.9 \\ 0.6 & 0.8 & 0.3 & 0.2 \end{bmatrix}$$

$$S=\begin{bmatrix} 0.9 & 0.1 \\ 0.2 & 0.3 \\ 0.5 & 0.6 \\ 0.7 & 0.2 \end{bmatrix}$$

根据 R 和 S 要求出 $R\circ S$，即推导“x 与 z 有关系”的模糊关系。为了简单起见，假定我们只对$2\in X$和 $a\in Z$ 之间的关系程度感兴趣，若采用 max－min 复合，则

$$\begin{aligned}\mu_{R\circ S}(2, a) &=\max(0.4 \wedge 0.9, 0.2 \wedge 0.2, 0.8 \wedge 0.5, 0.9 \wedge 0.7) \\ &=\max(0.4, 0.2, 0.5, 0.7) \\ &=0.7\end{aligned}$$

若采用 max－乘积复合，则

$$\begin{aligned}\mu_{R\circ S}(2, a) &=\max(0.4\times 0.9, 0.2\times 0.2, 0.8\times 0.5, 0.9\times 0.7) \\ &=\max(0.36, 0.04, 0.40, 0.63) \\ &=0.63\end{aligned}$$

图 3.15 表示了两个模糊关系的复合，图中 X 中的元素 2 和 Z 中的元素 a 是通过连结两个二元素的四条可能路径(实线)而建立的。2 与 a 的关系程度是四条路径强度的最大者，而每条路径的强度是其组成连接强度的最小者(或乘积)。

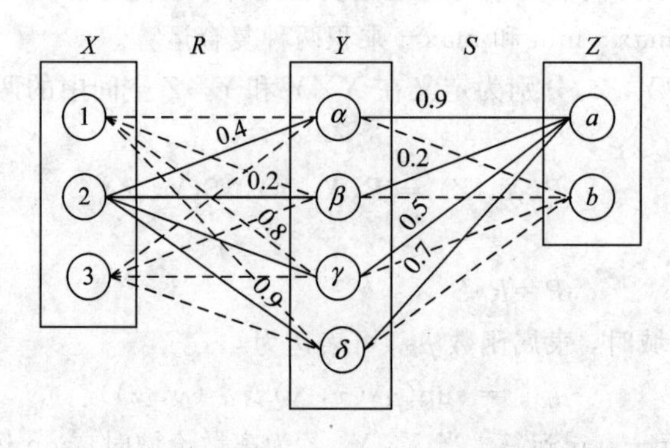

图 3.15　模糊关系的复合

当模糊关系 R 是一个模糊集合时，即 $\mu_R(x, y)\rightarrow\mu_R(x)$，此时 $X=Y$，则

$$\begin{aligned}\mu_{R\circ S}(x, y) &=\sup_y[\mu_R(x, y) \star \mu_S(y, z)] \\ &=\sup_x[\mu_R(x) \star \mu_S(y, z)]\end{aligned} \tag{3.39}$$

若 X，Y 和 Z 为离散空间，且采用 max－min 或 max－乘积运算，则

$$\mu_{R\circ S}(x, z)=\max_x \min[\mu_R(x), \mu_S(y, z)]$$

或

$$\mu_{R\circ S}(x, z) = \max_{x}[\mu_R(x) \cdot \mu_S(y, z)]$$

对于同一空间中的两个模糊关系 $R(x, y)$和 $S(x, y)$，可以进行复合代数运算：

$$\mu_{R\cap S}(x, y) = \mu_R(x, y) \tilde{*} \mu_S(x, y) \tag{3.40}$$

$$\mu_{R\cup S}(x, y) = \mu_R(x, y) \tilde{+} \mu_S(x, y) \tag{3.41}$$

式中 $\tilde{*}$ 和 $\tilde{+}$ 为任何型式的三角范式和协三角范式运算子。

3.2.4 模糊推理

在讨论模糊推理之前，我们先把模糊隐含的概念作一详细的说明。在模糊推理中，经常碰到模糊 if－then 规则，它们有以下的形式：

$$\text{if} \quad x \text{ 是 } A, \text{ then} \quad y \text{ 是 } B \tag{3.42}$$

这就叫做模糊规则，模糊隐含或模糊条件语句。式中 A 和 B 是语言值，分别由 X 和 Y 中模糊集合所确定，"x 是 A"通常叫前提或前件；"y 是 B"叫做结论或后件。式(3.42)可简化为 $A \to B$。实质上，该表达式描述了变量 x 与 y 之间的关系。因此，我们可以把"if－then"规则定义为乘积空间中二元模糊关系。一般而言，我们可以用两种方法来解释隐含或模糊规则 $A \to B$。

(1) $A \to B$ 解释为 A 与 B 相关，那么可用四种最常用的三角范式算子得到四种不同的模糊关系：

- $$R_m = A \times B = \int_{X\times Y} \mu_A(x) \wedge \mu_B(y)/(x, y)$$

或

$$\mu_{A\to B}(x, y) = \min\{\mu_A(x), \mu_B(y)\} \tag{3.43}$$

- $$R_p = A \times B = \int_{X\times Y} \mu_A(x) u_B(y)/(x, y)$$

或

$$\mu_{A\to B}(x, y) = \mu_A(x) \cdot \mu_B(y) \tag{3.44}$$

- $$R_{bp} = A \times B = \int_{X\times Y} \mu_A(x) \odot \mu_B(y)/(x, y)$$

$$= \int_{X\times Y} 0 \vee (\mu_A(x) + \mu_B(y) - 1)/(x, y)$$

或

$$\mu_{A\to B}(x, y) = \max\{0, \mu_A(x) + \mu_B(y) - 1\} \tag{3.45}$$

- $$R_{dp} = A \times B = \int_{X\times Y} \mu_A(x) \odot \mu_B(y)/(x, y)$$

或

$$\mu_{A\to B}(x, y) = \mu_A(x) \odot \mu_B(y) \tag{3.46}$$

$$= \begin{cases} \mu_A(x) & \text{如 } \mu_B(y) = 1 \\ \mu_B(y) & \text{如 } \mu_A(x) = 1 \\ 0 & \text{其他} \end{cases}$$

图 3.16 表示了上述的四种隐含及相应的模糊关系，其中 $\mu_A(x)=\text{bell}(x;4,3,10)$，$\mu_B(y)=\text{bell}(y;4,3,10)$。

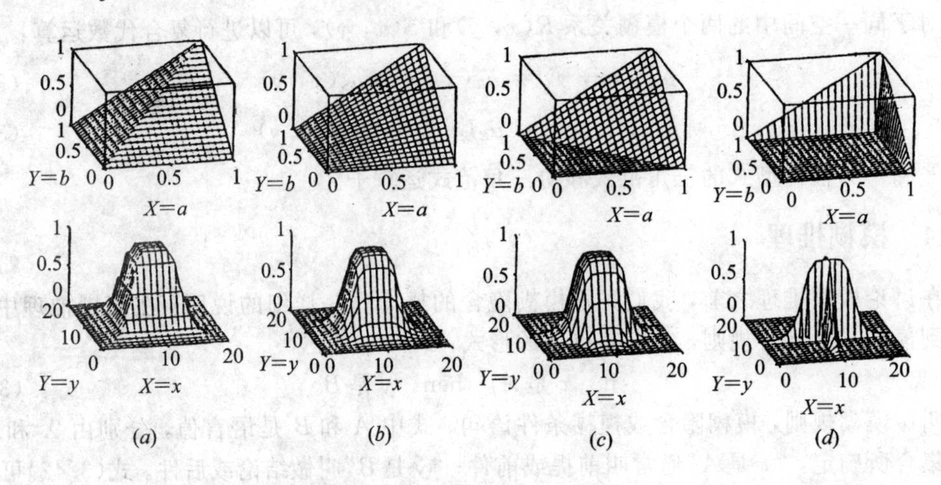

图 3.16 按“A 和 B 相关”解释模糊隐含（第一行为四种隐含函数；第二行为相应的模糊关系）

(a) R_m；(b) R_p；(c) R_{bp}；(d) R_{dp}

（2）$A\to B$ 解释成“A 传递给 B”，那么又可得四种不同的模糊隐含函数。

• $R_a=\neg A\cup B=\int_{X\times Y}1\wedge(1-\mu_A(x)+\mu_B(y))/(x,y))$

或

$$\mu_{A\to B}(x,y)=\min(1,1-\mu_A(x)+\mu_B(y)) \tag{3.47}$$

• $R_{mm}=\neg A\cup B$

$$=\int_{X\times Y}(1-\mu_A(x))\vee(\mu_A(x)\wedge\mu_B(y))/(x,y)$$

或

$$\mu_{A\to B}(x,y)=\max\{(1-\mu_A(x)),\min[\mu_A(x),\mu_B(y)]\} \tag{3.48}$$

• $R_s=\neg A\cup B=\int_{X\times Y}(1-\mu_A(x))\vee(\mu_B(y))/(x,y)$

或

$$\mu_{A\to B}(x,y)=\max(1-\mu_A(x),\mu_B(y)) \tag{3.49}$$

• $R_\triangle=\neg A\cup B=\int_{X\times Y}(\mu_A(x)\tilde{<}(\mu_B(y))/(x,y)$

或

$$\mu_{A\to B}(x,y)=\mu_A(x)\tilde{<}\mu_B(y)$$

$$=\begin{cases}1 & \text{如 } \mu_A(x)\leqslant\mu_B(y)\\ \mu_B(y)/\mu_A(x) & \text{如 } \mu_A(x)>\mu_B(y)\end{cases} \tag{3.50}$$

图 3.17 表示 R_a，R_{mm}，R_s 和 $R_\triangle$ 的四种模糊隐含函数及其相应的模糊关系，图中 $\mu_A(x)=\text{bell}(x;4,3,10)$，$\mu_B(y)=\text{bell}(y;4,3,10)$。

建立了 $A\to B$ 的隐含概念，我们来讨论模糊推理。大家知道，在传统的二值逻辑中，基本的推理规则是假言推理，按此规则可以从 A 为真推导命题 B 为真和隐含 $A\to B$。该规则

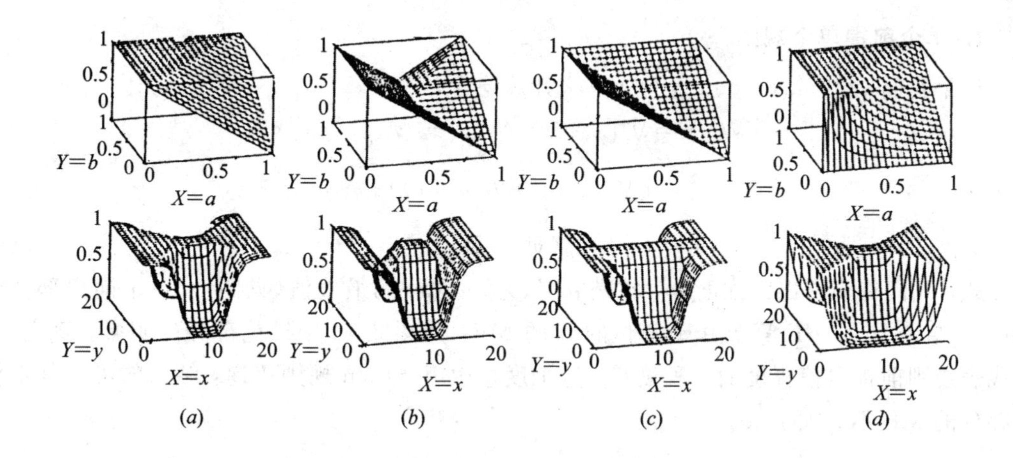

图 3.17 按"A传递给B"解释模糊隐含

（第一行为四种隐含函数；第二行为相应模糊关系）

(a) R_a；(b) R_{mm}；(c) R_s；(d) $R_\triangle$

可表述如下：

前提 1(事实)：	X 是 A
前提 2(规则)：	if X 是 A， then Y 是 B
结果(结论)	Y 是 B

在这里，前提 1 中的 A 与前提 2 中的 A 严格一致。但在人们日常推理中，假言推理以一种近似的方式出现。例如我们有隐含"如果苹果红了，则苹果熟了"。现在知道"苹果有点红了"，于是可以推出"苹果有点熟了"。这样可写成：

前提 1(事实)	X 是 A'
前提 2(规则)	if X 是 A，then Y 是 B
结果(结论)	Y 是 B'

这里，A'接近于A，B'接近于B。当A、B、A'和B'是适当论域中的模糊集合时，上述推理过程称之为近似推理或模糊推理，也称作广义的假言推理(简写成 GMP)。

令A、A'和B分别为X、X和Y的模糊集合，假定模糊隐含$A \to B$表达为在$X \times Y$空间上的模糊关系，则"由x为A"和模糊规则"if x 是 A，then Y 是 B"而导出的模糊集合B'表达为

$$\mu_{B'}(y) = \max_x \min[\mu_{A'}(x), \mu_R(x, y)] = \bigvee_x [\mu_{A'}(x) \wedge \mu_{A \to B}(x, y)] \tag{3.51}$$

在X、Y为连续空间情况下，

$$\mu_{B'}(y) = \sup_x [\mu_{A'}(x) ☆ \mu_{A \to B}(x, y)] \tag{3.52}$$

式中☆是任何T—范式或T—协范式的模糊算子。

式(3.51)和(3.52)可等效地写为

$$B' = A' \circ R = A' \circ (A \to B) \tag{3.53}$$

有了前面模糊推理的公式，我们可以对模糊控制中经常碰到的三种情况推算出结果。

1. 单个前提单个规则

如果我们采用 max－min 复合运算来计算隐含，式(3.51)可进一步简化成

$$\begin{aligned}\mu_{B'}(y) &= \bigvee_x [\mu_{A'}(x) \wedge \mu_A(x) \wedge \mu_B(y)] \\ &= [\bigvee_x (\mu_{A'}(x) \wedge \mu_A(x))] \wedge \mu_B(y) \\ &= w \wedge \mu_B(y) \end{aligned} \tag{3.54}$$

按此式，我们首先求出匹配度 w，它是 $\mu_{A'}(x) \wedge \mu_A(x)$ 的最大值(见图 3.18 中前提部分的阴影)。结果 B'的 MF 等于由 w 箝位的 B 的 MF，如图 3.18 中结论部分的阴影。直觉上，w 代表规则前提可信程度的一种度量，这个度量由 if－then 规则传递，结果的可信度或结果部分的 MF 不会大于 w。

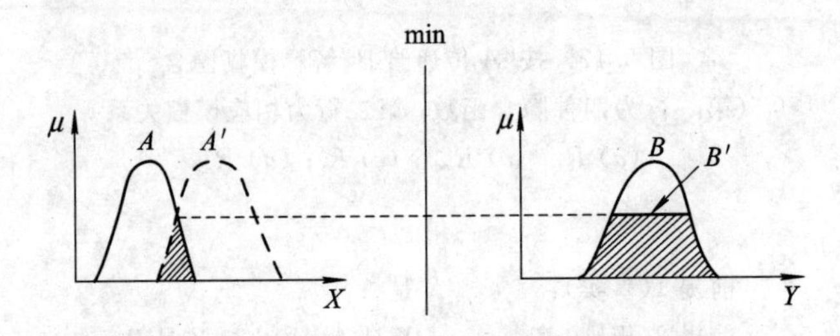

图 3.18　利用 max－min 复合运算 GMP 的示意图

2. 多个前提单个规则

具有两个前提的规则一般写成："if x 是 A 和 y 是 B，then　z 是 C"。其相应的 GMP 问题表达为

前提 1(事实)	x 是 A'和 y 是 B'
前提 2(规则)	if x 是 A 和 y 是 B，then z 是 C
结果(结论)	z 是 C'

前提 2 中的模糊规则可写成更简单形式"$A \times B \to C$"。根据 R_m 模糊隐含函数，这个规则可以转换为三元模糊关系如下：

$$\begin{aligned}R_m(A, B, C) &= (A \times B) \times C \\ &= \int_{X \times Y \times Z} \mu_A(x) \wedge \mu_B(y) \wedge \mu_c(z)/(x, y, z)\end{aligned}$$

合成的 C'表述为

$$C' = (A' \times B') \circ (A \times B \to C)$$

于是

$$\begin{aligned}\mu_{C'}(z) &= \vee_{x,y}[\mu_{A'}(x) \wedge \mu_{B'}(y)] \wedge [\mu_A(x) \wedge \mu_B(y) \wedge \mu_c(z)] \\ &= \vee_{x,y}\{[\mu_{A'}(x) \wedge \mu_{B'}(y) \wedge \mu_A(x) \wedge \mu_B(y)]\} \wedge \mu_c(z) \\ &= \underbrace{\{\vee_x[\mu_{A'}(x) \wedge \mu_A(x)]\}}_{w_1} \wedge \underbrace{\{\vee_y[\mu_{B'}(y) \wedge \mu_B(y)]\}}_{w_2} \wedge \mu_c(z) \\ &= (w_1 \wedge w_2) \wedge \mu_c(z)\end{aligned} \tag{3.55}$$

式中 w_1 和 w_2 分别是 $A \cap A'$和 $B \cap B'$的 MF 的最大值。一般 w_1 和 w_2 代表了 A 与 A'之间和 B 与 B'之间的兼容度，因为模糊规则的前提部分是由和(AND)连接，故 $w_1 \wedge w_2$ 称为模

糊规则的激励强度或模糊规则的完成程度。它代表了规则前提部分满意的程度。图 3.19 表示了两个前提的推理过程，图中 C' 的 MF 等于由激励强度 $w = w_1 \wedge w_2$ 所箝位的 B 的 MF。

多于两个前提的更一般单规则推理也是很容易求得的。

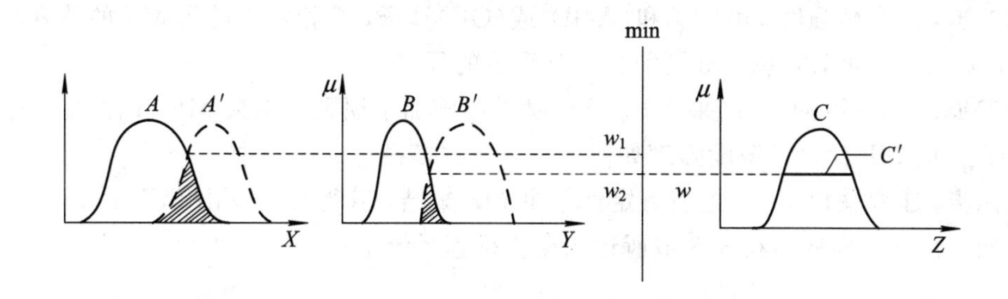

图 3.19　两个前提的近似推理

3. 多个前题多个规则

多个规则可以按相应于模糊规则的模糊关系的并来说明。对 GMP 问题可写为

前提 1(事实)	x 是 A' 和 y 是 B'
前提 2(规则 1)	if x 是 A_1 和 y 是 B_1，then z 是 C_1
前提 3(规则 2)	if x 是 A_2 和 y 是 B_2，then z 是 C_2
结果(结论)	z 是 C'

我们可以用图 3.20 所示的模糊推理过程来求得输出的模糊集合 C'。令 $R_1 = A_1 \times B_1 \to C_1$，$R_2 = A_2 \times B_2 \to C_2$，则

$$\begin{aligned} C' &= (A' \times B') \circ (R_1 \cup R_2) \\ &= [(A' \times B') \circ R_1] \cup [(A' \times B') \circ R_2] \\ &= C'_1 \cup C'_2 \end{aligned}$$

式中推导过程利用了复合算子$\circ$对$\cup$的交换性。C'_1 和 C'_2 分别是规则 1 和规则 2 所推断的模糊集合。图 3.20 画出了模糊推理的全过程。

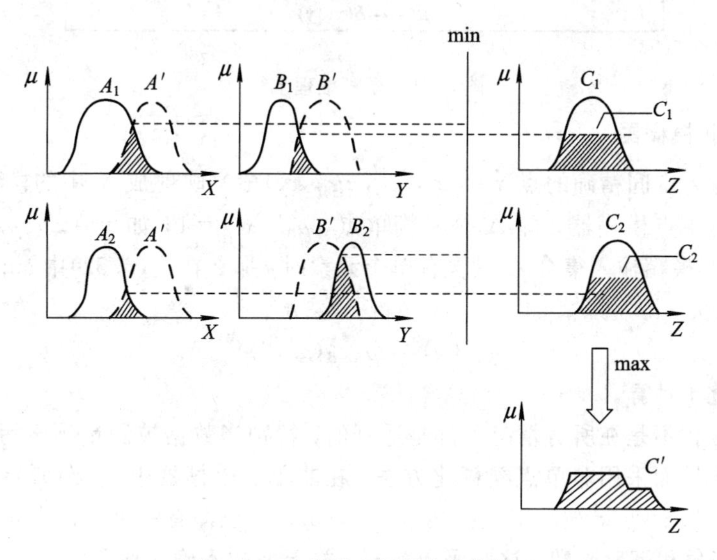

图 3.20　多前提多规则的模糊推理

总之，模糊推理或近似推理可以分成四步：

第一步，计算兼容度。把已知事实与模糊规则的前提进行比较，求出相对于每一前提MF的兼容度。

第二步，求激励强度。用模糊和(AND)或(OR)算子，把相对于前提MF的兼容度结合起来，形成激励强度，它说明规则前提部分满足的程度。

第三步，求定性(演释)结果MF。把激励强度施加于规则的结果MF，以产生一个定性结果MF。(该MF代表了激励强度如何传递并用在模糊隐含语句中。)

第四步，求总输出MF。把所有定性结果MF集结，获得总的输出MF。

这四个步骤也同样用在3.3节所述的模糊推理系统中。

3.3 模糊推理系统

模糊推理系统的基本结构如图3.21所示，它主要由四部分组成：模糊器、规则库、推理机和去模糊器。模糊推理系统具有精确的输入和输出，它完成了输入空间到输出空间的非线性映射，有广泛的应用领域，包括自动控制、数据分类、决策分析、专家系统、时间序列、机器人以及模式识别。本节就模糊推理系统的主要部分进行说明和讨论。

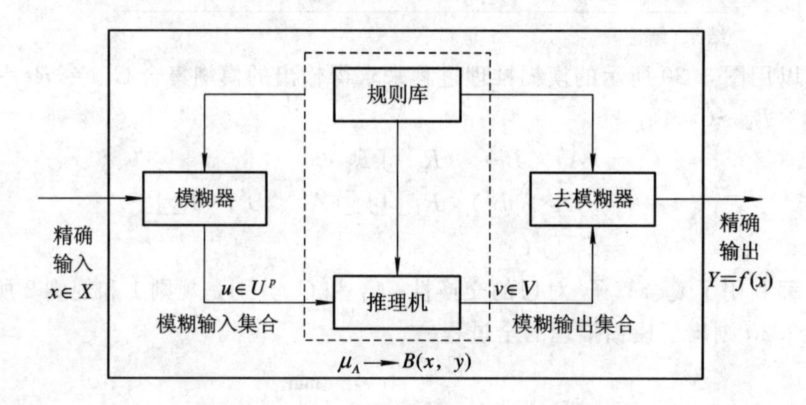

图3.21 模糊推理系统

1. 模糊化和模糊器

模糊器把输入空间精确的点$\boldsymbol{x}=(x_1, x_2, \cdots, x_p)\in X$映射成$X$中的模糊集合$A'$。最常用的模糊器是单点模糊器，即$A'$是模糊单点，$\mu_A{}'(\boldsymbol{x}')=1$，如$\boldsymbol{x}=\boldsymbol{x}'$；$\mu_A{}'(\boldsymbol{x}')=0$，如$\boldsymbol{x}\neq\boldsymbol{x}'$，$\boldsymbol{x}\in X$。当模糊输入集合$A'$只含有单个元素时，那么在式(3.52)中sup－star复合中sup的运算就消失，即

$$\mu_{B'}(y)=\mu_{A\to B}(x', y) \tag{3.56}$$

于是极大地简化了计算。

但单点模糊化不是在所有情况下都是适宜的，特别当数据被测量噪声污染时，就必须考虑这种不确定性而采用非单点模糊化方法。在非单点模糊器中，$\mu_A{}'(\boldsymbol{x}')=1$，随着$\boldsymbol{x}$偏离$\boldsymbol{x}'$，$\mu_A{}'(\boldsymbol{x})$逐渐减少，$\boldsymbol{x}'$被映射成模糊数(定义3.9)。也即有一个模糊隶属函数与$\boldsymbol{x}'$相关联，常见的有三角和高斯函数。这些函数愈宽，关于$\boldsymbol{x}'$的不确定性愈大。

考虑到$\boldsymbol{x}$是向量，对模糊集合A_x，它的MF可以写成

$$\mu_{A_x}(\boldsymbol{x}) = \mu_{x_1}(x_1) \star \cdots \star \mu_{x_p}(x_p)$$

于是式(3.52)可表达为

$$\mu_{B^l}(y) = \sup_{x \in X}[\mu_{x_1}(x_1) \star \cdots \star \mu_{x_p}(x_p) \star \mu_{A_1^l}(x_1) \star \cdots \star \mu_{A_p^l}(x_p) \star \mu_{G^l}(y)] \quad (3.57)$$

注意到上式中 $\mu_{B^l}(y)$，$\mu_{G^l}(y)$分别代替了式(3.52)中的 $\mu_{B'}(y)$和 $\mu_B(y)$，这里考虑了多个规则的情况，$l=1$，…，M 是规则数。因为取上界只是对 $x \in X$ 进行，按三角范式交换性和单调性，$\mu_{B^l}(y)$可重写为

$$\mu_{B}{}^{l}(y) = \mu_{G}{}^{l}(y) \star \sup_{x \in X}[\mu_{x_1}(x_1) \star \cdots \star \mu_{x_p}(x_p) \star \mu_{A_1^l}(x_1) \star \cdots \star \mu_{A_p^l}(x_p)] \quad (3.58)$$

这意味着我们只需计算一个上界而不是 m 个上界，m 是论域 B 中离散点数目。式(3.58)进一步可写成

$$\begin{aligned}\mu_{B^l}(y) &= \mu_{G^l}(y) \star \sup_{x \in X}[\mu_{x_1}(x_1) \star \mu_{A_1^l}(x_1)] \star \cdots \star [\mu_{x_p}(x_p) \star \mu_{A_p^l}(x_p)] \\ &= \mu_{G^l}(y) \sup[\prod_{k=1}^{p} \star \mu_{x_k}(x_k) \star \mu_{A_k^l}(x_k)] \quad (3.59)\end{aligned}$$

现在我们举例说明非单点模糊的算法。假定 T—范式是乘积，所有 MF 为高斯，第 k 个输入模糊集合及相应规则的前提模糊集合为以下形式：

$$\mu_{x_k}(x_k) = \exp\left[-\frac{1}{2}[x_k - m_{x_k}/\sigma_{x_k}\right]^2$$

$$\mu_{A_k^l}(x_k) = \exp\left[-\frac{1}{2}(x_k - m_{A_k^l})/\sigma_{A_k^l})\right]^2$$

将函数

$$\mu_{Q_k^l}(x_k) = \mu_{x_k}(x_k)\mu_{A_k^l}(x_k)$$

最大化，其最大值产生在

$$x_{k,\max} = (\sigma_{x_k}^2 m^l{}_{A_k} + \sigma_{A_k^l}^2 m_{x_k})/(\sigma_{x_k}^2 + \sigma_{A_k^l}^2) \quad (3.60)$$

在特殊但重要的情况下，当各个输入变量的所有输入点具有相同水平的不确定性时，输入模糊集合的宽度将相等，式(3.60)中 $\sigma_{x_k}^2$ 成为常数σ_x^2。通常，我们将精确量测输入 x_k' 作为模糊输入集合的平均值 m_{x_k}，则式(3.60)可进一步简化成：

$$x_{k,\max} = (\sigma_{x_k}^2 m_{A_k^l} + \sigma_{A_k^l}^2 x_k')/(\sigma_{x_k}^2 + \sigma_{A_k^l}^2) \quad (3.61)$$

这个公式可以解释为对有噪声的数据 x_k'进行预滤波。所以模糊推理系统具有这种预滤波的一个内置前端机，即模糊器，而神经元网络没有这种功能。

把式(3.61)代入式(3.59)，后者变为

$$\mu_{B^l}(y) = \mu_{G^l}(y)\prod_{k=1}^{p}\mu_{Q_k^l}(x_{k,\max}) \quad (3.62)$$

当输入不确定性为 0，即 $\sigma_{x_k}^2 = 0$，则式(3.60)简化为单点情况，即 $x_{k,\max} = x_k'$，这时，

$$\mu_{x_k}(x_{k,\max} = x_k') = \exp\left\{-\frac{1}{2}[(x_k' - x_k')/\sigma_{x_k}^2]\right\} = 1 \qquad k = 1, \cdots, p$$

所以

$$\mu_{Q_k^l}(x_{k,\max}) = \mu_{A_k^l}(x_{k,\max}) = \mu_{A_k^l}(x_k')$$

2. 规则库

模糊规则库是由 if－then 规则集合所组成。在一般情况下规则 R^l 可以表述如下：

$$R^l: \quad \text{if} \quad u_1 \text{ 是 } A_1^l \text{ 和 } u_2 \text{ 是 } A_2^l \text{ 和} \cdots \text{和 } u_p \text{ 是 } A_p^l, \text{ then } v \text{ 是 } G^l \tag{3.63}$$

式中 $l=1, 2, \cdots, m$ 是规则数目，A_i^l 和 G^l 分别是 $X_i \subset R$ 和 $Y \subset R$ 中模糊集合。$\boldsymbol{u}=(u_1, u_2, \cdots, u_p)^{\mathrm{T}} \in X_1 \times \cdots \times X_p$ 和 $v \in Y$。它们的数值分别为 $\boldsymbol{x} \in X$，$y \in Y$。式(3.63)所表达的规则与前面所表达规则的主要差别是这里是多个前提(两个以上)和多个规则。有很多组成规则的方法，限于篇幅，这里只讨论一种最常见的列表方法。

举例：在模糊控制和神经元网中研究很多的一个例子是货车倒车装卸问题。把货车倒车到装卸站台是很困难的，这是一个严重的非线性控制问题。传统理论没有好方法，但可以用模糊控制策略或神经元网方法予以解决。

图 3.22 表示了货车与装卸台的相对位置。货车的位置决定三个变量 φ，x，y。控制货车的角度是 θ。现在只考虑倒车，假定货车与装卸台之间留有足够的空地，因此 y 可以不作为一自变量。任务是设计一个控制系统，其输入是 $\varphi \in [90°, 270°]$ 和 $x \in [0, 20]$，其输出是 $\theta \in [-40°, 40°]$，要使最终的货车位置为$(x_f, \varphi_f)=(10, 90°)$。

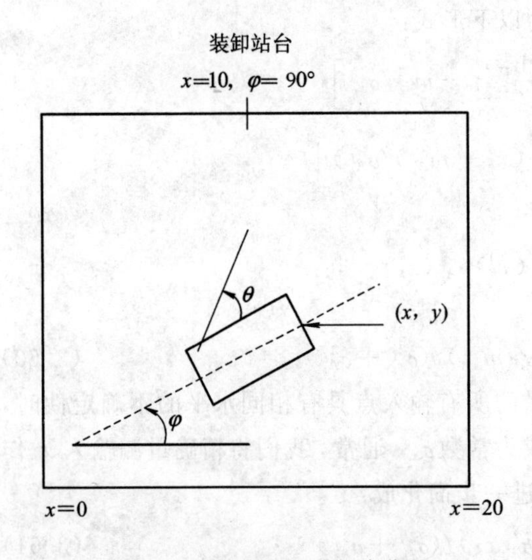

图 3.22 货车相对装卸台位置

φ \ x	S_3	S_1	CE	B_1	B_2
S_3	S_2	S_3			
S_2	S_2	S_3	S_3	S_3	
S_1	B_1	S_1	S_2	S_3	S_2
CE	B_2	B_2	CE	S_2	S_2
B_1	B_2	B_3	B_2	B_1	S_1
B_2		B_3	B_3	B_3	B_2
B_3				B_3	B_2

图 3.23 规则表

我们假定已存在表示轨迹和控制角度的集合，这些信息可以用来获得 27 个 if－then 规则，它们以关系矩阵方式或表格形式表示在图 3.23。这个关系矩阵有时也称为模糊联想记忆。φ 和 x 的 MF 表示在图 3.24 中，图中 S、CE 和 B 分别代表“小”、“中”、“大”。由图 3.23，其中某些规则为：

$R^{(1,2)}$：if φ 是 S_3 和 x 是 S_1，then θ 是 S_3；

$R^{(3,5)}$：if φ 是 S_1 和 x 是 B_2，then θ 是 S_2；

$R^{(4,3)}$：if φ 是 CE 和 x 是 CE，then θ 是 CE；

…

$R^{(7,5)}$：if φ 是 B_3 和 x 是 B_2，then θ 是 B_2。

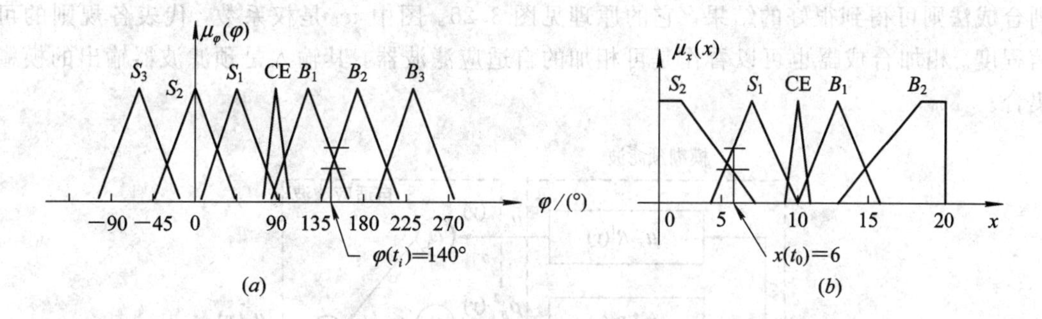

图 3.24　货车倒车问题的 MF

(a) φ 的 MF；(b) 为 x 的 MF

3. 推理机

模糊推理系统中的推理机就是利用 3.2 节中 3.2.4 小节的原则，把模糊规则库中的模糊 if－then 规则集结起来，将在 $X=X_1\times X_2\times\cdots\times X_p$ 中的模糊输入集合映射成 Y 中的输出模糊集合。参考式(3.63)，令

$$A\triangleq A_1^l\times A_2^l\times\cdots\times A_p^l,\ B\triangleq G^l$$

则：

$$R^l:\quad A_1^l\times A_2^l\times\cdots\times A_p^l\rightarrow G^l=A\rightarrow B \tag{3.64}$$

我们把推理机当作一个系统，利用 $\mu_{A\rightarrow B}(\boldsymbol{x},y)$，把一个模糊集合映射成另一个模糊集合，与前面讨论不同的是这里 $\boldsymbol{x}$ 是向量，因为规则有多个前提。

假定论域是离散的，X_i 与 Y 是有限的，所以 R^l 由离散多变量隶属函数 $\mu_{R^l}(\boldsymbol{x},y)$ 给定，由下式描述：

$$\mu_{R^l}(\boldsymbol{x},y)=\mu_{A\rightarrow B}(\boldsymbol{x},y),\ \boldsymbol{x}=(x_1,\cdots,x_p)^{\mathrm{T}}$$

于是

$$\begin{aligned}\mu_{R^l}(\boldsymbol{x},y)&=\mu_{R^l}(x_1,x_2,\cdots,x_p,y)\\&=\mu_{A\rightarrow B}(x_1,x_2,\cdots,x_p,y)\\&=\mu_{A_1^l}(x_1)☆\mu_{A_2^l}(x_2)☆\cdots☆\mu_{A_p^l}(x_p)☆\mu_{G^l}(y)\end{aligned}$$

这里☆是 T—范式，多前提的连接用“和”(AND)。若只用乘积或 min 运算。规则 R^l 的模糊输入用模糊集合 A_x 给出(见模糊化这一节)，它由下式描述：

$$\mu_{A_x}=\mu_{x_1}(x_1)☆\mu_{x_2}(x_2)☆\cdots☆\mu_{x_p}(x_p)$$

式中 $x_k\subset X$，$(k=1,2,\cdots,p)$是描述输入的模糊集合。因此，对每条规则其模糊输出可以写成：

$$B^l=A_x\circ R^l\subset R$$

$$\mu_{B^l}(y)=\mu_{A_x\circ R^l}(y)=\sup_{x\in Ax}[\mu_{A_x}(x)☆\mu_{A\rightarrow B}(x,y)] \tag{3.65}$$

这就是激励一条规则时推理机的输入模糊集合与输出模糊集合的关系。对于多条规则，其最后的输出结果应该是由 B^l 和它相关的 MF 即 $\mu_{A_x\circ R^l}(y)$，$l=1,2,\cdots,m$，来决定的。所以

$$B=A_x\circ[R^1,R^2\cdots,R^M]=\bigcup_{i=1}^{M}A_x\circ R^i \tag{3.66}$$

式(3.66)可用模糊逻辑严格证明。规则集结方法不是唯一的，从工程应用出发，相加的规

则合成法则可得到很好的结果。它的原理见图 3.25。图中 w_i 是权系数，代表各规则的可信程度。相加合成器也可以看作是可相加的自适应滤波器，其输入是预滤波器输出的模糊集合。

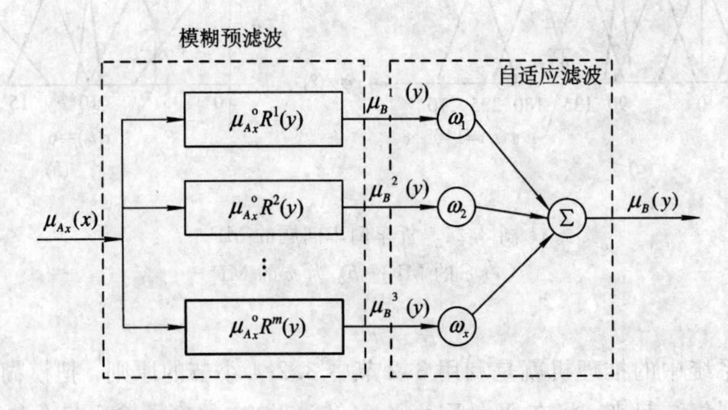

图 3.25　规则相加合成器

现在回头再来看上面的货车倒车的例子以进一步了解规则如何激励并产生模糊输出。假定在某一时刻 t_i，货车的状态为 $\varphi(t_i)=140°$，$x(t_i)=6$。由图 3.24(a)和(b)可知，$\varphi(t_i)$ 激励两个模糊集合 B_1 和 B_2；$x(t_i)$ 也激发两个模糊集合 S_1 和 S_2。根据规则表(关系矩阵)图 3.23，有三条规则被激活，即：

$R^{(5,1)}$：if　φ 是 B_1 和 x 是 S_2，then　θ 是 B_2

$R^{(5,2)}$：if　φ 是 B_1 和 x 是 S_1，then　θ 是 B_3

$R^{(6,2)}$：if　φ 是 B_2 和 x 是 S_1，then　θ 是 B_3

现在计算由这些规则所产生的输出。假定用单点模糊化，$\mu_{A_x}(x')=1$，对 $x=x'$；$\mu_{A_x}(x)=0$ 对 $x\neq x'$，$x\in U=U_x\times U_x$。图 3.26、图 3.27 和图 3.28 分别表示规则 $R^{(5,1)}$、$R^{(5,2)}$ 和 $R^{(6,2)}$ 激励的情况，图中画出了 max－min 和 max－乘积运算的结果。最后，在图 3.29 中，画出模糊推理系统总的输出集合。

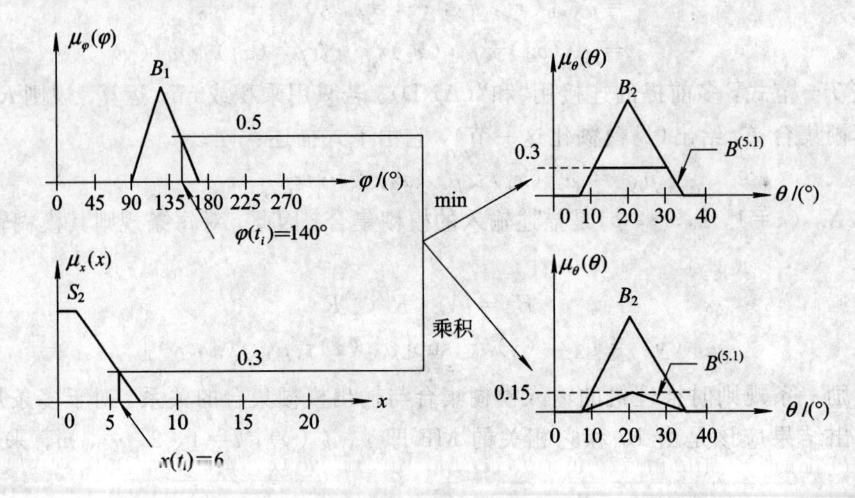

图 3.26　$R^{(5,1)}$ 激励

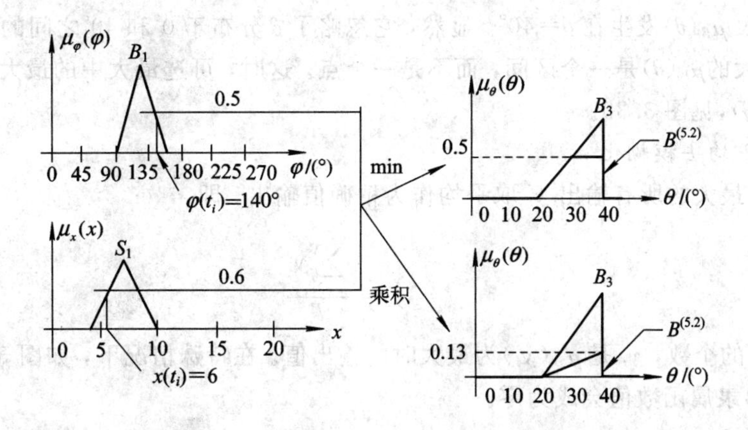

图 3.27 $R^{(5.2)}$激励

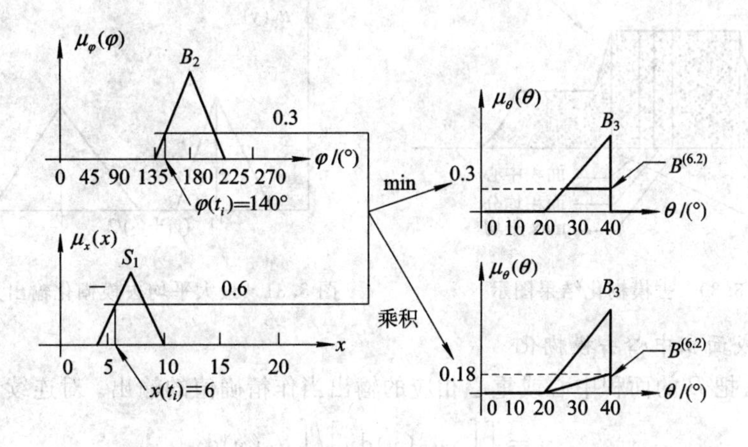

图 3.28 $R^{(6.2)}$激励

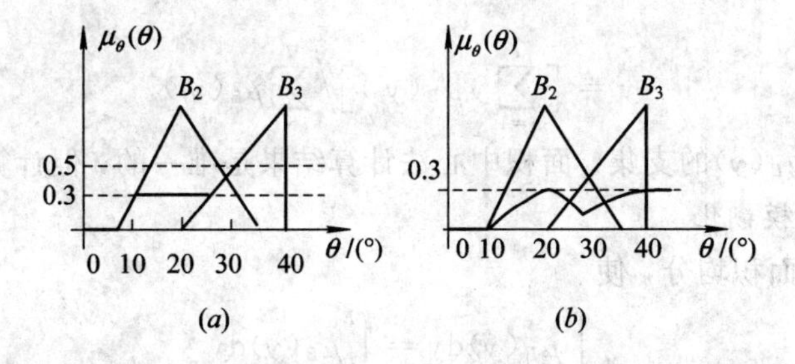

图 3.29 总的输出模糊集合

(*a*) 用 max—min 运算；(*b*) 用 max—乘积运算

4. 去模糊化

去模糊化的过程是把推理系统输出的模糊集合映射成精确输出。现在有许多去模糊化的方法，但都不是建立在严格的数学分析基础上，即不是从模糊信息熵或熵的极大化原理中推导出来。因此去模糊化实际上是一种艺术而不是一种科学。从工程应用而言，希望去模糊化的方法要简单。目前普遍采用的有以下几种方法：

1）极大去模糊化方法

这个方法是在输出模糊集合 B 中，选择 $\mu_B(y)$为最大的 y 作为精确值输出。以图 3.29

(b)为例，最大 $\mu_B(\theta)$发生在 $\theta=40°$。显然，它忽略了 θ 分布于 0°和 40°之间的事实。对于图 3.29(a)，最大的$\mu_B(\theta)$是一个区间，而不是一个点。这时，可选最大中的最大 $\mu_B(\theta)$或最小中的最大$\mu_B(\theta)$，见图 3.30。

2）最大平均去模糊化

把 $\mu_B(y)$最大的所有输出 y_i 取平均作为精确值输出。即

$$y=\bar{y}=\frac{\sum_{i=1}^{l} y_i}{l} \tag{3.67}$$

式中 l 是取点的个数，y_i 是 $\mu_B(y_i)$为最大时的输出值。在特殊情况下，如图 3.31 所示，最大平均的输出隶属函数值会成为零。

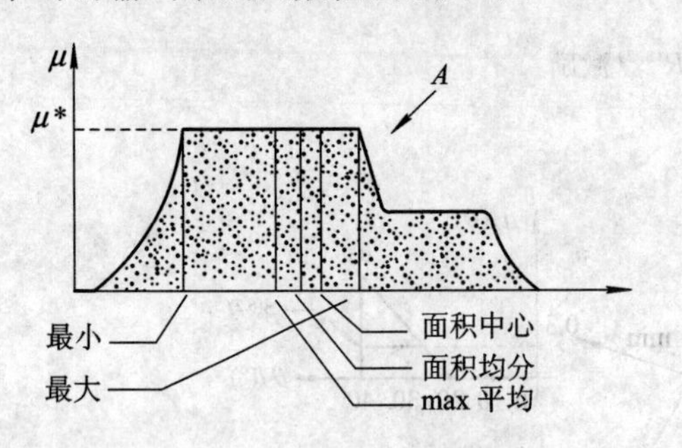

图 3.30　去模糊化结果图示

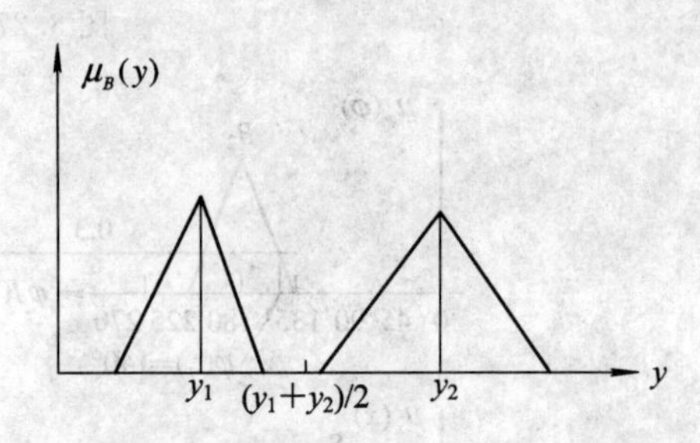

图 3.31　最大平均去模糊化输出为零的情况

3）重心或面积中心去模糊化

这个方法把 B 的面积中心或重心相应的输出当作精确值的输出。对连续论域：

$$\bar{y}=\left[\int_s y\mu_B(y)\mathrm{d}y\right]\bigg/\int_s \mu_B(y)\mathrm{d}y \tag{3.68}$$

对离散率域：

$$\bar{y}=\left[\sum_{i=1}^{l} y_i\mu_B(y_i)\right]\bigg/\sum_{i=1}^{l}\mu_B(y_i)$$

式(3.68)中 s 表示 $\mu_B(y)$的支集。面积中心法计算结果是唯一的，但计算比较困难。

4）面积均分去模糊化

该方法把 B 的面积均分，使

$$\int_{\alpha}^{\bar{y}}\mu_B(y)\mathrm{d}y=\int_{\bar{y}}^{B}\mu_B(y)\mathrm{d}y$$

式中 $\alpha=\min[y|y\in Y]$，$B=\max[y|y\in Y]$，即 $\bar{y}$ 的垂直线把 B 的面积平分。

以上四种模糊化的几何意义表示于图 3.30。

5）高度去模糊化方法

由于面积中心计算困难，因此有人建议首先对每个规则 R^l 相应的 B^l 求重心 $\bar{y}$，然后计算其平均，即

$$y_h=\left[\sum_{l=1}^{M}\bar{y}^l\mu_{B^l}(\bar{y}^l)\right]\bigg/\sum_{l=1}^{M}\mu_{B^l}(y^l) \tag{3.69}$$

这个公式计算容易。因为常用的 MF 的中心(重心)预先都知道。譬如，对称三角形 B 的重心在连接它的顶点的垂直线上；高斯函数 B_l 的重心在高斯函数中心线上；对称梯形 B^l 的

重心在其支集的中点，式(3.69)很容易从图3.32示意中计算而得。

式(3.69)虽然计算容易，但对初学者而言，效率较低。y_h 只利用各个 $\mu_{B^l}(\bar{y}^l)$ 形状和信息，没有利用总体结果 MF 的形状和信息。为此有修正的高度法。

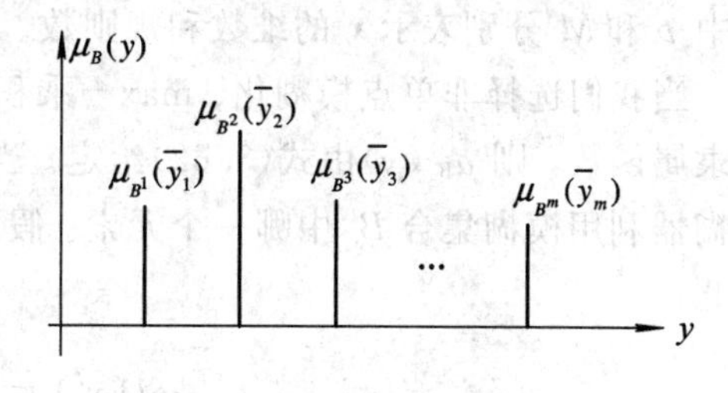

图 3.32 高度法去模糊化

6) 修正的高度去模糊化方法

在上面的去模糊化方法中，精确输出的结果与隶属函数的形状无关。实际上，隶属函数的宽度包含了许多有用信息。宽度狭表明规则可信度高；反之表明可信度低。修正高度法首先计算 $\bar{y}^l$ 点上的 $\mu_{B}{}^{l}(\bar{y}^l)$，然后按下式计算推理系统的输出：

$$y_{mh}=\left[\sum_{l=1}^{M}\bar{y}^l\mu_{B^l}(\bar{y}^l)/(\delta^l)^2\right]\Big/\left[\sum_{l=1}^{M}\mu_{B^l}(\bar{y}^l)/(\delta^l)^2\right] \tag{3.70}$$

式中 δ^l 是规则 R^l 结果范围的一种度量。对三角形和梯形的隶属函数，δ^l 可以是三角形或梯形的支集；对高斯隶属函数，δ^l 可以是标准的偏差。

3.4 模糊基函数

从以上详细讨论可知，模糊推理系统中的四个基本部分有许多种可能的选择，可以构成许许多多模糊推理系统。虽然在图3.26～3.29中对模糊推理系统作了几何说明，但仍没有对它在数学上作完全的描述。为此我们需要一个数学公式，它将精确输入 x 映射成精确输出 $y=f(\boldsymbol{x})$。从图3.21可知这种公式可以随信号 $\boldsymbol{x}$ 通过模糊器，将它转换成模糊集合 A_x，进入推理机，变换成模糊集合 B，最后进入去模糊器将其变成 $f(\boldsymbol{x})$而得到。为了建立这个数学公式，必须选择模糊化方法、隶属函数、复合运算、推理方法以及去模糊化方法。

现在我们选择单点模糊化、max－乘积复合运算、乘积推理和高度去模糊化，让 MF 任意选择，于是容易得出：

$$y=f_s(\boldsymbol{x})=\left[\sum_{l=1}^{M}\bar{y}^l\prod_{i=1}^{P}\mu_{A_i^l}(x_i)\right]\Big/\left[\sum_{l=1}^{M}\prod_{i=1}^{P}\mu_{A_i^l}(x_i)\right] \tag{3.71}$$

为了得到式(3.71)，我们从现在开始，用下式替代了 $\mu_{B^l}(\bar{y}^l)$。

$$\mu_{B^l}(\bar{y}^l)=\mu_{A\to B}(x',\bar{y}^l)=\left[\prod_{i=1}^{p}\mu_{A_i^l}(x'_i)\right]\mu_{G^l}(\bar{y}^l)$$

$$=\left[\prod_{i=1}^{p}\mu_{A_i^l}(x'_i)\right]$$

我们已假定了隶属函数作了归一化处理，故 $\mu_{G^l}(\bar{y}^l)=1$。另外，为了标记简化，我们把 x_i' 写成 x_i，$f_s(\boldsymbol{x}')$写成 $f_s(\boldsymbol{x})$。

当我们选择单点模糊化、max－min 复合、min 推理以及高度去模糊化，利用上述相同程序，可得：

$$y=f(\boldsymbol{x})=\left[\sum_{l=1}^{M}y^l\min_{i=1,p}\{\mu_{A_i^l}(x_i)\}\right]\Big/\left[\sum_{l=1}^{M}\min_{i=1,p}\{\mu_{A_i^l}(x_i)\}\right] \tag{3.72}$$

式中 p 和 M 分别表示 $\boldsymbol{x}$ 的维数和规则数。

当我们选择非单点模糊化、max－乘积复合，乘积推理，并对 $\mu_x(x_k)$ 和 $\mu_{A_k^l}(x_k)$ 采用高斯隶属函数，则 $\mu_{B^l}(y)$ 由式(3.62)给定。当我们选择高度法去模糊化时，必须首先决定去模糊器利用模糊集合 B^l 中哪一个元素。假定 $\mu_{G^l}(y)$ 是高斯，那么在 $y=\bar{y}^l$ 时，它的值为1，因此，

$$\mu_{B^l}(\bar{y}^l)=\prod_{k=1}^{p}\mu_{Q_k^l}(x_{k,\max}) \tag{3.73}$$

将式(3.73)代入式(3.69)，得

$$\begin{aligned}y&=f_{ns}(\boldsymbol{x})\\&=\Big[\sum_{l=1}^{M}\bar{y}^l\prod_{k=1}^{P}\mu_{Q_k^l}(x_{k,\max})\Big]\Big/\Big[\sum_{l=1}^{M}\prod_{k=1}^{P}\mu_{Q_k^l}(x_{k,\max})\Big]\end{aligned} \tag{3.74}$$

可以看到式(3.74)中 $f_{ns}(\boldsymbol{x})$ 和式(3.71)中 $f_s(\boldsymbol{x})$ 极其相似。这二式可以进一步表示如下。为了简化符号，把下标 ns 和 s 去掉，

$$g=f(\boldsymbol{x})=\sum_{l=1}^{M}\bar{y}^l\varphi_l(\boldsymbol{x}) \tag{3.75}$$

式中 $\varphi_l(x)$ 称作为模糊基函数。

当单点模糊化时

$$\varphi_l(\boldsymbol{x})=\prod_{k=1}^{P}\boldsymbol{\mu}_{A_i^l}(\boldsymbol{x}_i)\Big/\Big[\sum_{l=1}^{M}\prod_{k=1}^{P}\boldsymbol{\mu}_{A_k^l}(\boldsymbol{x}_i)\Big] \tag{3.76}$$

当非单点模糊化时

$$\varphi_l(\boldsymbol{x})=\prod_{k=1}^{P}\mu_{Q_k^l}(x_{k,\max})\Big/\Big[\sum_{l=1}^{M}\prod_{k=1}^{P}\mu_{Q_k^l}(x_{k,\max})\Big] \tag{3.77}$$

现在我们可以把模糊推理系统称作模糊基函数扩展。也即把模糊推理系统看成更为通用的函数逼近器。必须记住，式(3.76)和式(3.77)的模糊基函数只是对特定的选择有效。改变模糊化、复合运算、推理方法、去模糊化方法，式(3.76)和式(3.77)就要修正。但作为模糊推理系统的解释仍旧有效。为了看一下模糊基函数的具体形式，且为了方便，假定 $\boldsymbol{x}$ 的维数 $p=1$，这样 $\varphi_l(x)=\varphi_l(\boldsymbol{x})$。选择规则数 $m=5$，对所有高斯前提MF以及模糊输入的标准偏差都假定等于10。

图3.33(a)是等间距情况下5个模糊基函数，$m_{A_1^1}=20$，$m_{A_1^2}=35$，$m_{A_1^3}=50$，$m_{A_1^4}=65$，$m_{A_1^5}=80$。图中实线为单点模糊，点划线为非单点模糊。由图可见，内部三个模糊基函数是径向对称的，而外部两个模糊基函数是 S 型函数，这些模糊基函数兼有径向函数和 S 型函数的优点，前者善于表征局部特性，后者善于表征全局性质。非单点模糊比单点模糊有更长的尾部和更宽范围。这意味着，对特定的输入，非单点模糊情况下要比单点模糊激励更多的规则。譬如在 $x=30$ 时，由图3.33(a)可知，单点模糊基函数激发3条规则，而非单点模糊基函数激发4条规则。输入不确定性激发更多的规则，意味着在非单点模糊情况下决策比单点模糊化更分散。

图3.33(b)是非等间距情况下的5个模糊基函数，$m_{A_1^1}=20$，$m_{A_1^2}=35$，$m_{A_1^3}=50$，$m_{A_1^4}=65$、$m_{A_1^5}=80$。由图可知，内部模糊基函数不再是径向对称了。而外部两个模糊基函数还是近似的 S 型函数。这些图形应使我们放弃模糊基函数是径向基函数这种概念，它们是径向基函数的非线性函数。

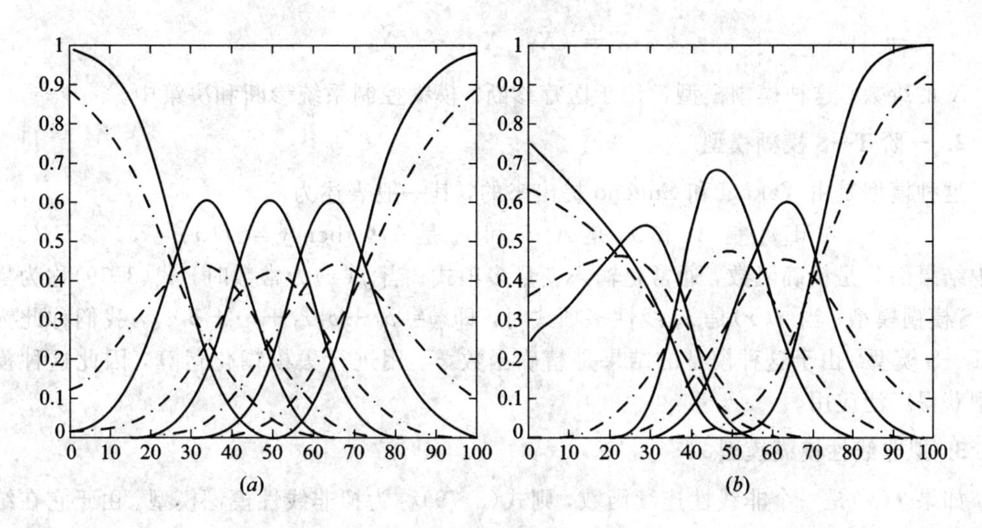

图 3.33 模糊基函数

(*a*)等间距；(*b*) 非等间距的高斯前提 MF

3.5 模糊建模

理想的模糊控制，必须建立在系统模糊模型辨识的基础上，也就是要进行模糊建模。如同常规的系统建模一样，模糊建模也包括两方面：系统的结构辨识和参数辨识。模糊辨识是一种适用于 Zadeh 所定义的系统辨识方法，与传统的辨识方法在步骤和任务上大体相同，其不同之处在于它运用了模糊数学理论和不同的特性指标。

模糊辨识作为一种新颖的辨识方法，具有独特的优越性：

- 能有效地辨识复杂和病态结构的系统；
- 能有效地辨识具有大时延、时变、多输入单输出的非线性系统；
- 可以辨识性能优良的人类控制器；
- 可得到被控对象的定性与定量相结合的模型。

本节就模糊建模中模型、模糊系统的参数辨识与结构辨识分别作讨论。

3.5.1 模糊模型

模糊模型就是反映模糊系统输入和输出关系的一种数学表达式，根据不同的研究对象和应用领域，就有不同的模糊模型。其中常用的有以下几种：

1. 基于模糊关系方程的模糊模型

存在一种范围广泛的所谓病态系统，为了对其不精确的信息进行操作，就用模糊关系方程来表达它们的行为特征：

$$\tilde{Y} = \tilde{X} \circ R \tag{3.78}$$

式中，$\tilde{X}$ 和 $\tilde{Y}$ 为定义在论域 X 和 Y 中模糊集合，$\circ$ 为复合算子，R 为模糊关系。如前述，常用的复合算子为 max—min 和 max－乘积。$\tilde{X}$ 还可以进一步写成

$$\tilde{X}=(\tilde{X}_1,\ \tilde{X}_2,\ \cdots,\ \tilde{X}_k)$$

k 为 $\tilde{X}$ 的维数。这种模糊模型常用于医疗诊断、模糊控制系统诊断和决策中。

2. 一阶 T—S 模糊模型

这种模型是由 Takagi 和 Sugeno 提出来的，其一般表述为

$$\text{if } x_1 \text{ 是 } A_1 \text{ 和 } x_2 \text{ 是 } A_2 \cdots \text{ 和 } x_k \text{ 是 } A_k,\ \text{then } y=f(x) \tag{3.79}$$

式中结果部分是精确函数，通常是输入变量多项式。当 $f(x)$为常数时，式(3.79)称为零阶 T—S 模糊模型；当 $f(x)$是 x_i 线性多项式时，即 $y=p_0+p_1x_1+\cdots+p_kx_k$，我们称此为一阶 T—S 模型。由于这种模型的结果是精确函数，不用进行去模糊化运算，因此这种模糊模型获得广泛应用。

3. 拟非线性模糊模型

如果 $f(x)$是一个非线性连续函数，则式(3.79)称为拟非线性模糊模型。由于它在结论部分利用了系统输入变量的高阶信息，使每个模糊子区域内的系统局部模型合成为适当的非线性模型。因此，它比 T—S 一阶模型更合适于表示复杂非线性系统。但构成拟非线性模型的最大困难在于确定$f(x)$的形式(如指数、对数或 S 型函数等)，它在很大程度上取决于专家的经验。

为了辨识上的简单，一般取多项式。当输入变量为 2 时，$f(x)$定义为

$$f(x_1,\ x_2)=\sum_{k_1=0}^{r_1}\sum_{k_2=0}^{r_2}C(k_1,\ k_2)x_1^{k_1}x_2^{k_2} \tag{3.80}$$

式中 $C(k_1,\ k_2)$和 r_1，r_2 为结论参数。显然，当 r_1，$r_2>2$ 且输入变量数目大于 2 时，这种模型结构本身变得太复杂，缺乏工程实用价值。

3.5.2 模糊模型的参数辨识

对于模糊关系模型，其参数辨识就是给定模糊集合 $\tilde{X}$ 和 $\tilde{Y}$，寻求模糊关系 R，使 $\tilde{Y}=\tilde{X}\circ R$。按模糊代数的运算法则，$R$ 可表示成

$$R=\tilde{Y}\odot\tilde{X} \tag{3.81}$$

式中$\odot$表示为模糊除法。这个除法必须按语言变量 x 和 $y(x\in X,\ y\in Y)$的隶属函数来确定。为了简单，我们假定 x 和 y 的隶属函数具有图 3.34 的梯形函数形式，将语言变量 x 和 y 的值归一化，使

$$\begin{aligned}\mu_x(x)\in[0,\ 1] \qquad -1\leqslant x\leqslant 1\\ \mu_y(y)\in[0,\ 1] \qquad -1\leqslant y\leqslant 1\end{aligned} \tag{3.82}$$

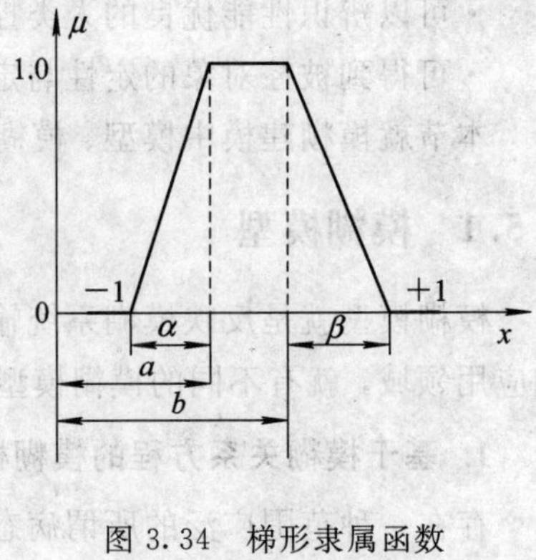

图 3.34 梯形隶属函数

这样，图 3.34 的梯形函数可以表达为

$$\mu_L=\begin{cases}1-\dfrac{a-x}{\alpha} & \text{如果 } x\leqslant a,\ \alpha>0\\ 1 & \text{如果 } a\leqslant x\leqslant b\\ 1-\dfrac{x-b}{\beta} & \text{如果 } x\geqslant b,\ \beta>0\end{cases} \tag{3.83}$$

$L=\{$正大，正中，正小，零，负小，负中，负大$\}$

$= \{PB, PM, PS, ZE, NS, NM, NB\}$

输入和输出变量 x 和 y 的隶属函数可以写成

$$\mu_x(x) = (a, b, \alpha, \beta), \quad \mu_y(y) = (c, d, \gamma, \delta)$$

对于标准的梯形函数，经过近似计算可以得到表 3.1 所示的值。于是式(3.81)可以改写成

$$\mu_R = (c, d, \gamma, \delta) \odot (a, b, \alpha, \beta)$$

表 3.1 隶属函数的常数

语言变量	a, c	b, d	α, γ	β, δ
PB	0.55	1.00	0.28	0.00
PM	0.70	0.85	0.56	0.28
PS	0.25	0.55	0.32	0.33
ZE	0.00	0.00	0.41	0.41
NS	−0.55	−0.25	0.33	0.32
NM	−0.85	−0.70	0.28	0.56
NB	−1.00	−0.55	0.00	0.28

模糊除法的详细运算这里不作推导，其最终结果列于表 3.2。它给出了关系常数 R 的隶属函数 $\mu_R=(g, h, \phi, \varphi)$。

表 3.2 语言系统关系常数表达式

情 况	$(c, d, \gamma, \delta)\odot(a, b, \alpha, \beta)=$	注
$c, d, a', b' > 0$	$(ca', db', 0.5((c+d)\alpha'+(a'+b')\gamma), 0.5((c+d)\beta'+(a'+b')\delta))$	$a'=1/b$
$c, d<0$ $a', b'>0$	$(ca', db', 0.5((a'+b')\gamma-(c+d)\beta'), 0.5((a'+b')\delta-(c+d)\alpha'))$	$b'=1/a$
$c, d, a', b' <0$	$(ca', db', -0.5((a'+b')\delta+(c+d)\beta'), -0.5((a'+b')\gamma+(c+d)\alpha'))$	$\alpha'=4\beta/(a+b)^2$
$c, d>0$ $a', b'<0$	$(ca', db', 0.5((c+d)\beta'-(a'+b')\gamma), 0.5((c+d)\alpha'-(a'+b')\delta))$	$\beta'=4\alpha/(a+b)^2$

下面举例来说明语言系统的辨识过程。

举例：被辨识的系统是一个蒸汽加热的干燥机，根据要烘干物料的移动和数量，干燥机不同部位上的温度差异很大。所以系统的温度用语言术语表达，如：低些(NS)，正常(ZE)，高些(PS)等等。蒸汽控制阀近似线性，以 0～100 的百分比来标刻，在阀门全开和全闭情况下，干燥机的平均温度分别为 20℃和 90℃。

长期经验表明，阀门确定位置 x 和语言温度值 y 之间对应为

$$x(55) - y(PS); \ x(70) - y(PM); \ x(80) - y(PB)$$

从这些输入一输出对，系统的模糊关系 R 就可以确定。利用表 3.1 和表 3.2，第一对$\{x, y\}$值经过归一化，使 x 值为$-1\leqslant x\leqslant 1$，得到结果为

$$\begin{aligned} R_1 = (&0.25\times 1.82, 0.55\times 1.82, \\ &0.5((c+d)\times 0+(1.82+1.82)\times 0.33), \\ &0.5((c+d)\times 0+(1.82+1.82)\times 0.33)) \end{aligned}$$

$$R_1 = (g,\ h,\ \phi,\ \varphi) = (0.46,\ 1.0,\ 0.60,\ 0.60)$$

这里 x 的隶属函数当作单点，因此 $\alpha=\beta=0$，$a=b=0.55$。

以相同方式第二对和第三对 $\{x,\ y\}$ 可得结果为

$$R_2 = (g,\ h,\ \phi,\ \varphi) = (1.0,\ 1.22,\ 0.8,\ 0.40)$$

$$R_3 = (g,\ h,\ \phi,\ \varphi) = (0.88,\ 1.06,\ 0.70,\ 0.35)$$

三个模糊 R 值的平均为

$$\hat{R} = (g,\ h,\ \phi,\ \varphi) = (0.78,\ 1.09,\ 0.70,\ 0.45)$$

为了按物理量纲来表达，$\hat{R}$ 必须乘上因子 $(90-20)/100=0.70$。

$$\hat{R} = (g,\ h,\ \phi,\ \varphi) = (0.55,\ 0.76,\ 0.49,\ 0.32)[℃/\%]$$

现在，我们来研究 T—S 一阶模糊模型的辨识问题。重写式(3.79)

$$\begin{aligned} &\text{if } x_1 \text{ 是 } A_1 \text{ 和} \cdots \text{和 } x_k \text{ 是 } A_k, \\ &\text{then } y = p_0 + p_1 x_1 + \cdots + p_k x_k \end{aligned} \tag{3.84}$$

上式是由一个线性方程和连接词“和”来表征，分三个部分：

(1) x_1，…，x_k：组成隐含前件(前提)的变量；

(2) A_1，…，A_k：前件中模糊集合的隶属函数，简称为前件参数；

(3) p_0，…，p_k：后件(结果)参数。

利用受控系统的输入一输出数据进行辨识，就是要选择前件变量；辨识前件和后件的参数。要注意，所有前件的变量不一定都出现。第一项涉及到将输入变量空间划分成几个模糊子空间，这属于模糊模型结构辨识问题；而第二、三项关系到在每一个模糊空间如何描述输入一输出关系的问题。这三项变量的选择和参数的辨识是相互有关的。现在我们先来讨论前件和后件参数辨识。整个辨识过程的算法可由图 3.35 来说明。它是一个递阶式的结构。分三个步骤：① 选择前件变量。从可能的输入变量中选出前件变量的组合，然后按照下面给出的步骤 2 和步骤 3，辨识最佳的前件和后件参数，计算模型和原对象之间的输出误差，改变前件变量的选择，使特性指标指数减少。指标可以按输出误差均方根来定义。② 前件参数辨识。按第 1 步所选的前件变量，搜索最佳的前件参数；有了前件参数，我们可以按步骤 3 求得后件参数以及特性指标。所以前件参数的辨识问题变成使特性指标最小的非线性规划问题。③ 后件参数辨识。对给定的前件变量和前件参数，用最小二乘方法来寻求后件参数，使特性指标最小。

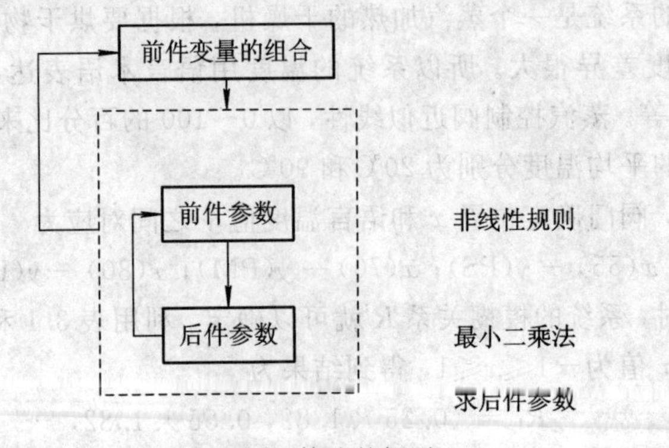

图 3.35　算法的概要

现在我们来讨论系统的模糊辨识方法。

1. 后件参数的辨识方法

为了一般化，设一个系统表示如下的隐函数关系：

$$R^1: \text{if } x_1 \text{ 是 } A_1^1, \cdots, \text{和 } x_k \text{ 是 } A_k^1,$$
$$\text{then } y = p_0^1 + p_1^1 x_1 + \cdots + p_k^1 x_k$$
$$\vdots$$
$$R^n: \text{if } x_1 \text{ 是 } A_1^n, \cdots, \text{和 } x_k \text{ 是 } A_k^n,$$
$$\text{then } y = p_0^n + p_1^n x_1 + \cdots + p_k^n x_k$$

则

$$y = \frac{\sum \mu_R{}^i \cdot y^i}{\sum \mu_R{}^i}$$

式中

$$y^i = p_0^i + p_1^i x_1 + \cdots + p_k^i x_k$$

所以，对输入$(x_1, \cdots, x_k)$，得输出：

$$y = \frac{\sum_{i=1}^{n} (A_1^i(x_1) \wedge \cdots \wedge A_k^i(x_k)) \cdot (p_0^i + p_1^i x_1 + \cdots + p_k^i x_k)}{\sum_{i=1}^{n} (A_1^i(x_1) \wedge \cdots \wedge A_k^i(x_k))} \tag{3.85}$$

令 β_i 为

$$\beta_i = \frac{A_1^i(x_1) \wedge \cdots \wedge A_k^i(x_k)}{\sum_{i=1}^{n} (A_1^i(x_1) \wedge \cdots \wedge A_k^i(x_k))}$$

则

$$y = \sum_{i}^{n} \beta_i (p_i^0 + p_1^i x_1 + \cdots + p_k^i x_k)$$
$$= \sum_{i=1}^{n} (p_0^i \beta_i + p_1^i x_1 \cdot \beta_i + \cdots + p_k^i x_k \cdot \beta_i) \tag{3.86}$$

当输入一输出数据 x_{1j}，x_{2j}，…，x_{kj} 和 y_j $(j=1, 2, \cdots, m)$给定，按式(3.85)，利用最小二乘法就可得到后件参数 p_0^i，p_1^i，…，p_k^i，$i=1, \cdots, n$。

我们把以上的关系写成矩阵形式：

$$\boldsymbol{Y} = \boldsymbol{XP} \tag{3.87}$$

式中

$$\boldsymbol{Y} = (y_1 \cdots y_m)^{\mathrm{T}}, \qquad \boldsymbol{P} = (p_0^1 \cdots p_0^n \; p_1^1 \cdots p_1^n \; p_k^1 \cdots p_k^n)^{\mathrm{T}}$$

$$\boldsymbol{X} = \begin{bmatrix} \beta_{11} \cdots \beta_{n1} \; x_{11}\beta_{11} \cdots x_{1m}\beta_{m1} \cdots x_{k1}\beta_{11} \cdots x_{km}\beta_{m1} \\ \beta_{12} \cdots \beta_{n2} \; x_{12}\beta_{11} \cdots x_{2m}\beta_{m2} \cdots x_{k1}\beta_{12} \cdots x_{km}\beta_{m2} \\ \cdots \\ \beta_{1m} \cdots \beta_{nm} \; x_n\beta_{1n} \cdots x_n\beta_{mn} \cdots x_{k1}\beta_{1n} \cdots x_{km}\beta_{mn} \end{bmatrix}$$

这里，$\boldsymbol{x}$ 是 $k \times m$ 阶的输入变量矩阵，β 是 $m \times n$ 阶矩阵，即

$$\beta_{ij} = \frac{A_1^i(x_{1j}) \wedge \cdots \wedge A_k^i(x_{kj})}{\sum_j A_1^i(x_{1j}) \wedge \cdots \wedge A_k^i(x_{kj})} \tag{3.88}$$

所以 $\boldsymbol{X}$ 是 $m\times n(k+1)$ 阶矩阵。这样，参数向量 $\boldsymbol{P}$ 可以计算为

$$\boldsymbol{P}=(\boldsymbol{X}^{\mathrm{T}}\boldsymbol{X})^{-1}\boldsymbol{X}^{\mathrm{T}}\boldsymbol{Y} \tag{3.89}$$

值得注意的是，上述方法与推理方法是一致的。换句话说，如果我们拥有足够多数目的无噪声输出数据，这个辨识方法可以获得与原系统相同的参数。

参数向量也可按稳态卡尔曼滤波器来计算。所谓稳态卡尔曼滤波，就是给出最小方差来计算线性代数方程组参数的算法。

现在举例说明上述后件参数的辨识方法。

假设一个系统的行为：

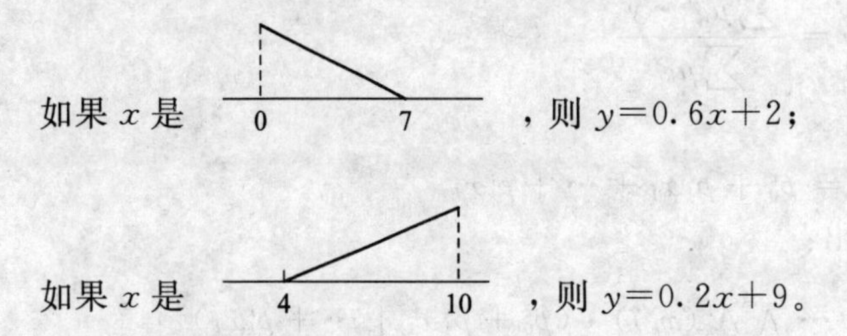

如果 x 是 [0–7]，则 $y=0.6x+2$；

如果 x 是 [4–10]，则 $y=0.2x+9$。

在模型的前件与原系统一样的条件下，从含噪声的输入－输出数据可以辨识后件参数，结果如下：

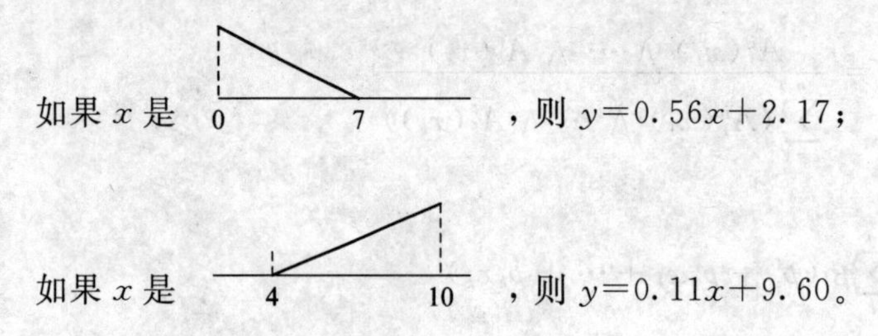

如果 x 是 [0–7]，则 $y=0.56x+2.17$；

如果 x 是 [4–10]，则 $y=0.11x+9.60$。

图 3.36 表示了后件参数辨识的结果。图中虚线是模糊辨识所得模型，实线为原模型。

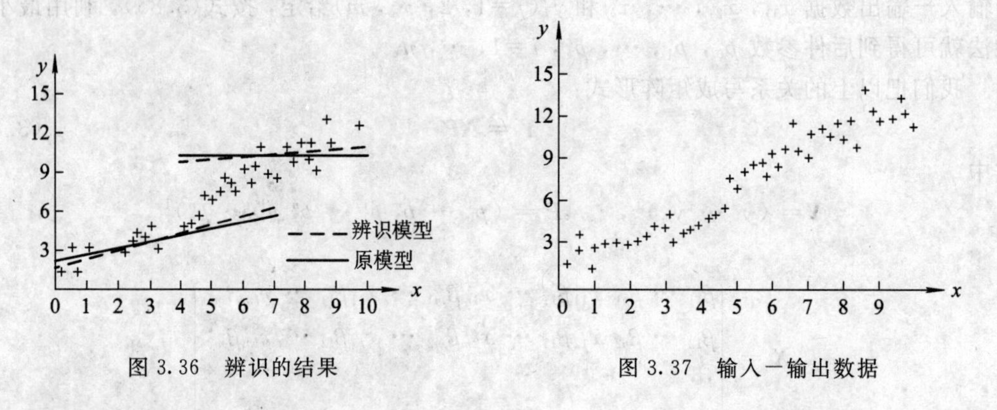

图 3.36 辨识的结果　　　图 3.37 输入－输出数据

2. 前件参数的辨识

在这小节中，假定前件变量已经选择，我们来讨论如何辨识前件中的模糊集，也就是如何把前件变量空间划分成模糊子空间。

譬如，图 3.37 中所示的输入－输出数据，我们发现随输入的增加，输入－输出特性发

生变化，所以可暂时把 x 空间分成两个模糊子空间：x 为小和 x 为大，于是具有以下隐含的模型：

如果 x 为小，则 $y=a_1x+b_1$

如果 x 为大，则 $y=a_2x+b_2$

接着，我们必须确定“小”和“大”的隶属函数以及在后件中的参数 a_1、b_1 和 a_2、b_2。这个问题实质上是寻求隶属函数的最优参数使特性指标最小。这个过程就称作“前件参数的辨识”。其算法如下：

(1) 先假设一组前件中模糊集的参数，可以按照上节所讨论方法得到后件的最优参数使特性指数最小。

(2) 使特性指标最小来寻求最优前件参数问题可以变换成一个非线性规划问题。利用著名的复合方法求极小，可求解非线性规则。因为我们假定模糊集具有线性隶属函数，故其参数限定在[0，1]之间，即最大隶属度为 1，最小为 0。

举例：设原系统具有以下两个隐含：

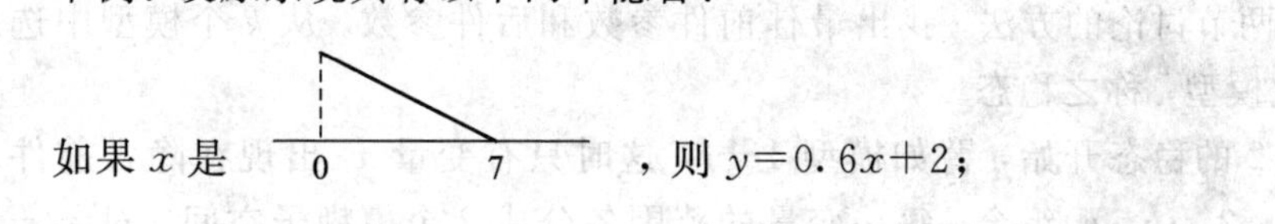

如果 x 是 0 7，则 $y=0.6x+2$；

如果 x 是 4 10，则 $y=0.2x+9$。

输入一输出带噪声的数据和后件的隐含函数表示于图 3.38。按复合方法求非线性规则，辨识结果前件参数如下：

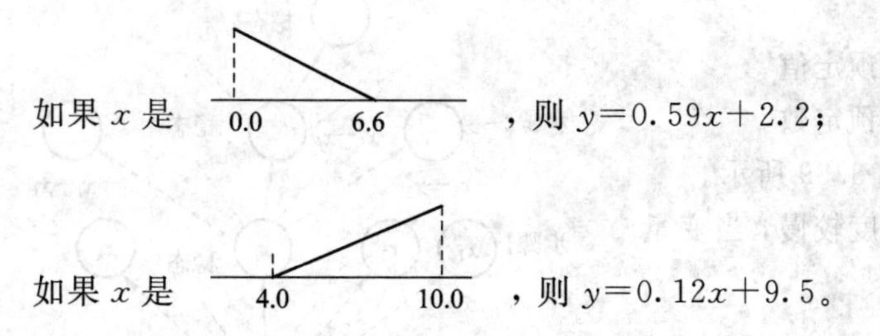

如果 x 是 0.0 6.6，则 $y=0.59x+2.2$；

如果 x 是 4.0 10.0，则 $y=0.12x+9.5$。

可见辨识结果相当精确。如果输入一输出的数据中不含噪声，那么辨识结果应与原系统参数完全相同。

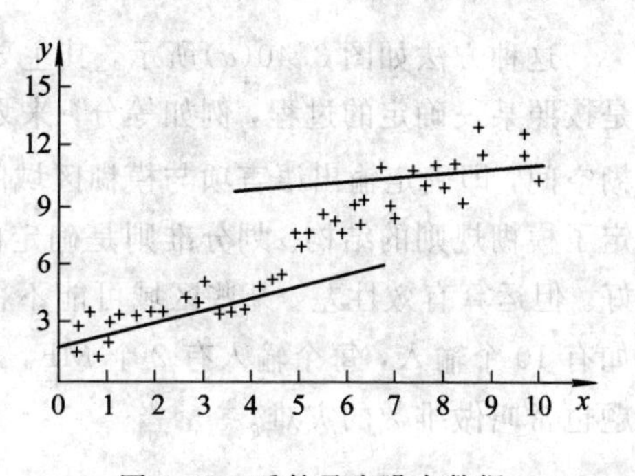

图 3.38　后件及有噪声数据

3.5.3　模糊模型的结构辨识

模糊模型的结构辨识的基本任务就是对输入模糊空间进行划分，这相当于常规辨识中决定系统的阶次。目前尚无埋论性方法，现把常用的输入模糊空间划分的方法阐述如下：

1. 启发式搜索法

我们再继续上一节的讨论。假定我们需要建立一个有 k 个输入 x_1，…，x_k 和单输出系统的模糊模型，用启发式搜索方法进行模糊输入空间划分的算法为：

步骤 1 把 x_1 的范围划分成两个模糊子空间“大”和“小”，其他变量 x_2，…，x_k 不予划分。这意味着只有 x_1 在隐含前件出现，因此这个模型由 2 个隐含组成。

如果 x_1 是大，则……

如果 x_1 是小，则……

这个模型叫做模型 1－1。同样，将 x_2 分成两个子空间，而其他变量 x_1，x_3，…，x_k 不予划分，这个模型叫模型 1－2。按同样方法我们就有 k 个模型，每一模型由 2 个隐含组成。一般而言，模型 1－i 具有如下形式：

如果 x_i 是大，则……

如果 x_i 是小，则……

步骤 2 用前面两节讨论的方法，找出最佳前件参数和后件参数。从 k 个模型中选出特性指标最小的最优模型，称之稳态。

步骤 3 从步骤 2 的稳态开始，譬如模型 1－i，这时只有变量 x_i 出现在隐含前件之中。将 x_i 和 $x_j(j=1, 2, \cdots, k)$组合，每一变量的范围各分成 2 个模糊子空间。对 x_i-x_i 组合，可将 x_i 分成 4 个子空间，如“大”，“中等大”，“小”，“中等小”。这样，我们得到 k 个模型，每个模型命名为模型 2－j，各模型包含 4 个(2×2)隐含。然后再次找出一个具有最小特性指标的模型。如在步骤 1 一样，称此为步骤 3 中的稳态。

步骤 4 重复步骤 3，将另一变量放入前件。

步骤 5 以下判据中任一个满足，即停止搜索：

(1) 稳态的特性指标低于预定值。

(2) 稳态的隐含数目超过预定数。

前件变量选择的过程如图 3.39 所示。

显然，这种方法的搜索速度较慢，当变量增多时，组合也会“爆炸”。

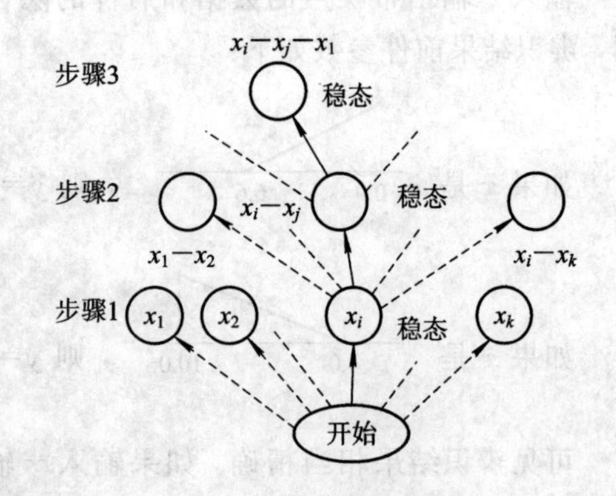

图 3.39 前件变量的选择

2. 模糊网格法

这种方法如图 3.40(a)所示，其主要思想是按照某一确定的过程，例如等分，来划分模糊空间，即确定输出语言项与模糊区域的关系。划分后的模糊空间就称为模糊网格，它确定了模糊规则的结构。划分准则是确定的，不具有学习功能，模糊网格愈细，辨识结果愈好。但运算有效性差，某些区域可能不覆盖数据。这种方法适用于输入变量少的情况。譬如有 10 个输入，每个输入有 2 个 MF，就会造成 $2^{10}=1024$ 个 if－then 模糊规则，这个问题也常叫做维数的灾难。

3. 树形划分法

图 3.40(b)表示了这种划分的方法。沿着相应的树，可以单独地划分区域。树形划分方

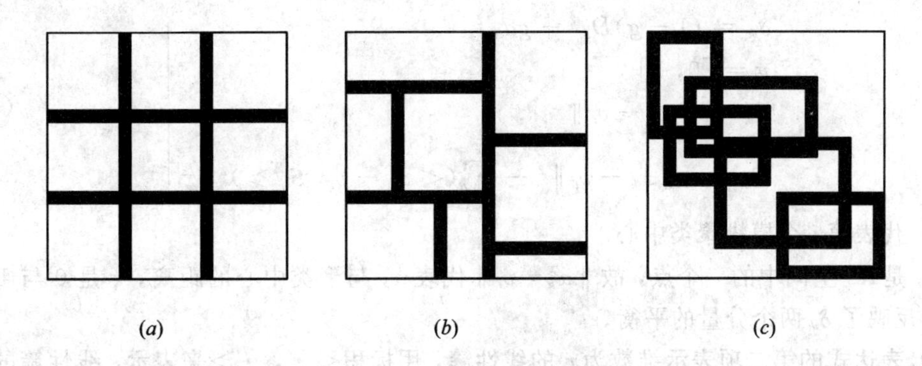

图 3.40　各种输入空间的划分方法

(a) 模糊网格法；(b) 树形划分法；(c)自适应模糊网格法

法减轻了规则数呈指数增加的问题，然而为了定义这些区域，对每一输入需更多的 MF，而且这些 MF 常常不具有清晰的语言意义，如“小”、“大”等等。换句话说，在 $X \times Y$ 空间大致上保持正交性，而在 X 或 Y 空间不具备正交性。

4. 自适应模糊网格法

这种方法如图 3.40(c)所示，也称扩充网格(Scatter grid)法。它根据先验知识或一般模糊网格法确定模糊网格，然后，利用梯度下降法优化模糊网格的位置和大小，以及网格间相互重叠的程度。它是一种具有学习功能的算法，可以把规则限制到合理的数目。其缺点是对每个输入变量要预先确定语言值的数目，这需要大量的启发性知识。随着输入量的增加，学习的复杂性也呈指数增长。

5. 模糊聚类法

模糊聚类法是目前最常用的模糊模型结构辨识法。其基本思想是设定合理的聚类指标，根据该指标所确定的聚类中心可使模糊输入空间划分最优。这种方法的优点是模糊集合可自动形成。规定一定形式的指标使它极小化，使数据的划分、合并成为一个非监督的学习过程，算法不必具有数据结构的先验知识。但实际上，规定了目标函数就是对目标函数本身加上了几何结构的特征。另外，利用非结构的方法(如搜索、智能启发式)，可在聚类过程中逐步揭示数据结构的性质。

假定在 p 维实数空间中存在 n 个向量模式，即

$$x_1, x_2, \cdots, x_n \in R^p$$

设结构中含有 C 个类，规定目标函数为

$$J = \sum_{i=1}^{c} \sum_{k=1}^{n} (\mu_{ik})^m \delta_{ik} \tag{3.90}$$

式中，$\mu_{ik} \in [0, 1]$，是第 k 个模式属于第 i 类的隶属程度，它必须满足以下两个条件：

① $\sum_{i=1}^{c} \mu_{ik} = 1$，　对所有 k

② 所有的类非空，$n > \sum_{k=1}^{n} \mu_{ik} > 0$，对所有 i

m 为参数，控制隶属值对特性指标的影响。δ_{ik} 描述第 k 个模式和聚类中心之间的距离。

$$\left.\begin{aligned}\delta_{ik} &= (1-g)D_{ik}{}^2 + gd_{ik}{}^2 \\ g &= [0,\ 1] \\ d_{ik} &= \| x_k - v_i \| \\ D_{ik} &= \{ \| x_k - v_i \|^2 - \sum_{j=1}^{r} (< x_k - v_i,\ \boldsymbol{S}_{ij} >)^2 \}^{1/2}\end{aligned}\right\} \tag{3.91}$$

式中 v_i 代表第 i 个模糊聚类中心。

x_k 是 R^p 空间中的一个点，故 $\| x_k - v_i \|$ 代表 x_k 与聚类中心的距离。g 是 0 与 1 之间常数，反映了 δ_{ik} 两个分量的平衡。

D_{ik} 表达式的第二项表示维数为 r 的线性簇，用标积 $< \cdot,\ \cdot >$ 来表示。线性簇的定义如下：

定义 3.16　线性簇

通过点 $V \in R^p$，由线性独立向量 $\{s_1,\ s_2,\ \cdots,\ s_r\} \in R^p$ 所张成的 $r(0 \leqslant r \leqslant p)$ 维线性簇是集合：

$$V_r = (r;\ s_1,\ s_2,\ \cdots,\ s_r) = \{ y = V + \sum_{j=1}^{r} c_j s_j,\ c_j \in R \mid y \in R^p \} \tag{3.92}$$

由此定义，我们可得以下特殊的线性簇：

$V_0 = (V;\ \varnothing) = v$　　“点”簇

$V_1 = (V;\ s) = L(v;\ s)$　　“直线”簇

$V_2 = (V;\ s_i,\ s_j) = P(v;\ s_i,\ s_j)$　　“平面”簇

$V_{p-1} = (V;\ \{s_i\}) = HP(v;\ \{s_i\})$　　“超平面”簇

$i = 1,\ 2,\ \cdots,\ r$

这样，当 $r=1$ 和 $r=2$ 情况下，D_{ik} 和 d_{ik} 的几何解释可如图 3.41 所示。

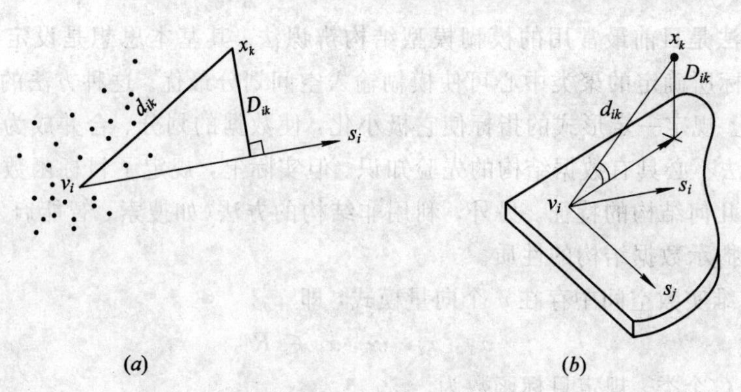

图 3.41　D_{ik} 和 d_{ik} 的几何解释

(a) $r=1$; (b) $r=2$

在讨论模糊聚类的算法之前，让我们先定义几个参量：

定义 3.17　划分矩阵 U

划分矩阵 $\boldsymbol{U} = [\mu_{ik}]$　$i=1,\ 2,\ \cdots,\ c$，　$k=1,\ 2,\ \cdots,\ n$

$$\mu_{ik} = \frac{1}{\left\{ \sum_{j=1}^{c} \delta_{ik} \big/ \delta_{jk} \right\}^{1/m-1}} \tag{3.93}$$

定义 3.18 聚类中心 υ_i

$$\cdots^{m} x_k \Big/ \sum_{k=1}^{n} (\mu_{ik})^m \tag{3.94}$$

这相当于……

定义……

$$\cdots \left[\sum_{k=1} \mu_{ik} \cdots (x_k - \upsilon_i)(x_k - \upsilon_i)^{\mathrm{T}} \right] \tag{3.95}$$

对$\sum_i$矩阵求特征值，选择其中 r 个最大的特征值，对应于其中第 j 个特征值的特征向量，即为式(3.91)中的 $\boldsymbol{S}_{ij}$。可以证明，只有当式(3.93)和式(3.94)成立时，目标函数 J(式 3.90)才有局部极小值。模糊聚类的目的就是对整个划分矩阵 $\boldsymbol{U}=\{\mu_{ik}\}$ 和聚类参数 υ_i 和 $\boldsymbol{S}_{ij}$，使 J 最小。

模糊聚类算法描述如下：

① 参数初始化。给定 c、r 和 m，m 一般选 2。选定 μ_{ik} 的初始值。

② 根据式(3.94)计算 υ_i。

③ 根据 μ_{ik} 和 υ_i，按式(3.95)计算广义扩充矩阵$\sum_i$。

④ 选择$\sum_i$ 最大 r 个特征向量，即 $\boldsymbol{S}_{ij}$，这里 $r\leqslant p$。当 $r=1$ 时，表示为按直线簇分类；当 $r=2$ 时，为按平面簇分类；

⑤ 根据式(3.91)和式(3.93)更新 μ_{ik}，即划分矩阵；

⑥ 判断 $\|\mu_{\text{new}}-\mu_{\text{old}}\|$ 是否小于规定阈值 λ。如果 $\|\mu_{\text{new}}-\mu_{\text{old}}\|\leqslant\lambda$，则停止；否则转②。

确定了聚类中心，模糊模型的结构就可由组成局部模型的线性簇确定。值得指出的是，此模型是无方向的，即在聚类阶段没有区分输入和输出。因此可以确定任意个数的变量为输入，而其余的变量为输出。

3.6 模糊逻辑控制器的结构与设计

模糊逻辑控制器是在模糊推理机基础上建立起来的，它用于对过程或被控对象进行控制，本节将具体阐述其构成原理以及在设计中应考虑的各个方面。

3.6.1 模糊控制器的基本结构

模糊控制系统一般按输出误差和误差的变化对过程进行控制，其基本的结构表示如图 3.42。首先将实际测得的精确量误差 e 和误差变化 Δe 经过模糊处理而变换成模糊量，在采样时刻 k，误差和误差变化的定义为

$$e_k = y_r - y_k \tag{3.96}$$

$$\Delta e_k = e_k - e_{k-1} \tag{3.97}$$

上式中 y_r 和 y_k 分别表示设定值和 k 时刻的过程输出，e_k 即为 k 时刻的输出误差。用这些量来计算模糊控制规则，然后又变换成精确量对过程进行控制。

模糊控制器基本上由模糊化、知识库、决策逻辑单元和去模糊化四个部件组成，其功能如下：

模糊化部件：检测输入变量 e 和 Δe 的值，进行标尺变换，将输入变量值变换成相应的论域；将输入数据转换成合适的语言值，它可以看成是模糊集合的一种标识。

知识库：包含应用领域的知识和控制目标，它由数据和语言（模糊）控制规则库组成。数据库提供必要的定义，确定模糊控制器（FLC）语言控制规则和模糊数据的操作。规则库由一组语言控制规则组成，它表征控制目标和论域专家的控制策略。

决策逻辑是模糊控制系统的核心。它基于模糊概念，并用模糊逻辑中模糊隐含和推理规则获得模糊控制作用，模拟人的决策过程。

去模糊接口：进行标度映射，将输出变量值的范围转换成相应的论域；去模糊化，并从推理规则获得精确的控制作用。

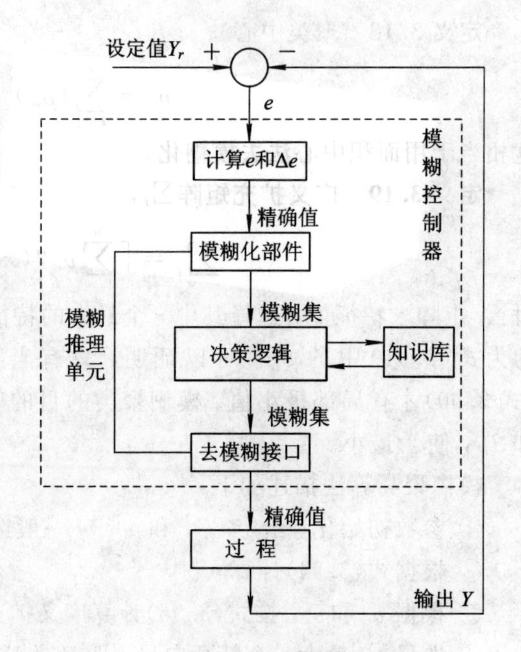

图 3.42　模糊控制系统的基本结构

现在，按照模糊逻辑，详细描述一下模糊控制器的主要原理。

在模糊控制中，模糊系统的动态行为是根据专家知识，以一组语言描述的规则来表征的。专家知识通常具有下述形式：

if（一组条件满足）then（一组结果可以成立）。因为这些“if－then”规则的前件与后件都同模糊概念（语言术语）相联系，所以称为模糊条件语言。在模糊控制中，我们认为，一条模糊控制规则即是一个模糊条件语句。其前件是应用领域的一个条件，而后件则是受控系统的一个控制行为。这也是与专家控制系统区别之一。后者的规则后件，往往成为另一规则的条件。模糊控制规则在前件与结论中可以有几个语言变量。在这种情况下，系统称作多输入多输出（MIMO）模糊系统。在两输入单输出的情况下，模糊控制规则具有以下形式：

R_1：if x 是 A_1 和 y 是 B_1，then z 是 C_1

R_2：if x 是 A_2 和 y 是 B_2，then z 是 C_2

⋮

R_n：if x 是 A_n 和 y 是 B_n，then z 是 C_n

这里 x，y，z 是语言变量，分别代表了两个过程状态变量和一个控制变量。A_i、B_i 和 C_i 分别为变量 x、y、z 在论域 U、V 和 W 的值，$i=1, 2, \cdots, n$。上述语句中的连接词（一般用“和”或“或”），把规则连成一个集合，或等效地连接成一个规则库。

上述的模糊控制规则可以用 3.2.4 节中模糊隐含（模糊关系）来实现。“if（x 是 A_i 和 y 是 B_i）then（z 是 C_i）”可以定义为

$$\mu_{R_i} \triangleq \mu_{A_i 和 B_i \to C_i}(u, v, w) = [\mu_{A_i}(u) 和 \mu_{B_i}(v)] \to \mu_{C_i}(w)$$

式中，A_i 和 B_i 是在 $U \times V$ 中的模糊集；$R_i \triangleq (A_i 和 B_i \to C_i)$ 是在 $U \times V \times W$ 中的隐含（关系）；→表示模糊隐含函数。在 3.2.4 节中已经知道，可以有许多方法来定义模糊隐含关系。

3.6.2 模糊控制系统的设计问题

在模糊控制系统中，模糊控制器设计的主要参数应包括：① 模糊策略以及模糊算子的解释。② 论域的离散化或(和)规范化；输入和输出空间的模糊分割；基本模糊集合隶属函数的选择；③ 过程状态变量(输入)和模糊控制变量(输出)的选择；模糊控制规则的来源及其演绎；模糊控制规则的类型及其一致性、交互性和完整性。④ 模糊隐含的定义；连接语句符“和(AND)”以及“又(ALSO)”的解释；复合算子的定义；推理机制的确定。⑤ 去模糊化的策略以及去模糊算子的解释。

现在就有关的设计问题作些讨论。

1. 模糊化策略

模糊化涉及自然语言的含糊性和不精确性，前面已经讲过这是一个主观判断。它把一个量测转换成一个对主观值的估计，因此可以定义为从观测的输入空间到某一输入论域中模糊集的映射。模糊化在处理不确定信息中起重要作用。在模糊控制中，观测到的数据通常是确定的，而在模糊控制器中数据操作建立在模糊集理论基础上，所以在设计开始阶段就需要模糊化。经验表明，在模糊控制系统的设计中，常可以采用以下几种方法进行模糊化。

(1) 利用模糊化算子。从“概念上”将一个确定值转化成一个模糊单点。即隶属函数为1的模糊数。从本质来看，模糊单点是一个精确的值。因此在这种情况下模糊化不引入模糊。但在控制中这个策略被广泛使用。因为它自然且易于实现。其方法是将输入 x_0 变换成一个具有隶属函数 $\mu_A(x)$的模糊集 A，在点 x_0 处 $\mu_A(x_0)=1$，其他各处都为 0。

(2) 选择合适的模糊函数。在实际应用中，观测数据总存在噪声。噪声一般由概率密度函数表示。在这种情况下，模糊算子应该将概率数据转换成模糊数，即模糊(可能的)数据。这样，可增加计算效率。因为模糊数的操作要比随机变量运算容易。三角型函数和钟型函数都可以选作模糊化函数。在三角型函数中，其顶点相应于数据集的平均值，而基线是数据集标准偏离的二倍。

对给定的过程和过程变量，在模糊化过程中必须首先考虑模糊变量的术语集(域)，这就是等效地决定基本模糊集的数目。实际上，这要求设计者在灵活性(高分辨率)和简单性(低分辨率)之间进行折中。基本模糊集(语言术语)通常有一定的意义，如 NS：负小；NB：负大；NM：负中；ZE：零；PS：正小；PB：正大；PM：正中。典型的例子为图 3.43。图 3.43(a)表示粗分的模糊集；图 3.43(b)表示细分的模糊集。一般模糊术语的数目约为 2～10 个。图中模糊函数是三角形的，也可以是梯形或钟形。

值得注意是的是，在存在噪声时，模糊集的选择不能不考虑噪声的概率密度函数。例如在图 3.44(a)中，测量变量的隶属函数完全受噪声的影响，而在图 3.44(b)中隶属函数的宽度 W_f 远大于σ_n，这样噪声影响就较小。因此设计时必须使 $W_f>5\sigma_n$，以避免在测量变量转换成语言变量时，引入噪声。

在模糊化设计中还有一个重要问题，即对应于输入测量(确定的)的范围，在语言变量域中应取多少元素，这实质上是变量标尺的变换(映射)。一方面我们希望尽可能地多，以便于处理狭窄的模糊集；但另一方面，又不应使存储量太大。必须在二者之间折中，一般推荐为 5～30。

模糊化的设计，其解答往往不是唯一的。这在很大程度上要运用启发式和试探方式，以求得最佳的选择。

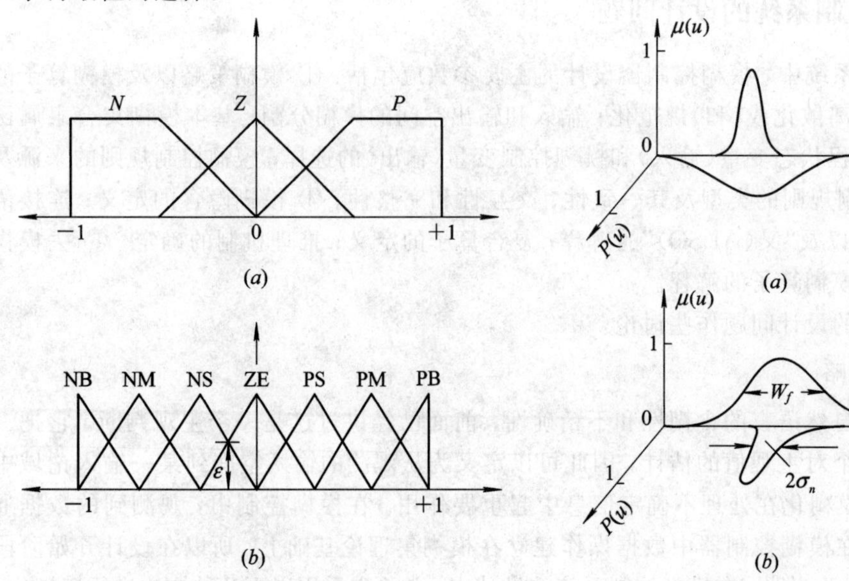

图 3.43　模糊集的划分

(a) 粗分；(b) 细分

图 3.44　模糊集的选择

(a) 不合适；(b) 合适

(3)“混合数”方法。在大系统和其他一些应用中，某些有关系统行为的观测量是精确的，而其他的则只是在统计意义上可测。还有一些既要求概率特性，又要求可能性方面的特征，被称作是“混合”式的。在这种情况下，模糊化的策略就要用“混合数”概念。它包含了不确定性(模糊数)和随机数(随机数)两个方面。在设计模糊控制器时，应用混合数算术运算是一个十分有前途的方面，有待于进一步开发。

2. 模糊控制规则的合理调整

根据模糊控制的性质，存在两种形式的模糊控制规则：状态估价的模糊控制规则和目标估价的模糊控制规则。

状态估价的模糊控制规则在一般形式下，结果表示成过程变量的函数，即

R_i: if x 是 A_i，…，和 y 是 B_i，then $z=f(x, \cdots, y)$

这种类型的模糊控制规则在时刻 t 估算过程状态(譬如状态误差，状态误差的积分等)并计算该时刻的模糊控制行为(是 x，…，y 的函数)和规则集合中控制规则。

目标估价的模糊控制规则是预测现在和将来的控制行为并估计控制的目标。其典型的形式为：

R_i: if(u 为 $C_i \rightarrow$(x 是 A_i 和 y 是 B_i))，then u 是 C_i

它是从模糊控制结果的目标估价中推导控制命令以满足所需的状态和目标。

以上两种类型的模糊控制规则的产生和调整主要有两种方法：① 基于模糊关系方程的“模糊辨识”方法。它运用模糊隐含和复合算子，对规则中的前件和后件的参数进行辨识，以建立语言变量之间的关系。这个问题我们拟在下一节中作介绍，这里暂不涉及。② 基于经验的启发式方法，我们先对此进行讨论。

利用相平面分析可以对模糊控制规则进行调整。这个方法采用的原理是在模糊逻辑控

制器的论域内跟踪受控闭周系统的轨迹。它要求调试人员具有相平面分析(如：超调、上升时间)基础上参数调整的知识以及对闭周系统行为的直觉性感知。这种方法的优点是有可能进行全局性的规则更新或修改，假定下面两个条件满足：

(1) 系统对原点对称；

(2) 系统具有单调性。

图 3.45 表示了一个受控过程的系统响应。这里模糊控制器的输入变量是误差 E 和误差导数 DE。输出是过程输入的变化 CI。我们假定输入和输出变量术语集的基数都为 3，即用公用的术语(负(N)，零(ZF)，正(P))，控制规则的原型如表 3.3。调整后的模糊控制规则如表 3.4。其参考范围 i 的相应规则可以描述为 R_i，它可以缩短上升时间；区域 ii 的规则 R_{ii} 可以减少超调量。即：

R_i：if(E 为正和 DE 为负)，then CI 为正

R_{ii}：if(E 为负和 DE 为负)，then CI 为负

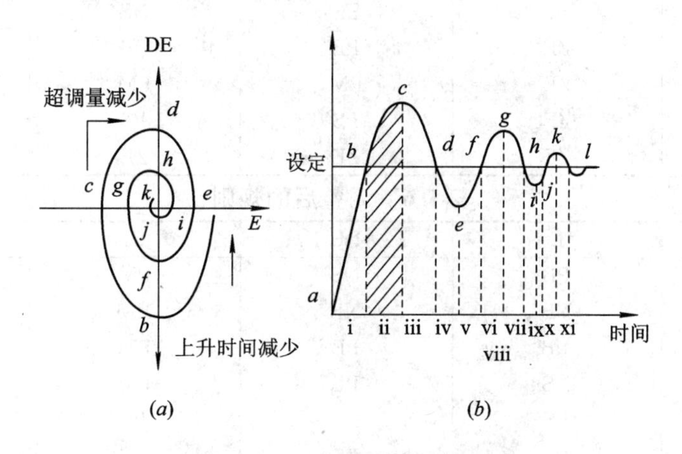

图 3.45 相平面分析法示意图

(*a*) 相平面轨迹；(*b*) 系统的阶跃响应

表 3.3 模糊控制规则的原型

规则 No	E	DE	CI	参考点
1	P	Z	P	*a*, *e*, *i*
2	Z	N	N	*b*, *f*, *j*
3	N	Z	N	*c*, *g*, *k*
4	Z	P	P	*d*, *h*, *l*
5	Z	Z	Z	设置点

表 3.4 模糊控制规则的调整

规则 No	E	DE	CI	参考范围
6	P	N	P	i, v
7	N	N	N	ii, vi
8	N	P	N	iii, vii
9	P	P	P	iv, viii
10	P	N	Z	ix
11	N	P	Z	xi

如果要得到更好的控制特性指标，可以把子空间分得更细些，使术语集为NB，NM，NS，ZE，PS，PM，PB。模糊控制规则的原型和调整后的附加规则分别列于表3.5和表3.6。

表3.5 模糊控制规则的原型

规则 No	E	DE	CI	参考点
1	PB	ZE	PB	*a*
2	PM	ZE	PM	*e*
3	PS	ZE	PS	*i*
4	ZE	NB	NB	*b*
5	ZE	NM	NM	*f*
6	ZE	NS	NS	*j*
7	NB	ZE	NB	*c*
8	NM	ZE	NM	*g*
9	NS	ZE	NS	*k*
10	ZE	PB	PB	*d*
11	ZE	PM	PM	*h*
12	ZE	PS	PS	*l*
13	ZE	ZE	ZE	设置点

表3.6 调整后的规则

规则 No	E	DE	CI	参考范围
14	PB	NS	PM	i(上升时间)
15	NB	NB	NM	ii(超调)
16	NB	PB	PM	iii
17	NS	PB	PM	iv
18	PS	NS	PS	v
19	NS	PS	NS	vi

在启发式的模糊规则调整中，还有一个方法，即在"语言相平面"中跟踪闭周系统的语言轨迹。其主要思想是首先调节标度映射以近似地获得所希望的系统行为轨迹，因为在一般情况下规则为

R_i： If 误差E是 A_i 和误差导数DE是 B_i，then 控制规则为 C_i

可以写成：
$$K_3[u(k)]=F[K_1\mathrm{E}(k)),\ K_2\mathrm{DE}(k)]$$
式中 F 表示模糊关系，K_i，$i=1, 2, 3$ 是适当的标度映射。F 可以是线性的，也可以是非线性的。像常规PID调节参数一样，模糊控制规则也可以通过改变 K_1，K_2，K_3 来修正规则。语言相平面法则是在语言相平面中，调整语言轨迹来使系统闭周的响应最佳。语言轨迹确定如下：按误差E和误差导数DE的语言值和相应的控制规则，构成语言相平面 $\mathrm{E}'\times\mathrm{DE}'$。在该平面中，隶属函数为最大者，就是语言轨迹上的点。改变比例系数 K_1，K_2，K_3，可以改变相应的轨迹，也同时改变了闭周系统的响应。相平面中虽然没有明显表示 K_1 和 K_2 的值，但从语言相平面轨迹可以推算 K_1 和 K_2 的改变方向。

图3.46是一个语言轨迹的例子，如果 K_1 或 K_2 选择不当其输出轨迹就不理想。K_3 是从规则推导出来的，若模糊输出语言值要大，则应增加 K_3。用语言相平面方法的优点在于当语言模糊集合选择恰当，如图3.44(*b*)所示，使它对噪声不敏感，那么在语言相空间 $\mathrm{E}'\times\mathrm{DE}'$ 中噪声的影响要比在空间 $\mathrm{E}\times\mathrm{DE}$ 小。

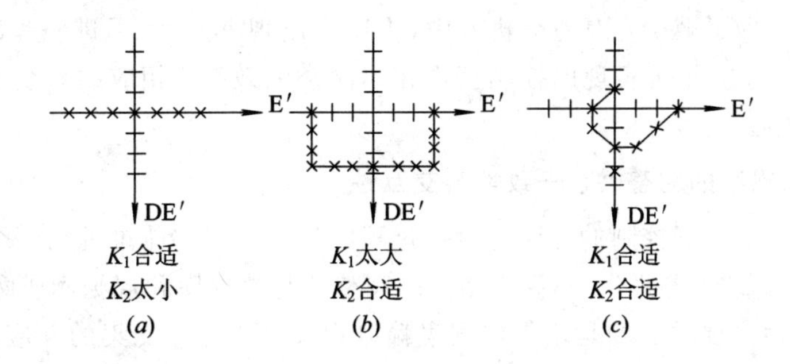

图 3.46　比例因子调整

图 3.47 是一个具体的例子，被控过程的传递函数为 $1/(1+0.1s)$。图 3.47(a)是采用原始的规则所得到的轨迹，显然，按此规则所得的轨迹上升时间大了些，应设法减少。增加增益也即增加规则的语言值可以减少系统上升时间，新的规则集表示于图 3.47(b)。但按图 3.47(b)的规则，上升时间并不改善太多，因为 DE′＝PM 的次数与图 3.47(a)中的规

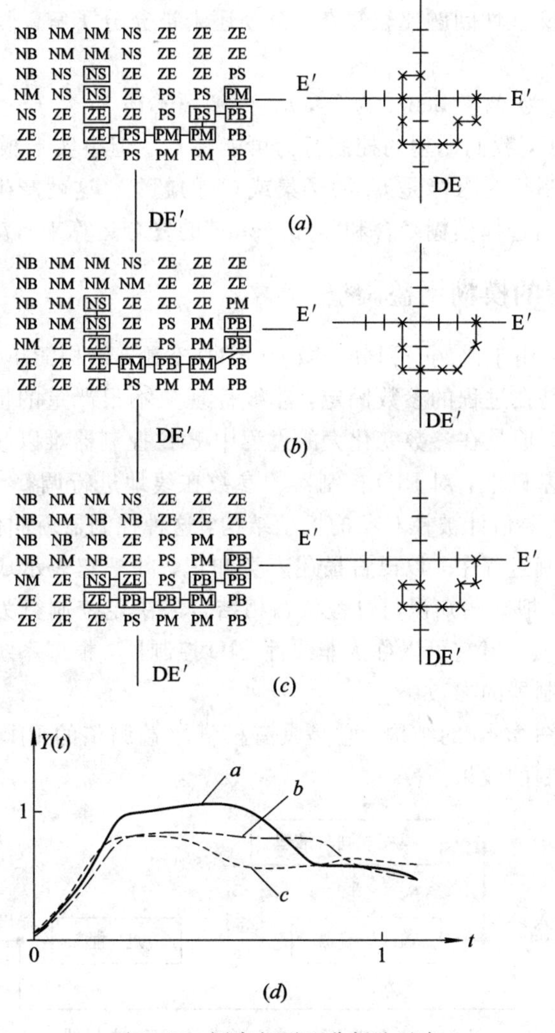

图 3.47　语言相平面分析法示意

则一样；但超调得到了减少，因为在轨迹中，DE′不出现 NS。为了进一步改善特性，选用图 3.47(c)的规则，按此所实现的控制获得相当满意的效果，相应的系统阶跃过渡特性表示于图 3.47(d)中。

3. 模糊控制规则的完整性、一致性与交互性

从直觉上，一个模糊控制的算法应该对过程的每一状态都能推理出一个合适的控制作用，这个性质就叫做“完整性”。模糊控制器的完整性与数据库和规则库或两者有关。

在数据库方面主要关心的是基本模糊集赖以定义的支集。支集的并应该以一定程度 ε 覆盖有关论域，这种性质称为 ε 完整性。一般，图 3.43(b)中隶属函数的交点定义为覆盖的程度 ε，希望 $\varepsilon \geqslant 0.5$。这样，使得总有一条规则其隶属函数大于 0.5，即总有一条主导规律。在规则库方面，完整性体现在当模糊条件尚未包括在规则库或者当输入与预定模糊条件之间的匹配程度低于 0.5 时，可以加上附加的规则。否则，在后者的情况下将无主导规则。

一致性是指按操作员经验所导出的模糊控制规则，会受到不同性指标的影响。因此，在设计中必须作规则一致性检查，使矛盾产生的可能性达到最小。

模糊控制规则的交互性问题比较复杂，至今还未被充分了解。假定模糊控制规则的一个集合具有以下形式：

$$R_i\text{: if } x \text{ 为 } A_i\text{, then } z \text{ 为 } C_i\text{，} i=1, 2, \cdots, n$$

如果输入 x_0 为 A_i，我们期望的控制行为可能是 C_i。但事实上根据隐含“sup－star”复合运算，其最后的控制行为可能是 C_i 的子集或 C_i 的超集。这就产生规则间的交互。规则间的交互也只能用适当选择模糊隐含和“sup－star”的复合运算来解决。

3.6.3 PID 控制器的模糊增益调整

工业控制过程中，由于比例—积分—微分(PID)控制器结构简单，性能良好，广泛地应用于不同领域。尤其是在过程的参数固定，非线性现象不很严重的情况，PID 控制器更受工程技术人员的欢迎。但是在参数变化大的过程中 PID 控制器难以收到良好的效果，它往往需要在参数估计的基础上，对 PID 控制器的参数在线地进行调整。这时，要求对过程有某些先验知识。譬如，要估计被控对象的模型结构，这种控制器就叫做自适应 PID 控制器。

模糊控制器在控制过程中，以语言描述人类知识，并把它表示成模糊规则或关系。通过推理，利用知识库，把某些知识与过程状态相结合来决定控制行为。虽然模糊控制器并不具有明显的 PID 结构，但它可以称为非线性 PID 控制器，根据系统的误差信号和误差的微分或差分来决定控制器的参数。

下面我们来研究图 3.48 的结构。它是具有模糊增益调整的 PID 控制器，现介绍其参数调整的方法以及控制的效果。

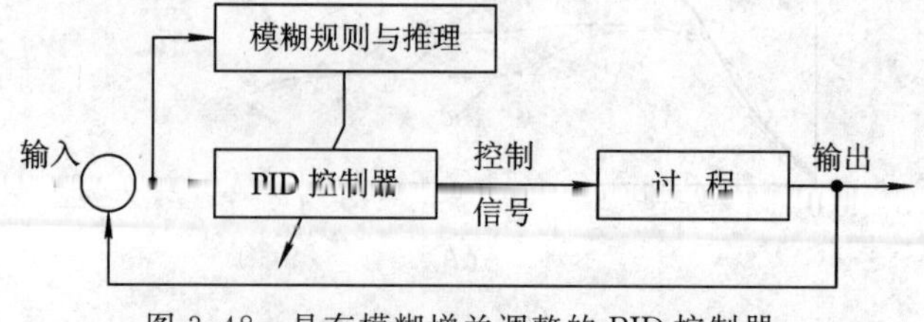

图 3.48　具有模糊增益调整的 PID 控制器

假定 K_p，K_i，K_d 分别表示 PID 的比例、积分和微分增益。K_p 和 K_d 的变化范围分别为$[K_{p,\min}, K_{p,\max}]$和$[K_{d,\min}, K_{d,\max}]$，这范围可以由经验或实验来确定。为了方便，K_p 和 K_d 通过以下线性变换，归一化变成 0 和 1 之间的参数 K_p' 和 K_d'：

$$K_p' = (K_p - K_{p,\min})/(K_{p,\max} - K_{p,\min})$$

$$K_d' = (K_d - K_{d,\min})/(K_{d,\max} - K_{d,\min}) \tag{3.98}$$

在参数调整中，我们根据当前的误差 $e(k)$和它的一阶差分 $\Delta e(k)$来确定参数，积分时间常数由差分时间常数决定：

$$T_i = \alpha T_d \tag{3.99}$$

积分增益由下式计算得到：

$$K_i = K_p/(\alpha T_d) = K_p^2/(\alpha K_d) \tag{3.100}$$

参数 K_p'，K_d' 和 α 由一组模糊规则决定：

If $e(k)$是 A_i 和 $\Delta e(k)$是 B_i，then K_p' 是 C_i，K_d' 是 D_i 和 $\alpha=\alpha_i$

$$i = 1, 2, \cdots, m \tag{3.101}$$

这里 A_i，B_i，C_i 和 D_i 是在相应支集上模糊集合；α_i 是常数。$e(k)$和 $\Delta e(k)$的隶属函数如图 3.49 所示，其符号如上节所述。模糊集合 C_i 和 D_i 或小或大，如图 3.50 所示。图中隶属函数 μ 和变量(K_p'或 K_d')具有以下关系：

$$\left.\begin{aligned} &\mu_S(x) = \frac{1}{4}\ln x \quad \text{或} \quad x_S(\mu) = e^{-4\mu} \qquad \text{对小} \\ &\mu_B(x) = -\frac{1}{4}\ln(1-x) \quad \text{或} \quad x_B(\mu) = 1 - e^{-4\mu} \qquad \text{对大} \end{aligned}\right\} \tag{3.102}$$

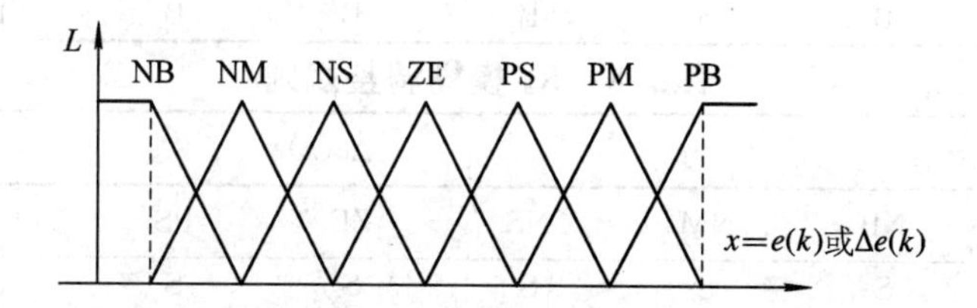

图 3.49　$e(k)$和 $\Delta e(k)$的隶属函数

模糊规则式(3.101)可以从操作员的经验中获取，也可以从所期望的阶跃特性(图 3.45(b))抽取。在开始时，即环绕 a(图 3.45(b))，我们需要一个大的控制信号以加速上升时间。为了产生大的控制信号，PID 控制器需要大的比例增益，大的积分增益和小的微分增量。因此比例增益 K_p' 可以由大模糊集来表示，而微分增益 K_d' 由小模糊集表示。积分增益由式(3.100)确定。对 PID 控制器，取一个小的 α 或小的时间常数 T_i，会得到强的激发动作。按照常规 PID 调节规则(如 Ziegler - Nichols 调整规则)积分时间常数一般取微分时间常数的 4 倍，即 $\alpha=4$，我们可以取 $\alpha=2$ 以产生“较强”的积分动作，所以对图 3.45(b)中的 α_1，规则为

If $e(k)$是 PB，$\Delta e(k)$是 ZE，then K_p' 是 B，K_d' 是 S，且 $\alpha=2$

注意，α 也可以当作一模糊数，它具有如图 3.51 那样的单点隶属函数，譬如，当 α 为 S 时，$\alpha=2$。

K_p'，K_d'和 α 的模糊调整规则如表 3.7 和表 3.8 所示。它们和表 3.5 和表 3.6 具有不同的形式，但实质是一样的，α 的调整规则表示于表 3.9。

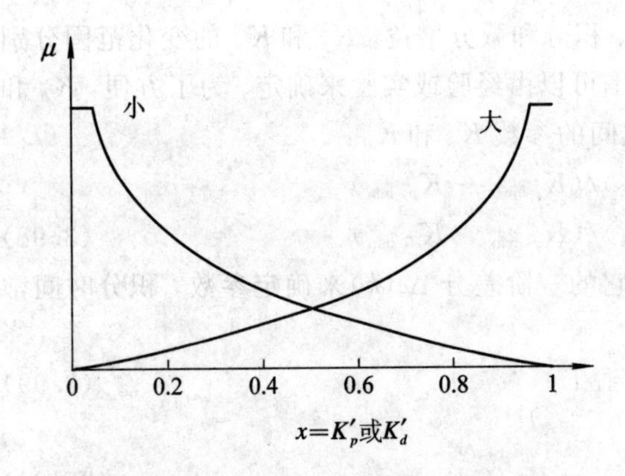

图 3.50 K'_p 或 K'_d 的隶属函数

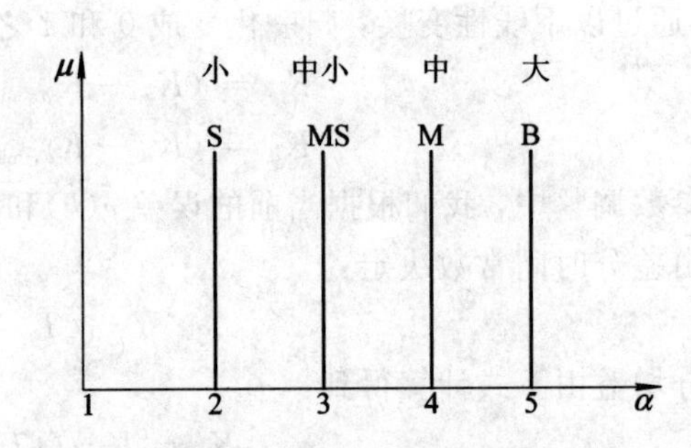

图 3.51 α 单点隶属函数

表 3.7 K'_d 模糊调整规则

		$\Delta e(k)$						
		NB	NM	NS	ZE	PS	PM	PB
$e(k)$	NB	B	B	B	B	B	B	B
	NM	S	B	B	B	B	B	S
	NS	S	S	B	B	B	S	S
	ZE	S	S	S	B	S	S	S
	PS	S	S	B	B	B	S	S
	PM	S	B	B	B	B	B	S
	PB	B	B	B	B	B	B	B

表 3.8 K'_d 模糊调整规则

		$\Delta e(k)$						
		NB	NM	NS	ZE	PS	PM	PB
$e(k)$	NB	S	S	S	S	S	S	S
	NM	B	B	S	S	S	B	B
	NS	B	B	B	S	B	B	B
	ZE	B	B	B	B	B	B	B
	PS	B	B	B	S	B	B	B
	PM	B	B	S	S	S	B	B
	PB	S	S	S	S	S	S	S

表 3.9 α 调整规则

		$\Delta e(k)$						
		NB	NM	NS	ZE	PS	PM	PB
$e(k)$	NB	2	2	2	2	2	2	2
	NM	3	3	2	2	2	3	3
	NS	4	3	3	2	3	3	4
	ZE	5	4	3	3	3	4	5
	PS	4	3	3	2	3	3	4
	PM	3	3	2	2	2	3	3
	PB	2	2	2	2	2	2	2

一旦得到 K_p'，K_d'和 α 之后，按式(3.98)和式(3.100)就可计算出 PID 的参数如下：

$$K_p = (K_{p,\max} - K_{p,\min})K_p' + K_{p,\min}$$

$$K_d = (K_{d,\max} - K_{d,\min})K_d' + K_{d,\min}$$

$$K_i = K_p^2/(\alpha K_d)$$

根据大量的实验，对不同的过程，K_p 和 K_d 的范围可给定为：

$$K_{p,\min} = 0.32K_u$$

$$K_{p,\max} = 0.6K_u$$

$$K_{d,\min} = 0.08K_uT_u$$

$$K_{d,\max} = 0.15K_uT_u$$

式中 K_u 和 T_u 分别是在比例控制下增益和振荡同期。

根据以上的方法，我们对以下三个系统进行仿真：

$$G_1(s) = \frac{e^{-0.5s}}{(s+1)^2} \tag{3.103a}$$

$$G_2(s) = \frac{4.228}{(s+0.5)(s^2+1.64s+8.456)} \tag{3.103b}$$

$$G_3(s) = \frac{27}{(s+1)(s+3)^3} \tag{3.103c}$$

图 3.52、图 3.53 和图 3.54 表示了阶跃输入情况下仿真的结果，并与常规的 PID 控制方法(Zeigler-Nichols 方法)作了比较。表 3.10 列出了模糊控制与常规 PID 控制的性能指标。表中 Y_{os} 代表最大超调的百分比，T_s 代表到达稳态时间；IAE 和 ISE 是绝对误差的积分值和误差平方的积分值。从上述的图示和表格可知，利用模糊推理的方法调整控制器参数所获得的性能要比用一般 PID 方法好。如果表 3.7、表 3.8 和表 3.9 的规则设计得更加细一些，模糊控制的性能还可进一步改善。

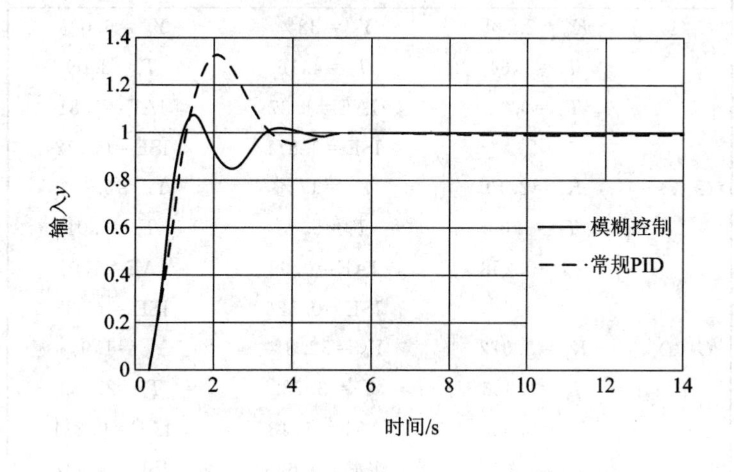

图 3.52　二阶系统性能比较

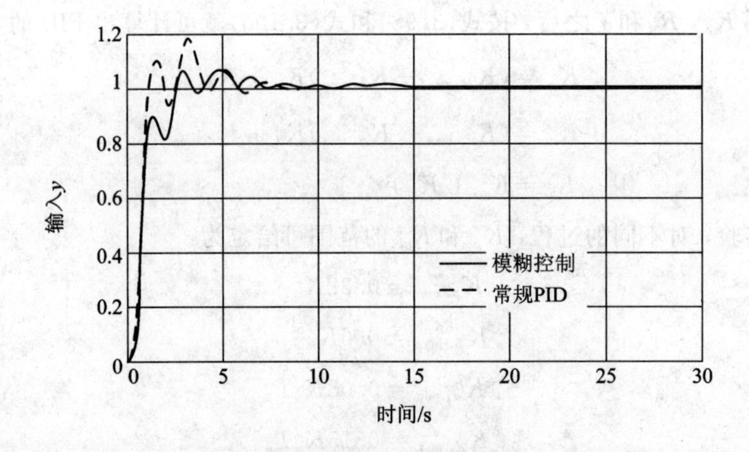

图 3.53　三阶系统性能比较

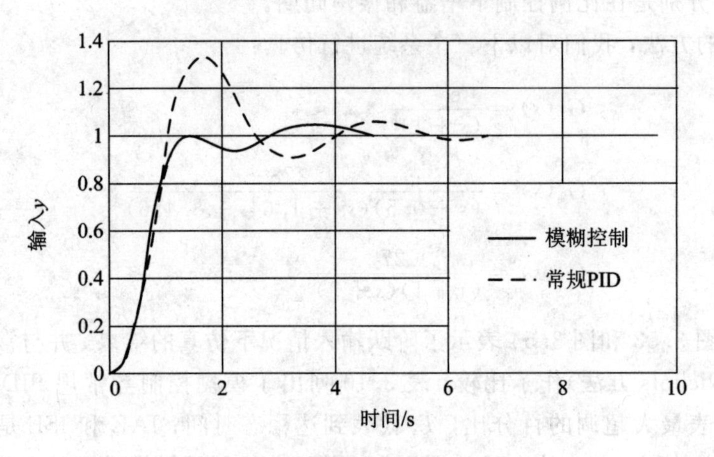

图 3.54　四阶系统性能比较

表 3.10　仿 真 结 果

过程	常规 PID 控制		模糊控制
$G_1(s)$	$K_p=2.808$	$Y_{os}=32\%$	$Y_{os}=6.0\%$
	$T_i=1.64$	$T_s=4.16$	$T_s=3.09$
	$T_d=0.41$	IAE=1.37	IAE=1.81
		ISE=0.871	ISE=0.772
$G_2(s)$	$K_p=2.19$	$Y_{os}=17\%$	$Y_{os}=6.1\%$
	$T_i=1.03$	$T_s=5.45$	$T_s=5.01$
	$T_d=0.258$	IAE=0.99	IAE=1.01
		ISE=0.526	ISE=0.533
$G_3(s)$	$K_p=3.072$	$Y_{os}=32.8\%$	$Y_{os}=1.9\%$
	$T_i=1.325$	$T_s=3.722$	$T_s=2.632$
	$T_d=0.338$	IAE=1.13	IAE=0.811
		ISE=0.628	ISE=0.537

3.7 模糊控制系统的稳定性分析

大家知道，控制系统的最重要性质就是关于系统的稳定性。目前，在模糊控制系统中还没有像常规的控制系统那样建立起模糊系统稳定性理论。因此，也缺乏模糊控制系统稳定性分析工具。现在我们按 Lyapunov 意义下的稳定性定义来分析模糊控制的稳定性，并根据 Lyapunov 直接法推导保证模糊控制系统稳定的充分条件。

为了借鉴离散时间系统的理论，我们把模糊控制系统写成如下形式：

$$R^i\text{: If } x(k) \text{ 是 } A_1^i \text{ 和} \cdots \text{和 } x(k-n+1) \text{ 是 } A_n^k,$$

$$\text{then } x(k+1) = a_1^i x(k) + \cdots + a_n^i x(k-n+1)$$

式中 $i=1, 2, \cdots, l$。

第 i 个隐含的后件部分中，线性子系统可以重写成矩阵形式，即

$$\boldsymbol{x}(k+1) = A_i \boldsymbol{x}(k)$$

这里 $\boldsymbol{x}(k) \in R^n$，$A_i \in R^n \times R^n$

$$\boldsymbol{x}(k+1) = [x(k), x(k-1), \cdots, x(k-n+1)]^{\mathrm{T}}$$

$$A_i = \begin{pmatrix} a_1^i & a_2^i & \cdots & a_{n-1}^i & a_n^i \\ 1 & 0 & \cdots & 0 & 0 \\ 0 & 1 & \cdots & 0 & 0 \\ 0 & 0 & \cdots & 0 & 0 \\ \cdots & & & & \\ 0 & 0 & & 0 & 0 \\ 0 & 0 & \cdots & 1 & 0 \end{pmatrix} \tag{3.104}$$

推理得到的模糊系统输出为

$$\boldsymbol{x}(k+1) = \sum_{i=1}^{l} w^i A_i \boldsymbol{x}(k) \Big/ \sum_{i=1}^{l} w^i \tag{3.105}$$

式中，l 是模糊隐含的数目，$w^i = \prod_{p=1}^{n} A_p^i[x(k-p+1]$。为了推导出模糊控制系统稳定性方面的重要定理，有必要重提一下离散系统的 Lyapunov 稳定定理。考虑由下式描述的离散系统

$$\boldsymbol{x}(k+1) = f(\boldsymbol{x}(k)) \tag{3.106}$$

式中 $\boldsymbol{x}(k) \in R^n$，$f(\boldsymbol{x}(k))$是 $n \times 1$ 的函数向量，对所有 k，$f(0)=0$，具有以下性质：假如存在一个对 $\boldsymbol{x}(k)$连续的标量函数 $V(x(k))$，使得

(1) $V(0)=0$；

(2) $V(\boldsymbol{x}(k))>0$，对 $\boldsymbol{x}(k) \neq 0$；

(3) 当 $\|\boldsymbol{x}(k)\| \to \infty$，$V(\boldsymbol{x}(k)) \to \infty$；

(4) $\Delta V(\boldsymbol{x}(k))<0$，对 $\boldsymbol{x}(k)) \neq 0$。

那么对所有 k，平衡状态 $\boldsymbol{x}(k)=0$ 是渐近稳定的，且 $V(\boldsymbol{x}(k))$是一个 Lyapunov 函数。

引理 3.1 如果 P 是一个正定矩阵，使

$$\boldsymbol{A}^{\mathrm{T}}\boldsymbol{P}\boldsymbol{A} - \boldsymbol{P} < 0, \text{且 } \boldsymbol{B}^{\mathrm{T}}\boldsymbol{P}\boldsymbol{B} - \boldsymbol{P} < 0$$

式中 $\boldsymbol{A}, \boldsymbol{B}, \boldsymbol{P} \in \mathbf{R}^{n \times n}$，则

$$\boldsymbol{A}^{\mathrm{T}}\boldsymbol{P}\boldsymbol{B} + \boldsymbol{B}^{\mathrm{T}}\boldsymbol{P}\boldsymbol{A} - 2\boldsymbol{P} < 0$$

证明从略。

定理 3.1 如果对所有子系统，存在一个公共正定矩阵 $\boldsymbol{P}$，使 $\boldsymbol{A}_i^{\mathrm{T}}\boldsymbol{A}_i - \boldsymbol{P} < 0$（对所有 $i \in \{1, 2, \cdots, l\}$，则模糊系统(3.105)对平衡状态是全局渐近稳定的。

证明 考虑标量函数 $V(\boldsymbol{x}(k))$，使

$$V(\boldsymbol{x}(k)) = \boldsymbol{x}^{\mathrm{T}}(k)\boldsymbol{P}\boldsymbol{x}(k)$$

式中 $\boldsymbol{P}$ 是一个正定矩阵，此函数满足以下性质：

(1) $V(0)=0$

(2) $V(\boldsymbol{x}(k))>0$ 对 $\boldsymbol{x}(k)\neq 0$

(3) 当 $\|\boldsymbol{x}(k)\| \to \infty$, $V(\boldsymbol{x}(k)) \to \infty$

(4)
$$\begin{aligned}
\Delta V(\boldsymbol{x}(k)) &= V(\boldsymbol{x}(k+1)) - V(\boldsymbol{x}(k)) \\
&= \boldsymbol{x}^{\mathrm{T}}(k+1)\boldsymbol{P}\boldsymbol{x}(k+1) - \boldsymbol{x}^{\mathrm{T}}(k)\boldsymbol{P}\boldsymbol{x}(k) \\
&= \Big(\sum_{i=1}^{l} w^i A_i \boldsymbol{x}^{\mathrm{T}}(k) \Big/ \sum_{i=1}^{l} w^i\Big)^{\mathrm{T}} P \Big(\sum_{i=1}^{l} w^i A_i \boldsymbol{x}(k) \Big/ \sum_{i=1}^{l} w^i\Big) - \boldsymbol{x}^{\mathrm{T}}(k) P \boldsymbol{x}(k) \\
&= \boldsymbol{x}^{\mathrm{T}}(k)\Big\{\Big(\sum_{i=1}^{l} w^i A_i \Big/ \sum_{i=1}^{l} w^i\Big) P \Big(\sum_{i=1}^{l} w^i A_i \Big/ \sum_{i=1}^{l} w^i\Big) - P\Big\}\boldsymbol{x}(k) \\
&= \sum_{i,\,j=1}^{l} w^j w^i x^{\mathrm{T}}(k)\{A_i^{\mathrm{T}} P A_j - P\}\boldsymbol{x}(k) \Big/ \sum_{i,\,j=1}^{l} w^i w^j \\
&= \Big[\Big(\sum_{i=1}^{l} (w^i)^2\Big)\boldsymbol{x}^{\mathrm{T}}(k)\{A_i^{\mathrm{T}} P A_i - P\}\boldsymbol{x}(k) \\
&\quad + \sum_{i<j}^{l} w^i w^j \boldsymbol{x}^{\mathrm{T}}(k)\{A_i^{\mathrm{T}} P A_j + A_j^{\mathrm{T}} P A_i - 2P\}\boldsymbol{x}(k)\Big] \Big/ \sum_{i,\,j=1}^{l} w^i w^j
\end{aligned}$$

式中，$i \in \{1, 2, \cdots, l\}$，$w^i \geqslant 0$，且 $\sum_{j=1}^{l} w^i > 0$。根据引理 3.1 和假定条件，则

$$\Delta V(\boldsymbol{x}(k)) < 0$$

因此 $V(\boldsymbol{x}(k))$ 是一个 Lyapunov 函数，所以模糊控制系统(3.105)是渐近稳定的。当 $l=1$ 时，这个定理就演变成线性离散系统的 Lyapunov 稳定理论。如果非线性系统用分段线性函数来近似，上述定理也可以用到非线性系统的稳定性分析。因此它不仅适用于模糊控制系统，也可以用于非线性系统。

现在举例来说明此定理的应用。考虑一个过程的模糊模型具有以下形式

R^1：If $x(k)$ 是 A^1，then $x^1(k+1) = 2.178x(k) - 0.588x(k-1) + 0.603u(k)$ (3.107)

R^2：If $x(k)$ 是 A^2，then $x^2(k+1) = 2.256x(k) - 0.361x(k+1) + 1.120u(k)$ (3.108)

模糊模型的输出

$$x(k+1) = (w^1 x^1(k+1) + w^2 x^2(k+1))/(w^1 + w^2) \tag{3.109}$$

式中，w^1 和 w^2 是激励强度，由式(3.105)定义。我们再假定模糊控制器具有以下形式：

R^1：If $x(k)$ 是 A^1，then $u^1(k) = -2.109x(k) + 0.475x(k\ \ 1)$ (3.110)

R^2：If $x(k)$ 是 A^2，then $u^2(k) = -1.205x(k) + 0.053x(k-1)$ (3.111)

模糊控制器的输出为

$$u(k) = (w^1 u^1(k) + w^2 u^2(k))/(w^1 + w^2) \tag{3.112}$$

将式(3.112)代入(3.109)并利用式(3.107)、(3.108)、(3.110)和(3.111)，我们得到：

$$\begin{aligned} x^1(k+1) &= (0.906w^1 + 1.451w^2)x(k)/(w^1 + w^2) \\ &\quad + (-0.302w^1 - 0.556w^2)x(k-1)/(w^1 + w^2) \\ x^2(k+1) &= (-0.106w^1 + 0.906w^2)x(k)/(w^1 + w^2) \\ &\quad + (0.171w^1 - 0.302w^2)x(k-1)/(w^1 + w^2) \end{aligned}$$

因此

$$\begin{aligned} x(k+1) &= (w^1 x^1(k+1) + w^2 x^2(k+1))/(w^1 + w^2) \\ &= (0.906(w^1)^2 + 1.345w^1w^2 + 0.906(w^2)^2)x(k) \\ &\quad /(w^1 + w^2)^2 - (0.302(w^1)^2) + 0.385w^1w^2 \\ &\quad + 0.302(w^2)^2 x(k-1)/(w^1 + w^2)^2 \\ &= \{[0.906(w^1)^2 x(k) - 0.302(w^1)^2 x(k-1)] \\ &\quad + [1.345w^1w^2 x(k) - 0.385w^1w^2 x(k-1)] \\ &\quad + [0.906(w^2)^2 x(k) - 0.302(w^2)^2 x(k-1)]\} \\ &\quad /[(w^1)^2 + 2w^1w^2 + (w^2)^2] \end{aligned}$$

把上面的等式与式(3.105)进行比较，由式(3.107)、(3.108)和式(3.110)、(3.111)所建立的模糊控制系统可以用以下规则予以表示：

$$\begin{aligned} &R^{11}: \text{if } x(k) \text{ 是}(A^1 \text{ 和 } A^1), \text{ then } x^{11}(k+1) = A_{11}x(k) \\ &R^{12}: \text{if } x(k) \text{ 是}(A^1 \text{ 和 } A^2), \text{ then } x^{12}(k+1) = A_{12}x(k) \\ &R^{22}: \text{if } x(k) \text{ 是}(A^2 \text{ 和 } A^2), \text{ then } x^{22}(k+1) = A_{22}x(k) \end{aligned} \tag{3.113}$$

式中

$$\boldsymbol{A}_{11} = \begin{pmatrix} 0.906 & -0.302 \\ 1 & 0 \end{pmatrix}$$

$$\boldsymbol{A}_{12} = \begin{pmatrix} 0.672 & -0.193 \\ 1 & 0 \end{pmatrix}$$

$$\boldsymbol{A}_{22} = \begin{pmatrix} 0.906 & -0.302 \\ 1 & 0 \end{pmatrix}$$

令

$$\boldsymbol{P} = \begin{pmatrix} 4.19 & -0.88 \\ -0.88 & 1.38 \end{pmatrix}$$

我们可以证明：

$$\begin{aligned} \boldsymbol{A}_{11}{}^{\mathrm{T}}\boldsymbol{P}\boldsymbol{A}_{11} - \boldsymbol{P} &< 0 \\ \boldsymbol{A}_{12}{}^{\mathrm{T}}\boldsymbol{P}\boldsymbol{A}_{12} - \boldsymbol{P} &< 0 \\ \boldsymbol{A}_{22}{}^{\mathrm{T}}\boldsymbol{P}\boldsymbol{A}_{22} - \boldsymbol{P} &< 0 \end{aligned}$$

因此，由式(3.113)表达的总的模糊系统是全局渐近稳定的。

定理3.1只给出保证稳定的充分条件。直觉地，我们可以猜想，如果所有局部近似线性系统是稳定的，则全局近似非线系统也是稳定的。然而一般情况下并非如此。另外，还需注意的是，如果存在一个公共的正定矩阵 P，则所有 A_i 都是稳定的。但反过来，即使所有 A_i 都是稳定的，未必总存在一个公共正定矩阵，模糊控制系统也许会全局渐近稳定。下

面举例说明在所有 A_i 都为稳定情况下，模糊系统不一定是全局渐近稳定的。

举例：考虑以下模糊系统：

R^1：如果 $x(k-1)$如图 3.55(a)所示，则 $x^1(k+1)=x(k)-0.5x(k-1)$

R^2：如果 $x(k-1)$如图 3.55(b)所示，则 $x^2(k+1)=-x(k)-0.5x(k-1)$从线性子系统得

$$\mathbf{A}_1=\begin{pmatrix}1 & -0.5\\ 1 & 0\end{pmatrix},\qquad \mathbf{A}_2=\begin{pmatrix}-1 & -0.5\\ 1 & 0\end{pmatrix}$$

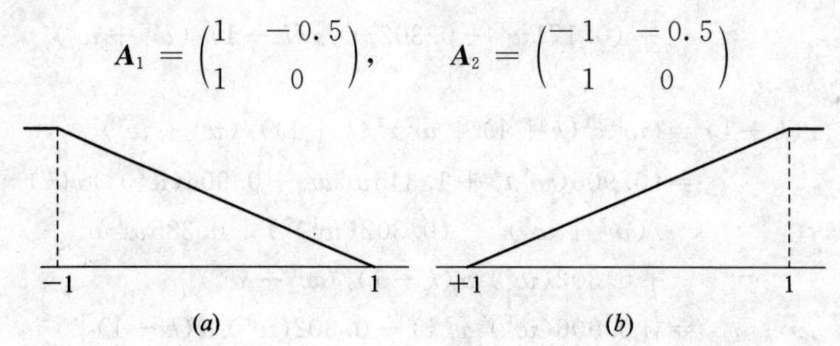

图 3.55 $x(k-1)$

初始条件为 $x(0)=0.90$，$x(1)=-0.70$。在初始条件下，图 3.56(a)和(b)分别画出了以下线系统的行为 $x(k+1)=\mathbf{A}_1x(k)$，$x(k+1)=\mathbf{A}_2x(k)$。因为 $\mathbf{A}_1$ 和 $\mathbf{A}_2$ 是稳定的，所以各子

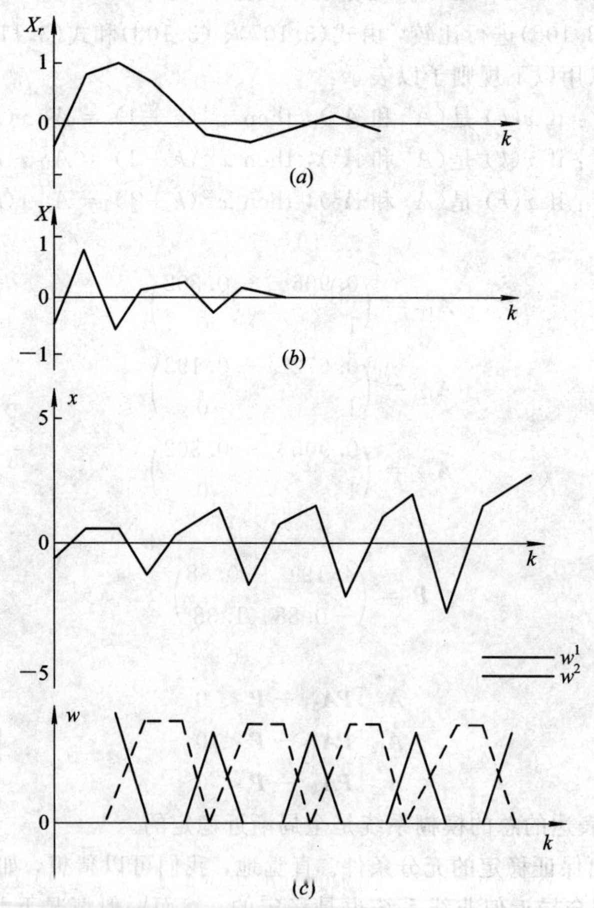

图 3.56 模糊系统的行为

(a) $x(k+1)=\mathbf{A}_1x(k)$；(b) $x(k+1)=\mathbf{A}_2x(k)$；(c) 合成系统

系统是稳定的。但是由两个线性系统组成的模糊系统则是不稳定的(见图 3.56(c))，图中 w^1 和 w^2 分别表示 R^1 和 R^2 的权。

显然，在这例子中，因为系统不稳定，所以不存在一个公共矩阵 P。下面我们给出保证存在公共 $\boldsymbol{P}$ 的一个必要条件。

定理 3.2 假定 A_i 是稳定的非奇异矩阵，$i=1, 2, \cdots, l$，如果存在一个公共正定矩阵 $\boldsymbol{P}$，使

$$\boldsymbol{A}_i^{\mathrm{T}}\boldsymbol{P}\boldsymbol{A}_i - \boldsymbol{P} < \boldsymbol{0} \tag{3.114}$$

则 $\boldsymbol{A}_i\boldsymbol{A}_j$ 是一个稳定的矩阵，$i, j=1, 2, \cdots, l$。

证明很简单，故不赘述。在上面例子中，模糊系统不稳定就是因为 $\boldsymbol{A}_2\boldsymbol{A}_1$ 是不稳定的。

习题与思考题

1. 给定下列模糊集合 A，B 和 C，确定它们的 α 切割。

$\mu_A(x) = \{(2, 1), (3, 0.8), (4, 0.6), (5, 0.4), (6, 0.2), (7, 0.4), (8, 0.6), (9, 0.8), (10, 1)\}$ $\qquad \alpha = 0.2, 0.5$

$$\mu_B(x) = \frac{1}{1+(x-10)^2} \qquad \alpha = 0.2, 0.5;\ x=[0, \infty]$$

$$\mu_C(x) = \begin{cases} 0 & x \leqslant 10 \\ (1+(x-10)^{-2})^{-1} & x > 10 \end{cases} \qquad \alpha = 0.3, 0.5;\ x=[0, \infty]$$

2. 确定问题 1 中模糊集合 A，B 和 C 是否为凸性。

3. 证明当且仅当下式成立模糊集合 A 为凸。

$$\mu_A(\lambda x_1 + [1-\lambda]x_2) \geqslant \min[\mu_A(x_1), \mu_A(x_2)]$$

式中 $\qquad x_1, x_2 \in U, \lambda \in [0, 1]$

4. 双边高斯 MF，由下式定义：

$$t_{\text{s-gauss}}(x; c_1, \sigma_1, c_2, \sigma_2) = \begin{cases} \exp\left[-\frac{1}{2}\left(\frac{x-C_1}{\sigma_1}\right)^2\right] & C_1 \leqslant C_1 \\ 1 & C_1 < x < C_2 \\ \exp\left[-\frac{1}{2}\left(\frac{x-C_2}{\sigma_2}\right)^2\right] & C_2 \leqslant x \end{cases}$$

(1) 编一个 MATLAB 程序实现上述 MF；

(2) 对不同的参数画出这个 MF；

(3) 找出该 MF 的交叉点和宽度。

5. 证明 4 个 T-范式和 T-协范式是在广义德·摩根定律上互为对偶。

6. 给定 $U=\{0, 0.1, 0.2, \cdots, 1\}$ 和语言变量 $A=0.7/0.7+0.9/0.8+1/1$，求以下值：A^2，$A^{1/2}$，$(A^{\frac{1}{2}})^{\frac{1}{2}}$ 和 INT(A)。

(提示：$\mu_{\text{INT}(A)}(u) = \begin{cases} 2(\mu_A(u))^2 & \mu_A(u) \in [0, 0.5] \\ 1-2(1-\mu_A(u))^2 & \text{其他} \end{cases}$

7. 考虑语言变量："Old"，如果变量定义为：

$$\mu_{\text{old}}(x) = \begin{cases} 0 & 0 \leqslant x < 50 \\ [1+(x-50/5)^{-2}]^{-1} & 50 \leqslant x < 100 \end{cases}$$

确定“NOT So Old”，“Very Old(非常老)”，“MORE Or LESS Old”的隶属函数。

8. 考虑前提：“今天天气很好”和“if 天气不好，then 温度低”，采用广义假言推理，对于今天的温度应如何说？

9. 令论域$U=\{1, 2, 3, 4\}$，给定语言变量“Small”$=1/1+0.7/2+0.3/0.3+0.1/4$和模糊关系$R=$“Almost 相等”定义如下：

R:	1	2	3	4
1	1	0.6	0.1	0
2	0.6	1	0.6	0.1
3	0.1	0.6	1	0.6
4	0	0.1	0.6	1

利用 max—min 复合运算，试计算：

$$R(y)=(X\text{ 是 Small})\circ(\text{Almost 相等})$$

10. 重画图3.14和3.13的第2行，假定A和B定义为

(1) $\mu_A(X)=\text{trig}(x, 5, 10, 15)$和$\mu_B(X)=\text{trig}(y, 5, 10, 15)$

(2) $\mu_A(X)=\text{trap}(x, 3, 8, 12, 17)$和$\mu_B(x)=\text{trap}(y, 2, 8, 12, 17)$

11. 设有一个2输入单输出的Sugeno模糊模型，有4条规则如下：

if X 是小(Small)和 Y 是小，then $z=-x+y+1$

if X 是小(Small)和 Y 是大，then $z=-y+3$

if X 是大(Large)和 Y 是小，then $z=-x+3$

if X 是大(Large)和 Y 是大，then $z=x+y+2$

对T-范式算子和T-协范式算子分别选用max和代数积，推导模糊推理机制，并作图。

(提示：先主观确定输X和Y的隶属函数，然后利用T-范式和T-协范式算子，画出输入—输出曲面。)

12. 利用三种去模糊化策略，分别求出模糊集A的值。模糊集A的定义为

$$\mu_A(x)=\text{trap}(x, 10, 30, 50, 90)$$

13. 一个模糊系统的输入—输出关系由模糊关系$R(X, Y)$来描述，式中$X=\{0, 0.1, \cdots, 0.9\}$，$Y=\{0, 0.1, \cdots, 0.9\}$。这个模糊关系由一个模糊隐含来实现，特别利用下列隐含：$A\rightarrow B=\max(\overline{A}, B)$，式中$A\subset X$，$B\subset Y$。

现在给定A和B如下：

$$A=0.5/0.2+0.6/0.5+1/0.7$$

$$B=0.8/0.2+0.5/0.5+0.7/0.7$$

输入为A'，

$$A'=0.2/0.2+0.9/0.5$$

(1) 如果采用max—min复合规则，确定模糊系统的输出(即B')，即

$$B'=A'\circ(A\rightarrow B)$$

(2) 如果采用max—min复合规则和模糊隐含$A\rightarrow B=\min(A, B)$，决定模糊系统的输出$B'$。

14. 考虑以下非线性静态系统，有两个输入x_1和x_2，一个输出y：

$$y = (1 + x_1^{-2} + x_2^{-1.5})^2 \qquad 1 \leqslant x_1, x_2 \leqslant 5$$

由这个系统，可得50个输入—输出数据如下表所示，x_3 和 x_4 是多余数据，用以检验辨识方法，试用3.5节所介绍的方法对系统的结构、前件和后件参数进行辨识。(二组数据可以交换。)

第一组					
No.	x_1	x_2	x_3	x_4	y
1	1.40	1.80	3.00	3.80	3.70
2	4.28	4.96	3.02	4.39	1.31
3	1.18	4.29	1.60	3.80	3.35
4	1.96	1.90	1.71	1.59	2.70
5	1.85	1.43	4.15	3.30	3.52
6	3.66	1.60	3.44	3.33	2.46
7	3.64	2.14	1.64	2.64	1.95
8	4.51	1.52	4.53	2.54	2.51
9	3.77	1.45	2.50	1.86	2.70
10	4.84	4.32	2.75	1.70	1.33
11	1.05	2.55	3.03	2.02	4.63
12	4.51	1.37	3.97	1.70	2.80
13	1.84	4.43	4.20	1.38	1.97
14	1.67	2.81	2.23	4.51	2.47
15	2.03	1.88	1.41	1.10	2.66
16	3.62	1.95	4.93	1.58	2.08
17	1.07	2.23	3.93	1.06	2.75
18	3.38	3.70	4.65	1.28	1.51
19	2.83	1.77	2.61	4.50	2.40
20	1.48	4.44	1.33	3.25	2.44
21	3.37	2.13	2.42	3.95	1.99
22	2.84	1.24	4.42	1.21	3.42
23	1.19	1.53	2.54	3.22	4.99
24	4.10	1.71	2.54	1.76	2.27
25	1.65	1.38	4.57	4.03	3.94
第二组					
No.	x_1	x_2	x_3	x_4	y
26	2.00	2.06	2.25	2.37	2.52

续表

No.	x_1	x_2	x_3	x_4	y
27	2.71	4.13	4.38	3.21	1.58
28	1.78	1.11	3.13	1.80	4.71
29	3.61	2.27	2.27	3.61	1.87
30	2.24	3.74	4.25	3.26	1.79
31	1.81	3.18	3.31	2.07	2.20
32	4.85	4.86	4.11	3.74	1.30
33	3.41	3.88	1.27	2.21	1.48
34	1.38	2.55	2.07	4.42	3.14
35	2.46	2.12	1.11	4.44	2.22
36	2.66	4.42	1.71	1.23	1.56
37	4.44	4.71	1.53	2.08	1.32
38	3.11	1.06	2.91	2.80	4.08
39	4.47	3.66	1.23	3.62	1.42
40	1.35	1.76	3.00	3.82	3.91
41	1.24	1.41	1.92	2.25	5.05
42	2.81	1.35	1.96	4.04	1.97
43	1.92	4.25	3.24	3.89	1.92
44	4.61	2.68	4.89	1.03	1.63
45	3.04	4.97	2.77	2.63	1.44
46	4.82	3.80	4.73	2.69	1.39
47	2.58	1.97	4.16	2.95	2.29
48	4.41	4.76	2.63	3.88	1.33
49	4.35	3.90	2.55	1.65	1.40
50	2.22	1.35	2.75	1.01	3.39

15. 利用 MATLAB，为下列两个系统设计模糊控制器使其稳态误差为零，超调量不大于1%，输出上升时间≤0.3 s。假定被控对象的传递函数分别为：

$$G_1(s)=\frac{e^{-0.55s}}{(s+1)^2}$$

$$G_2(s)=\frac{4.228}{(s+0.5)(s^2+1.64s+8.456)}$$

16. 对一个给定的模糊逻辑控制器，我们有以下三条模糊控制规则：

规则 1：if X 是 A_1 和 Y 是 B_1，then Z 是 C_1

规则 2：if X 是 A_2 和 Y 是 B_2，then Z 是 C_2

规则 3：if X 是 A_3 和 Y 是 B_3，then Z 是 C_3

给定以下的输入和输出的隶属函数：

$$\mu_{A_1}(x)=\begin{cases}\dfrac{3+x}{3} & -3\leqslant x\leqslant 0\\ 1 & 0\leqslant x\leqslant 3\\ \dfrac{6-X}{3} & 3\leqslant x\leqslant 6\end{cases},\quad \mu_{A_2}(x)=\begin{cases}\dfrac{x-2}{3} & 2\leqslant x\leqslant 5\\ \dfrac{9-x}{4} & 5\leqslant x\leqslant 9\end{cases}$$

$$\mu_{A_3}(x)=\begin{cases}\dfrac{x-6}{4} & 6\leqslant x\leqslant 10\\ \dfrac{13-x}{3} & 0\leqslant x\leqslant 13\end{cases},\quad \mu_{B_1}(x)=\begin{cases}\dfrac{y-1}{4} & 1\leqslant y\leqslant 5\\ \dfrac{7-y}{4} & 5\leqslant y\leqslant 7\end{cases}$$

$$\mu_{B_2}(x)=\begin{cases}\dfrac{y-5}{3} & 5\leqslant y\leqslant 8\\ \dfrac{12-y}{4} & 8\leqslant y\leqslant 12\end{cases},\quad \mu_{B_3}(y)=\begin{cases}\dfrac{y-8}{4} & 8\leqslant y\leqslant 12\\ \dfrac{15-y}{3} & 12\leqslant y\leqslant 15\end{cases}$$

$$\mu_{C_1}(Z)=\begin{cases}\dfrac{z+3}{2} & -3\leqslant z\leqslant -1\\ 1 & -1\leqslant z\leqslant 1\\ \dfrac{3-z}{2} & 1\leqslant z\leqslant 3\end{cases},\quad \mu_{C_2}(z)=\begin{cases}\dfrac{z-1}{3} & 1\leqslant z\leqslant 4\\ \dfrac{7-z}{3} & 4\leqslant z\leqslant 7\end{cases}$$

$$\mu_{C_3}(x)=\begin{cases}\dfrac{z-5}{2} & 5\leqslant z\leqslant 7\\ 1 & 7\leqslant z\leqslant 9\\ \dfrac{11-z}{2} & 9\leqslant z\leqslant 11\end{cases}$$

假定 x_0 和 y_0 分别是模糊变量 X 和 Y 的传感器的读数，并设 $x_0=3$，$y_0=6$，X，Y 和 Z 是离散论域，即 x，y，$z=1$，2，…。

(1) 利用推理中 max—min 复合规则，用 R_p 为模糊隐含，求合成的控制动作。

(2) 构画出最终的输出隶属函数。

(3) 用 COA(面积中心)法去模糊，求控制动作。

参考文献

[1] Lin C T，George Lee C S. Neural Fuzzy Systems：A Neural-Fuzzy synergism to Intelligent Systemo. Prentice Hall PTR，1996

[2] Jang J S R，Sun C T，Mizutani E. Neuro-Fuzzy and Soft Computing. Prentice-Hall Intenational，Inc.，1997

[3] Fukami S，Mizumoto M，Tanaka K. Some Considerations on Fuzzy Conditional Inference. Fuzzy Sets

and Sytems, 1980, 4: 242-273

[4] Zadeh L A. The Concept of a Linguistic Variable and Its Application to Approximate Reasoning. Parts 1, 2, 3. Information Science, 1975, 8: 199-249, 301-357; 1975, 9: 43-80

[5] Bouslarna F, Ichikawas A. Applicaion of Circle Criteria for Stability Analysis. Fuzzy Sets and Systems, 1992, 49: 103-129

[6] Ray K S, Majumder D O. Application of Circle Criteria for Stability Analysis of Linear SISO and MIMO Systems Associated with Fuzzy Logic Controller. IEEE Trans. on Systems, Man, and Cybernetics, 1984, 14(2): 345-349

[7] Gupta M M, Trojan G M, Kisxka T B. Controllability of Fuzzy Control Systems. IEEE Trans. on Systems, Man, Cybernrtics, 1986, 16(4): 576-582

[8] Maeda M, Murakami S A. Self-tuning Fuzzy Controller. Fuzzy Sets and Systems. 1992, 51: 29-40

[9] Braae M, Rutherford D A. Selection of Parameters for a Fuzzy Logic Controllers. Fuzzy Sets and Systems, 1979, 2: 185-199

[10] Bouslama F, Ichikawa A. Fuzzy Control Rules and Their Natural Controllers. Fuzzy Sets and Systems, 1992, 48: 65-86

[11] Yager R R. Implementing Fuzzy Logic Controllers Using a Neural Network Framework. Fuzzy Sets and Systems, 1992, 48: 53-64

[12] Filer D, Angelov P. Fuzzy Optimal Control. Fuzzy Sets and Systems, 1992, 47: 151-156

[13] Shoureshi R, Rahmani K. Derivation and Application of an Expert Fuzzy Optimal Control System. Fuzzy Sets and Systems, 1992, 49: 93-101

[14] Filer D, Singer P. System Identification Based on Linguistic Variables. Fuzzy Sest and Systems, 1992, 47: 141-149

[15] Takagi T, Sugeno M. Fuzzy Identification of Systems and Its Applications to Modeling and Control. IEEE Trans. on Systems, Man, and Cybernetics, 1985; 15(1): 116-132

[16] Kiszka T B. The Influencs of Some Fuzzy Implication Operations on the Accuracy of a Fuzzy Model-Part Ⅰ and Part Ⅱ. Fuzzy Sets and Systems, 1985, 15: 118-128, 227-240

[17] Shao S. Fuzzy Self-Organizing Controllers and Its Applicaton for Dynamic Processes. Fuzzy Sets and Systems, 1988, 31: 13-22

[18] Czogala E, Rawlik T. Modelling of a Fuzzy Controller with Application to the Control of Biological Processes. Fuzzy Sets and Systems, 1989, 31: 13-22

[19] Li X F, Lau C C. Development of Fuzzy Algorithms for Servo Systems. Control Systems Magazine, 1989, 4: 65-72

[20] Krijgumnn A J, Verbruggen H H, Bruijn P M. Knowledge-Based Real Time Control. IFAC Conf. on Artificial Intelligence in Real Time Control, U. K. , 1988, 7-13

[21] Simmonds W H. Representation of Real Knowledge for Real Time Use. IFAC Conf. on Artificial Intelligence in Real Time Use, U. K. , 1988, 63-67

[22] Porter B, Jones A H, Mckeown C B. Real-Time Expert Tuners for PI Controllers. IEEE Proceedings, 1987, 134(4): 260-263

[23] Lee C C. Fuzzy Logic in Control Systems: Fuzzy Logic Controller-Part Ⅰ. IEEE Trans. on Systems, Man, and Cybernetics, 1990, 20(2): 404-418

[24] Lee C C. Fuzzy Logic in Control Systems: Fuzzy Logic Controller-Part2. IEEE Transactions on Systems, Man, and Cybernetics, 1990, 20(2): 419-435

[25] Sarma R D, Ajmai N. Fuzzy Nets and Their Application. Fuzzy Sets and Systems, 1992, 45: 41-51

[26] Tanaka K, Sugeno M. Stablity Analysis and design of Fuzzy Control Systems. Fuzzy Sets and Systems, 1992, 45: 135-156

[27] Sugeno M, Kang G T. Structure Identification of Fuzzy Model. Fuzzy Sets and Systems, 1988, 28: 15-33

[28] Takagi T, Sugeno M. Fuzzy Identification of Systems and Its Application to Modeling and Control. IEEE Transactiono on Systems, Man and Cybernetics, 1985, 15: 116-132

[29] Wang L X. Adaptive Fuzzy Systems and Control. Englewood Cliffs, NT: Prentice-Hall, 1994

[30] Wang L X, Mendel J M. Fuzzy Basic Functions, Universal Approximation, and Orthogonal Least-Square Learning. IEEE Trans. Neural Networks, 1992, 3(5): 807-814

[31] Zimmermann H J. Fuzzy Set Theory and Its Applications. 2nd rev. ed. Boston: Kluver Academic, 1991

[32] Bunakata T, Jan Y. Fuzzy Systems: An overview. Commun. ACM, 1994, 37(3): 69-76

[33] Kong S G, Koska B. Adaptive Fuzzy Systems for Backing up a Truck-and-Trailer. IEEE Trans. Neural Networks, 1992, 3(2): 211-223

第4章　基于神经元网络的智能控制系统

基于神经元网络的智能控制系统也称作基于连接机制的智能控制系统。随着人工神经元网络(ANN)研究的进展，神经元网络越来越多地应用于控制领域的各个方面。从过程控制、机器人控制、生产制造、模式识别直到决策支持都有许多应用神经元网络的例子，而且获得了相当好的效果。本章首先扼要介绍神经元网络的工作原理，着重从控制的角度来分析人工神经元网络的一般结构，然后讨论在控制中常用的几种ANN。由于ANN的固有优点，它在系统的辨识、建模、自适应控制中特别受到重视，尤其是它较好地解决了具有不确定性、严重非线性、时变和滞后的复杂系统的建模和控制问题。但是，不能不看到，在ANN实际应用的同时，有关系统的稳定性、能控性、能观性等理论问题，有关ANN控制系统系统化设计方法问题，ANN的拓朴结构问题，以及ANN与基于规则的系统有机结合问题，还有待于进一步研究和发展。

4.1　神经元网络与控制

人工神经元网络模仿动物脑神经的活动，力图建立脑神经活动的数学模型。实际上，早在20世纪40年代，人们已对脑和计算机交叉学科进行研究，想解决智能信息处理的机理。大家熟知的维纳的《控制论》一书就已经提出了反馈控制、信息和脑神经功能的一些关系。当时在“控制论(Cybernetics)”的旗帜下，很多学者把这些内容当作一个公共的主题进行研究。但是此后，控制学科，计算机科学(包括人工智能)和神经生物学各按自己的独立道路发展，相互之间缺乏沟通，尤其是不同的学术用语和符号造成了学科间有效交流的障碍。近年来，智能控制作为一个新交叉学科蓬勃兴起，人们又在更高的水平上寻求控制、计算机和神经生理学的新结合，要以此来解决现实世界中用常规控制理论和方法所难以解决的一些问题。

神经元网络的研究已有数十年的历史。20世纪40年代初，心理学家Mcculloch和数学家Pitts提出了形式神经元的数学模型，并研究了基于神经元模型几个基本元件互相连接的潜在功能。1949年Hebb和其他学者研究神经系统中自适应定律，并提出改变神经元连接强度的Hebb规则。1958年Rosenblatt首先引入了感知器(Perceptron)概念，并提出了构造感知器的结构。这对以后的研究起到很大作用。1962年Widrow提出了线性自适应元件(Adline)，它是连续取值的线性网络，主要用于自适应系统，与当时占主导地位的以顺序离散符号推理为基本特性的AI方法完全不同。之后，Minsky和Papert(1969)对感知器为代表的网络作了严格的数学分析，证明了许多性质，指出了几个模型的局限性。由于结论相当悲观，从此神经元网络的研究在相当长时间内发展缓慢。Grossberg在20世纪70年代的工作，使神经元网络的研究又有了突破性的进展。根据生物学和生理学的证明，他提出了具有新特征的几种非线性动态系统的结构。1982年Hopfield在网络研究中引入了“能量函数”概念，把特殊的非线性动态结构用于解决像优化之类的技术问题，引起了工程界的巨大兴趣。Hopfield网至今仍是控制领域中应用最多的网络之一。1985年Hinton和Sejnowshi借用了统计物理学的概念和方法，提出了Boltzman机模型，在学习过程中采用了模拟退火技术，保证系统能全局最优。1986年，以Rumelthard和Mcclelland为首的PDP(Paralell Distributed Processing)小组发表一系列的研究结果和算法。由于他们卓越的工作，为神经元网络的研究提供了触媒剂，使得这方面研究和应用进入全盛时期。以后，Kosko提出了双向联想存储器和自适应双向联想存储器，为在具有噪声环境中的学习提供有效的方法。

神经元网络作为一种新技术之所以引起人们巨大的兴趣，并越来越多地用于控制领域，是因为与传统的控制技术相比，它具有以下重要的特征和性质。

(1) 非线性。神经元网络在解决非线性控制问题方面很有希望。这来源于神经元网络在理论上可以趋近任何非线性函数，人工神经元网络比其他方法建模更经济。

(2) 平行分布处理。神经元网络具有高度平行的结构，这使它本身可平行实现。由于分布和平行实现，因而比常规方法有更大程度的容错能力。神经元网络的基本单元结构简单，并行连结会有很快的处理速度。

(3) 硬件实现。这与分布平行处理的特征密切相关，也就是说神经元网络不仅可以平行实现，而且许多制造厂家已经用专用的VLSI硬件来制作。这样，速度进一步提高，而且网络能实现的规模也明显增大。

(4) 学习和自适应性。利用系统过去的数据记录，可对网络进行训练。受适当训练的网络有能力泛化，也即当输入出现训练中未提供的数据时，网络也有能力进行辨识。神经元网络也可以在线训练。

(5) 数据融合。网络可以同时对定性和定量的数据进行操作。在这方面，网络正好是传统工程系统(定量数据)和人工智能领域(符号数据)信息处理技术之间的桥梁。

(6) 多变量系统。神经元网络自然地处理多输入信号，并具有许多输出，它们非常适合用于多变量系统。

很明显，复杂系统的建模问题，具有以上所需的特征。因此，用神经元网络对复杂系统建模是很有前途的。

从控制理论观点来看，神经元网络处理非线性的能力是最有意义的。非线性系统的多种性与复杂性，使得至今还没有建立起系统的和通用的非线性控制系统设计的理论。虽然对特殊类别的非线性系统，存在一些传统的方法，如相平面方法，线性化方法和描述函数法，但这不足以解决面临的非线性困难。因此，神经元网络将在非线性系统建模及非线性控制器的综合方面起重要作用。

4.2 神经元网络的基本原理和结构

4.2.1 神经元网络的基本单元

图4.1表示了在中央神经系统中，典型神经细胞的主要元件。

(1) 细胞体：由细胞核、细胞质和细胞膜等组成。

(2) 轴突：由细胞体向外伸出的最长的一条分支，称为轴突，即神经纤维。轴突相当于

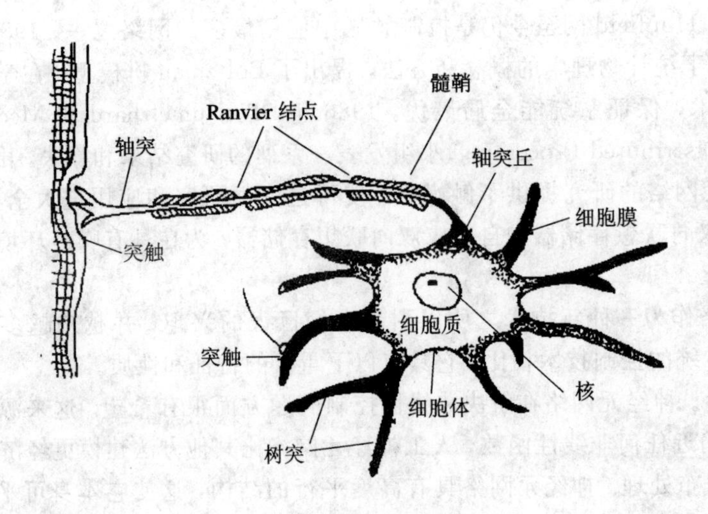

图 4.1　神经元的构造

细胞的传输电缆，其端部的许多神经末梢为信号的输出端，用以送出神经激励。

(3) 树突：由细胞体向外伸出的其他许多较短的分支，称为树突。它相当于神经细胞的输入端，用于接受来自其他神经细胞的输入激励。

(4) 突触：细胞与细胞之间(即神经元之间)通过轴突(输出)与树突(输入)相互连结，其接口称为突触，即神经末梢与树突相接触的交界面，每个细胞约有 $10^3 \sim 10^4$ 个突触。突触有两种类型：即兴奋型与抑制型。

(5) 膜电位：细胞膜内外之间有电势差，约为 70～100 mV，膜内为负，膜外为正。

值得注意的是，在动物神经系统中，细胞之间的连结不是固定的，它可以随时按外界环境改变信号的传递方式和路径，因而连结是柔性的和可塑的。

4.2.2　神经元网络的模型

组成网络的每一个神经元其模型表示于图 4.2，根据上节关于动物神经细胞的构造，该模型具有多输入 x_i，$i=1, 2, \cdots, n$ 和单输出 y，模型的内部状态由输入信号的加权和给出。神经单元的输出可表达成

$$y(t) = f\Big(\sum_{i=1}^{n} w_i x_i(t) - \theta\Big) \tag{4.1}$$

式中 θ 是神经单元的阈值，n 是输入的数目，t 是时间，权系数 w_i 代表了连结的强度，说明突触的负载。激励取正值；禁止激励取负值。输出函数 $f(x)$ 通常取 1 和 0 的双值函数或连续、非线性的 Sigmoid 函数。

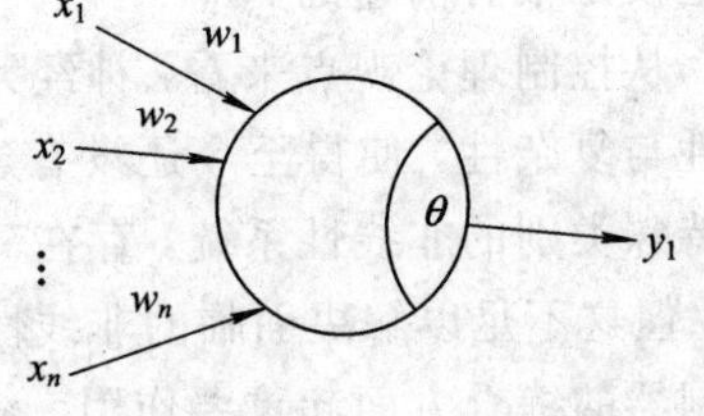

图 4.2　神经元模型

从控制工程角度来看，为了采用控制领域中相同的符号和描述方法，可以把神经元网络改变为图 4.3 所示形式。以后会看到，很多神经元网络结构都可以归属于这个模型，该模型有三个部件：

(1) (一个)加权的加法器；

(2) 线性动态单输入单输出(SISO)系统；

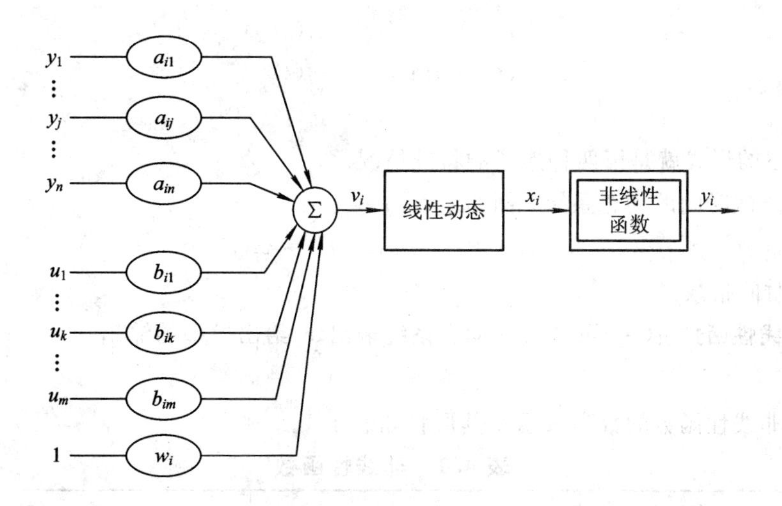

图 4.3　神经元模型框图

(3) 静态非线性函数。

加权加法器可表示为

$$v_i(t) = \sum_{j=1}^{n} a_{ij} y_i(t) + \sum_{k=1}^{m} b_{ik} u_k(t) + w_i \tag{4.2}$$

式中 y_i 是所有单元的输出，u_k 为外部输入，a_{ij} 和 b_{ik} 为相应的权系数，w_i 为常数，$i, j=1$, $2\cdots, n$，$k=1, 2, \cdots, m$。n 个加权的加法器单元可以方便地表示成向量一矩阵形式：

$$\boldsymbol{v}(t) = \boldsymbol{A}\boldsymbol{y}(t) + \boldsymbol{B}\boldsymbol{u}(t) + \boldsymbol{w} \tag{4.3}$$

式中 $\boldsymbol{v}$ 为 N 维列向量，$\boldsymbol{y}$ 为 N 维向量，$\boldsymbol{u}$ 为 M 维向量，$\boldsymbol{A}$ 为 $N\times N$ 矩阵，$\boldsymbol{B}$ 为 $N\times M$ 矩阵，$\boldsymbol{w}$ 为 N 维常向量，它可以与 $\boldsymbol{u}$ 合在一起，但分开列出有好处。

线性动态系统是 SISO 线性系统，输入为 v_i，输出为 x_i，按传递函数形式描述为

$$\overline{x}_i(s) = H(s)\overline{v}_i(s) \tag{4.4}$$

式(4.4)表示为拉氏变换形式。在时域，(4.4)变成

$$x_i = \int_{-\infty}^{t} h(t-t')v_i(t')\mathrm{d}t' \tag{4.5}$$

式中 $H(s)$ 和 $h(t)$ 组成了拉氏变换对。

$$\begin{aligned}
&H(s) = 1, && h(t) = \delta(t) \\
&H(s) = \frac{1}{s}, && h(t) = \begin{cases} 0 & t<0 \\ 1 & t\geqslant 0 \end{cases} \\
&H(s) = \frac{1}{1+sT}, && h(t) = \frac{1}{T}\mathrm{e}^{-t/T} \\
&H(s) = \frac{1}{a_0 s + a_1}, && h(t) = \frac{1}{a_0}\mathrm{e}^{-(a_1/a_0)t} \\
&H(s) = \mathrm{e}^{-sT}, && h(t) = \delta(t-T)
\end{aligned} \tag{4.6}$$

上面表达式中，δ 是狄拉克函数。在时域中，相应的输入输出关系为

$$x_i(t) = v_i(t)$$

$$\dot{x}_i(t) = v_i(t)$$

$$T\dot{x}_i(t) + x_i(t) = v_i(t)$$

$$a_0\dot{x}_i(t) + a_1 x_i(t) = v_i(t) \tag{4.7}$$

$$x_i(t) = v_i(t - T)$$

第一、二和三的形式就是第四种形式的特殊情况。

也有用离散时间的动态系统，例如

$$a_0 x_i(t+1) + a_1 x_i(t) = v_i(t) \tag{4.8}$$

这里 t 是整时间指数。

静态非线性函数 $g(\cdot)$可从线性动态系统输出 x_i 给出模型的输出

$$y_i = g(x_i) \tag{4.9}$$

常用的非线性函数的数学表示及其形状如表 4.1。

表 4.1 非线性函数

名 称	特 征	公 式	图 形
阈值	不可微，类阶跃，正	$g(x) = \begin{cases} 1 & x > 0 \\ 0 & x \leqslant 0 \end{cases}$	
阈值	不可微，类阶跃，零均	$g(x) = \begin{cases} 1 & x > 0 \\ -1 & x \leqslant 0 \end{cases}$	
Sigmoid	可微，类阶跃，正	$g(x) = \dfrac{1}{1 + e^{-x}}$	
双曲正切	可微，类阶跃，零均	$g(x) = \tanh(x)$	
高斯	可微，类脉冲	$g(x) = e^{-(x^2/\sigma^2)}$	

对于这些非线性函数，有几种分类方式：

(1) 可微和不可微；

(2) 类脉冲和类阶跃；

(3) 正函数和零均函数。

第一种分类是区别平滑函数还是陡函数。某些自适应算法，如反传网络需要平滑函数，而对给出二进制数的网络则需要不连续函数。

第二种分类是区分当输入在零附近的数是大的输出值还是有大的改变。

第三种分类是关于类阶跃函数。正函数由$-\infty$处为零变到在$+\infty$处为1；零均函数从$-\infty$处为-1变到$+\infty$处为$+1$。

表4.1中所列的非线性函数相互之间存在密切的关系。可以看到，Sigmoid函数和tanh函数是相似的，前者范围为0到1；而后者范围从-1到$+1$。阈值函数也可看成Sigmoid和tanh函数高增益的极限。类脉冲函数可以从可微的类阶跃函数中产生，反之亦然。

大家知道，处在不同部位上的神经元往往各有不同的特性，譬如眼睛原动系统具有Sigmoid特性；而在视觉区具有高斯特性。应按照不同的情况，建立不同的合适模型。还有一些非线性函数，如对数，指数，也很有用，但还没有建立它们生物学方面的基础。

4.2.3 神经元的连接方式

神经元本身按计算或表示而言并没有很强大的功能，但是按多种不同方式连接之后，可以在变量之间建立不同关系，给出多种强大的信息处理能力。在4.2.2节讨论过的神经元，其三个基本元件可以按不同的方式连接起来。如果神经元都是静态的($H(s)=1$)，那么神经元的结合可以按一组代数方程来描述。把式(4.3)，(4.4)和(4.9)联合起来，可得

$$\left.\begin{aligned}\boldsymbol{x}(t) &= \boldsymbol{A}\boldsymbol{y}(t) + \boldsymbol{B}\boldsymbol{u}(t) + \boldsymbol{w} \\ \boldsymbol{y}(t) &= g(\boldsymbol{x}(t))\end{aligned}\right\} \tag{4.10}$$

式中$\boldsymbol{x}$是N维向量，$g(\boldsymbol{x})$是非线性函数。如果$g(\boldsymbol{x})$取以下形式的阈值函数：

$$g(\boldsymbol{x}) = \begin{cases}1 & \boldsymbol{x} > 0 \\ -1 & \boldsymbol{x} \leqslant 0\end{cases} \tag{4.11}$$

$\boldsymbol{B}=\boldsymbol{0}$，则(4.10)就表示了Adline(自适应线性)网络。这是一个单层的静态网络。

神经元网络可以连接成多层，有可能在输入和输出之间给出更为复杂的非线性映射，这种网络典型的也是非动态的。这时，连接矩阵$\boldsymbol{A}$使输出被划分成多个层次，在一个层次中的神经元只接收前一层次中神经元来的输入(在第一层，接收网络的输入)。网络中没有反馈。例如，在一个三层网络中，每层含有N个神经元，我们可将方程(4.10)中网络向量$\boldsymbol{x}$，$\boldsymbol{y}$，$\boldsymbol{u}$和$\boldsymbol{w}$划分，写成

$$\begin{bmatrix}\boldsymbol{x}^1(t)\\ \boldsymbol{x}^2(t)\\ \boldsymbol{x}^3(t)\end{bmatrix} = \boldsymbol{A}\begin{bmatrix}\boldsymbol{y}^1(t)\\ \boldsymbol{y}^2(t)\\ \boldsymbol{y}^3(t)\end{bmatrix} + \boldsymbol{B}\begin{bmatrix}\boldsymbol{u}^1(t)\\ \boldsymbol{u}^2(t)\\ \boldsymbol{u}^3(t)\end{bmatrix} + \begin{bmatrix}\boldsymbol{w}^1\\ \boldsymbol{w}^2\\ \boldsymbol{w}^3\end{bmatrix} \tag{4.12}$$

式中上标表示网络中相应的层次。矩阵A和B的结构如下：

$$\boldsymbol{A} = \begin{bmatrix}\boldsymbol{O}_{NN} & \boldsymbol{O}_{NN} & \boldsymbol{O}_{NN}\\ \boldsymbol{A}^2 & \boldsymbol{O}_{NN} & \boldsymbol{O}_{NN}\\ \boldsymbol{O}_{NN} & \boldsymbol{A}^3 & \boldsymbol{O}_{NN}\end{bmatrix}, \qquad \boldsymbol{B} = \begin{bmatrix}\boldsymbol{B}^1 & \boldsymbol{O}_{NM} & \boldsymbol{O}_{NM}\\ \boldsymbol{O}_{NM} & \boldsymbol{O}_{NM} & \boldsymbol{O}_{NM}\\ \boldsymbol{O}_{NM} & \boldsymbol{O}_{NM} & \boldsymbol{O}_{NM}\end{bmatrix} \tag{4.13}$$

式中，$\boldsymbol{O}_{NN}$是$N\times N$的零矩阵，$\boldsymbol{O}_{N\times M}$是$N\times M$的零矩阵，$\boldsymbol{A}^2$和$\boldsymbol{A}^3$是$N\times N$的矩阵，而$\boldsymbol{B}^1$是$N\times M$的权矩阵。对第一层我们有

$$\left.\begin{aligned}\boldsymbol{x}^1(t) &= \boldsymbol{B}^1\boldsymbol{u}^1(t) + \boldsymbol{w}^1 \\ \boldsymbol{y}^1(t) &= g(\boldsymbol{x}^1(t))\end{aligned}\right\} \tag{4.14}$$

对第二层和第三层，我们有

$$\left.\begin{aligned}\boldsymbol{x}^l(t) &= \boldsymbol{A}^l\boldsymbol{y}^{l-1}(t) + \boldsymbol{w}^1 \\ \boldsymbol{y}^l(t) &= g(\boldsymbol{x}^l(t))\end{aligned}\right\} \tag{4.15}$$

式中，$l=2, 3$。

可以从表4.1选取不同的$g(\boldsymbol{x})$。如果我们选择Sigmoid函数，这就是Rumelhart提出的反传(BP)网络。

在网络中引入反馈，就产生动态网络，其一般的动态方程可以表示为

$$\boldsymbol{x}(t) = F(\boldsymbol{x}(t), \boldsymbol{u}(t), \boldsymbol{\theta})$$

$$\boldsymbol{y}(t) = G(\boldsymbol{x}(t), \boldsymbol{\theta})$$

这里，$\boldsymbol{x}$代表状态，$\boldsymbol{u}$是外部输入，$\boldsymbol{\theta}$代表网络参数，F是代表网络结构的函数，G是代表状态变量和输出之间关系的函数。Hopfield网络就是一种具有反馈的动态网络。

起初，反馈(回归)网络引入到联想或内容编址存储器(CAM)，用作模式识别。未受污染的模态用作稳定平衡点，而它的噪声变体应处在吸引域。这样，建立了与一组模式有关的动态系统。如果整个工作空间正确地由CAM划分，那么任何初始状态条件(相应于一个样板)应该有一个对应于未受污染模式的稳态解，这种分类器的动态过程实际上是一个滤波器。

4.3 监督学习神经元网络

4.3.1 感知器和反传(BP)网络

感知器在早期神经元网络的发展中起过重要的作用。其基本思想是将一些类似于生物神经元的处理元件构成一个单层的计算网络，该网络能够自动学习和对模式进行分类。但在早期研究中，由于感知器是由线性阈值元件组成，无法求解线性不可分问题，如异或逻辑问题(XOR)；又由于基本阈值－逻辑单元的非线性网络缺乏有效的学习方法，曾一度得出相当悲观的结论，使神经元网络的研究经历一次低潮。

多端输出的感知器网络表示于图4.4(a)。它是一个前馈(正向传输)网络，所有节点都是线性的，连接也是线性的。对于这种感知器，可以用解析方法来求解线性决策函数，即连接权$\boldsymbol{W}$向量。现在假定输入向量$\boldsymbol{X}=\{X_1, X_2, \cdots, X_N\}$和输出$\boldsymbol{b}$都可由训练样本给定，求解决策函数$\boldsymbol{W}$，就是解下列方程，使

$$\boldsymbol{XW} = \boldsymbol{b}$$

对于N维空间的M个向量(或M个模式)，上式可改写为

$$\begin{bmatrix} X_{11} & X_{12} & \cdots & X_{1N} \\ X_{21} & X_{22} & \cdots & X_{2N} \\ \vdots & \vdots & & \vdots \\ X_{M1} & X_{M2} & \cdots & X_{MN} \end{bmatrix} \begin{bmatrix} W_1 \\ W_2 \\ \vdots \\ W_N \end{bmatrix} = \begin{bmatrix} b_1 \\ b_2 \\ \vdots \\ b_M \end{bmatrix} \tag{4.16}$$

在模式分类的应用中，感知器的输出单元是二位式的阈值单元。对于式(4.16)的解析解可以表示为

$$\boldsymbol{W} = (\boldsymbol{X}^{\mathrm{T}}\boldsymbol{X})^{-1}\boldsymbol{X}^{\mathrm{T}}\boldsymbol{b}$$

这种解析方法是不切实际的。这不仅是因为当样本空间扩大时，分析变得十分困难，而且在一般情况下训练样本集合往往是不固定的，因此只能采用迭代形式来求解，寻找W。W的修正规则按下式进行：

$$\boldsymbol{W}_{k+1} = \boldsymbol{W}_k + \eta(b_k - \boldsymbol{W}_k^{\mathrm{T}}\boldsymbol{X}_k)\boldsymbol{X}_k$$

或

$$\Delta\boldsymbol{W}_k = \eta\delta_k\boldsymbol{X}_k$$

式中，$\delta_k = (b_k - \boldsymbol{W}_k^{\mathrm{T}}\boldsymbol{X}_k)$ 代表理想输出 b_k 与网络实际输出的差值。η 称为学习因子。这就是有名的 δ 学习规则。在一定条件下，随着迭代次数 k 的增加，$\delta_k \to 0$，保证网络收敛。

感知器可以是多层的，它可以解决异或问题。

BP 网络与感知器网络主要区别在于前者的网络节点是非线性单元，它采用了广义的 δ 学习规则。

图 4.4(b)表示了 BP 网络的连接，它是一个多层的网络。有一个输入层，一个输出层，多个隐层，每层都有多个节点。

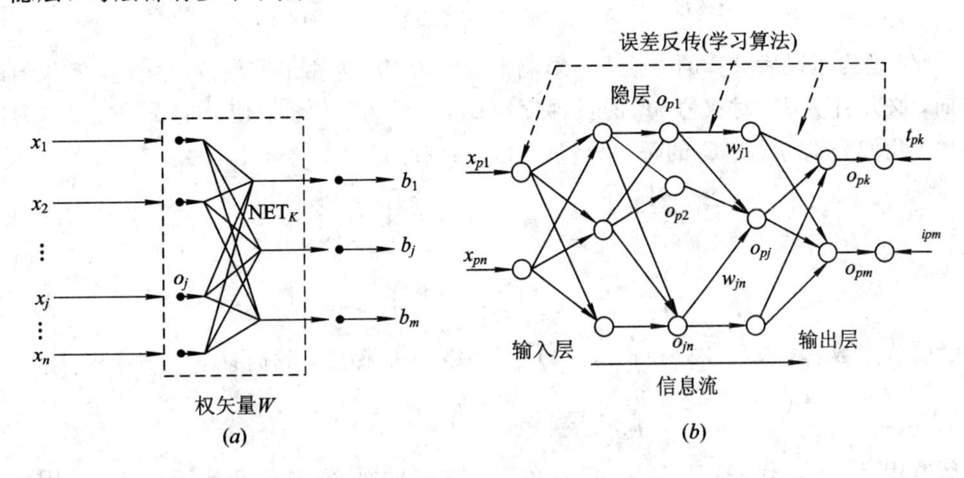

图 4.4　BP 网络

(a) 多端多层感知器网络；(b) BP 网络

BP 网络是正向、各层相互全连结的网络。对于输入信号，要经过输入层，向前传递到隐层节点。经过作用函数后，再把隐层节点的输出送到输出层节点，最后给出输出结果。

上面已经指出，在 BP 中，作用函数选用 Sigmoid 函数。这个网络的算法(学习过程)由正向传播和反向传播两部分组成。在正向传播过程中，输入信息从输入层经隐层逐层处理，并传向输出层，每一层神经元状态只影响下一层神经元状态。在输出层输出信号与期望值进行比较，如果存在误差，则将误差沿原来连接的路径返回，通过修改层间各节点的连接强度(权值)，使误差信号减少，直至把误差限定在预先规定的范围。

为了算法说明简单起见，我们假定 BP 网中只有一层隐层。输入向量 $\boldsymbol{x}_p = (x_{p1} \quad x_{p2} \quad \cdots \quad x_{pn})^{\mathrm{T}}$ 加到网络的输入层的节点，输入节点将值传播给隐层节点，送到第 j 个隐层节点的总输入为

$$S_{pj}^{h} = \sum_{i} w_{ji}^{h} x_{pi} \tag{4.17}$$

这里上标 h 表示为隐层，w_{ji} 是第 i 个输入节点到第 j 个隐节点之间的权值。假定这个节点的激励等于总的输入，则这节点的输出可表示为

$$O_{pj}^{h} = f_j^{h}(S_{pj}^{h}) \tag{4.18}$$

对输出节点，类似地为

$$S_{pk}^{0} = \sum_{j} w_{kj}^{0} O_{pj}^{h} \tag{4.19}$$

$$O_{pk}^{0} = f_{k}^{0}(S_{pk}^{0}) \tag{4.20}$$

式中上标 0 表示为输出层的量。

初始的权值代表对某问题合适权值的猜想。同其他方法不一样，BP 技术其结果不依赖于第一次猜想，网络的训练是根据输出与期望之间误差更新网络的权值来实现。

现在先讨论输出层权值的更新，定义单个输出节点误差为

$$\delta_{pk} = (t_{pk} - O_{pk}^{0}) \tag{4.21}$$

式中，t_{pk} 为目标值，O_{pk}^{0} 是第 k 节点的实际输出，下标 p 表示第 p 次训练向量。所有输出节点误差的平方和为

$$E_{p} = \frac{1}{2}\sum_{k=1}^{m}\delta_{pk}^{2} = \frac{1}{2}\sum_{k}(t_{pk} - O_{pk}^{0})^{2} \tag{4.22}$$

式中，1/2 是为了以后计算的方便，不影响推导过程；m 为输出节点数。为了决定权值改变的方向，必须计算 E_p 对权值 w_{kj} 的负梯度 ∇E_p，然后调节权值，使总的误差减少。为使问题简单，我们分别考虑 ∇E_p 的每一分量，由式(4.22)有

$$\frac{\partial E_{p}}{\partial w_{kj}^{0}} = -(t_{pk} - O_{pk}^{0})\frac{\partial f_{k}^{0}}{\partial S_{pk}^{0}} \cdot \frac{\partial S_{pk}^{0}}{\partial w_{kj}^{0}} \tag{4.23}$$

$$\frac{\partial S_{pk}^{0}}{\partial w_{kj}^{0}} = \left(\frac{\partial}{\partial w_{kj}^{0}}\sum_{j=1}^{L} w_{kj}^{0} O_{pj}^{h}\right) = O_{pj}^{h} \tag{4.24}$$

L 为隐层节点数，将式(4.23)和式(4.24)合起来，对负梯度，我们有

$$-\frac{\partial E_{p}}{\partial w_{kj}^{0}} = (t_{pk} - O_{pk}^{0}) f_{k}^{0'}(S_{pk}^{0}) O_{pj}^{h} \tag{4.25}$$

式中暂时用 $f_{k}^{0'}(S_{pk}^{0})$ 代替 $\partial f_{k}^{0}/\partial S_{pk}^{0}$。就权值变化的幅度而言，取它正比于负梯度。因此，输出层的权值按下式更新：

$$w_{kj}^{0}(t+1) = w_{kj}^{0}(t) + \Delta_{p} w_{kj}^{0}(t) \tag{4.26}$$

式中

$$\Delta_{p} w_{kj}^{0} = \eta(t_{pk} - O_{pk}^{0}) f_{k}^{0'}(S_{pk}^{0}) O_{pj}^{h} \tag{4.27}$$

这里 η 是学习速率参数，是正值且小于 1。在 BP 网络中非线性函数具有 Sigmoid 形式，即

$$f_{k}^{0}(S_{pk}^{0}) = (1 + \mathrm{e}^{-S_{pk}^{0}})^{-1}$$

这样

$$f_{k}^{0'} = f_{k}^{0}(1 - f_{k}^{0}) = O_{pk}^{0}(1 - O_{pk}^{0}) \tag{4.28}$$

所以

$$w_{kj}^{0}(t+1) = w_{kj}^{0}(t) + \eta(t_{pk} - O_{pk}^{0}) O_{pk}^{0}(1 - O_{pk}^{0}) O_{pj}^{h} \tag{4.29}$$

在式(4.27)中，定义

$$\delta_{pk}^{0} = (t_{pk} - O_{pk}^{0}) f_{k}^{0'}(S_{pk}^{0}) = \delta_{pk} f_{k}^{0'}(S_{pk}^{0}) \tag{4.30}$$

这样，不管输出函数 f_{k}^{0} 的形式为何，输出层权值的更新方程为

$$w_{kj}^{0}(t+1) = w_{kj}^{0}(t) + \eta\delta_{pk}^{0} O_{pj}^{h} \tag{4.31}$$

这就是广义的 δ 学习规则。

接下来分析隐层权值的更新。隐层权值的更新与输出层相仿，但是在确定隐层节点的输出误差时会发现问题。我们知道这些节点的实际输出，然而我们无法提前知道其正确的输出应是什么。直觉上，总的误差与隐层的输出值有某些关系。我们返回到式(4.22)来证

实这种直觉是有根据的。按式(4.22)：

$$E_p = \frac{1}{2}\sum_k (t_{pk} - O^0_{pk})^2$$
$$= \frac{1}{2}\sum_k (t_{pk} - f^0_k(S^0_{pk}))^2$$
$$= \frac{1}{2}\sum_k (t_{pk} - f^0_k(\sum_j w^0_{kj} O^h_{pj}))^2$$

我们知道 O^h_{pj} 通过式(4.17)和式(4.18)而取决于隐层的权值。这样，可以利用这些关系来计算 E_p 对隐层权值的梯度。

$$\frac{\partial E_p}{\partial w^h_{ji}} = \frac{1}{2}\sum_k \frac{\partial}{\partial w^h_{ji}}(t_{pk} - O^0_{pk})^2$$
$$= -\sum_k (t_{pk} - O^0_{pk})\frac{\partial O^0_{pk}}{\partial (S^0_{pk})}\cdot\frac{\partial (S^0_{pk})}{\partial O^h_{pj}}\cdot\frac{\partial O^h_{pj}}{\partial (S^h_{pj})}\cdot\frac{\partial (S^h_{pj})}{\partial (w^h_{ji})} \tag{4.32}$$

式(4.32)中每个因子可以从以前的方程中计算出来。其结果是

$$\frac{\partial E_p}{\partial w^h_{ji}} = -\sum_k (t_{pk} - O^0_{pk}) f^{0'}_k(S^0_{pk}) w^0_{kj} f^{h'}_j(S^h_{pj}) x_{pi} \tag{4.33}$$

隐层数值的改变正比于式(4.33)的负值，即

$$\Delta_p w^h_{pj} = \eta f^{h'}_j(S^h_{pj}) x_{pi} \sum_k (t_{pk} - O^0_{pk}) f^{0'}_k(S^0_{pk}) w^0_{kj} \tag{4.34}$$

式中 η 是学习速率。

利用前一节中 δ^0_{pk} 的定义，得出

$$\Delta_p w^h_{pj} = \eta f^{h'}_j(S^h_{pj}) x_{pi} \sum_k \delta^0_{pk} w^0_{kj} \tag{4.35}$$

我们注意到隐层每一个权值的更新取决于输出层所有的误差 δ^0_{pk}。这个结果就是反传(back-propagation)概念的来源。输出层的已知误差反向传播到隐层以决定隐层数值的适当变化。定义一个隐层误差项

$$\delta^h_{pj} = f^{h'}_j(S^h_{pj}) \sum \delta^0_{pk} w^0_{kj} \tag{4.36}$$

这样，隐层的数值更新方程变成与输出层相似，即

$$w^h_{ji}(t+1) = w^h_{ji}(t) + \eta \delta^h_{pj} x_{pi} \tag{4.37}$$

BP 的算法可以归纳如下：

(1) 将权值和偏置初始化。把所有的权和节点的偏置设置成小的随机数。

(2) 提供输入和期望输出。提供一个连续的输入向量并指定期望输出。如果网络用作分类器，那么除了与输入归属的类相应的输出期望值为 1 之外，其余所有的期望输出值均为零。输入在每次试验中可以是新的，也可以周期性提供训练集合中的样本，直到权值稳定。

(3) 计算实际输出。利用 Sigmoid 非线性函数和公式(4.18)、式(4.20)计算输出层和隐层各节点的输出。

(4) 调节权值。利用回归算法，先从输出层开始，以后返回到隐层，直到第一隐层。权值更新的计算用式(4.31)和式(4.37)。直到误差达到规定的指标以下。

BP 网络是多层前馈网络的一种。已经证明，具有至少一个隐层的多层前馈网络，如果隐层单元足够多，那么利用扁平激励函数和线性多项式集成函数，可以对任何感兴趣的函

数逼近到任意精度。所谓扁平函数 $f: R \to [0, 1]$或$[-1, 1]$是非减函数，$\lim_{\lambda \to \infty} f(\lambda) = 1$，$\lim_{\lambda \to -\infty} f(\lambda) = 0$ 或 -1。式中 λ 是扁平函数的参数。

显然，表 4.1 所定义的函数，包括阶跃函数，阈值函数，斜函数和 Sigmoid 函数都是扁平函数。

上述已证明的理论确立了多层前馈网络是一种通用的逼近器。它说明，在应用中失败必然是由于学习不合适、隐层单元不够或者输入与期望输出之间没有确定性关系所引起。虽然，从理论上讲，三层已经足够，但在求解实际问题时，常常需要 4 层、5 层或更多层次。这是因为用三层近似，对许多问题其隐层单元的数目要很多，以致于难以实现，而使用多于三层的网络，可以以合适的网络规模获得合适的解。事实上，已经证明，单隐层网络不足以稳定，尤其在不连续映射中更是如此，而用阈值单元，两个隐层网络却是足够了。

BP 是用反传学习算法的多层前馈网络，因此上述理论保证了 BP 网络的结构能力，如果它的隐层单元足够多。实质上，BP 网络作为分类器，它等价于最优贝叶斯鉴别函数，用以鉴别统计上独立的训练模式的渐近大集合。留下的问题是，在足够次学习之后，BP 算法是否一定收敛并找到合适的网络权值？直觉上，它应该收敛，因为它在权值空间利用了误差曲面的梯度下降，而且“状态—空间球”会从误差曲面滚下来抵达最接近于最小误差点并停下来。但这通常在输入和输出训练模式存在确定性关系且误差曲面是确定性的情况下才是正确的。遗憾的是，在现实中，所产生的误差曲面往往是随机的，这是 BP 算法的随机性本质，因为它建立在随机梯度下降法的基础上。已经证明，BP 算法是随机逼近的一个特别情况。BP 算法是否收敛的另一个问题是它会陷入局部极值而不能求得满意的解。图 4.5 为 BP 算法的流程图。

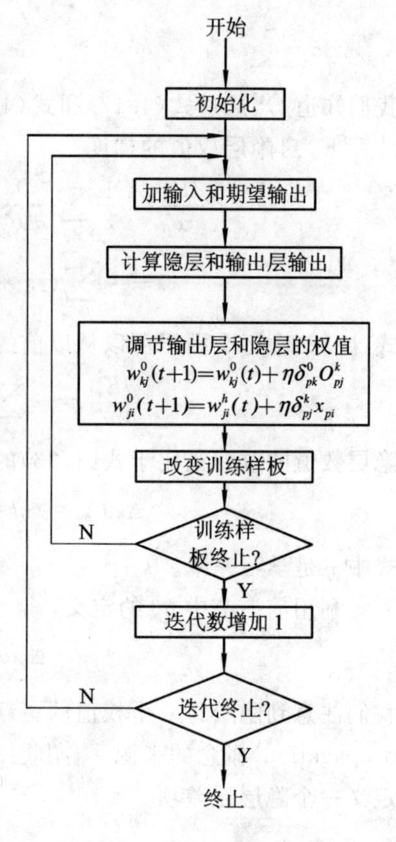

图 4.5　BP 算法的流程图

现在我们用例子来说明误差曲面。图 4.6(a)是三层具有 Sigmoid 激励函数的神经网络，它共有 13 个权值，其训练数据来自一个四维、两类的高斯分布。平均向量 $\boldsymbol{m}_i$ 和协方差矩阵 $\boldsymbol{C}_i$，$i=1, 2$，分别表示为

$$\boldsymbol{m}_1 = (1\ \ 1\ \ 1\ \ 1)^{\mathrm{T}}, \qquad \boldsymbol{m}_2 = [-1\ \ -1\ \ -1\ \ -1]^{\mathrm{T}}$$

$$\boldsymbol{C}_1 = \begin{bmatrix} 3 & 0 & 0 & 0 \\ 0 & 3 & 0 & 0 \\ 0 & 0 & 3 & 0 \\ 0 & 0 & 0 & 3 \end{bmatrix}, \qquad \boldsymbol{C}_2 = \begin{bmatrix} 1 & 0 & 0 & 0 \\ 0 & 1 & 0 & 0 \\ 0 & 0 & 1 & 0 \\ 0 & 0 & 0 & 1 \end{bmatrix}$$

每类的 10 个训练样本用于训练网络。首先用 BP 算法来训练网络得到相应于曲面极小值的一组权值。图 4.6(b)画出了相应于误差 $E(W_i, W_j)$为两个已选权值 W_i 和 W_j 的函数(其余 11 个权值在极小值处固定不变)，从这些图中我们看到的绝大部分是高原和凹谷。

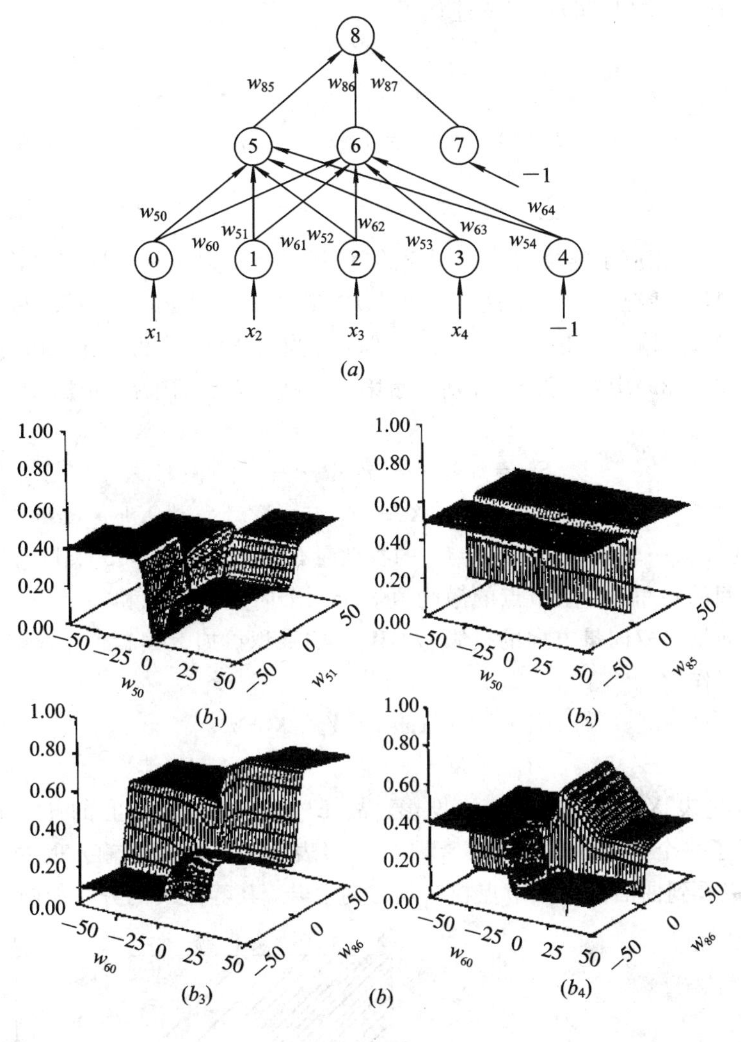

图 4.6　三层 BP 网络误差曲面

(a) 试验 BP 网络；(b) 误差曲面二维投影((b_1) $E(w_{50}, w_{51})$；

(b_2) $E(w_{50}, w_{85})$；(b_3) $E(w_{60}, w_{86})$；(b_4) $E(w_{61}, w_{86})$)

这个例子说明了有关 BP 误差曲面的三个基本事实：① 典型地，误差函数具有很多全局极小点，因为为了保持网络输入—输出函数不变，权值要进行多次组合置换。于是使误差曲面有多个凹谷。② 在曲面全局极小值之上有局部极小点。这使得 BP 算法会陷入局部极小值。经验表明，如果我们采用更多(冗余)的隐层单元，陷入局部极小值的机会就少。这是因为 BP 学习算法的随机性质帮助算法从局部极小值跳出来。神经网络越大，随机因素也就越多。③ 在多个方向上，误差曲面具有多个低斜率的区域。这是因为某些节点的输出大，它对权值小的变化不敏感(下面还要进一步分析)，于是使 BP 算法的收敛速度很慢。这种性质使 BP 很不适合于多极值函数的逼近。

现在从几何角度来进一步分析 BP 网络隐层节点输出的灵敏度以及它为什么不适合多极值函数的逼近问题。

对于一个 N 个输入，单个输出并具有 m 个隐节点的神经网络，按式(4.17)、式

(4.18)、式(4.19)、式(4.20)可以描述如下：

$$y = \sum_{i=1}^{m} c_i O_i^h + c_o \tag{4.38}$$

$$O_i^h = f(S_i^h) \qquad i = 1, 2, \cdots, m \tag{4.39}$$

$$S_i^h = \sum_{j=1}^{n} w_{ij} x_j + w_{io} \qquad i = 1, 2, \cdots, m \tag{4.40}$$

上式中 c_i 和 c_o 代表相应于连接权值和阈值的适当常数，y 表示神经网络的输出，相当于式(4.20)中 O_{pk}^0。目前情况下 $k=1$。这是一个从 R^n 到 R 的映射，即 $R^n \to R$。映射函数也可以考虑为在 R^{n+1} 空间(输入－输出空间)的超曲面。如激励函数为 Sigmoid 函数，$f(x) = 1/(1+e^x)$，式(4.39)中 O_i^h 和 S_i^h 分别表示第 i 个隐层节点的输出和激励值。则式(4.40)可以进一步表示为

$$\begin{aligned} S_i^h &= w_{io} + w_{i1} x_1 + \cdots + w_{in} x_n \\ &= \boldsymbol{W}_i \cdot \boldsymbol{X} + w_{io} = \| \boldsymbol{W}_i \| \cdot \| \boldsymbol{X} \| \cdot \cos\theta + w_{io} \end{aligned} \tag{4.41}$$

式中 $\boldsymbol{W}_i = (w_{i1}\ w_{i2}\ \cdots\ w_{in})$ 是隐层节点 i 的权向量，$\boldsymbol{X} = (x_1\ x_2\ \cdots\ x_n)$ 是网络输入向量，θ 是两个向量之间的夹角，隐层节点的激励值等于两个向量的乘积和加上一个偏置项。它也可以当作输入向量在权向量方向的投影与 $\| \boldsymbol{W}_i \|$ 的乘积再加上偏置值。隐层节点 i 的输出的等值面可以写作

$$L^\alpha: \quad f^{-1}(\alpha) = \boldsymbol{W}_i \cdot \boldsymbol{X} + w_{io} \tag{4.42}$$

或

$$L^\alpha: \quad \boldsymbol{E}_{w_i} \cdot \boldsymbol{X} = (f^{-1}(\alpha) - w_{io}) / \| \boldsymbol{W}_i \|$$

式中，$\boldsymbol{E}_{wi} \cdot \boldsymbol{X}$ 代表 X 在权向量上的投影，故 L^α 是在 R^n 空间上的超平面。所有 L^α，$\alpha \in (0, 1)$ 构成了一个平行的超平面簇。图 4.7(a)表示了具有两个输入的隐层节点的输出曲面。我们可以看到曲面沿隐层节点权向量方向上升，其等值线的分布如图 4.7(b)所示。

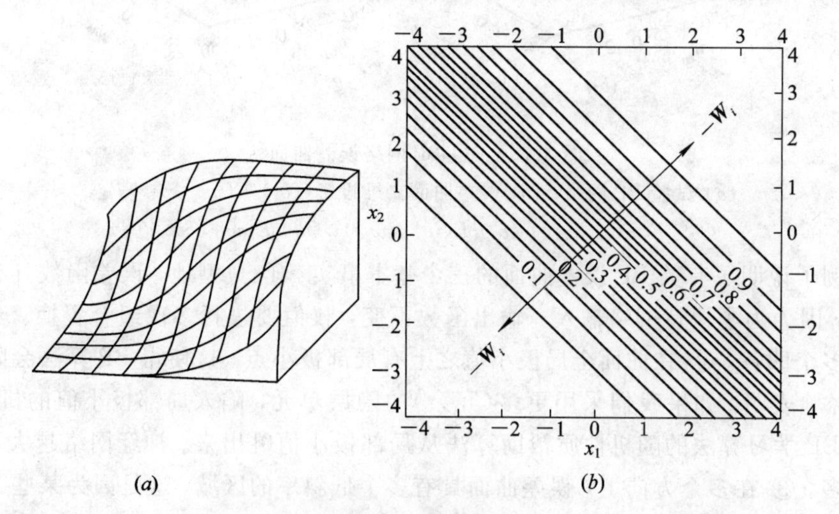

图 4.7　隐层节点输出 $S_i^h = f(x_1, x_2)$

(a) 曲面；(b) 等值线

由于 Sigmoid 函数的非线性性质，由图 4.7(b)可知，等值超平面的分布是呈不均匀状态的。当 $S_i^h = 0$，$O_i^h = 0.5$，$L^{0.5}$ 等值超平面位于中心。在 $L^{0.5}$ 附近，隐节点的输出变化十分明显，沿着 W_i 和 $-W_i$ 方向，等值超平面分布越来越稀疏，隐层节点的输出改变不明显，

且趋向饱和。这也就是说，在$L^{0.5}$附近隐层节点输出有较高的灵敏度，而在远离$L^{0.5}$其灵敏度降低。

从方程(4.38)可知，网络的输出是隐层节点输出的加权和，如果我们要逼近一个给定的非线性函数，且使网络输出在其局部区域等于某期望值，它必须依靠于影响该区域的所有隐层节点的联合作用。因为每一节点的灵敏区沿等值面方向无限伸展而且是相互交叠又相互作用，所以多层前馈网络的训练变得十分复杂。图 4.8 表示了在逼近一个具有 2 个独立变量的非线性函数时，3 个灵敏区的交叠和交互的作用。学习非线性函数的相应神经网络表示在图 4.9。该网络有 6 个隐节点，当一个隐节点的输出改变时，会影响其他隐节点的输出。

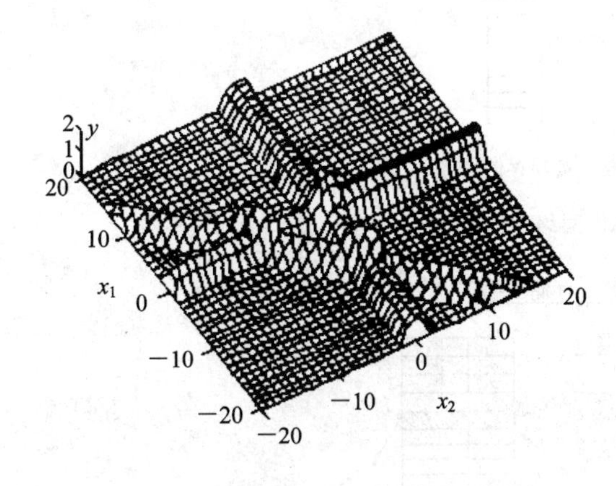

图 4.8　灵敏区的交互

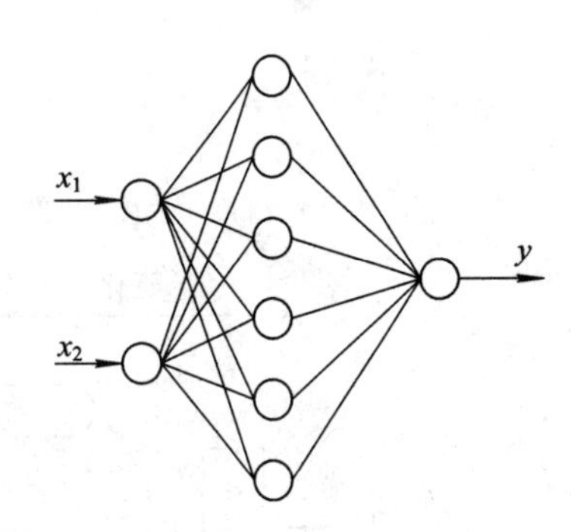

图 4.9　训练用神经网络

自然，网络权值的调节会改变隐层节点的灵敏区分布特性，包括等值超平面的垂直方向、中心超平面位置以及灵敏区范围等等，以适应网络训练的需要。

对于给定的隐层节点，其分布特性经过相互间耦合会严重影响其他节点的灵敏区。在某些情况下，在逼近复杂非线性函数时，尤其是具有多个极值的非线性函数时这种影响会起到负效应。因此，为了逼近复杂的非线性函数，应将这种耦合尽可能地减少，更要采用一些特殊的学习算法来逼近多极值的复杂非线性函数。

4.3.2　小脑模型连接控制器(CMAC)网络

小脑模型连接控制器(CMAC)也是一种有监督学习的神经网络，它是 Albus 在 1972 年提出来的。当时 CMAC 专门用来控制机器人，以后经验表明，CMAC 可以学习种类广泛的非线性函数，而且其迭代次数比 BP 网络少得多，因此适用于实时的非线性系统的控制。

人们经过对小脑分析，表明小脑存在多层的神经元和大量的互连接。当小脑接受许多来自各种传感器(如肌肉、四肢、关节、皮肤等)的不同信号后，利用负反馈进行广泛的选择(滤波)，使得输入的活动仅限制在最活跃神经的一个很小子集，而绝大多数的神经将受到抑制。也就是说最活跃的神经抑制了不太活跃的神经，而不是将信号分布于所有的神经。对此进行更深入研究后，总结出一个数学上的描述，即小脑模型连接控制器(Cerebellar Model Articulation Controller)简称 CMAC。

CMAC 原理图如图 4.10 所示，其结构图见图 4.11。由图可知，CMAC 实质上是一个智能式的自适应查表技术，它把多维离散的输入空间，经过映射，形成复杂的非线性函数。

CMAC 具有三个特性：

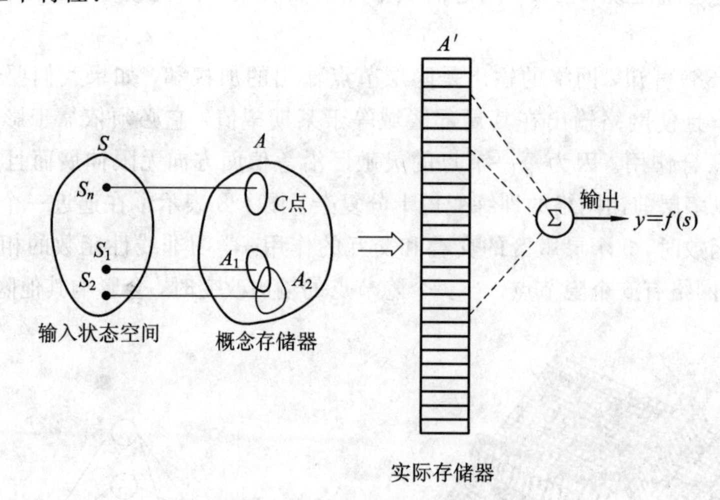

图 4.10　CMAC 网络原理框图

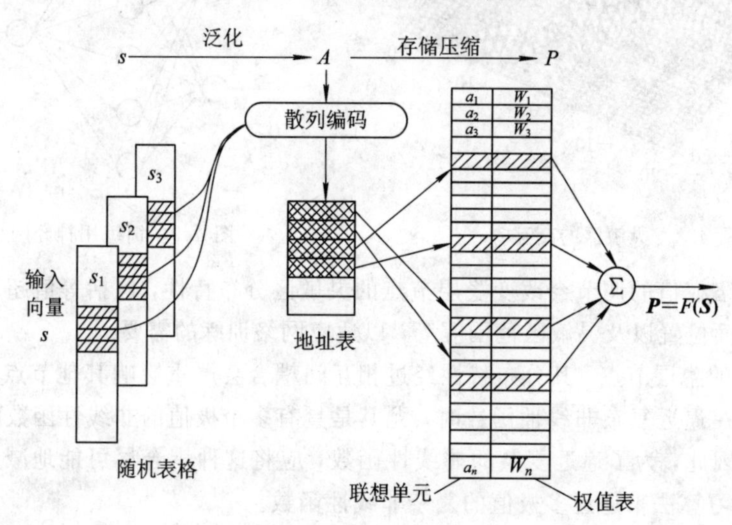

图 4.11　CMAC 结构图

(1) 利用散列编码(Hashing Coding)，进行多对少的映射，压缩查表的规模；

(2) 通过对输入分布信号的测量值编码，提供输出响应的泛化和插补功能；

(3) 通过有监督的学习过程，学习合适的非线性函数；学习过程就是在查表过程中修正每一地址的权值或它的内容。

在 CMAC 的结构中，我们看到，每一个离散输入向量映射到存储器 P 中多个地址。每一个"地址"含有一个相同维数的向量。输出函数 $F(\boldsymbol{S})$是由 $\boldsymbol{S}$ 所映射的所有地址的内容之和而求得。输入向量 $\boldsymbol{S}$ 的集合被映射到随机表格，然后用散列编码映射到规模较小的权值表。这种映射的优点是向空间 $\boldsymbol{S}$ 的状态提供自动的插补(泛化)，这一点在图 4.10 的原理图中可以了解得更清楚。由散列编码形成的映射机制可以当作是一个概念存储器。输入向量是实际环境中 N 个合适的传感器的集合或者是期望目标的测量值。输入空间是由所有可能的输入向量组成。输入向量元素 N 的数目和输出的数目在某些实际限定条件内可以是任意的。CMAC 的算法使得它所接受到的任何输入映射到大的"概念"存储器 A 时只具有

C 个点(元素)的一个集合(见图 4.10)。两个在输入空间中相近的输入在存储器 A 中将会有重叠的 C 点集合。两个输入越靠近，其重叠越多。如果两个输入在输入空间中相距很远，则在存储器 A 中就不会有 C 元素集合的交叠。

譬如，考虑两个输入 s_1 和 s_2，它们激励概念存储器中两个交叠的联想单元集合 A_1 和 A_2(如图 4.10 所示)。如果对应于 s_2 的输出响应希望与对应 s_1 的输出响应一样，那么交叠具有很有利的性质。因为，对 s_1 的正常响应已经寄存，对 s_2 就会采取非常相近的响应而不必为 s_2 而调整权值，这种性质称为泛化(Generalization)。它非常类似于动物有能力从一个学习经验推广到另一种情况下。

但是，如果希望输入向量 s_2 产生一个与 s_1 很不一样的响应，那么 A_1 和 A_2 的交叠就会发生麻烦。在这种情况下，为了产生 s_2 的合适响应，就要调整几乎所有属于 A_1 的且产生 s_1 响应的权值。这就是学习干扰，它类似于生物所经历的反作用抑制。即当出现高度相同的刺激时，希望得到不同的响应。

在控制中，我们希望在输入空间中两个相近的输入能够产生交叠的映射，即能泛化。而对两个相距很远的输入能产生各自独立的响应。CMAC 的映射过程能保证实现这种要求。

简而言之，CMAC 可以描述成一计算装置，它接受一个输入向量 $\boldsymbol{S}=(s_1\ s_2\ \cdots\ s_n)$，产生一个输出向量 $\boldsymbol{P}=F(\boldsymbol{S})$。为了对给定输入状态 $\boldsymbol{S}$ 计算输出向量，进行了二次映射

$$f:\boldsymbol{S}\rightarrow\boldsymbol{A}\qquad\qquad g:\boldsymbol{A}\rightarrow\boldsymbol{P}$$

这里 $\boldsymbol{A}$ 称作联想单元向量，它实际上是一个大的存储地址表格。给定一个输入向量 $\boldsymbol{S}=(s_1\ s_2\ \cdots\ s_n)$，映射函数 f 指向几个(譬如 C 个)存储地址(位于表 $\boldsymbol{A}$ 中)，这些地址处于联想单元 $\boldsymbol{A}$ 之中，称为激活的联想单元。对任何给定的输入，其激活的联想单元数目 C 是 CMAC 设计中的一个固定参数。一般 $C=32\sim256$。数值，或者是提供输出响应的表值，从属于每一个联想单元。如果输出向量 $\boldsymbol{P}$ 是一维的，每一联想单元有一个数值；如果 $\boldsymbol{P}$ 是 n 维的，则有 n 个数值。相应地，也必须存在 n 个联想单元。函数 g 是可以是简单的求和，且在训练和存储过程中有变化。所以，g 的任何输入向量是地址指针的集合。而输出向量，在最简单形式下，是属于这些地址指针的权值之和。因此，输出 $\boldsymbol{P}=(P_1\ \ P_2\ \ \cdots\ \ P_n)$ 的每一个元素由一个单独的 CMAC 联想单元按下式进行计算：

$$P_k=a_{1k}w_{1k}+a_{2k}w_{2k}\cdots+a_{nk}w_{nk}$$

式中，$\boldsymbol{A}_k=(a_{1k}\ \ a_{2k}\ \ \cdots\ \ a_{nk})$是第 k 个 CMAC 的联想单元向量；$\boldsymbol{W}_k=(w_{1k}\ \ w_{2k}\ \ \cdots\ \ w_{nk})$是第 k 个 CMAC 的权向量。对给定的一个输入，输出值可以随从属于激活联想单元的权值的改变而改变。

为了在 CMAC 中产生一个非线性函数，其算法如下：

(1) 假定 CMAC 要产生的函数为 F，那么，对输入空间中的每一点，$P^*=F(S)$ 就是输出向量的期望值。

(2) 在存储的输入空间中选一个点 S，计算该点的函数值 $P=F(S)$。

(3) 对 $\boldsymbol{P}^*=(P_1^*\ P_2^*\ \cdots\ P_n^*)$ 和 $\boldsymbol{P}=(P_1\ \ P_2\ \ \cdots\ \ P_n)$ 中每一元素，如果 $|P_i^*-P_i|<e_i$，e_i 为容许误差，就停止计算，期望值已经存储；如果 $|P_i^*-P_i|>e_i$，那么对构成 P_i 的每一个权值 W 增加 ΔW，ΔW 的计算可按下式进行：

$$W_{k+1}=W_k+\left\{\left[(d-\sum_{j=1}^{n}a_jW_j)/n\right]\times m\right\}\tag{4.43}$$

式中，W_{k+1} 为地址 i 中第 $k+1$ 次迭代(新的)权值；W_k 为地址 i 中，第 k 次迭代(旧的)权值；d 为对当前输入的期望输出值；n 为权值表中，地址的数目；W_j 为地址 j 中权值；m 为修正因子。

(4) 重复以上过程，直到各元素误差都小于允许值。

用 CMAC 网络可以产生输入向量 $\boldsymbol{S}$ 和输出函数 $F(\boldsymbol{S})$ 之间任意非线性关系，其收敛性也已得到证明，收敛的速度也要比 BP 网快得多。

下面举两个简单的例子。

例 1 设输入和输出均为一维向量，输入变量 S 定义在 1 到 360 的区间内，分辨率为 1 个单位。即

$$S_i = (i) \qquad i = 1, 2, \cdots, 360$$

假定所希望的输出：$f_0(S)=\sin(2\pi S/360)$，所有权值原始为 0，则函数值 $f = f(S_0) = 0$。学习过程表示于图 4.12。图 4.12(a)是期望输出。第一次训练后 f 在 $S=50$ 处为 1，最大误差为 1.0，均方误差为 0.625(图 4.12(b))。2 次迭代后，最大误差为 0.87，均方误差为 0.530(图 4.12(c))。图 4.12(d)为 5 次迭代后的情况，最大误差减至 0.34，均方误差减到 0.313；图 4.12(e)是经过 9 次迭代后的输出函数，此时最大误差已为 0.33，而均方误差降为 0.091。在 16 次训练后，输出为图 4.12(f)所示，最大误差为 0.09，均方误差为 0.033。

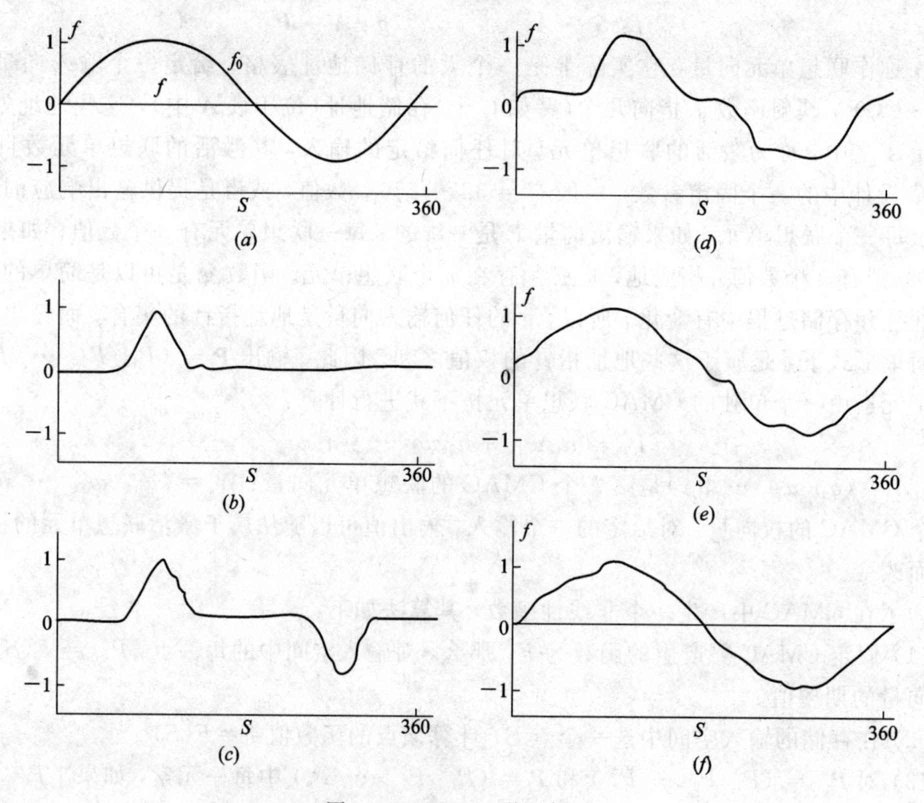

图 4.12 CMAC 学习例子

例 2 设输入为二维向量，所希望的输出为

$$f_0(s) = \sin\frac{2\pi S_1}{360}\sin\frac{2\pi S_2}{360} \qquad 0 \leqslant S_1 \leqslant 360^\circ, 0 \leqslant S_2 \leqslant 180^\circ$$

取 S_1 和 S_2 的分辨率为 10°，即

$$S_j = (i) \qquad j = 1, 2$$

$$S_j = 0, 10, 20, \cdots, 360 \qquad j = 1$$

$$S_j = 0, 10, 20, \cdots, 180 \qquad j = 2$$

学习过程表示于图 4.13。4.13(a)为迭代 20 次后的输出，最大误差为 0.5567；4.13(b)为迭代 40 次的输出，最大误差为 0.3214；4.13(c)为迭代 60 次后的结果，最大误差为

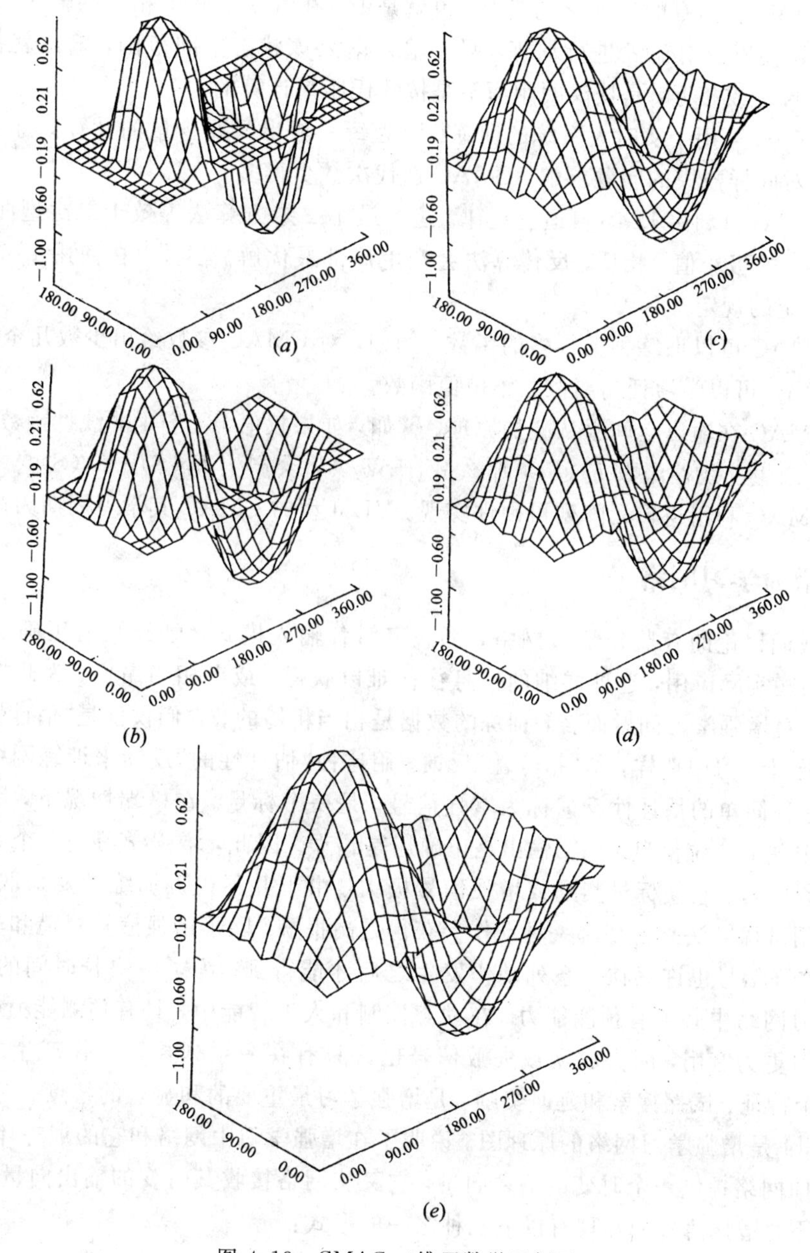

图 4.13 CMAC 二维函数学习例子

(a) 迭代 20 次后的输出；(b) 迭代 40 次后的输出；(c) 迭代 60 次后的结果；(d) 迭代 100 次后的结果；(e) 迭代 120 次后的输出

0.1071；4.13(d)为迭代 100 次后的结果，最大误差已降到 0.0628；(e)为迭代 120 次后的输出，最大误差已降出 0.052。

由以上两个例子可见，CMAC 学习的速度是很快的。

现在归纳一下 CMAC 网络的主要优点：

(1) CMAC 接受实际输入，给出实际输出。输入变量元素被量化，量化级数可以按需要增加，因而可达到任意精度。

(2) CMAC 有固有的局部泛化能力。也就是说，在输入空间中相近的输入向量给出相近的输出。即使不针对输入进行训练，只要输入落入该状态空间范围，输出就保持相同。这里所指的接近或相近，是按汉明距而不是按欧氏距来计算的。

(3) CMAC 可用于实时大系统的训练。因为每一输出只要少量的计算，与二层 BP 感知器比较，对同样规模的问题求解，CMAC 迭代次数少得多。

(4) CMAC 可利用 LMS 自适应规律。这个最小二乘方算法等效于二次型曲面的梯度搜索，有唯一的极小值。相反，反传算法会产生局部最优解。当然，在使用 LMS 训练时，必须遵照一定的规定。

(5) CMAC 可以训练种类很多的函数。例如，对 CMAC 参数给出少数几个松宽条件，单输入 CMAC 可以学习任何离散一维单值函数。

(6) CMAC 在输出空间服从叠加原理。譬如，如果权值 W_1 产生非线性函数为 $F_1(S)$，权值阵 W_2 产生非线性函数 $F_2(S)$，那么 W_1+W_2，将会产生 $F_1(S)+F_2(S)$。

(7) CMAC 利用逻辑元阵列可硬件实现。VLSI 型的 CMAC 其学习周期为微秒级。

4.3.3 增强学习网络

上面我们讨论的有监督学习网络，都假定对各输入模式，已经知道正确的目标输出值。但对某些实际应用，这种详细的信息往往难以获得，或者相当昂贵。为此提出了增强学习算法。对增强学习问题而言，训练的数据是相当粗糙的。它们仅仅是“估计性”的反馈，而不象在监督学习中那样，是“指令性”反馈。用这种“估计性的”反馈来训练网络称之为增强学习，这种简单的估计性反馈称为增强信号，是一个标量。在极端情况下，增强信号仅仅是一个单独的 1 位信息，说明输出是正确还是错误。因此，增强学习是一个系统状况到行为的映射学习，它使标量奖励或增强信号极大。由于并不告诉训练者要采取什么行动，所以必须用试探方法来发现哪一种动作会获得最高报酬。除了增强信号粗糙和非指令性性质之外，增强信号也许只在一系列动作发生之后才能得到。为了解决长时间的时延问题，在增强学习网络中必须有预测能力。在动态控制和人工智能中，具有预测能力的增强学习比监督学习更为有用，因为成功或失败信号也许只有在一系列控制动作产生之后才能知道。这两个特征：试探搜索和延时奖励，是增强学习最重要的和显著的特点。

图 4.14 是增强学习网络的原理图。说明了在增强学习中网络和它的训练环境的交互。

环境向网络提供一个时变的输入向量，它又从网络接收其时变的输出向量或动作。在一般情况下，增强信号 $r(t)$ 具有以下三种之一的形式：

(1) $r(t)$是一个双值数。$r(t)\in\{-1, 1\}$或$\{0, 1\}$。$r(t)=1$ 意味成功，$r(t)=-1$(或 0)意味失败。

(2) $r(t)$是$[-1, 1]$或$[0, 1]$范围内多值离散数。例如 $r(t)=\{-1, -0.5, 0, 0.5\}$，它

们相应于不同程度的成功或失败。

(3) $r(t)$是实数。$r(t)\in[-1, 1]$或$[0, 1]$，代表更详细的和连续的成功或失败程度。

通常我们假定 $r(t)$这个增强信号存在于时间步 t，而且是由在时间$(t-1)$的输入和所选择的动作所产生，或者受更早的输入和动作的影响。

训练的目的是使增强信号的函数最大，譬如在未来时刻函数的期望值或整个未来时间内函数某个积分的期望最大。

增强信号的精确计算严重地依赖于环境的性质，对训练系统而言则是未知的。它可以是一个由环境产生的输入和从网络接收到的输出所构成的确定性或随机函数。目前，存在三种类型的增强学习问题：

(1) 对给定的输入一输出对，增强信号始终是相同的。这是最简单的情况。因此网络可以学习一个确定的输入一输出映射，如奇偶学习问题和对称学习问题。

(2) 在随机环境中，对一个特殊的输入一输出对，只决定正增强的概率。然而，对每一对输入一输出，该概率是固定的。这对增强信号和输出序列并不考虑过去的历史。这类训练包括无相关的增强学习问题。在这类问题中，没有输出，我们只需从一个有限的试验集中决定具有正增强最大概率的最好输出模式，其典型的问题是双臂投币机，人们在预先未知报酬概率的情况下，摇动投币机的一臂。

(3) 最一般情况下，环境本身是复杂的动态过程，这在控制过程中是经常碰到的。这时增强信号和输入模式都决定于网络过去的输出。这类问题包括动态规则、下棋等。增强信号(失败与成功)的产生往往要在一系列动作之后。这是属于信用分配问题，要采用时间差(TD)学习方法来训练网络。具有判断的增强学习网络——自适应启发式判断(AHC)神经网络即是这类网络的具体体现。下面我们着重介绍 AHC 网络的工作原理。

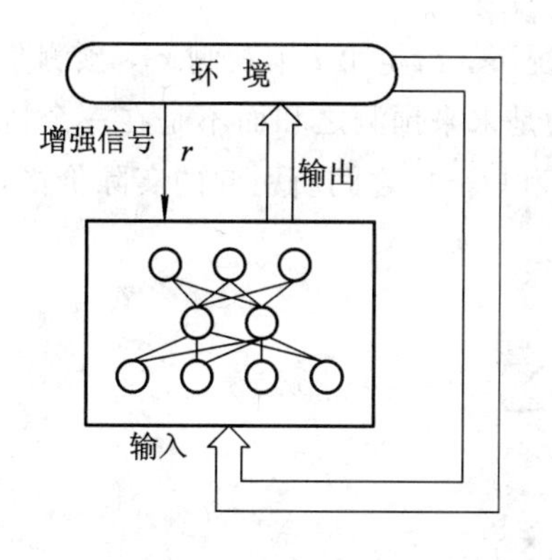

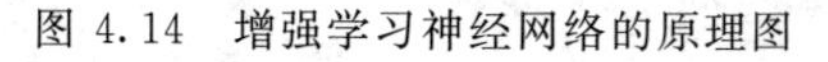
图 4.14　增强学习神经网络的原理图

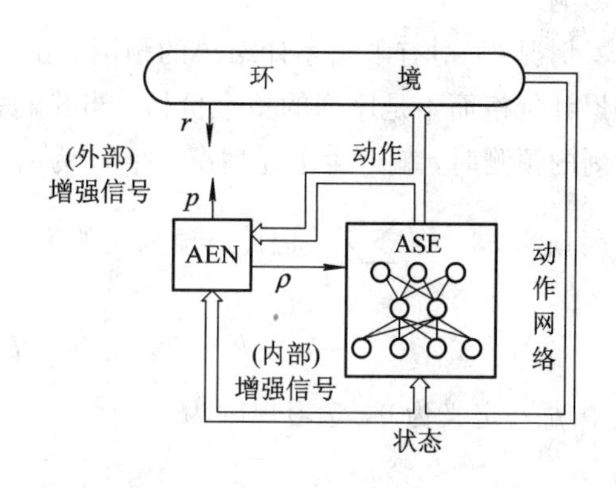

图 4.15　具有判断的增强学习网络结构

图 4.15 表示了自适应启发式判断网络结构。判断部件(AEN)接收从外界来的原增强信号 r，并送一个称之为内部增强信号的已处理信号 ρ 到主网络，该网络叫动作网络(ASE)。内部增强信号 ρ 代表了对动作网络(ASE)当前行为的估算，而 r 通常包含了已往历史信息。如果判断部件可以产生 r 的预测 p，则我们可以设置 $\rho=r-p$，使得动作网络执行增强的比较。当 r 超过期望时予以奖励，小于期望时予以惩罚。判断本身通常随经验而改进和适应。一般用 TD 方法来学习对增强信号的预测。

TD方法由一类专为预测的渐增学习过程所组成。常规的预测学习方法是根据预测和实际结果之差来分配信用，而TD根据时间上相继的预测之差分配信用。在TD中，一旦在时间段有预测的变化，就进行学习，不等待外界施教信号。有两种类型的预测－学习问题：即单步预测和多步预测。在单步预测中，关于各预测正确性的信息立即出现；在多步预测中，正确性是在预测作出之后经过多步才展现。这也就是说，单步预测器(判断)的功能是提前一步即在$(t-1)$时刻预测外部增强信号$r(t)$。这里$r(t)$是由输入和在时间步$(t-1)$所选动作所形成的实际增强信号。多步预测器的功能是在两个相继的外界增强信号期间(它可以有多个时间步隔开)的各时间步来预测增强信号，因此它可以保证预测器和动作网络两者都不必等待到实际结果出来，且可以在该期间内更新它们的参数，毋需从环境取得估计的反馈。在多步预计中，TD有三种重要情况：

情况1：预测最终结果。给定观测－结果序列：$\boldsymbol{x}_1, \boldsymbol{x}_2, \cdots, \boldsymbol{x}_m, z$，这里$\boldsymbol{x}_t$是从环境来的在时间步$t$存在的输入向量，$z$是在时间步$(m+1)$存在的外界增强信号。对各观测－结果序列，预测器产生一个相应的预测序列：$p_1, p_2, \cdots, p_m$，其中每一个是z的估计。因为p_t是在时间t估算网络(判断)的输出，它是网络输入$\boldsymbol{x}_t$和网络可调参数(权值)w_t的函数，故可表示为$p(\boldsymbol{x}_t, w_t)$。对这种预测问题，学习规则(称作为学习过程的一个TD(λ)簇)为

$$\Delta W_t = \eta(p_t - p_{t-1})\sum_{k=1}^{t-1}\lambda^{t-k-1}\nabla_w p_k \tag{4.44}$$

式中$p_{m+1}=z$，$0\leqslant\lambda\leqslant1$，$\eta$是学习速率，$\lambda$是回归加权因子。利用此因子，在过去时刻，发生在$k$步的观测向量预测的变化加权$\lambda^k$。在极端情况下，$\lambda=1$。所有的预测$p_1, p_2, \cdots, p_{t-1}$，适当地按当前的时间差$(p_t-p_{t-1})$变化一个“相等”的值，式(4.44)就简化为一监督学习方法。另一个极端情况是$\lambda=0$，则参数W的增加仅仅决定于它对最近观测有关的预测的影响。

情况2：对有限的累计结果的预测。在这种情况下，给定第t个观测$\boldsymbol{x}_t$，预测其余部分的累计价格而不是序列的整个价格。当我们关心的是未来预测之和而不是在一个特定未来时刻的预测时，就产生上述情况。令r_t为时间步t和$(t-1)$之间所引起的实际价格，则p_{t-1}必须预测$z_{t-1}=\sum_{k=t}^{m+1}r_k$。因此，预测误差为

$$z_{t-1} - p_{t-1} = \sum_{k=t}^{m+1}r_k - p_{t-1} = \sum_{k=t}^{m+1}(r_k + p_k - p_{k-1})$$

式中p_{m+1}定义为0，学习规则为

$$\Delta W_t = \eta(r_t + p_t - p_{t-1})\sum_{k=1}^{t-1}\lambda^{t-k-1}\nabla_w p_k \tag{4.45}$$

情况3：无限折扣累计结果的预测。在这种情况下，p_{t-1}预测$z_{t-1}=\sum_{k=0}^{\infty}\gamma^k r_{t+k}=r_t+\gamma p_t$，式中折扣率参数$\gamma$，$0\leqslant\gamma<1$决定了我们所关心的短期或长期预测的程度。这种方法用于精确的成功或失败也许不会被完全知道的预测问题中。预测的误差为$(r_t+\gamma p_t)-p_{t-1}$，学习规则为：

$$\Delta W_t = \eta(r_t + \gamma p_t - p_{t-1})\sum_{k=1}^{t-1}\lambda^{t-k-1}\nabla_w p_k \tag{4.46}$$

4.3.4 组合网络(Modular Network)

组合网络是具有递阶结构的有监督学习网络。如图 4.16 所示，它由两大部分组成：局部子网(或专家网络)和门控网络(集成网络)。在 4.3.1 节讨论 BP 网络中，我们曾经提到 BP 在逼近多极值复杂函数时由于隐节点之间的耦合影响，效果不好。组合网络利用了多个网络可以消除单个网络(单个逼近器)的限制。

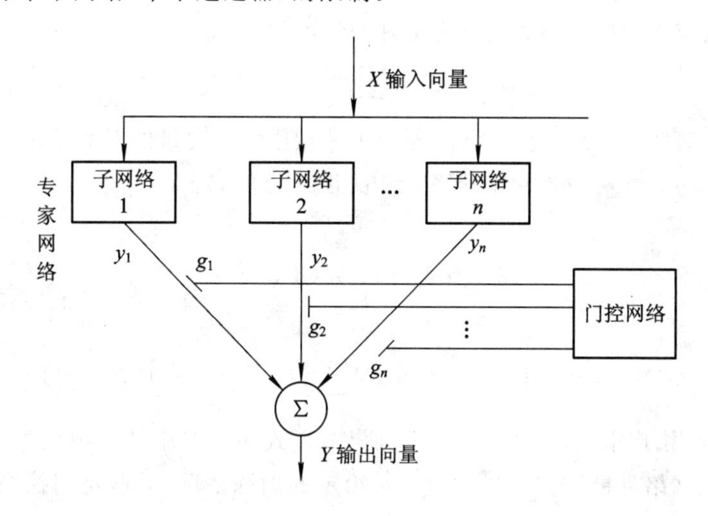

图 4.16 组合神经网络的结构

在组合网络中，输入数据向量同时加到专家网络和门控网络。其基本的思想是用门控网络将一个任务分配给一个或几个专家网络。如果组合网络的输出不正确，与期望值有误差，就改变这些专家网络和门控网络的权值，使这些子网络局部化以适应所分配的子任务。这样，各子网之间的权值不会相互干涉或影响。

组合网络学习中最关键的问题是如何选择期望函数。Waibel 和 Jacobs 等提出采用各子网络输出的线性和，即

$$E^c = \| \boldsymbol{d}^c - \sum_i p_i^c \boldsymbol{y}_i^c \|^2$$

式中 $\boldsymbol{y}_i^c$ 是专家网络 i 在情况 c 时的输出，p_i^c 是专家网络 i 对输出所作贡献的比例。$\boldsymbol{d}^c$ 是 c 时的期望输出。这种方法的缺点是：为了减少误差，各局部专家网络必须使其输出抵消由其他专家网络联合所造成的残差。一个专家子系统权值改变时，残差也发生变化，所有其他专家网络的误差对时间的导数也发生变化。这种子网络之间的强耦合，一方面使它们之间合作很好；另一方面也导致对各种不同情况用许多专家网络来求解。

为了改善这种学习方法，Jacobs 又提出了竞争学习机制，在目标函数中加入惩罚项，各专家网络相互竞争而不合作，最终使得一个专家子网络激活。这时，误差(期望)函数不是各专家网络输出的线性组合。门控网络以随机方式决策，选择任一专家网络，其期望函数定义为

$$E^c = < \| \boldsymbol{d}^c - \boldsymbol{y}_i^c \|^2 > p_i^c = \sum_i p_i^c \| \boldsymbol{d}^c - \boldsymbol{y}_i^c \|^2 \tag{4.47}$$

我们注意到，上式要求各个专家网络产生整个输出向量而不是一部分。因此在给定的训练中，局部专家网络的目标不直接受其他子网络权值的影响，但间接的影响还是存在。因为在训练中当其他某些子网络改变权值时，门控网络会改变分配给所选网络的责任。当一个专家网络产生的误差小于其他专家网络所产生的平均加权误差时，其责任会增加；反之，其责任减少。不管这种责任变化如何，一个局部子网不会改变对给定训练情况所产生的误差符号。

用以下对数定义的期望函数会产生更好的学习效果

$$E^c = -\log \sum_i p_i^c \mathrm{e}^{-\frac{1}{2}\| \boldsymbol{d}^c - \boldsymbol{y}_i^c \|^2} \tag{4.48}$$

式(4.48)就是在高斯混合模型(见下述)所产生的期望输出向量的对数概率的负值。我们将式(4.47)和式(4.48)都对一个专家网络 i 的输出 y_i 求偏导。

由式(4.47)，

$$\partial E^c / \partial p_i^c = -2 p_i^c (\boldsymbol{d}^c - \boldsymbol{y}_i^c) \tag{4.49}$$

由式(4.48)，

$$\partial E^c / \partial p_i^c = -\left[p_i^c \mathrm{e}^{-\frac{1}{2}\| \boldsymbol{d}^c - \boldsymbol{y}_i^c \|^2} \Big/ \sum_j p_i^c \mathrm{e}^{-\frac{1}{2}\| \boldsymbol{d}^c - \boldsymbol{y}_i^c \|^2} \right] (\boldsymbol{d}^c - \boldsymbol{y}_i^c) \tag{4.50}$$

式(4.49)中的 p_i^c 用于对专家网络 i 的误差加权；而式(4.50)中加权项还考虑了专家网络 i 相对于其他专家网络性能好多少的程度。对给定的训练情况 c，假定门控网络对所有专家子网络给定相同的权值，同时给定相同的 $\| \boldsymbol{d}^c - \boldsymbol{y}_i^c \| > 1$。那么，由式(4.49)最合适的专家网络的误差将以最慢的速度下降；而由式(4.50)最合适的专家网络的误差则以最大速度下降。

下面我们对组合网络给以概率解释。

我们假定训练模式由许多不同的概率过程产生，每一时间步以概率 g_i 选择一个过程。

现在令训练样本由 p 维输入向量 $\boldsymbol{x}$ 表示；目标输出，即期望响应为 q 维向量 $\boldsymbol{d}$。输入向量同时施加于专家和门控网络。第 i 个专家网络的输出为向量 $\boldsymbol{y}_i$(q 维)。g_i 为门控网络第 i 个输出的神经元激励。整个组合网络的输出向量为 $\boldsymbol{Y}$，表示为

$$Y = \sum_{i=1}^{k} g_i \boldsymbol{y}_i \tag{4.51}$$

式中 k 为专家网络的个数。

训练组合网络的算法就是为了对训练模式$\{\boldsymbol{x}, \boldsymbol{d}\}$的集合的概率分布进行建模。训练算法如下：

(1) 以随机方式从某个先验分布中选择输入向量 $\boldsymbol{x}$。

(2) 由分布 $P(i/\boldsymbol{x})$选择一条规则或一个专家网络。$P(i/\boldsymbol{x})$是给定输入向量 $\boldsymbol{x}$，选择第 i 条规则或专家网络的概率。

(3) 期望响应 $\boldsymbol{d}$ 由所选择的规则 i，按回归过程产生

$$\boldsymbol{d} = F_i(\boldsymbol{x}) + \boldsymbol{\varepsilon}_i \qquad i = 1, 2, \cdots, h \tag{4.52}$$

式中 $F_i(\boldsymbol{x})$是输入向量的一个确定性函数，$\boldsymbol{\varepsilon}_i$ 是随机向量。为了简单，$\boldsymbol{\varepsilon}_i$ 可以假定为具有零平均和协方差为 $\sigma^2 I$ 的高斯分布。为更进一步简化，可以令 $\sigma^2 = 1$。

现在我们进一步讨第 i 个专家网络的输出和组合网络的期望响应。

每个专家网络的输出 $\boldsymbol{y}_i$ 可以看成是多元高斯分布的条件平均，即 $\boldsymbol{y}_i$ 可能写成

$$\boldsymbol{y}_i = \boldsymbol{u}_i \qquad i = 1, 2, \cdots, k$$

向量 $\boldsymbol{u}_i$ 是给定输入向量 $\boldsymbol{x}$ 和选择第 i 专家网络情况下，期望 $\boldsymbol{d}$ 的条件平均值，即

$$\boldsymbol{u}_i = E[\boldsymbol{d} \mid \boldsymbol{x}, i] = F_i(\boldsymbol{x}) \tag{4.53}$$

在一般情况下，各专家网络输出向量的元素是相关的，而且 $\boldsymbol{y}_i$ 的协方差阵等于 ε_i 协方差阵。为了简单可以假定

$$\varepsilon_1 = \varepsilon_2 = \cdots = \varepsilon_k$$

ε_i 的协方差为 $\Lambda_i = I$，$i=1, 2, \cdots, k$。

所以，给定输入向量 $\boldsymbol{x}$，选择第 i 个专家网络，期望响应的多元高斯分布可表达为

$$\begin{aligned} f(\boldsymbol{d} \mid \boldsymbol{x}, i) &= [1/(2\pi \det \Lambda_i)^{q/2}]\exp\left(-\frac{1}{2}(\boldsymbol{d} - \boldsymbol{y}_i) \Lambda_i^{-1}(\boldsymbol{d} - \boldsymbol{y}_i)\right) \\ &= [1/(2\pi)^{q/2}]\exp\left(-\frac{1}{2}(\boldsymbol{d} - \boldsymbol{y}_i)^{\mathrm{T}}(\boldsymbol{d} - \boldsymbol{y}_i)\right) \\ &= [1/(2\pi)^{q/2}]\exp\left(-\frac{1}{2}\| \boldsymbol{d} - \boldsymbol{y}_i \|^2\right) \end{aligned} \tag{4.54}$$

$\| \cdot \|$ 代表欧氏范数。上式把多元分布写成条件概率密度函数是为了强调对给定的输入向量 $\boldsymbol{x}$，第 i 个专家网络产生的输出最匹配于所期望的输出向量 $\boldsymbol{d}$。

在此基础上，我们可以把期望的响应 $\boldsymbol{d}$ 的概率分布当作一个混合模型，即由 $\boldsymbol{k}$ 个不同多元高斯分布的线性组合。

$$\begin{aligned} f(\boldsymbol{d} \mid \boldsymbol{x}) &= \sum_{i=1}^{k} g_i f(\boldsymbol{d} \mid \boldsymbol{x}, i) \\ &= \frac{1}{(2\pi)^{q/2}} \sum_{i=1}^{k} g_i \exp\left(-\frac{1}{2}\| \boldsymbol{d} - \boldsymbol{y}_i \|^2\right) \end{aligned} \tag{4.55}$$

式(4.55)称为联想高斯混合模型。“联想”意为此模型是输入向量 $\boldsymbol{x}$ 和期望响应 $\boldsymbol{d}$ 所表示的一组训练模式所“联想”出来的。

式中 g_i 为门控网络第 i 个输出神经元的激励，给定无约束变量集合 $\{\boldsymbol{u}_j = 1, 2, \cdots, k\}$，$g_i$ 可定义为

$$g_i = \exp(\boldsymbol{u}_i) \Big/ \sum_{j=1}^{k} \exp(\boldsymbol{u}_j) \tag{4.56}$$

或

$$g_i = \exp(\lambda \boldsymbol{u}_i) \Big/ \sum_{j=1}^{k} \exp(\lambda \boldsymbol{u}_j) \tag{4.57}$$

式中 λ 为常数。g_i 必须满足：

$$0 \leqslant g_i < 1 \qquad \text{对所有 } i$$

$$\sum_{j=1}^{k} g_i = 1 \tag{4.58}$$

图 4.17 表示了门控网络及 g_i 的形成。式(4.57)所表示的 g_i 称为 Softmax 函数。

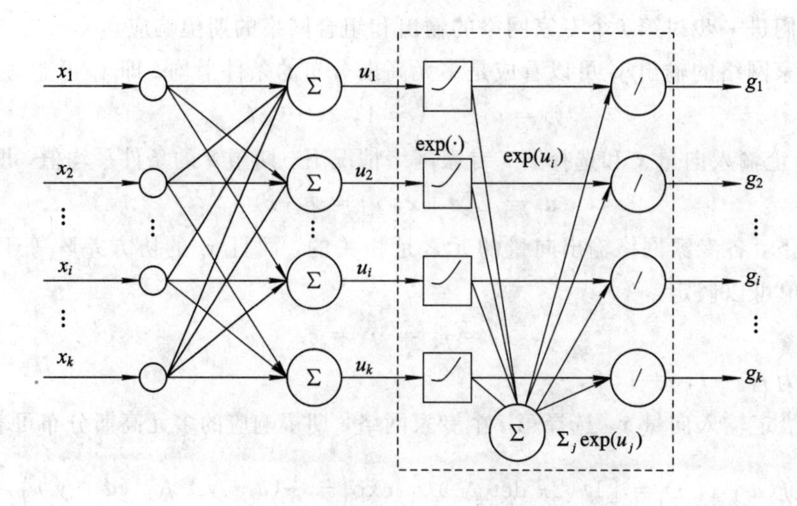

图 4.17　门控网络(虚线内为 Softmax 函数)

4.4　无监督学习和反馈神经元网络

在没有监督或判别指令的情况下，只有输入向量可以用作训练，这种学习方法称为无监督学习。

无监督学习通常抽取输入样本的特征或规律而不必知道与输入模式有关的输出或其类别。换句话说，学习系统检测可将特征分类而没有从环境中获得任何反馈。因此，无监督学习常常用于数据的分类、特征抽取以及相似性鉴别等。

无监督学习神经网络用其不同部分来响应不同的输入模式，网络训练的结果常常加强对经常出现的输入模式的响应。因此，这种网络也叫做概率估计器。按照这种方法，网络发展了某些内部的表示机制以便对输入模式进行编码。无监督学习的一种学习算法称作竞争学习。最有名的一种网络就是 Kohonen 自组织网络。

另一种无监督学习方式称作"记录学习"，它典型地用于联想存储网络。通常，我们把几种理想的模式"记录"在网络的稳态中，当给定一个模式(也许受到污染或信息不全)作为网络的初始状态时，我们期望网络最终会达到已存储模式的一种状态。随机优化技术(譬如模拟退火)常用来改变网络状态的过渡过程。Hopfield 网络就是"记录"学习的一种例子。这种网络也叫作内容编址或自联想网络，它可用于纠正或恢复受污染或不完全的模式。

本节对 Kohonen 自组织网络、Hopfield 网络及其相似网络的工作原理作介绍，这些网络也广泛用于智能控制系统中。

4.4.1　竞争学习和 Kohonen 自组织网络

由于不存在有关期望输出的信息，无监督学习网络只根据输入模式来更新权值。竞争学习是这种类型网络最普遍使用的学习方法。图 4.18 表示了竞争学习的一个例子。所有输入单元 i 与所有输出单元 j 用权 w_{ij} 连接。输入的数目即是输入的维数，而输出的数目等于输入数据要聚类的数目。聚类中心的位置是由连接到相应输出单元的权向量来确定。对于如图 4.18 所示的简单网络，3 维输入数据被分成 4 类，分类中心表示成权值，它通过竞争学习规则而更新。

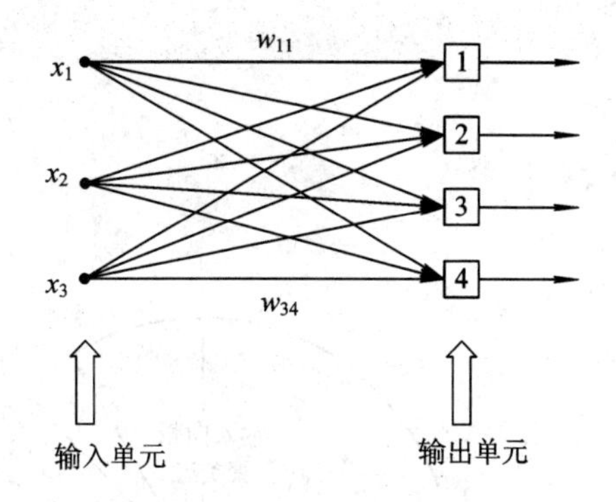

图 4.18　竞争学习网络

输入向量 $\boldsymbol{x}=[x_1\ x_2\ x_3]^{\mathrm{T}}$ 和对一个输出单元 j 的权向量 $\boldsymbol{w}_j=[w_{1j}\ w_{2j}\ w_{3j}]^{\mathrm{T}}$ 通常假定为归一化，具有单位长度。输出单元 j 的激励值 a_j 由输入和权向量的内积所决定：

$$a_j = \sum_{i=1}^{3} x_i w_{ij} = \boldsymbol{x}^{\mathrm{T}}\boldsymbol{w}_j = \boldsymbol{w}_j^{\mathrm{T}}\boldsymbol{x} \qquad (4.59)$$

接着，必须选择具有最大激励的输出单元作进一步处理，这就是“竞争”的含义。假定输出单元 k 具有最大的激励，按照竞争或胜者取全的学习规则，更新连到该单元的权值

$$\boldsymbol{w}_k(t+1) = \frac{\boldsymbol{w}_k(t) + \eta(\boldsymbol{x}(t) - \boldsymbol{w}_k(t))}{\| \boldsymbol{w}_k(t) + \eta(\boldsymbol{x}(t) - \boldsymbol{w}_k(t)) \|} \qquad (4.60)$$

式(4.60)的权值更新公式包含一个归一化的运算以保证更新后的权值通常具有单位长度。特别要注意的是，只有获胜单元 k 的权值进行更新，而其余权值保持不变。

式(4.60)的更新公式为寻求元素为单位长度的一个数据集合的分类中心提供了顺序步骤。当输入 $\boldsymbol{x}$ 提供给网络时，最接近于 $\boldsymbol{x}$ 的权向量绕着它旋转。所以权向量移向输入出现最多的区域。显然，权向量逐渐变成数据集合的聚类中心。下面例子说明了了一个具有两个可能聚类的动态过程。

设有一个归一化的训练模式：

$$\{\boldsymbol{x}_1^1 \boldsymbol{x}_1^2 \boldsymbol{x}_1^3 \boldsymbol{x}_1^4 \boldsymbol{x}_1^5\} = \left\{ \begin{pmatrix} 0.8 \\ 0.6 \end{pmatrix} \begin{pmatrix} 0.1736 \\ -0.9848 \end{pmatrix} \begin{pmatrix} 0.707 \\ 0.707 \end{pmatrix} \begin{pmatrix} 0.342 \\ -0.939 \end{pmatrix} \begin{pmatrix} 0.6 \\ 0.8 \end{pmatrix} \right\}$$

其极坐标形式为

$$\{\boldsymbol{x}_1^1 \boldsymbol{x}_1^2 \boldsymbol{x}_1^3 \boldsymbol{x}_1^4 \boldsymbol{x}_1^5\} = \{1\angle 36.87^\circ \quad 1\angle -80^\circ \quad 1\angle 45^\circ \quad 1\angle -70^\circ \quad 1\angle 53.13^\circ\}$$

训练向量表示于图 4.19(a)，选择的归一化初始权值为

$$w_1(0) = \begin{pmatrix} 1 \\ 0 \end{pmatrix}, \quad w_2(0) = \begin{pmatrix} -1 \\ 0 \end{pmatrix}$$

提供给网络的输入按重复循环次序：$\boldsymbol{x}_1^1$，$\boldsymbol{x}_1^2$，…，$\boldsymbol{x}_1^5$，$\boldsymbol{x}_1^1$，…，式(4.60)中的参数 η 设定为 0.5。在第一时间步后(即 $\boldsymbol{x}^1$ 提供给网络后)，我们有

$$w_1(1) = \begin{pmatrix} 0.948 \\ 0.316 \end{pmatrix} \quad 和 \quad w_2(1) = \begin{pmatrix} -1 \\ 0 \end{pmatrix}$$

因此，第一个神经元是胜者，$w_1(1)$更接近于 $\boldsymbol{x}^1$。按此方式迭代，不断调节权值。图 4.19(b)表示了 $t\leqslant 20$ 情况下权值变化的表格。在训练期间，权值向量位置移动的几何解释表示在图 4.19(a)的单位圆上。当 t 很大时，w_1 的中心位于 $1\angle 45^\circ$，w_2 的中心位于 $1\angle -75^\circ$。这与事实是一致的。因为头一个象限的聚类是由 $\boldsymbol{x}^1$，$\boldsymbol{x}^3$ 和 $\boldsymbol{x}^5$ 组成，即$(\boldsymbol{x}^1+\boldsymbol{x}^3+\boldsymbol{x}^5)/3=1\angle 45^\circ$；而另一个聚类中心为$(\boldsymbol{x}^2+\boldsymbol{x}^4)/2=1\angle -75^\circ$。

竞争学习的另一个更通用方法是欧几里德距作为不相同的尺度。这时输出单元 j 的激励值由下式计算：

$$a_j = \left(\sum_{i=1}^{3} (x_i - w_{ij})^2 \right)^{0.5} = \| \boldsymbol{x} - \boldsymbol{w}_j \| \qquad (4.61)$$

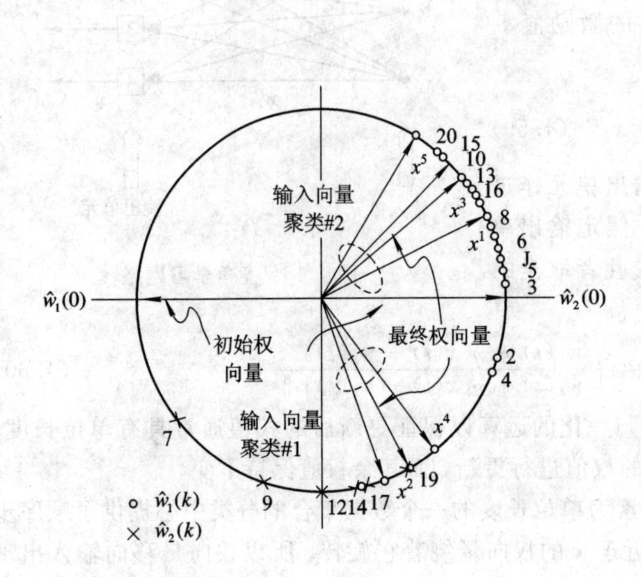

step	$\hat{w}_1^{(k)}$ ∠deg	$\hat{w}_2^{(k)}$ ∠deg
1	18.46	−180.00
2	−30.77	—
3	7.11	—
4	−31.45	—
5	10.85	—
6	23.86	—
7	—	−130.22
8	34.43	—
9	—	−100.01
10	43.78	—
11	40.33	—
12	—	−90.00
13	42.67	—
14	—	−80.02
15	47.90	—
16	42.39	—
17	—	−80.01
18	43.69	—
19	—	−75.01
20	48.42	—

单位长度权向量，—表示无变化

(b)

图 4.19　竞争学习结果

具有最小激励值的输出单元 k 的权值按下式更新：

$$\boldsymbol{w}_k(t+1)=\boldsymbol{w}_k(t)+\eta(\boldsymbol{x}(t)-\boldsymbol{w}_k(t)) \tag{4.62}$$

按式(4.62)，获胜单元的权值移向输入 $\boldsymbol{x}$。在这种情况下，数据和权值不必是单位长度。

由上可知，竞争学习网络是在线地对输入模式进行聚类。当过程完成时，输入数据被分成相隔的类，使得在同一类中个体之间的相似程度要大于与其他不同类中个体之间的相似程度。相似程度有两种尺度，其一是式(4.59)的内积；其二是式(4.61)的欧氏距。

在权值更新的公式中，人们希望动态改变学习速率 η，开始时 η 大些，使数据空间开拓得宽些，以后逐步减少 η，使权值更改细些，η 改变的公式通常推荐为

$$\begin{cases}\eta(t)=\eta_0\mathrm{e}^{-\alpha t} & \alpha>0\\ \text{或 } \eta(t)=\eta_0 t^{-\alpha} & \alpha\leqslant 1\\ \text{或 } \eta(t)=\eta_0(1-\alpha t) & 0<\alpha\leqslant(\max\{t\})^{-1}\end{cases}$$

Kohonen 自组织网络也称为 Kohonen 特征映射或拓朴保持映射，是另一种基于竞争的数据聚类网络。这种网络对输出单元加上了邻域约束，使得输入数据的某些拓朴性质能反映在输出单元的权值上。

图 4.20 表示了一个比较简单的 Kohonen 自组织网络，有两个输入 49 个输出。Kohonen 特征映射的学习过程与竞争学习网络相仿，即选择一个相似(不相似)测度，获胜单元被认为具有最大(最小)激励。但对于 Kohonen 特征映射，不仅仅更新获胜单元的权值，而且也

要更新围绕获胜单元的邻域的权值。邻域的规模随每次迭代逐渐缓慢地减少。图 4.20(b)说明了此过程。训练一个 Kohonen 自组织网络的步骤如下：

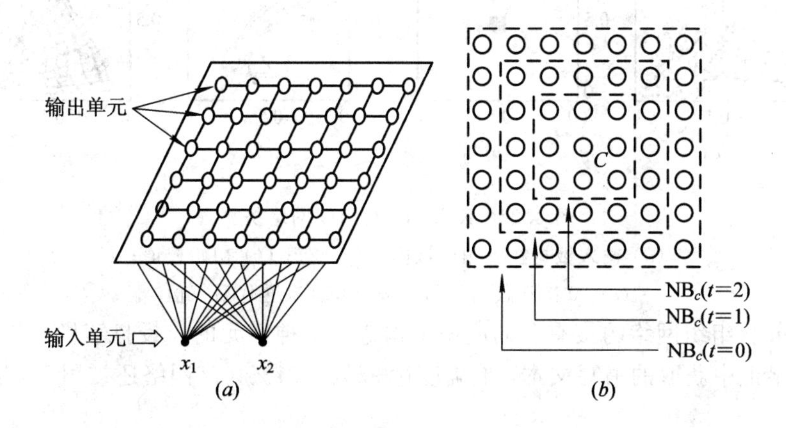

图 4.20　Kohonen 自组织网络

步骤 1　选择获胜输出单元为所有权向量和输入向量之间具有最大相似测度(或最小非相似测度)的单元。如果选择欧氏距作为非相似的测度，那么获胜单元 c 满足以下方程：

$$\| \boldsymbol{x} - \boldsymbol{w}_c \| = \min_i \| \boldsymbol{x} - \boldsymbol{w}_i \|$$

式中，c 是获胜单元下标。

步骤 2　令 NB_c 为相应于围绕胜者 c 邻域的下标集合，那么胜者和邻域单元的权由下式更新：

$$\Delta \boldsymbol{w}_i = \eta(\boldsymbol{x} - \boldsymbol{w}_i) \qquad i \in NB_c$$

式中 η 为小的正学习速率。我们用围绕获胜单元 c 的邻域函数 $\Omega_c(i)$ 而不专门定义获胜单元的邻域。譬如，高斯函数可以用作邻域函数，

$$\Omega_c(i) = \exp\left(\frac{-\| p_i - p_c \|^2}{2\sigma^2}\right)$$

$$\Delta \boldsymbol{w}_i = \eta \Omega_c(i)(\boldsymbol{x} - \boldsymbol{w}_i)$$

式中 i 是所有输出单元的下标。

为了更好地收敛，学习速率 η 和邻域规模 σ 必须随每次迭代而逐渐减少。图 4.21 和图 4.22 提供了具有不同输入分布的 Kohonen 特征映射的仿真结果。输出单元按 10×10 二维网格排列。在仿真中，η 和 σ 按迭代次数线性地下降。

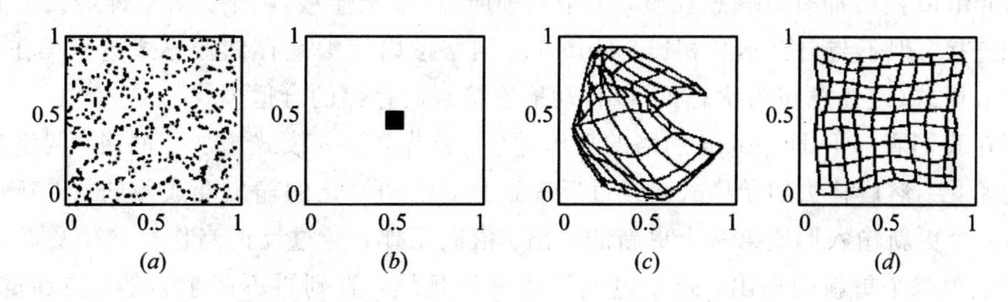

图 4.21　Kohonen 自组织网络仿真

(a) 输入数据在[0, 1]×[0, 1]内一致分布；(b) 初始权值；

(c) 30 次迭代后权值；(d) 1000 次迭代后权值

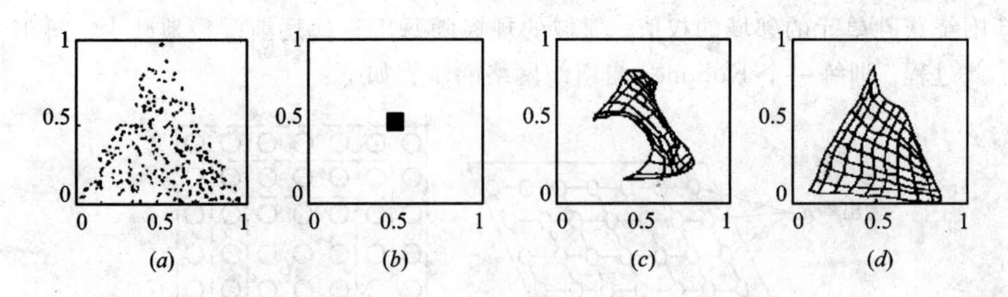

图 4.22　Kohonen 自组织网络仿真

(a) 输入数据在三角区域内一致分布；(b) 初始权值；

(c) 30 次迭代后权值；(d) 1000 次迭代后权值

Kohonen 自组织网络的最有名的应用是构造一个神经元的口授打字机，它能把语音转换成由无限字汇中获取的书写文本，准确度达 92%～97%。该网络还被用于学习投弹机机臂的运动。

4.4.2　Hopfield 网络

Hopfield 网络是一个单层反馈网络，其结构表示于图 4.23。它具有两种形式：离散时间形式和连续时间形式。

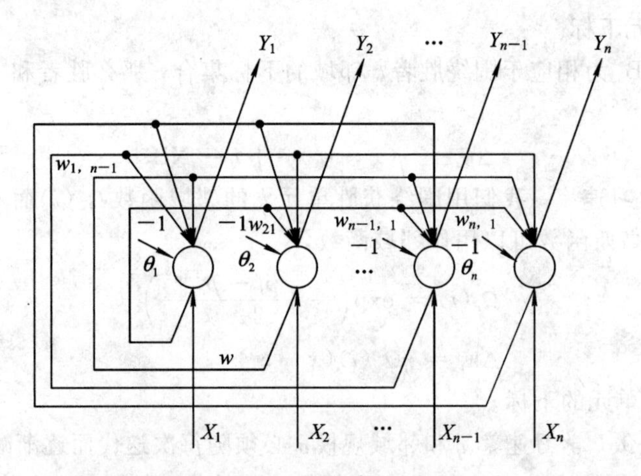

图 4.23　Hopfield 网络

Hopfield 网络拥有自联想性质，也是一种回归(或全连接)网络。所有神经元与其他单元互相连接，但不与自己本身相连。Hopfield 网络按内容编址存储器方式进行操作，新提供的输入模式(或任意初始状态)可以自动地连接到已存储的合适模式。

现在我们看一下 Hopfield 网络的工作过程。首先，输入模式施加于网络，网络的输出依次初始化。然后移去初始模式，经过反馈连接，已初始化的输出变成新的、更新过的输入，第一个更新输入形成第一个更新的输出。依次工作，经过反馈当作第二个更新过的输入并产生第二个更新的输出。这个过渡过程一直延续，直到再不产生新的、更新的响应，网络达到其平衡为止。

考虑图 4.23 所示网络，每一节点有一个外部输入 x_j 和一个阈值 θ_j，$j=1, 2, \cdots, n$。第 j 个节点经过乘子权值 w_{ij}，$i=1, 2, \cdots, n$，$i\neq j$，连到其他各个节点。由于 Hopfield 网

络无自反馈，因此 $w_{ii}=0$，$i=1, 2, \cdots, n$。而且要求网络权值是对称的，即 $w_{ij}=w_{ji}$，$i, j=1, 2, \cdots, n$。在离散 Hopfield 网络中，每个节点的演化规则为

$$y_i^{(k+1)} = \operatorname{sgn}\Big(\sum_{\substack{j=1\\ j\neq i}}^{n} w_{ij} y_j^{(k)} + x_i - \theta_i\Big) \qquad i = 1, 2, \cdots, n \tag{4.63}$$

式中，$\operatorname{sgn}(f)$为硬限幅函数或阈值函数：

$$\operatorname{sgn}(f) = \begin{cases} 1 & f \geqslant 0 \\ -1 & f < 0 \end{cases}$$

k 是回归更新次数的上标。必须注意，以上更新的规则必须按异步方式进行。即在给定的时刻，只允许一个节点更新其输出，下一个更新则利用已更新的输出连续地随机选择节点。换句话说，在异步操作下，每个输出节点分别更新，且同时考虑了已经更新的最新值。这个更新规则称为离散 Hopfield 网络异步随机递归规则。

现在我们举例来说明异步与同步更新的差别。

设有一个 3 节点的 Hopfield 网络。$w_{12}=w_{21}=-1$，$w_{13}=w_{31}=1$，$w_{23}=w_{32}=-1$，$x_1=x_2=x_3=0$，$\theta_1=\theta_2=\theta_3=0$。设定初始输出向量 $\boldsymbol{y}^{(0)}=(-1\ \ 1\ \ 1)^{\mathrm{T}}$，按照异步更新规则，在一个时刻只选一个节点更新。先选第 1 个节点，则

$$y_1^{(1)} = \operatorname{sgn}\Big(\sum_{\substack{1\\ j\neq 1}}^{3} w_{1j} y^{0}\Big) = 1$$

因此 $\boldsymbol{y}^{(1)}=(1\ 1\ 1)^{\mathrm{T}}$，然后选第 2 个节点

$$y_2^{(2)} = \operatorname{sgn}\Big(\sum_{\substack{1\\ j\neq 2}}^{3} w_{2j} y^{(1)}\Big) = -1$$

因此

$$\boldsymbol{y}^{(2)} = (1\ \ -1\ \ 1)^{\mathrm{T}}$$

$$y_3^{(3)} = \operatorname{sgn}\Big(\sum_{\substack{1\\ j\neq 3}}^{3} w_{3j} y^{(2)}\Big) = 1$$

因此

$$\boldsymbol{y}^{(3)} = (1\ \ -1\ \ 1)^{\mathrm{T}}$$

可以容易地推导出状态$(1\ \ -1\ \ 1)^{\mathrm{T}}$是网络的一个平衡点。利用不同的初始向量，还可以证明状态$(-1\ \ 1\ \ -1)^{\mathrm{T}}$也是一个网络的平衡点，图 4.24 表示了不同初始状态网络状态转移的情况。

在同步更新规则下，用以上相同的初始输出向量 $\boldsymbol{y}^{(0)}=(-1\ \ 1\ \ 1)^{\mathrm{T}}$，用方程(4.63)我们得

$$\boldsymbol{y}^{(1)} = \begin{bmatrix} \operatorname{sgn}\big(\sum w_{1j} y^{(0)}\big) \\ \operatorname{sgn}\big(\sum w_{2j} y^{(0)}\big) \\ \operatorname{sgn}\big(\sum w_{3j} y^{(0)}\big) \end{bmatrix} = \begin{bmatrix} 1 \\ 1 \\ -1 \end{bmatrix}$$

再进一步计算可得

$$\boldsymbol{y}^{(2)} = \begin{bmatrix} \operatorname{sgn}\big(\sum w_{1j} y^{(1)}\big) \\ \operatorname{sgn}\big(\sum w_{2j} y^{(1)}\big) \\ \operatorname{sgn}\big(\sum w_{3j} y^{(1)}\big) \end{bmatrix} = \begin{bmatrix} -1 \\ 1 \\ 1 \end{bmatrix}$$

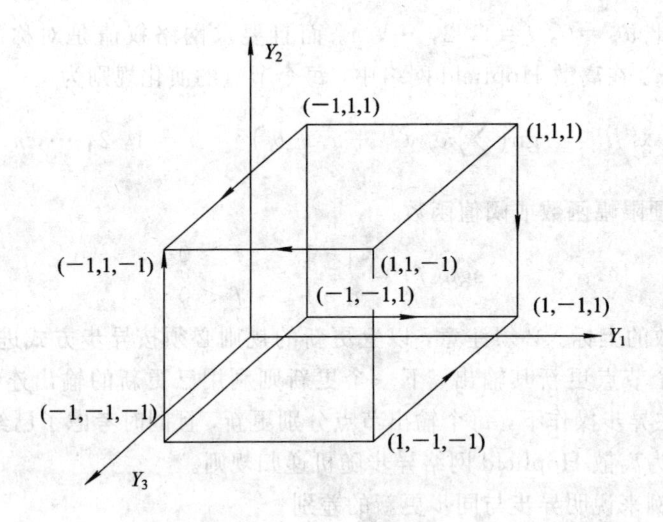

图 4.24 网络状态转移

其计算结果将回到 $\boldsymbol{y}^{(0)}$。因此同步更新会产生多状态的循环而达不到平衡点。从上述例子可知，同步更新规则会使网络收敛到极限环或一个固定点。

下面讨论离散 Hopfield 网络的稳定性质。为此，我们把网络的特性用一个能量函数 E 来表征：

$$E=-\frac{1}{2}\sum_{i=1}^{n}\sum_{\substack{j=1\\ i\neq j}}^{n}w_{ij}y_iy_j-\sum_{i=1}^{n}x_iy_i+\sum_{i=1}^{n}\theta_iy_i \tag{4.64}$$

如果网络是稳定的，则上式的能量函数不论在任何节点改变时，必会减少。让我们假定节点 i 刚刚改变状态，从 $y_i^{(k)}$ 改变到 $y_i^{(k+1)}$，也即其输出从 $+1$ 变到 -1，或者相反。则能量改变 ΔE 为

$$\begin{aligned}\Delta E&=E(y_i^{(k+1)})-E(y_i^{(k)})\\&=-\Big(\sum_{\substack{j=1\\ i\neq j}}^{n}w_{ij}y_j^{(k)}+x_i-\theta_i\Big)(y_i^{(k+1)}-y_i^{(k)})\end{aligned} \tag{4.65}$$

或简化为

$$\Delta E=-(\mathrm{net}_i)\Delta y_i \tag{4.66}$$

式中，$\Delta y_i=y_i^{(k+1)}-y_i^{(k)}$。对 $j\neq i$，且 $w_{ij}=w_{ji}$ 和 $w_{ii}=0$（权值对称性），$y_j^{(k+1)}=y_j^{(k)}$。由式(4.66)，如果 y_i 已从 $y_i^{(k)}=-1$ 变化到 $y_i^{(k+1)}=1$，即 $\Delta y_i=2$，则 net_i 必为正，ΔE 将是负的；同样，如果 y_i 已从 $y_i^{(k)}=+1$ 变化到 $y_i^{(k+1)}=-1$，即 $\Delta y_i=-2$，则 net_i 必为负，ΔE 仍为负。如果 y_i 无变化，$\Delta y_i=y_i^{(k+1)}-y_i^{(k)}=0$，则 $\Delta E=0$，因此

$$\Delta E\leqslant 0$$

因为能量函数式(4.64)具有二次型，而且它在由 2^n 个顶点组成的超立体的 n 维空间中是有界的，所以 E 一定有一个绝对极小值，且 E 的极小值必处于超立体的顶点。因此，能量函数在式(4.63)的更新规则下必达到它的极小值（可能是局部极小值）。这样，从任何初始状态开始，Hopfield 在有限步节点更新之后，总会收敛到一个稳定状态，在该状态下能量函数 E 处于一个局部极小值。在上述讨论中，要求权值是对称的。权值不对称的情况下 $w_{ij}\neq w_{ji}$ 就成为修正的 Hopfield 网络，该网络也已证明是稳定的。

离散 Hopfield 网络可以推广成一个连续模型，模型中，时间假定为连续变量，节点具有连续的输出而不是两个状态的二进制输出。因此网络能量函数按时间连续下降。已经证明，连续 Hopfield 网络具有离散模型的相同性质。连续 Hopfield 网络可以用电子模拟电路来实现，其硬件实现如图 4.25 所示。它由 n 个放大器(节点)组成，每一放大器将其输入 u_i 通过激励函数映射到输出 y_i。一般激励函数选用 Sigmoid 函数，即 $f(\lambda u_i)=1/(1+\mathrm{e}^{-\lambda u_i})$，$\lambda$ 为增益参数。当 $\lambda\to\infty$ 时，连续模型就变成离散 Hopfield 网络。每一放大器有输入电导 g_i 和输入电容 c_i，另外还有输入信号 x_i。对实际电路而言，外界输入信号向放大器提供了一个恒定的电流。电导 w_{ij} $(1/R_{ij})$ 把第 j 节点的输出连接到第 i 节点的输入。因为所有电阻的值为正，所以逆节点的输出为 $-y_i$，用于模拟禁止信号。如果一个特殊节点的输出激励某个其他节点，则从非逆节点输出用信号与该节点连接；如果连接禁止，则从逆输出产生信号。连续 Hopfield 网络也具有重要的对称权值性质，即 $w_{ij}=w_{ji}$ 和 $w_{ii}=0$。

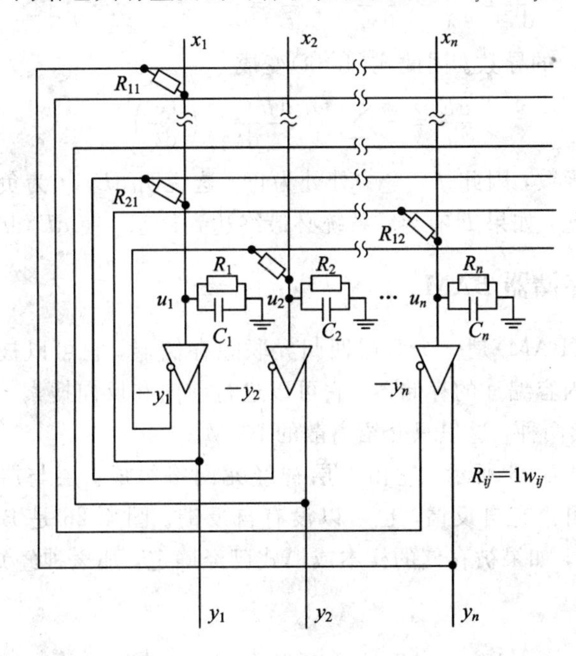

图 4.25　连续 Hopfield 网的硬件实现

连续 Hopfield 网的演化规则可推导如下，考虑图 4.25，用克希荷夫电流定则，得

$$
\begin{aligned}
C_i\frac{\mathrm{d}u_i}{\mathrm{d}t} &= \sum_{\substack{j=1\\ j\neq i}}^{n} w_{ij}(y_i-u_i)-g_iu_i+x_i \\
&= \sum_{\substack{j=1\\ j\neq i}}^{n} w_{ij}y_i-G_iu_i+x_i
\end{aligned}
\tag{4.67}
$$

式中，$G_i\triangleq\sum\limits_{\substack{j=1\\ j\neq i}}^{n}w_{ij}+g_i$，$g_i=1/R_i$，方程式(4.67)充分描述了系统的演变。如果对每一节点给定一个初始值 $u_i(0)$，那么解微分方程式(4.67)就可知道在时刻 t 的 $u_i(t)$ 和 $y_i(t)=f(u_i(t))$。

为了估价连续 Hopfield 网络的稳定性质，就要定义一个连续能量函数，使系统按能量函数的负梯度方向演变，最后收敛到最小值。图 4.25 的能量函数为

$$E=-\frac{1}{2}\sum_{i=1}^{n}\sum_{\substack{j=1\\j\neq i}}^{n}w_{ij}y_iy_j-\sum_{i=1}^{n}x_iy_i+\frac{1}{\lambda}\sum_{i=1}^{n}G_i\int_0^{y_i}f^{-1}(y)\mathrm{d}y \tag{4.68}$$

式中 $f^{(-1)}(y)=\lambda u$ 是函数 $f(\lambda u)$ 的逆，上式能量函数 E 即是略布诺夫函数。为证明这一点，只要对式(4.68)对时间进行微分并假定 w_{ij} 为对称，则

$$\begin{aligned}\frac{\mathrm{d}E}{\mathrm{d}t}&=\sum_{i=1}^{n}\frac{\mathrm{d}E_i}{\mathrm{d}y_i}\frac{\mathrm{d}y_i}{\mathrm{d}t}=\sum_{i=1}^{n}\Big(-\sum_{\substack{j=1\\j\neq i}}^{n}w_{ij}y_j+G_iu_i-x_i\Big)\frac{\mathrm{d}y_i}{\mathrm{d}t}\\&=-\sum_i C_i\frac{\mathrm{d}u_i}{\mathrm{d}t}\frac{\mathrm{d}y_i}{\mathrm{d}t}\end{aligned} \tag{4.69}$$

式中的最终等式来自式(4.67)。因为 $u_i=\left(\frac{1}{\lambda}\right)f^{-1}(y_i)$，我们有

$$\frac{\mathrm{d}u_i}{\mathrm{d}t}=\frac{1}{\lambda}\frac{\mathrm{d}f^{-1}(y_i)}{\mathrm{d}y_i}\frac{\mathrm{d}y_i}{\mathrm{d}t}=-\frac{1}{\lambda}f^{-1'}(y_i)\frac{\mathrm{d}y_i}{\mathrm{d}t} \tag{4.70}$$

式中 $f^{-1'}(y)$ 是 $f^{-1}(y)$ 的导数。因此式(4.69)变成

$$\frac{\mathrm{d}E}{\mathrm{d}t}=-\sum_i\frac{C_i}{\lambda}\frac{\mathrm{d}f'(y_i)}{\mathrm{d}t}\left(\frac{\mathrm{d}y_i}{\mathrm{d}t}\right)^2 \tag{4.71}$$

$f^{-1}(y_i)$ 是 y_i 单调增函数，因此 $f^{-1'}(y_i)$ 处处为正。这说明 $\mathrm{d}E/\mathrm{d}t$ 为负，故随着系统演进，能量函数必减少。因此，如果 E 有界，系统必最终达到稳态，使 $\mathrm{d}E/\mathrm{d}t=\mathrm{d}y_i/\mathrm{d}t=0$。

4.4.3 双向联想存储器 BAM

双向联想存储器(BAM)是一个双层回归异联想存储器，它可以被认为是 Hopfield 网络的扩展，也是一种内容编址的存储器。它可以进行前向和反向搜索，查找已存储的模式。BAM 也有离散和连续两种，这里只介绍离散的 BAM。

BAM 的结构如图 4.26 所示，它由二层神经元网络组成。层与层之间也是全连接结构。各节点单元本身可以有自反馈，也可以没有自反馈。图 4.26 是 BAM 的一般化结构。与 Hopfield 网络一样，如果被存储的样本或模式已经确定，那么神经元之间的连接权值就可以预先决定。

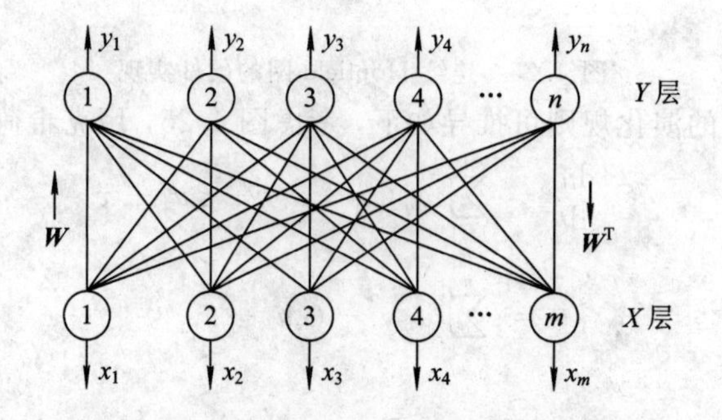

图 4.26　BAM 网络结构

如果要存储的模式为 L 对向量，我们可以构造连接各节点的权矩阵为

$$\boldsymbol{W}=\boldsymbol{Y}_1\boldsymbol{X}_1^{\mathrm{T}}+\boldsymbol{Y}_2\boldsymbol{X}_2^{\mathrm{T}}+\cdots+\boldsymbol{Y}_L\boldsymbol{X}_L^{\mathrm{T}} \tag{4.72}$$

这个方程给出了从 X 层到 Y 层连接的权值，例如 W_{23} 就代表从 X 层的第 3 单元连到 Y 层的第 2 单元的权值。为了构造从 Y 层到 X 层的权矩阵，只要将式(4.72)的 $\boldsymbol{W}$ 取转置即可。

如果 $X=Y$ 即 X 层和 Y 层节点数目一样，就成为自联想存储器。

一旦构成了权矩阵，BAM 就可以用来回忆信息。如果我们事先只知道部分的期望信息，或信息受噪声污染，BAM 能够使信息完全恢复。BAM 的信息处理过程如下：

(1) 将一对初始向量($\boldsymbol{X}_0$，$\boldsymbol{Y}_0$)施加于 BAM 的各节点；

(2) 信息从 X 层传播到 Y 层，并更新 Y 层的值；

(3) 将更新后的 Y 层信息反传到 X 层，并更新 X 层各单元的值；

(4) 重复步骤(2)和步骤(3)，直到每层中各单元的值无进一步变化。

这个算法给出了 BAM 双方向的实质，所谓输入和输出在 BAM 中取决于传播的方向。例如从 Y 到 X，Y 就是网络的输入，X 是输出；反之，则 X 是输入，Y 是输出。从数学上来看，BAM 各单元所进行的处理与前面 BP 的节点相同，即各单元要计算输入和权值的乘积和，确定总的输入值。在 Y 层

$$\text{net}\boldsymbol{Y} = \boldsymbol{W}\boldsymbol{X} \tag{4.73}$$

式中 net$\boldsymbol{Y}$ 是 Y 层总输入向量，各单元的输入可写成

$$\text{net}y_i = \sum_{j=1}^{n} w_{ij} x_j \tag{4.74}$$

在 X 层

$$\text{net}\boldsymbol{X} = \boldsymbol{W}^{\mathrm{T}}\boldsymbol{Y} \tag{4.75}$$

$$\text{net}x_i = \sum_{j=1}^{m} y_i w_{ij} \tag{4.76}$$

n 和 m 分别为 X 和 Y 层的维数，各单元的输出值决定于总的输入值和该层当前的输出值。在$(t+1)$时刻，y_i 的新值 $y_i(t+1)$与 $y_i(t)$的关系如下：

$$y_i(t+1) = \begin{cases} +1 & \text{netg}_i > 0 \\ y_i(t) & \text{netg}_i = 0 \\ -1 & \text{netg}_i < 0 \end{cases} \tag{4.77}$$

同样 $x_i(t+1)$与 $x_i(t)$的关系为

$$x_i(t+1) = \begin{cases} +1 & \text{net}x_i > 0 \\ x_i(t) & \text{net}x_i = 0 \\ -1 & \text{net}x_i < 0 \end{cases} \tag{4.78}$$

现在举例来说明 BAM 的处理过程。令

$$\boldsymbol{X}_1 = (1,\ -1,\ -1,\ 1,\ -1,\ 1,\ 1,\ -1,\ -1,\ 1)^{\mathrm{T}}$$

$$\boldsymbol{Y}_1 = (1,\ -1,\ -1,\ -1,\ -1,\ 1)^{\mathrm{T}}$$

$$\boldsymbol{X}_2 = (1,\ 1,\ 1,\ -1,\ -1,\ -1,\ 1,\ 1,\ -1,\ -1)^{\mathrm{T}}$$

$$\boldsymbol{Y}_2 = (1,\ 1,\ 1,\ 1,\ -1,\ -1)^{\mathrm{T}}$$

按(4.72)我们可以计算得到权矩阵：

$$
\boldsymbol{W}=\begin{bmatrix}
2 & 0 & 0 & 0 & -2 & 0 & 2 & 0 & -2 & 0 \\
0 & 2 & 2 & -2 & 0 & -2 & 0 & 2 & 0 & -2 \\
0 & 2 & 2 & -2 & 0 & -2 & 0 & 2 & 0 & -2 \\
0 & 2 & 2 & -2 & 0 & -2 & 0 & 2 & 0 & -2 \\
-2 & 0 & 0 & 0 & 2 & 0 & -2 & 0 & 2 & 0 \\
0 & -2 & -2 & -2 & 0 & 2 & 0 & -2 & 0 & 2
\end{bmatrix}
$$

第一次试验，我们选一个与 $\boldsymbol{X}_1$ 的汉明距为 1 的初始向量 $\boldsymbol{X}_0=(-1, -1, -1, 1, -1, 1, 1, -1, -1, 1)^{\mathrm{T}}$，这个情况可以代表输入向量有噪声，初始向量 $\boldsymbol{Y}_0$ 可选择训练向量之一 $\boldsymbol{Y}_2$，即 $\boldsymbol{Y}_0=(1, 1, 1, 1, -1, -1)^{\mathrm{T}}$。(注意，在实际问题中，我们并不预先知道输出向量，如果需要，可以使用一个随机二极型向量)。首先，从 X 向 Y 传播，到 Y 的总输入为：$\mathrm{net}\boldsymbol{Y}=(4\quad -12\quad -12\quad -12\quad -4\quad 12)^{\mathrm{T}}$，新的 $\boldsymbol{Y}$ 向量 $\boldsymbol{Y}_{\mathrm{NEW}}=(1, -1, -1, -1, -1, 1)^{\mathrm{T}}$，它也是训练向量之一。反向传播至 X 层，得到 $\boldsymbol{X}_{\mathrm{NEW}}=(1, -1, -1, 1, -1, 1, 1, -1, -1, 1)^{\mathrm{T}}$。进一步传播再不发生变化，所以处理结束，BAM 成功地回忆起第一个训练样本。

再举一个例子，我们选择以下的初始向量：

$$
\boldsymbol{X}_0=(-1, 1, 1, -1, 1, 1, 1, -1, 1, -1)^{\mathrm{T}}
$$

$$
\boldsymbol{Y}_0=(-1, 1, -1, 1, -1, -1)^{\mathrm{T}}
$$

$\boldsymbol{X}_0$ 到训练向量的汉明距为 $h(\boldsymbol{X}_0, \boldsymbol{X}_1)=7$，$h(\boldsymbol{X}_0, \boldsymbol{X}_2)=5$。对 $\boldsymbol{Y}_0$ 向量，$h(\boldsymbol{Y}_0, \boldsymbol{Y}_1)=4$，$h(\boldsymbol{Y}_0, \boldsymbol{Y}_2)=2$。根据这些结果，也许可以想象最后结果是第二个样本。实际上按照计算我们得到的结果是：$\boldsymbol{Y}_{\mathrm{NEW}}=(-1, 1, 1, 1, 1, -1)^{\mathrm{T}}$ 和 $\boldsymbol{X}_{\mathrm{NEW}}=(-1, 1, 1, -1, 1, -1, -1, 1, 1, -1)^{\mathrm{T}}$。这对向量与样本都不相同，而是第一对样本的"补"，即 $(\boldsymbol{X}_{\mathrm{NEW}}, \boldsymbol{Y}_{\mathrm{NEW}})=(\boldsymbol{X}_1^{\mathrm{c}}, \boldsymbol{Y}_1^{\mathrm{c}})$。从这例子可以说明，BAM 可以回忆样本，也可以组成样本的补 $(\boldsymbol{X}_1^{\mathrm{c}}, \boldsymbol{Y}_1^{\mathrm{c}})$。在实际应用中，我们还应注意到，BAM 的样本不能太多，如果将太多的信息放入 BAM，则样本之间产生交叉干扰。这样，BAM 会稳定在无意义的向量上。

在 BP 网络中，权值按误差梯度不断进行更新，所以权值组成一个动态系统，权值是时间的函数，它的改变可由一组微分方程来代表。而在 BAM 中，权矩阵预先算好，它不形成动态系统的一部分。相反，在网络达到(稳定)最后结果之前，施加于 BAM 的未知模式需要多次迭代，因此向量 $\boldsymbol{X}$ 和 $\boldsymbol{Y}$ 的改变是时间的函数，并形成一个动态系统。

根据动态系统的稳定性理论，系统的稳定与否决定于是否存在一个 Lyapunoy 函数或能量函数。在 BAM 中，我们可以找到一个 BAM 能量函数，具有以下形式：

$$
E(\boldsymbol{X}, \boldsymbol{Y})=-\boldsymbol{Y}^{\mathrm{T}}\boldsymbol{W}\boldsymbol{X}
$$

或按分量形式

$$
E=-\sum_{i=1}^{m}\sum_{j=1}^{n} y_i w_{ij} x_j
$$

可以证明此函数具有以下的性质：

(1) 在 BAM 处理过程中，$\boldsymbol{X}$ 和 $\boldsymbol{Y}$ 的任何变化会使 E 减小；

(2) E 下限有界，$E_{\min} = \sum_{ij} |W_{ij}|$；

(3) 当 E 变化时，它必改变一个有限量。

具体的数学证明限于篇幅这里不再赘述，读者可在上面所列的两个例子中计算出能量函数的递减过程，其最小值为

$$E = \boldsymbol{Y}_{\text{NEW}}^{\text{T}} \boldsymbol{W} \boldsymbol{X}_{\text{NEW}} = -64$$

4.4.4 Boltzman 机

Boltzman 机是一个离散的 Hopfield 网络，其每一节点实现一个模拟退火过程，使它有能力跳出局部最小点而达到全局最优。这个思想来源于金属处理的退火过程。

按物理学解释，在高温时，金属处在给定能量状态的概率是一致的。随着温度下降，原子的平均杂乱运动减弱，金属更可能会停留在由“高”能壁垒所包围的极小点。假如冷却过程慢一些，初始大的扰动(温度 T 高)能使系统逃出“浅的”局部最小点。而在温度降低之后，小的扰动又不会使系统从“深的”(可能是全局的)的极小点跳出。因此，控制一个参数 T，有可能改变能量概率分布，引导系统趋向全局最优解，又随机地激发它克服局部优化的可能性。

Boltzman 机就是把上述思想用于异步 Hopfield 网的一种神经元网络。

Boltzman 机与其他网络的根本区别在于它的各单元输出是输入的随机函数而不是确定性函数。对于给定节点的输出其计算是利用概率，而不是 Sigmoid 或阈值函数。还有，其学习算法把能量极小化与熵的极大化结合起来，它与利用 Boltzman 分布描述能量－状态概率是一致的。

Boltzman 机的输入向量为二进制量，向量的元素为 0 或 1。像离散时间的 Hopfield 网络一样，系统的能量函数为

$$E = -\frac{1}{2}\sum_{i}^{n}\sum_{\substack{j \\ i \neq j}}^{n} w_{ij} x_i x_j \tag{4.79}$$

式中，n 是网络中单元的总数，x_k 是第 k 个单元的输出。$x_k=0$ 和 $x_k=1$ 时系统的能量差给定为

$$\Delta E_k = (E_{x_k=0} - E_{x_k=1}) = \sum_{\substack{j=1 \\ j \neq i}}^{n} w_{kj} x_j = \text{net}_i \tag{4.80}$$

更精确地说，利用模拟退火过程，Boltzman 网络从一个状态 S^{old} 变到一个状态 S^{new} 是按以下概率 P 进行

$$P = \frac{1}{1 + \exp(-\Delta E/T)} \tag{4.81}$$

ΔE 是相应的能量改变，T 是非负的参数，犹如物理系统的温度。值得注意的是，对任何温度 T，$\Delta E > 0$ 的概率通常大于 $\Delta E < 0$ 的概率，因为我们希望能量函数总是减少。

当模拟退火过程加到离散 Hopfield 网时，它就变成一个 Boltzman 机。因此 Boltzman 机基本上是一个单层全连接的回归网络，具有以下随机更新规则

$$y_i^{\text{new}} = \begin{cases} 1 & \text{如果 } z \leqslant P_i = \dfrac{1}{1 + \exp(-\Delta E/T)} \\ y_i^{\text{old}} & \text{其他} \end{cases} \tag{4.82}$$

这里 y_i 是 1 或是 0，$i=1, 2, \cdots, n$。T 是温度，z 是一个 0 与 1 之间的随机数，按一致概率密度方法选择。ΔE 由式(4.80)定义。像在离散 Hopfield 网络一样，式(4.82)的更新规则是按异步和随机原则进行的。按上述的模拟退火过程，当能量函数降低一些或更新次数足够多时，温度 T 要减少。譬如冷却过程可以这样：$T=10$，2 个时间步；$T=8$，2 个时间步；$T=6$，4 个时间步；$T=4$，4 个时间步；$T=2$，8 个时间步。这里一个时间步定义为对每个给定的节点，改变其状态一次平均所需时间。这意味着，如果有 n 个无限制的节点(可以自由改变状态的节点)，则一个时间步包含 n 次随机测试。在测试中，给某些节点有一个机会来改变其状态。与 Hopfield 网络(它保证在有限的更新步内收敛到能量函数的一个局部极小值)不一样的是，Boltzman 机也许或不一定收敛到最终稳态。然而，Boltzman 机所达到的状态一定是操作停止判据得到满足的一点。通常非常接近于能量函数 E 的全局最小值。

更新规则式(4.82)保证在热平衡情况下，两个全局状态的相对概率仅仅由它们的能量差决定，且遵循 Boltzman 分布

$$\frac{P_\alpha}{P_\beta} = e^{-(E_\alpha - E_\beta)/T}，且\ P_\alpha = Ce^{-E_\alpha/T} \tag{4.83}$$

式中 P_α P_β 分别是处于 α 和 β 全局状态的概率，E_α 和 E_β 分别是处在该状态的能量，C 是常数。可以由 $\sum_\alpha P_\alpha = 1$，$C = \left(\sum_\alpha e^{-E_\alpha/T}\right)^{-1}$ 推出。因为 Boltzman 机基本上是一个离散 Hopfield 网，故在求解某些类型的优化问题十分有用。

除了求解组合优化问题之外，Boltzman 机也可用作联想存储器。在这种情况下，允许某些节点为隐节点。因此，Boltzman 机也可看作包括隐节点的 Hopfield 网络的扩展。Boltzman 机的节点被分成可见和隐蔽两种节点，如图 4.27(a)所示。这相当于自联想存储器。可见节点可进一步分成输入和输出节点，如图 4.27(b)所示。隐蔽节点与外界无连接。节点之间的连接可以是全连接或按某种方便方式构成，但不论如何选择，权值必须对称。正如具有隐节点的前馈网络一样，问题在于要找出隐节点的适当权值而不是知道隐节点在训练模式中应代表什么。关于 Boltzman 机当作联想存储器的学习方法，限于篇幅不作详细讨论，有兴趣的读者可参阅有关文献和资料。

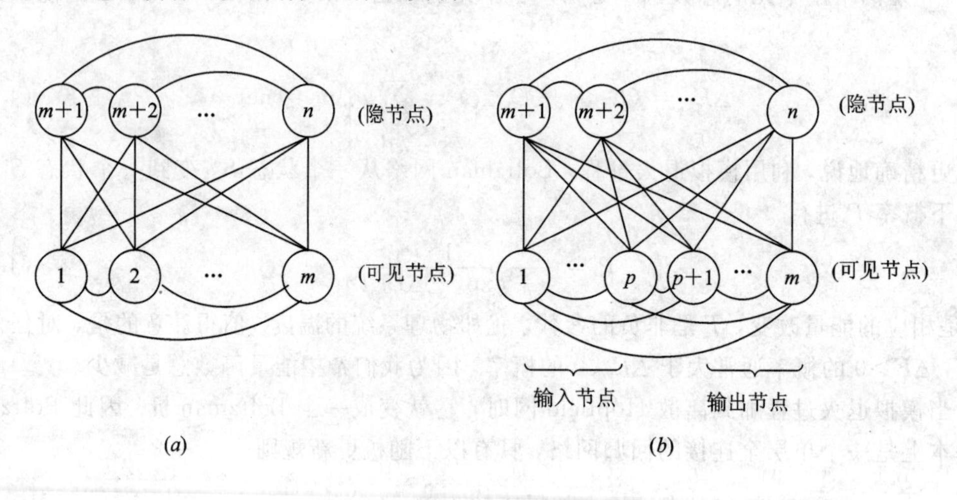

图 4.27　Boltzman 机的基本结构

4.5 基于神经元网络的智能控制

在满足日益增长的复杂动态系统的控制要求，尤其在严重的非线性和不确定性的情况下对工程和非工程过程的动态控制方面，神经元网络具有很大的吸引力。因为神经网络具有学习、逼近任意函数、模式分类以及大规模平行硬件实现等能力。它们能够完成许多功能，并控制具有高度自治的各种系统。在控制领域中最常用的神经元网络是有监督的前向多层网络。这些网络对控制系统而言，其主要性质是能产生输入一输出映射，以任意所需精度逼近任何函数。

神经网络在控制系统中的应用主要是系统的辨识和控制。大体上有五种基本应用策略：

(1) 监督控制。它利用一组训练的范例，训练神经网络复制现有的控制器。也就是网络完成从传感器输入到系统期望行为的映射。这种控制应用的方式如图 4.28 所示。其主要目的是“制造”人类专家。譬如，训练飞机或汽车驾驶员。图 4.28 中的控制器就是具有丰富经验的操作人员或专家。

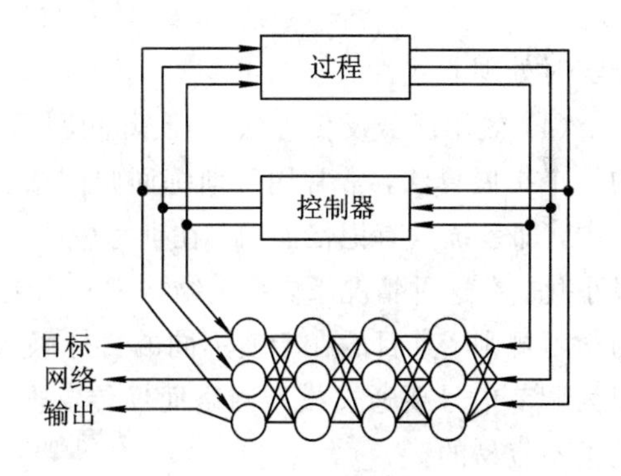

图 4.28　用神经网络复制现有控制器

(2) 直接逆控制。神经元网络学习系统的逆动力学，使系统的输出能跟踪期望的轨迹。其结构如图 4.29(*a*)和(*b*)所示。这时训练网络的数据来自受控过程的输入和观测输出。网络的输入是过程的期望输出，网络的输出即是过程的输入。网络训练的结果就是获得受控过程(或对象)的逆模型。

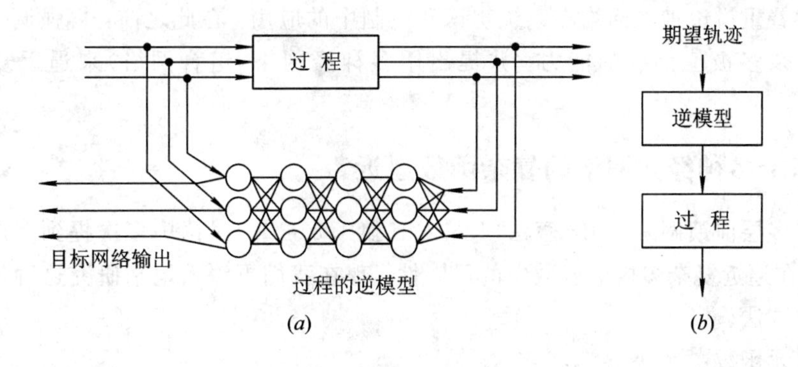

图 4.29　直接逆控制

(*a*) 结构；(*b*) 控制过程

(3) 神经网自适应控制。在标准的自适应结构中(如模型参考自适应控制)，系统的非线性映射用神经元网络来代替。另一个网络用作控制器，如图 4.30 所示。这种类型的前馈模型的优点是可以有效地用误差反传法计算模型输出对其输入的导数。由此来推算网络当前输入向量的网络 Jacobi 的转置。将实际与期望输出之间存在的误差通过前馈网络反传，产生控制信号的误差，并用这个误差来训练作为控制器的网络。这种系统更具鲁棒性，并

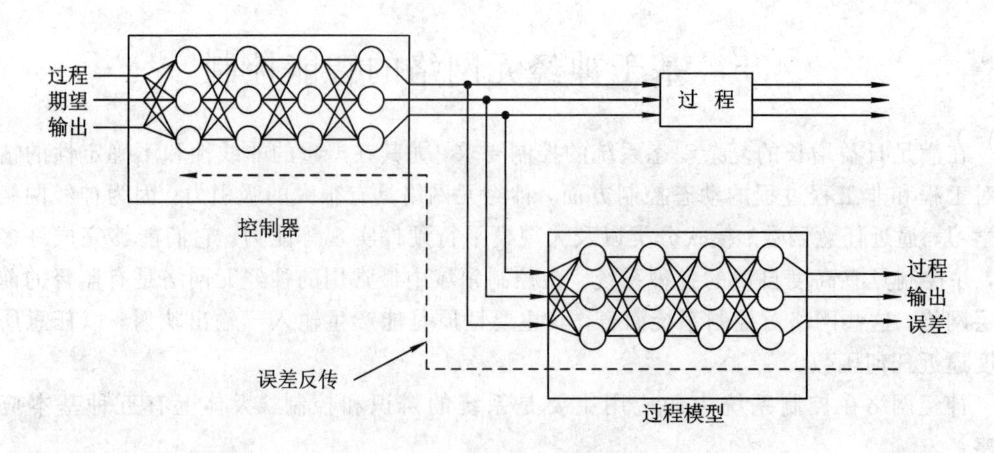

图 4.30 神经元网络自适应控制

能实时处理非线性。

(4) 效用函数反传方法(对实际问题通常涉及信息流按时间反传)。它是经过时间反传的一个扩展算法，常常用于训练回归网络。这种网络用于当前状态影响将来行为的动态系统中，即系统具有记忆能力。在训练中用户确定一个效用函数或特性指标，使其极大化或极小化。在这种情况下，系统结构常常需要一个以上的神经元网络，不同的网络采用不同的学习规则，其目的在于使不同的目标函数极大或极小。但在实际应用中，存在一定困难，因为调节信号要通过模型网络而反传，故需要一个良好的模型网络，但要获取良好的模型是很不容易的。

(5) 自适应判断方法。它是增强学习的一种扩展方法。增强学习方法我们已在 4.3.3 节中作过介绍，它由两个网络组成：动作网络(ASE)和判断网络(ACE)，通过对动作的奖惩，获得预测控制信号，用于解决动态规则等复杂问题。

本节将着重讨论神经网络在系统辨识和控制中的应用。在此之前，再强调一下神经网络在逼近复杂多极值函数的能力，并提出用多神经网络(组合网络)来逼近复杂函数的方法。

4.5.1 基于多神经元网络的复杂函数逼近

我们在多层前馈网络和 BP 算法(4.3.1 节和 4.3.4 节)讨论中多次提到多层前馈网络和 BP 算法在逼近复杂多极值函数中的局限性，现在我们更深入地来研究这种局限性及其解决的一种方法。

考虑二元函数：

$$y=\frac{1}{2}(\pi x_1^2)\cdot\sin(2\pi x_2) \tag{4.84}$$

它表示的曲面如图 4.31 所示。我们在 3 种大小不同的区域中逼近这一函数：

(1) $x_1\in[0, 1]$，$x_2\in[0, 0.5]$。在这个区域中，函数只有 1 个局部凸起或凹陷。

(2) $x_1\in[\ 1, -1]$，$x_2\in[-0.5, 0.5]$。在这个区域中，函数有 4 个局部凸起或凹陷。

(3) $x_1\in[-1, 1]$，$x_2\in[-1, 1]$。在这个区域中，函数有 8 个局部凸起或凹陷。

训练时采用基于变尺度法的修正 BP 学习算法，用这种算法训练中小规模的神经网络(NN)有更高的效率。训练样本集在相应区域中均匀选取。训练结果如图 4.32 所示。

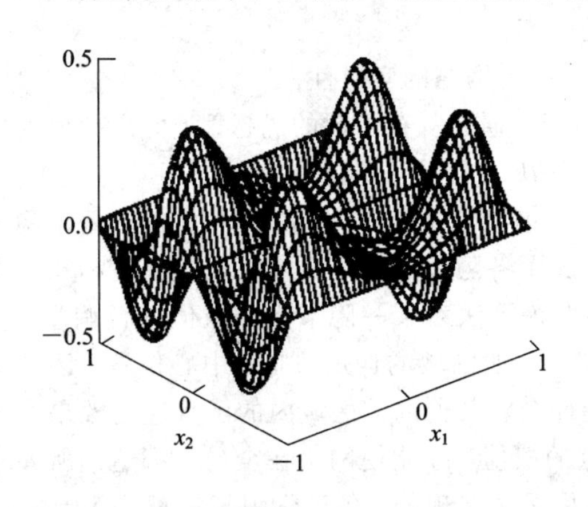

图 4.31　函数(4.84)的图像

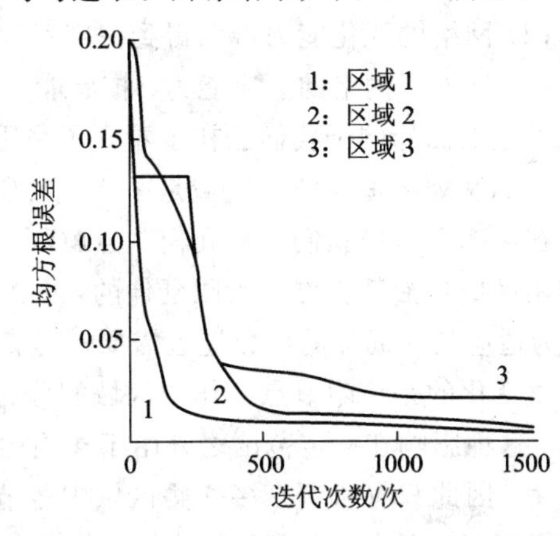

图 4.32　在 3 个不同大小区域中的训练误差曲线

从这个例子中可以看到，训练区域的扩大增加了网络的训练难度。实际上伴随着区域的扩大，函数性态的复杂程度急剧增加了。在本例中从区域 1 到区域 2 的极值点从 1 个增加到 4 个，从训练过程可以看到学习变得越来越困难了。其原因一方面是为了充分反映函数在区域中的性态所需的样本数增加了，而更重要的是以 Sigmoid 为激励函数的 NN 要逼近形态复杂的函数本身就比较困难。在这种情况下，一般 BP 算法经常学习失败，而基于变尺度法的修正 BP 学习算法其结果也不能令人满意。

下面我们采用多 NN 方法在适当划分样本集的基础上逼近上述函数。根据这个函数的性态对输入区域进行划分，如图 4.33 所示。在每个小区域中用不同的 NN 来逼近该函数。这里仍用基于变尺度法的修正 BP 学习算法。因为每个区域中函数的性态比较简单，可以选用较少的隐节点(10 个或 12 个)。训练结果如图 4.34 所示。与上面用单 NN 逼近效果相比，逼近效果有很大程度的提高。

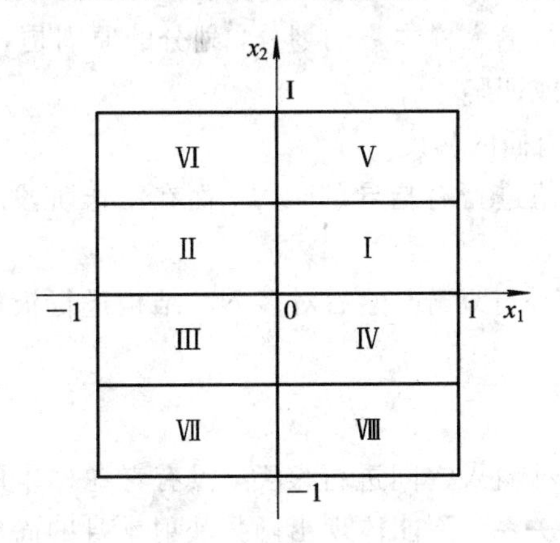

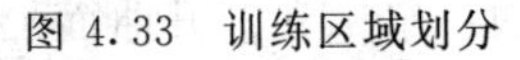

图 4.33　训练区域划分

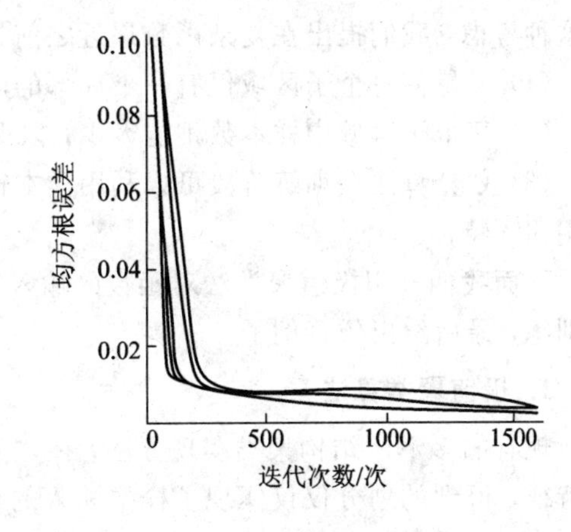

图 4.34　分区训练误差曲线

从上面的结果可以直观地看出，对于逼近复杂函数的问题采用多 NN 策略是可取的方案，它具有如下的优点：

(1) 使训练变得容易。因为各子网络结构简单，训练收敛时间可以大大缩短，逼近效果大大提高。

(2) 网络的泛化能力可以得到一定程度的改善。

(3) 增强了网络的适应能力、扩展能力，提高了网络的实时性。

通过上面的例子我们已初步看到了采用多 NN 逼近复杂函数的优越性。但是如何为每一个子 NN 划分适当的子区域是一个需要研究解决的关键问题。

在 4.3.1 节中我们已从几何观点解释了多层前馈网络难于训练的原因。由于每个隐节点作用区域是沿某一方向无限延伸的，由此造成了各隐节点作用区域的相互交叠和相互影响。为适应某一局部的函数逼近需要，按某种训练算法对某一隐节点的权值进行调整，实际发生变化的是该隐节点的作用区域的分布特性，如区域的伸展方向、中心位置、区域宽度等。这种影响在一定范围之外由于作用的延伸会对其他局部区域内的函数逼近效果产生负作用。因此只有协调众多交叠区域中各节点的权值，才能使网络在全局上都达到所要求的逼近精度。而这通常是很困难的，甚至有时是无法实现的。各种学习算法都是为寻找一种折中的协调权值的方案。

为了改善多层前馈网络的逼近特性，从根本上来说就是要尽量减少这种耦合。一维函数易于逼近的原因就在于这种耦合关系是不存在的。要避免在多维函数逼近中的耦合问题，应将网络的作用区限制在输入空间的某一局部区域内，并在这个区域内尽量减少网络各隐节点间的耦合作用。耦合关系与被逼近的函数的特性密切相关，且决定于函数的复杂性。

大家知道，多层前馈神经网络对于具有单调区域的函数有很好的逼近效果。因此最好把网络的作用区域限定在单调的区域内。对于多输入的函数，如何进行区域划分，使得每一个子区域中仅具有单调性是非常困难的。通过对多层前馈网络的研究，我们发现，如果子区域内仅具有局部的凸起(或凹陷)，隐节点之间的强烈的耦合关系就不存在。这样，即使是多输入情况，利用多层前馈网络逼近的超曲面的组合，可以比较方便地实现复杂函数的逼近。例如 4 个 Sigmoid 的曲面，按不同的角度叠加，可以方便地构成一个局部凸起。根据这种考虑，我们提出在复杂函数逼近之前先进行输入样本集的划分，划分的原则是：

(1) 尽量使每个子区域仅有一个局部的凸起或凹陷。

(2) 每个子区域中样本数不能太少，以保证内插的精度。

(3) 划分算法在训练阶段可以利用样本输出值进行有指导的学习，而在工作阶段应仅利用输入特性。

下面我们利用极值聚类法对函数的输入空间进行划分，然后对多 NN 结构进行极值聚类训练，最后给出仿真例子。

1. 极值聚类算法

现有的多 NN 结构聚类实现方法，往往只是对输入空间进行聚类，没有考虑样本的输出特征，得到的划分仅仅体现了样本输入的分布关系，不能体现出函数映射本身的简单性或复杂性。多层前馈网络实现的映射是由各隐节点决定的一组饱和上升曲面加权而成的函数关系，划分子区域应考虑函数输入和输出特性，使函数易于用这种曲面叠加而逼近。

为得到这种划分形式，就要对样本集合进行极值聚类。对此提出一种简捷而有效的搜索样本集中局部极值点的方法，它可以对样本集中蕴涵的函数关系进行极值聚类。

设样本集合为$\{(x_i, y_i), i=1, 2, \cdots, p\}$，则极值聚类算法如下：

(1) 设置初始值。确定样本划分类数K，选择K个初始聚类中心。

(2) 按样本输入值的邻近关系，确定样本集中各样本的归属关系。对于第i个样本(x_i, y_i)，如果$\|x_i-c_k\|<\|x_i-c_j\|$，$j=1, 2, \cdots, k$，c_k和c_j为第k和第j个样本子集的聚类中心，则$(x_i, y_i)\in D_k$，D_k表示第k个样本聚类中心的子集。

(3) 按下面的关系更新聚类中心：搜索局部极大值时，对第k个聚类，如果有$(x_i, y_i)\in D_k$，满足对$\forall (x_j, y_j)\in D_k$，有$y_j\leqslant y_i$，则选择$(x_i, y_i)$作为新的第$k$个聚类的聚类中心。即取聚类域中具有最大的样本输出值的样本作为新的聚类中心。同理，搜索局部极小值时，取聚类域中具有最小的样本输出值的样本作为新的聚类中心。

(4) 检查聚类中心是否发生了变化：是，则返回2。

(5) 检查聚类中心是否临近，即是否存在$\|c_i-c_k\|<\varepsilon(\varepsilon>0)$。是，则归并最相邻的两类，然后返回2；否则算法结束。

以这一算法为基础，可以这样完成对训练集的划分：先求出样本集的局部极大值中心，再求出局部极小值中心，将所求出的中心合并为样本集极值中心集，再按邻近原则(即算法第2步)重新划分样本区域。

极值聚类与其他多NN结构中子网络功能划分和协作方法不同的是，它不仅利用了样本集的输入，同时利用了样本集的输出，进行的是针对函数关系的聚类。通过划分，降低了函数的复杂性，所确定的子任务是子网络易于实现的，具有明确的几何意义。子网络的数目也是由问题的复杂性所决定的。

2. 多NN结构的极值聚类训练算法

(1) 对整体样本集按极值聚类算法进行划分，选择初始分类数K=样本总数/50，经分类及归并后可以得到K个极值聚类中心c_k，$k=1, 2, \cdots, K$。由邻近原则确定各子类的子样本集D_k；

(2) 初始化各子网络NN_k，在各训练子集D_k内，测试初始逼近误差E_k；

(3) 找出逼近误差最大的子网络NN_k。在相应的训练子集D_k内，按某种训练算法训练T步(这里取$T=50$)；

(4) 检查是否所有E_k均小于规定误差限，是则训练结束；否则返回3。

在网络工作阶段，只需对当前输入值由邻近原则确定其所属类，激活该类对应的各子网络得到网络的输出值，并以此作为整体网络输出值。

因为，多层前馈网络对一个紧集上的任意连续函数具有任意逼近性，每个子网络可以任意逼近由子样本集所反映的函数关系。这样，由这些子网络的共同作用就可以得到对整体样本集的任意逼近。

3. 仿真例子

举例：考虑二维连续函数(见图4.35)：

$$y=f(x_1, x_2)=\cos(2\pi x_1)\cos(2\pi x_2)e^{-(x_1^2+x_2^2)}$$

$$-1\leqslant x_1, x_2\leqslant 1 \qquad (4.85)$$

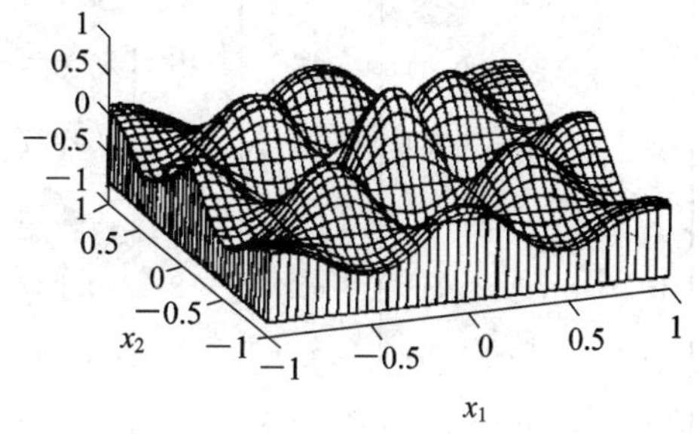

图4.35　函数(4.85)的图像

由于这一函数有大量的起伏变化，用一个函数逼近器非常困难。现在用上述的基于极值聚类的学习策略来训练多 NN 网络(利用 4.3.4 节的组合网络)。假设训练精度要求为均方差小于 0.001。经过极值分类得到 25 个极值中心，如图 4.36 所示。每一个子网络选取 6 个隐节点，隐节点中心在子样本集合中随机选取，方向指向子类中心。对各网络进行训练的结果表示于表 4.2。从表中可见，大多数子网络很快就达到了精度要求，最快的仅迭代 3 次。最慢的是子类 2 迭代了 185 次，这主要是初始化的随机性因素造成的。因为这一子网络在训练过程中首先删除了 3 个敏感的远离样本区域的隐节点，之后又增加了两个隐节点才达到了精度要求。如果对初始化的结果进行简单的判断，不符合要求时重新初始化，就可以在一定程度上避免随机性因素造成的影响。

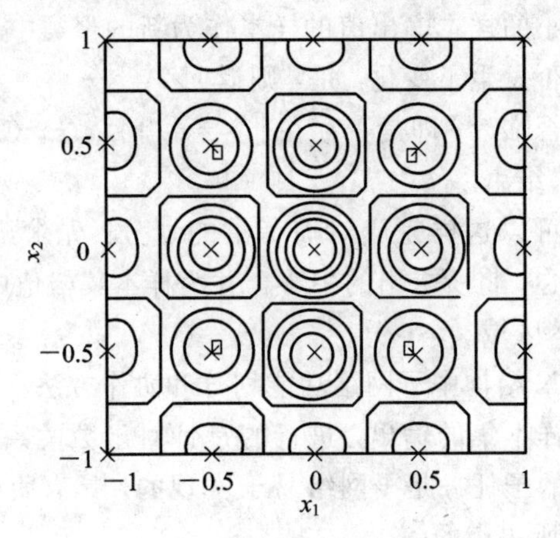

图 4.36 函数(4.85)的等高线图及极值聚类中心(图中“×”位置)

从整体上看训练是成功的，大大优于单个网络所能达到的逼近效果。

表 4.2 多 NN 函数逼近训练结果

序号	极值中心	子类样本数	训练步数	均方差($\times10^{-3}$)	序号	极值中心	子类样本数	训练步数	均方差($\times10^{-3}$)
1	(0.0, −1.0)	66	27	0.985 876	14	(-0.5, −1.0)	45	7	0.913 475
2	(−0.5, −0.5)	120	185	0.978 463	15	(0.0, −0.5)	81	47	0.997 960
3	(−1.0, −1.0)	35	5	0.762 370	16	(−1.0, −0.5)	45	12	0.952 859
4	(0.5, −0.5)	120	46	0.917 026	17	(0.5, −1.0)	45	14	0.982 106
5	(0.0, 0.0)	119	39	0.901 673	18	(−0.5, 0.0)	81	33	0.946 072
6	(1.0, −1.0)	35	4	0.752 763	19	(1.0, −0.5)	45	3	0.997 945
7	(−1.0, 0.0)	65	30	0.953 777	20	(−0.5, 1.0)	45	10	0.965 796
8	(−0.5, 0.5)	119	54	0.977 543	21	(−1.0, 0.5)	45	13	0.900 448
9	(1.0, 0.0)	65	70	0.942 818	22	(0.5, 0.0)	81	52	0.978 054
10	(0.0, 1.0)	65	18	0.937 463	23	(0.0, 0.5)	81	43	0.974 850
11	(−1.0, 1.0)	35	4	0.969 113	24	(0.5, 1.0)	45	7	0.002 070
12	(0.5, 0.5)	118	77	0.947 271	25	(1.0, 0.5)	45	17	0.981 577
13	(1.0, 1.0)	35	5	0.869 608					

4.5.2 用神经元网络对复杂系统建模

神经元网络在复杂系统建模方面显示了巨大的潜力，它比传统的辨识和建模方法有更多的优点。

我们知道，在系统辨识中有一个重要的问题，就是系统的可辨识性问题，即给定一个特殊的模型结构，被辨识的系统是否可以在该结构内适当地被表示出来。因此，我们必须预先给予假设，即所有被研究的系统都属于所选神经网络可以表示的一类里。根据这个假设，对同样的初始条件和任何特定输入，模型和过程应产生同样的输出。因此辨识的过程，就是根据模型和过程的输出误差，利用 4.3 节和 4.4 节中所描述的方法，调节模型中神经元网络的参数。只要采取合适的措施，这过程就会使模型参数收敛到它们的希望值。

1. 正向建模(Forward modelling)

如神经元网络训练过程要表示系统正向动态，这种建模方法就叫做正向建模。实现这个过程的结构图表示于图 4.37。图中神经元网络与过程平行，系统与神经元网络输出之间的预估误差用作网络的训练信号，这种结构也称为串一并辨识模型。学习的方法是有监督的。教师(即系统)直接向学习者(网络)提供目标值(即系统的输出)。在使用多层感知器神经网络的情况下，通过网络将预估误差直接反传，就提供一个可能的训练算法。

假定我们所研究的系统具有以下形式：

$$y_p(k+1)=f[y_p(k),\cdots,y_p(k-n+1);\ u(k),\cdots,u(k-m+1)] \tag{4.86}$$

式(4.86)是非线性离散时间差分方程。$y_p(k+1)$代表在时间 $k+1$ 时系统的输出。它取决于过去 n 个输出值和过去 m 个输入值。这里只考虑系统的动态部分，还没有计入系统所承受的扰动和噪声。

为了系统建模，我们可以将神经网络的输入一输出结构选择得与实际系统(4.86)一样，用 y_m 表示网络的输出，则有

$$y_m(k+1)=\hat{f}[y_p(k),\cdots,y_p(k-n+1);\ u(k),\cdots,u(k-m+1)] \tag{4.87}$$

这里 $\hat{f}$ 代表网络输入一输出的映射(f 的近似)。注意到输入到网络的量包括了实际系统的过去值，因此正向建模的一般结构应如图 4.38 所示。图中 TDL 代表具有抽头的延时线。很明显，在这个结构中利用神经网络输入，再加入系统的过去值，扩大了输入空间。因为过程是输入有界和输出有界的，所以在辨识过程中所用的信息也是有界的。而且在模型(神经网络)中不存在反馈，因此可以保证辨识过程的稳定。但也可以用静态反传来调节网络参数，以减少计算工作量。

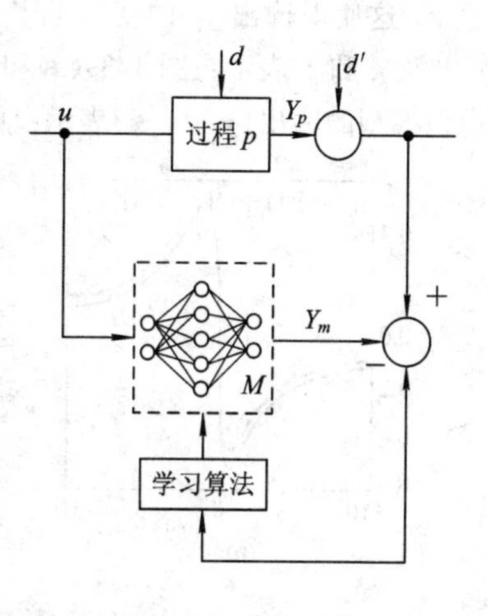

图 4.37 正向建模

下面看两个例子。

例 1 过程的动态由以下形式方程描述：

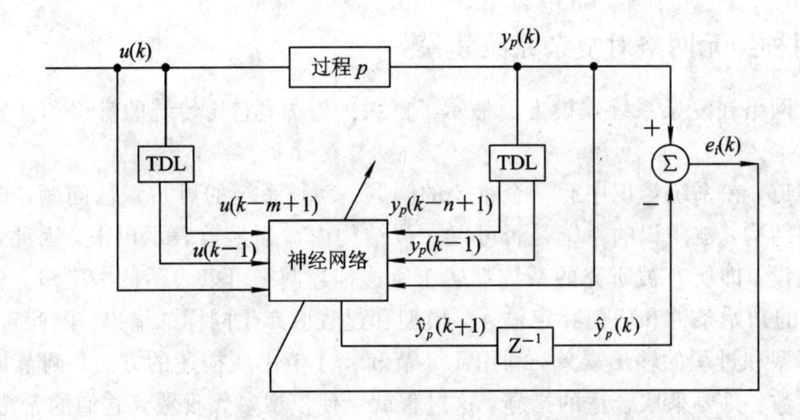

图 4.38　正向建模的一般结构

$$\left.\begin{aligned} y_p(k+1) &= \frac{y_p(k)}{1+y_p^2(k)} + u^3(k) \\ f[y_p(k)] &= y_p(k)/(1+y_p^2(k)) \\ g[u(k)] &= u^3(k) \end{aligned}\right\} \tag{4.88}$$

这样式(4.88)可以重写为

$$y_p(k+1) = f[y_p(k)] + g[u(k)] \tag{4.89}$$

利用正向建模的方法，可以分别用两个神经元网络 N_f 和 N_g 来近似 $f[y_p(k)]$和 $g[u(k)]$。因此模型方程可以表达成

$$y_p(k+1) = N_f[y_p(k)] + N_g[u(k)] \tag{4.90}$$

对 $\hat{f}$ 和 $\hat{g}$ 的估计用神经元网络 N_f 和 N_g 得到。网络中权值的调节每次按步长 $\eta=0.2$ 来进行。连续迭代需 100 000 次。因为输入是区间为[−2, 2]的随机输入，$\hat{g}$ 就只能在这区间逼近 g。这使得输出 y_p 的变化限定在区间[−10, 10]，所以 $\hat{f}$ 在区间[−10, 10]逼近 f。$\hat{g}$ 和 $\hat{f}$ 以及 g 和 f 表示在图 4.39(a)和(b)。对于输入为 $u(k)=\sin(2\pi k/25)+\sin(2\pi k/10)$，过程和辨识模型的输出($y_p$ 和 $\hat{y}_p$)表示在图 4.39(c)。由图可见辨识结果几乎与实际输出完全一致。

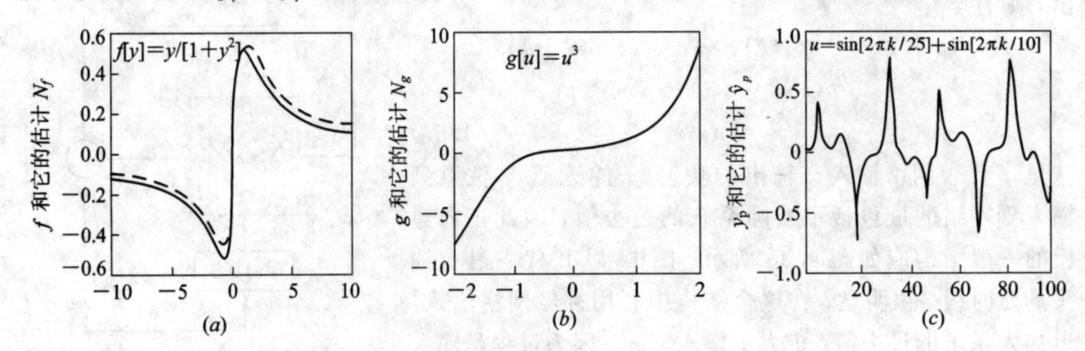

图 4.39　仿真结果

(a) f 和 $\hat{f}$；(b) g 和 $\hat{g}$；(c) y_p 和 $\hat{y}_p$

在上例中，N_f 和 N_g 的网络采用一个输入和一个输出层，两个隐层，各层的节点数分别为 1，1，20 和 10。

例 2　我们采用相同的方法来辨识以下系统

$$y_p(k+1) = f(y_p(k),\ y_p(k-1),\ y_p(k-2),\ u(k),\ u(k-1)) \tag{4.91}$$

式中未知函数 f 具有以下形式：

$$f(x_1, x_2, x_3, x_4, x_5) = \frac{x_1 x_2 x_3 x_5 (x_3 - 1) + x_4}{1 + x_3^2 + x_2^2}$$

在辨识中，所用神经元具有 5 个输入节点，1 个输出节点，两个隐层各有 20 和 10 个节点。采用随机输入信号，它在[−1, 1]区间一致分布，步长 $\eta=0.25$。经 100 000 步得到模型和对象的输出如图 4.40 所示。在该图中，输入到对象和模型的输入为

$$u(k) = \sin(2\pi k/250) \qquad k \leqslant 500$$

$$u(k) = \sin(2\pi k/250) + 0.22\pi\sin(k/25) \qquad k > 500$$

在上述两例中，参数的调节是靠在时刻 k 计算 $e^2(k)$ 的梯度来实现，而不是用平均误差。

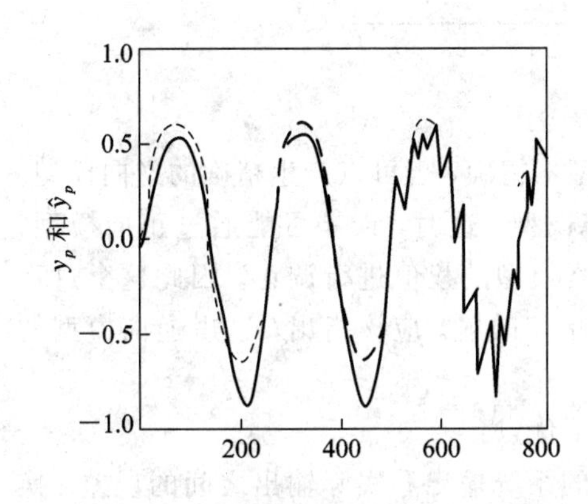

图 4.40　模型(4.91)辨识结果

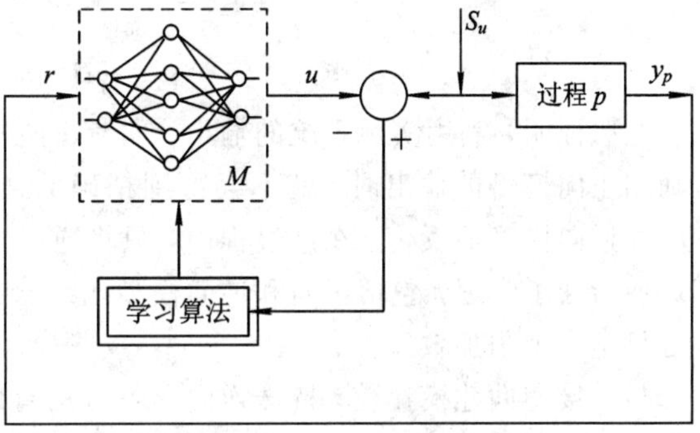

图 4.41　直接逆向建模法

2. 逆向建模

逆向建模在控制中起十分重要的作用，在下节讨论控制结构时会更清楚地看到这一点。从概念上来说，最简单的方法是直接逆向建模，结构如图 4.41 所示。这种结构也叫做通用逆向学习结构。由图可知，这里有一个综合训练信号 S_u 输入到系统。系统的输出 y_p 当作网络的输入。网络的输出 u 与训练信号 S_u（系统的输入）相比较，其误差用来训练网络。很清楚，这个结构迫使神经元网络近似过程的逆映射。这种学习方法有以下的缺点：

(1) 这个学习过程不是“目标导向”的。训练信号必须在系统输入广泛的范围内采样，而且实际运算信号很难预先确定。从控制的角度看，其目标要使系统按所希望方式工作。但在直接逆向建模中，它不能与这个明确的目标对应起来。

这个缺点与持续激励的一般概念密切有关。用于训练学习系统的输入信号的重要性受到广泛的注意，在自适应控制中保证持续激励的条件已充分确立，这条件也保证参数的收敛性。对神经元网络也希望有表征持续激励的方法，这方面的研究有待深入。

(2) 如果非线性映射不是一对一，那么有可能得到不正确的逆映射。

为了克服上述缺点，有另一种逆向建模的方法，即特殊逆向学习法。这方法的结构表示图 4.42。在这种方法中，网络的逆模型 M_1 放在过程前面并接受一个训练信号，该信号张成了受控系统所希望的运行输出空间。实际上训练信号相当于系统参考或命令信号。这个学习结构还包括一个受训的系统正向模型 M_2，它与过程平行。在这种情况下，训练算法的误差信号就是训练信号 r 和系统输出 y_p 之差。在系统存在噪声时，误差信号可以是正向

模型的输出 y_m 和训练信号 r 之差。在某些情况下，譬如系统的输出难以测量或利用，这时也可以采用这个信号来训练网络。

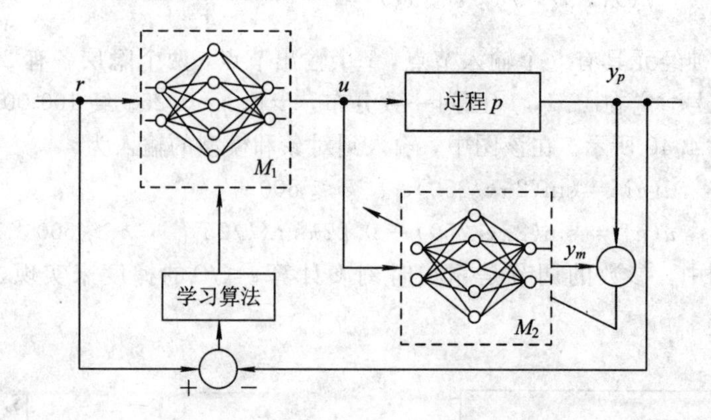

图 4.42　特殊的逆向学习结构

经验证明，利用实际系统的输出，即使正向模型不精确，也可以产生精确的逆向模型。但利用正向模型的输出时，就不会得到精确的逆向模型。这时，误差可能通过正向模型，然后经逆向模型而反传。在这过程中，只将逆向网络模型的权值进行调正。因此这个过程有效地指导了学习，包括正向和逆向模型相结合的单位映射。应该指出，这里逆向模型的学习只是一个附加效应。

与直接逆向建模比较，特殊逆向学习方法有以下优点：

学习的过程是目标导向的，因为它是基于希望的系统输出和实际输出之间的误差。换句话说，在学习期间系统接受相应于实际运行输出的输入。

在系统正向映射不是一对一的情况下，上述方法可以得到具有所需性质的特殊逆映射。

在逆向建模中，必须考虑神经网络的输入－输出结构。我们注意到方程(4.86)中逆函数 f^{-1} 需要 $u(k)$，而 $u(k)$ 的产生又要求知道未来值 $y_p(k+1)$。为了解决这个问题，可以用 $r(k+1)$ 来代替这个未来值。因为 r 是参考信号，通常可以提前一步知道。因此，过程逆向建模的神经网络其非线性输入－输出关系可重写为

$$\begin{aligned}u(k) = \hat{f}[&y_p(k), \cdots, y_p(k-n+1); r(k+1)\\ &u(k-1), \cdots, u(k-m+1)]\end{aligned} \tag{4.92}$$

也就是说，逆向模型网络将现在和过去的系统输出，训练(参考)信号以及系统过去输入值作为输入。当没有实际系统输出时，y_p 可以简单地用正向模型的输出 y_m 来代替。

(3) 基于多 NN 结构的复杂系统长时段预报。

对一个实际对象，可以量测到一组实际的输入—输出数据 $\{u(t), y_p(t) \mid t=1, 2, \cdots, T\}$ 通过适当的实验设计，它可以在相当大的程度上反映出我们所关心的对象性态。根据这组数据，可以离线建立对象的长时段预报模型。

这里以并联连接的 NARMA 模型作为长时段预报模型，按多 NN 结构可描述如下：

$$\begin{cases} y_m(t) = \sum\limits_{s=1}^{S} g_s(X(t)) \cdot y_s(X(t), \theta_s) \\ X(t) = [y_m^{\mathrm{T}}(t-1), \cdots, y_m^{\mathrm{T}}(t-K_y), u^{\mathrm{T}}(t-1), \cdots, u^{\mathrm{T}}(t-K_u)]^{\mathrm{T}} \\ \quad\;\;\, = [X_1^{\mathrm{T}}(t), \cdots, X_{K_y}^{\mathrm{T}}(t), X_{K_y+1}^{\mathrm{T}}(t), \cdots, X_{K_y+K_u}^{\mathrm{T}}(t)]^{\mathrm{T}} \end{cases} \tag{4.93}$$

我们可以用多 NN 网络来实现长时段的预报模型，其中，g_s 表示门控网络的第 s 个输出量，y_s 表示第 s 个子网络的输出值，网络形式如 4.3.4 节所述。

在训练时，1 到 P 步输出预报模型辨识的指标函数定义为

$$J(P)=\frac{1}{2}\sum_{t=1}^{P}\sum_{s=1}^{S}g_s^2(X(t))\cdot\|y_p(t)-y_s(X(t),\theta_s)\|^2$$
$$=\frac{1}{2}\sum_{t=1}^{P}\sum_{s=1}^{S}g_s^2(X(t))\cdot\|\varepsilon_s(t)\|^2 \tag{4.94}$$

其中 $\varepsilon_s(t)=y_p(t)-y_s(X(t),\theta_s)$ 是 t 时刻的第 s 个网络的估计误差。$J(P)$反映了各子网络 1 到 P 步输出预报的总误差。$J(P)$的定义是假定每一个子网络要逼近的仍然是对象的整体特性，只是在响应一个输入时对各子网络的信任度(由 g_s 决定)是不同的。

设已知模型输出初始值为 $y_m(-K_y+1)$，$y_m(-K_y+2)$，…，$y_m(0)$，控制输入为 $u(-K_u+1)$，…，$u(0)$，$u(1)$，…，$u(P-1)$，期望输出轨线为 $(y_p(1), y_p(2), \cdots, y_p(P))$。长时段预报模型的离线训练问题可描述为：在给定的模型结构式(4.93)条件下，确定模型参数 $\theta=(\theta_1^{\mathrm{T}}, \theta_2^{\mathrm{T}}, \cdots, \theta_S^{\mathrm{T}})^{\mathrm{T}}$ 使式(4.94)的指标函数最小。

在给出训练算法前，首先需求出目标函数对各子网络参数的导数：

$$\frac{\partial J(P)}{\partial\theta}=\sum_{t=1}^{P}\sum_{s=1}^{S}\left(-g_s^2(X(t))^2\cdot\left(\frac{\partial^+ y_s(X(t),\theta_s)}{\partial\theta^{\mathrm{T}}}\right)^{\mathrm{T}}\cdot\varepsilon_s(t)\right) \tag{4.95}$$

其中 $\frac{\partial^+}{\partial\theta}$ 称为有序偏导(ordered derivatives)，表示对变量 θ 考虑各种可能存在的复合函数关系之后求得的偏导数。式(4.95)中的有序偏导可由下面的式子计算得到：

$$\frac{\partial^+ y_s(X(t),\theta_s)}{\partial\theta^{\mathrm{T}}}=\frac{\partial y_s(X(t),\theta_s)}{\partial\theta^{\mathrm{T}}}+\sum_{i=1}^{K_y}\left(\frac{\partial y_s(X(t),\theta_s)}{\partial X_i(t)^{\mathrm{T}}}\cdot\frac{\partial^+(y_m(t-i))}{\partial\theta^{\mathrm{T}}}\right) \tag{4.96}$$

而网络整体输出对参数的灵敏度方程为

$$\frac{\partial^+ y_m(t)}{\partial\theta^{\mathrm{T}}}=\sum_{s=1}^{S}\left(g_s(X(t))\frac{\partial^+ y_s(X(t),\theta_s)}{\partial\theta^{\mathrm{T}}}\right) \tag{4.97}$$

从这几个导数计算公式中可以看出，当前时刻输出对模型参数的偏导数，通过网络输入连接依赖于前 K_y 步的输出对参数的偏导数。换言之，当前时刻的误差会通过模型输入连接，反向传播到网络工作的过去时刻中。这也就是沿时间的反向传播的思想。其中式(4.96)反映了通过第 s 个子网络的反向传播。

需要指出的是，在极值聚类多 NN 模型内，还存在一条通过门控网络的反馈通路。但由于门控网络的输出值是通过求极值得到的，每一时刻 g_k 中只有一个是 1，其余全部是 0，所以门控网络的输出对输入是不可导的。假设当 $X(t)$只有微小的变化时不影响 g_k 的取值，可认为 g_k 对输入的导数为 0。因此对极值聚类的多 NN 模型，只考虑误差通过各子网络的反向传播，不考虑通过门控网络的反向传播。

结合多层前馈网络的 BP 算法，可得到如下的多 NN 长时段预报模型离线辨识算法。在第 $k-1$ 次更新之后，计算第 k 次权值更新：

(1) 初始化： $$\frac{\partial^+ y_m(0)}{\partial\theta^{\mathrm{T}}}=\cdots=\frac{\partial^+ y_m(-K_y+1)}{\partial\theta^{\mathrm{T}}}=0$$

(2) 对 $t=1, 2, \cdots, P$，计算：

① 样本正向、反向传播。由门控网络计算出 t 时刻各子网络的输出加权 $g_s(t)$，对被激

活子网络由式(4.96)计算 $\frac{\partial^{+} y_s(X(t), \theta_s)}{\partial \theta^{\mathrm{T}}}$；

② 计算累计梯度值：

$$G(t) = G(t-1) + \sum_{s=1}^{S}\left(-g_s(X(t) \cdot \left(\frac{\partial^{+} y_s(X(t), \theta_s)}{\partial \theta^{\mathrm{T}}}\right)^{\mathrm{T}} \cdot \varepsilon_s(t)\right)$$

③ 由式(4.97)更新 $\partial^{+} y_m(t)/\partial \theta^{\mathrm{T}}$。

这里举例比较一下多 NN 模型与单 ANN 模型的差别。考虑动态系统

$$y(t+1) = \sin(\pi \cdot y(t)) \cdot \exp(-u(t)) \tag{4.98}$$

首先建立一步预报模型。设精度要求为均方差 MSE<0.0001。对单 NN 模型，采用隐节点数可变的修正变尺度 BP 训练算法，经过 2056 次迭代，达到精度要求。隐节点从 6 个开始增加到 19 个。对多 NN 模型，采用极值聚类训练算法，先对样本空间进行划分，得到 6 个极值中心；各子网络分别经过 568，543，675，522，520，495 次训练达到精度要求，隐节点数目分别为 8，7，6，8，8，8 个。由一步预报模型进行长时段预报，分别从第 10 和 40 个采样时刻开始进行两次 30 步预报，结果都不理想。在一步预报模型的基础上，再采用我们提出的方法进行长时段预报模型的辨识。对单 NN 模型，经过 50 次修正均方差为 0.4577，之后不再下降。对多 NN 模型，经 68 次叠代，均方差为 0.0741。多 NN 模型的效果改善比较明显。如图 4.43(*a*)、(*b*)所示，图中实线表示对象输出曲线，虚线表示模型预报输出曲线。

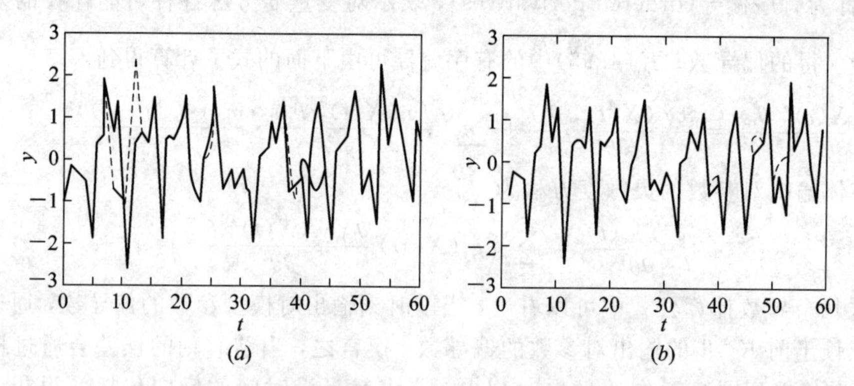

图 4.43　单网络与多网络模型预报结果对比

(*a*) 单网络的 30 步长时段预报模型学习结果；(*b*) 多网络的 30 步长时段预报模型学习结果

4.5.3　用神经元网络进行的智能控制

用神经元网络进行复杂系统建模之后，就可以模型为基础对各种复杂非线性和不确定系统进行智能控制。一般而言，在递阶智能控制的所有级别上都可应用神经元网络。网络可用在最低层的执行级上。在该执行级上通常通过硬件和软件完成常规的控制算法，神经网络的函数逼近能力和平行计算能力在执行级中起到至关重要的作用。在最高的组织层，按不确定和非完全的信息进行决策。这时，网络的模式分类和信息排序能力是人们最感兴趣的。

神经元网络作为智能控制器主要有以下几种控制方式：

(1) 直接逆向控制；

(2) 直接自适应控制；

(3) 间接自适应控制；

(4) 预测控制。

其中在非线性和不确定复杂控制系统中，已提出了许多种类的自适应控制结构，下面我们逐一对上述四种的神经网络控制系统的结构、学习算法和应用例子作些介绍。

1. 直接逆向控制

直接逆向建模我们已经在 4.5.2 节中进行过描述，它的结构图重画于图 4.44。这里我们将通过一个具体的例子来说明当神经元网络应用于控制时应考虑哪些实际设计问题。这些问题的解决办法当然不是唯一的，而且根据不同的应用场合也很难说哪种方法一定最好或最坏。

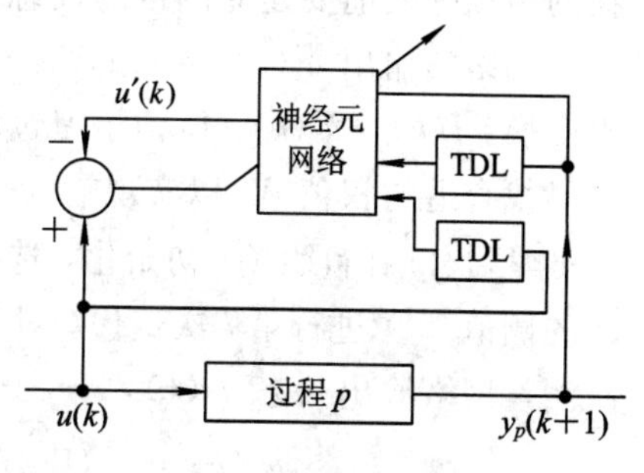

图 4.44　直接逆向控制结构

现在我们在系统中采用具有类似感知器学习算法的二进制网络模型来辨识未知对象的离散逆动态特性，而不用一般 BP 算法。因为它缺乏收敛性机制，即使学习问题存在一个有效解，它也不能保证一定能找到；另外它的迭代次数很多，很难用于实时控制。

用在学习/自适应模式的神经元网络结构如图 4.45 所示。根据式(4.86)，在时刻 k 它的输入状态向量由一组时延的外部输入和时延的输出状态向量按下列方式组成：

$$I(k)=\begin{bmatrix} y_p(k+1) \\ y_p(k) \\ y_p(k-1) \\ \cdots \\ u'(k-1) \\ u'(k-2) \\ \cdots \end{bmatrix} \tag{4.99}$$

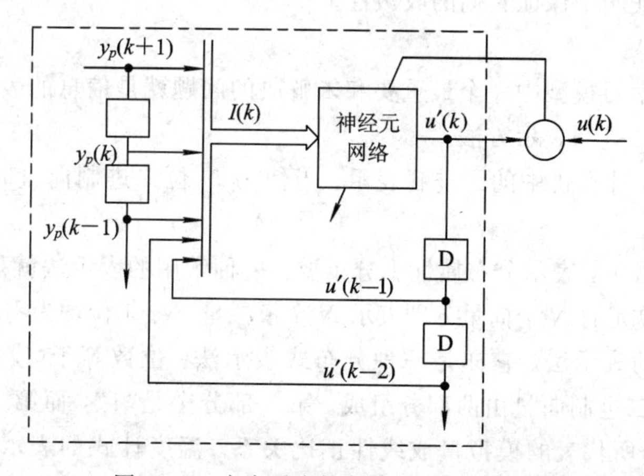

图 4.45　在自适应控制中的神经元网络

式中，$y_p(k+1)$，$y_p(k)$，$y_p(k-1)$ 代表网络外部输入和它的时延，$u'(k-1)$，$u'(k-2)$ 代表网络的输出向量和时延。总而言之，在时刻 k，网络的输出状态向量取决于在时刻 k 网络的外部输入 $y_p(k)$，$y_p(k+1)$和它的时延，以及通过反馈连接网络的以前输出状态 $u'(k-1)$和它的时延。反馈和时延是这个网络的主要性质，它能使网络建立未知的离散动态系统的模型。网络的时延数目包括外部输入信号的时延数和反馈信号的时延数，决定于对未知对象阶数的估计，这是关于对象唯一需要预先知道的信息。

在自适应控制过程中，我们应该解决的具体问题有：① 学习过程的收敛性；② 信号的表示问题；③ 泛化问题。现在分别简述于下。

学习过程，如果我们采用二进制的神经元，按感知器的学习原则进行学习和训练，则在网络训练之前要建立网络的训练集合，即将所选的训练信号 $y_p(k)$ 加入到网络的输入，测量网络的输出 $u'(k)$，$k=1, 2, \cdots, L$。把二者数字化，并构造神经网络合适的输入—输出变换：$I(k)\rightarrow u'(k)$。所谓学习过程，像前面介绍神经网络工作原理时所描述的那样，就是寻找合适的权值 W_{ij} 以实现输入—输出的映射。

学习分两阶段：① 初始化，选择任意的 $W_{ij}(0)$ 和 $\theta_i(0)$，这里 W_{ij} 是权值，θ_i 是各神经元的阈值。② 进行第 l 次迭代。对于每一个 $I(k)$，$k=1, 2, \cdots, L$，在所定义的映射中依次测量网络输出状态 $u_i'(k)$，$i=1, 2, \cdots, n$。$I(k)$ 作为网络的输入向量，则输出为

$$u_i'(k) = g\{W_{ij}(k)I(k) - \theta_i\} \qquad i, j = 1, 2, \cdots, n$$

$u_i'(k)$ 与所要求的 $u_i(k)$ 进行比较，其误差 $e_i(k)$ 计算为

$$e_i(k) = u(k) - u'(k)$$

各权的更新为

$$\Delta W_{ij} = \eta e_i(k) I(k)$$

$$\Delta\theta_i = -\eta e_i(k)$$

式中 η 为计算的步长。注意到参数 W_{ij} 和 θ_i 在每次迭代中要更新 L 次，这 L 是训练集合中变换的次数。

对于不同的神经网络，可以采取不同的搜索方法，定义不同的性能指标函数。严格地说，必须证明所采用算法的收敛性、解的存在性。这不是一件容易的工作，至今很多算法还没有严格的数学证明来保证它们的收敛性。

1) 信号表示问题

在神经元网络学习模型中一个最重要和未解决的问题就是信息的表示，现在有几种普遍接受的模拟信号二进制表示方法。

(1) 一般的用在计算机中的二进制表示。当使用 N 位二进制向量时，可表示 2^N 种不同的值。

(2) 在神经网络中，表示分布属性十分重要。一种常用的表示法就是“全单元”表示法。在该方法中，N 个单元的 N 个向量分别表示 N 个模拟量($N-1$ 位均为零，只有一位为 1)。

(3) 温度计式的表示法。它亦是一种分布式表示法。位数等于(模拟值)量化级别数。描述一个模拟值的二进制向量由两部分组成。第一部分全是“1”，而第二部分全是“0”。第一部分“1”的个数与所代表的模拟量成线性正比关系。温度计式的表示法中，各位的权在模拟量进行二进制变换时是一样的，而一般二进制表示法中各位的权是按指数变化的。在全单元表示中，权是按线性变化的。

当目标要减少模拟量误差的绝对值，而且在像感知器学习算法中，对不同的位，误差之间没有区别时，可以采用温度计式的表示方法。按照神经元网络的本质，分布式的表示方法可简化学习过程并在泛化阶段能够自动校正。

2）泛化问题

在神经网络作为一个控制器运行时，它应该起到对象逆映像作用，由所希望的响应 y_d 产生一个信号 $u(k)$，它使对象的输出 $y \cong y_d$。但是在学习期间，网络只是在由训练集合映射的覆盖区间产生正确的 $y_d \to u$ 的映射。我们注意到直接逆向控制中，网络和对象连接的次序不同，我们不可能有选择性地训练网络以正确地响应所感兴趣的(特殊 y_d 的)范围，因为我们不知道哪一个输入正确对应所需的输出 y_d。这样，网络运行的成功与否与泛化能力有密切的关系，也就是能否响应未被训练过的输入序列。已经提出许多办法来克服上述适应性和运行模式分离问题(泛化问题)。

解决泛化能力的一种办法就是在运行模式中加入预编程的误差纠正网络(见图 4.46)。这个网络可以是 CAM(内容编址存储器)也可以是 Hopfield 网，也可以是其他网络。图 4.46 中选用的是 Hopfield 网。

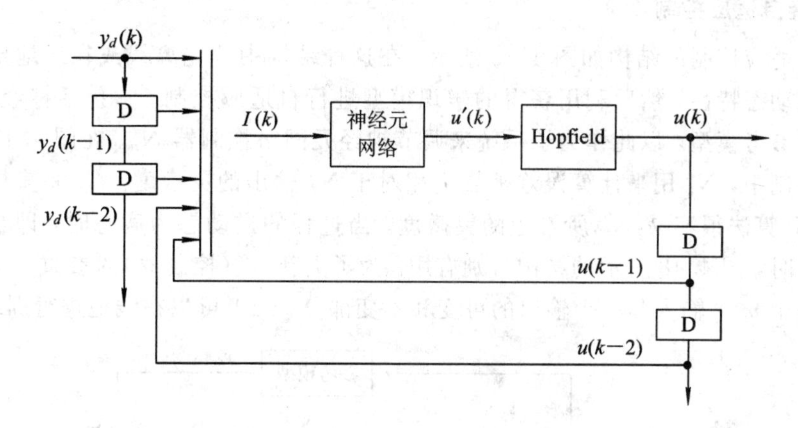

图 4.46 在运行模式中的神经控制器

当网络输入不是曾经训练过的向量时，会产生误差输出向量，它可能不是温度计式的表示的 N 个向量之一。通过 Hopfield 网络，这个误差输出向量将由一个温度计式表示的向量来代替，二者之间的欧氏距最小。实际上 Hopfield 网在这里起到“记忆”的作用，使网络输出尽可能与希望输出相近，从而部分地减小误差。Hopfield 网放在反馈环路之内，可以防止误差累计效应。

上面讲的不仅是直接逆向控制中要考虑的问题，在以后的各种控制中，也都同样需要考虑这些问题。

2. 直接自适应控制

直接自适应控制的结构表示于图 4.47。至今还没有一种方法可根据过程的输出误差来直接调整控制器(神经网络)参数使误差最小。这是因为图 4.47 中未知非线性对象 P 位于神经网络控制器和输出误差 e_c 之间，在对象的模型未辨识之前无法计算系统的雅可比矩阵。这是容易理解的。因为利用直接自适应控制的关键问题是准确计算 δ(J 对网络输出的灵敏度)。譬如我们给出误差函数及相应的 δ 如下

$$J(k) = \frac{1}{2}[e(k)]^2$$

$$\delta_k = \xi_k e(k) \frac{\mathrm{d}y_p(k)}{\mathrm{d}u(k)} \tag{4.100}$$

式中 $e(k)=y_m-y_p(k)$，ξ_k 是二位制的系数，用于考虑输入 $u(k)$ 的约束。虽然在某些场合式(4.100)的导数计算可以用 +1 或 −1 来代替，但在一般情况是很难计算和估计的。

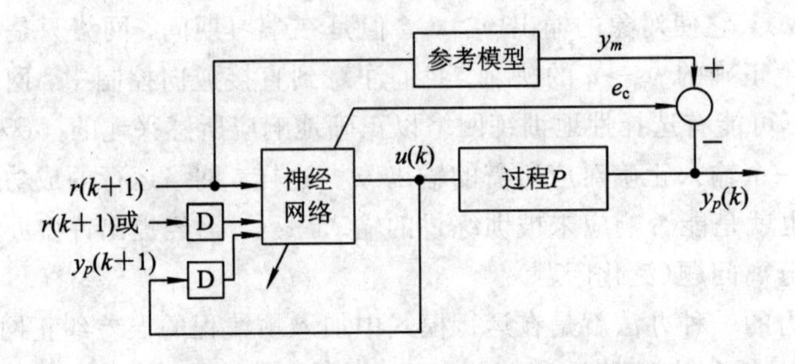

图 4.47　直接自适应控制结构参考模型

3. 间接自适应控制

间接自适应控制的结构如图 4.48 所示。在这种结构中首先离线或在线地辨识过程的输入—输出动态特性，然后利用获得的辨识模型进行自适应控制。它包括神经元网络 N_1 和线性动态参考模型，以此作为子系统来调节神经元网络控制器 N_2。在图 4.47 所示的间接自适应控制中，N_1 用来计算误差函数 J 相对于 N_2 输出的灵敏度。N_1 是多层神经元网络。利用 BP 算法很容易计算所希望的灵敏度。当过程的逆动态为病态时，即当式(4.86)不容许求逆时，图 4.48 所示的结构特别有用。为了更新 N_2(控制器)的参数，N_2 和 N_1 可分别看作一个 m 个输入和一个输出的可变和不变部分，二者可以在线地进行训练。

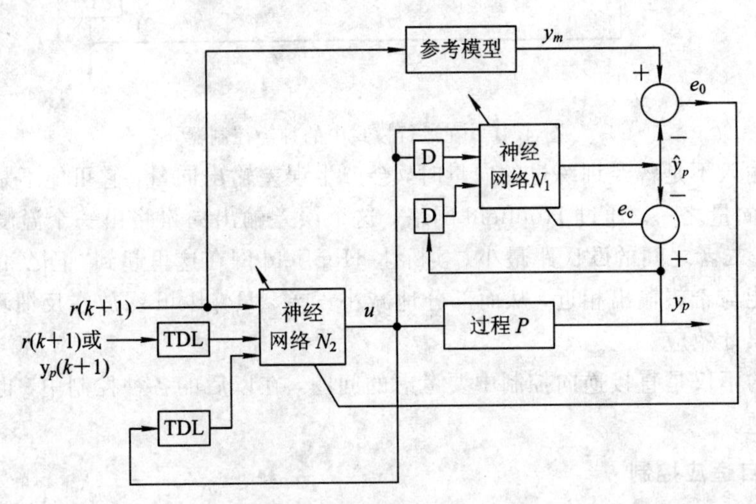

图 4.48　间接自适应控制结构

上面已经提到，N_1 完成系统的辨识。对于快速变化的系统，从鲁棒性来考虑，N_1 的更新速度应比 N_2 快。也就是说 N_1 的采样周期 T_i 比 N_2 采样周期 T_c 要短。

下面举例来说明间接自适应控制的应用。

设系统用以下差分方程来描述：

$$y_p(k+1)=f[y_p(k),\ y_p(k-1)]+u(k) \tag{4.101}$$

式中函数

$$f[y_p(k),\ y_p(k-1)]=\frac{y_p(k)y_p(k-1)[y_p(k)+2.5]}{1+y_p^2(k)+y_p^2(k-1)} \tag{4.102}$$

是未知的。参考模型由二阶差分方程描述：

$$y_m(k+1)=0.6y_m(k)+0.2y_m(k-1)+r(k)$$

式中 $r(k)$是一个有界的参考输入。如果输出误差 $e_c(k)$定义为 $e_c(k)$、$\triangleq y_p(k)-y_m(p)$，则控制的目的就是确定一个有界的控制输入 $u(k)$，使 $\lim\limits_{k\to\infty}e_c(k)=0$。如果函数 f(式(4.102))是已知的，那么在 k 阶段，$u(k)$可以从 $y_p(k)$ 和它的过去值中计算得到

$$u(k)=-f[y_p(k),\ y_p(k-1)]+0.6y_p(k)+0.2y_p(k-1)+r(k) \tag{4.103}$$

于是所造成的误差方程为

$$e_c(k+1)=0.6e_c(k)+0.2e_c(k-1)$$

因为参考模型是渐近稳定的，所以对任意初始条件，它服从 $\lim\limits_{k\to\infty}e_c(k)=0$。然而 $f[\cdot]$是未知的，所以要利用上节图 4.38 的结构在线估计 f。

在任何时刻 k，用 N_2 计算过程的输入控制，即

$$u(k)=-N_2[y_p(k),\ y_p(k-1)]+0.6y_p(k)+0.2y_p(k-1)+r(k) \tag{4.104}$$

由此产生非线性差分方程：

$$y_p(k+1)=f[y_p(k),\ y_p(k-1)]-N_2[y_p(k),\ y_p(k-1)]+0.6y_p(k)+0.2y_p(k-1)+r(k) \tag{4.105}$$

此方程支配过程的行为。

第一步，利用随机输入，离线辨识未知的过程，接着用式(4.104)来产生控制输入。图 4.49(a)为无控制时的系统响应。当参考输入 $r(k)=\sin(2\pi k/25)$时，受控系统的响应示于图 4.49(b)。

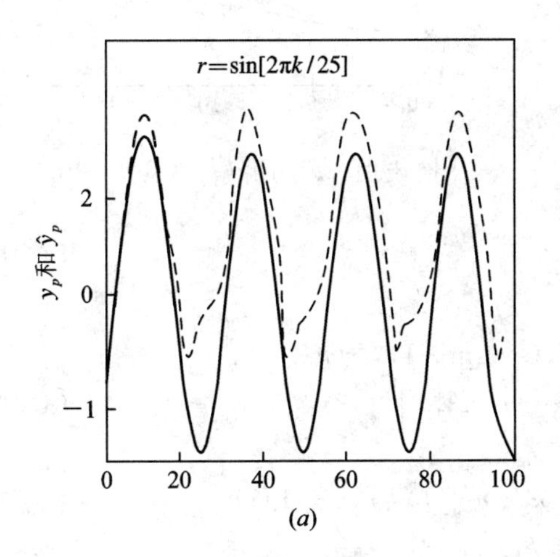

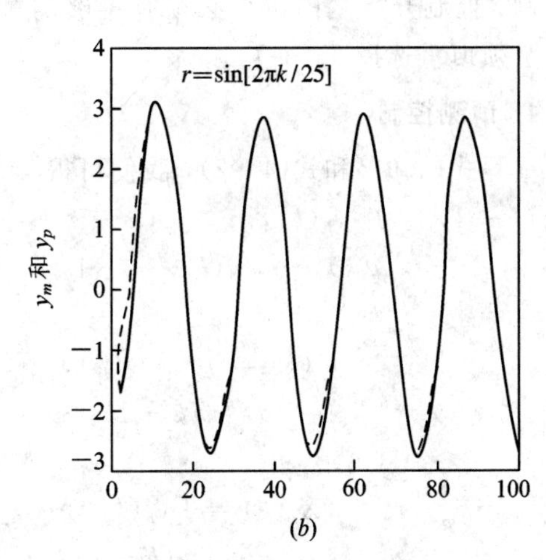

图 4.49　输出响应图

(a) 无控制时响应；(b) $r=\sin(2\pi k/25)$有控制时响应

在第二阶段，用不同的 T_i 和 T_c，同时实施辨识和控制。从 $k=0$ 开始，当 $T_i=T_c=1$ 时对系统进行辨识和控制，其渐近的响应表示于图 4.50(a)。因为我们希望控制参数的调节要比辨识参数的调节慢，所以图 4.50(b)显示了 $k=0$ 开始，$T_i=1$ 和 $T_c=3$ 的系统控制响应。

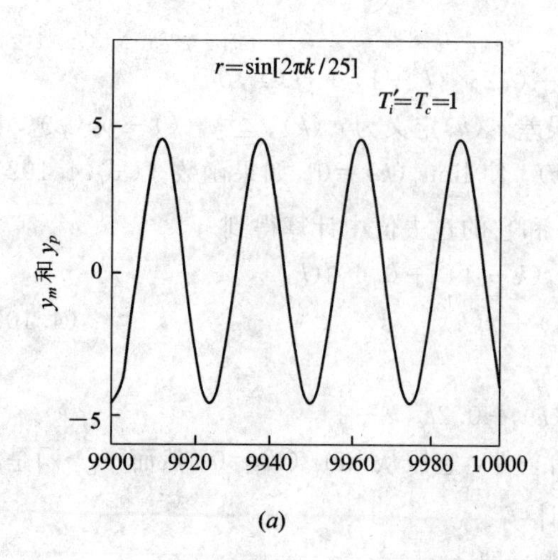

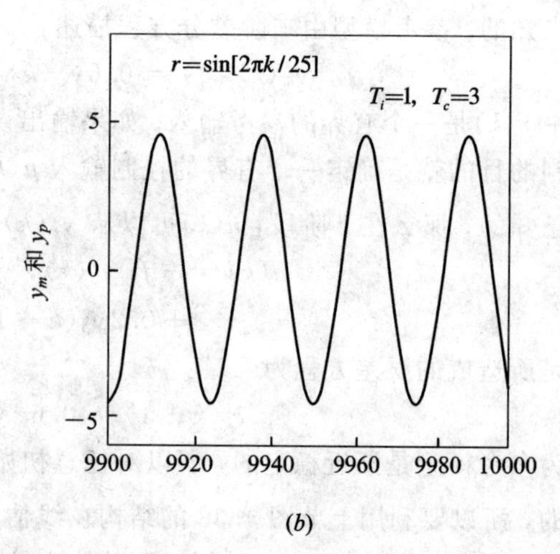

图 4.50 同时进行辨识和控制

(a) $k=0$ 开始，$T_i=T_c=1$ 时控制响应；(b) $k=0$ 开始，$T_i=1$，$T_c=3$ 时控制响应

因为辨识过程不能在小的 k 值内完成，理论上控制可能不稳定，但在仿真中还没有出现不稳定现象。

如果控制在 $k=0$ 时刻开始，利用神经网络参数的名义值，使 $T_i=T_c=10$，对象的输出就以无界的方式增加，系统变得不稳定。系统的响应表示于图 4.51。模拟结果表明，为了稳定和有效的控制，控制开始之前辨识必须有足够的精度，因此必须慎重选择 T_i 和 T_c。

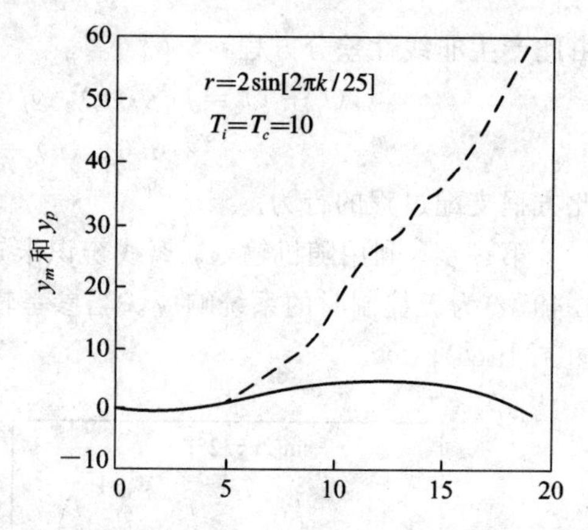

图 4.51 $k=0$ 开始，$T_i=T_c=10$

4. 预测控制

重写式(4.91)和式(4.92)，我们可得

$$y_p(k+1)=f[y_p(k),\cdots,y_p(k-n+1);\ u(k),\cdots,u(k-m+1)] \tag{4.106}$$

和

$$u(k)=\hat{f}^{-1}[y_p(k),\cdots,y_p(k-n+1),r(k+1);\ u(k-1),\cdots,u(k-m+1)] \tag{4.107}$$

令

$$X_c(k)=[y_p(k),\cdots,y_p(k-n+1),r(k+1);\ u(k-1),\cdots,u(k-m+1)] \tag{4.108}$$

如果在时刻 $k+1$，我们不但知道 $k+n$ 个包括 $y_p(k+1)$ 在内的 y_p 的值和 $k+m$ 个 u 的过去值，而且还知道 k 个参考值 $r(k+1-i)$，$i=0$，1，…，$t-1$，那么在时刻 $k-i$，控制输入 $u(k-i)$ 可以按下述关系产生：

$$u(k-i)=\Phi_c^{k-i,0}[X_c(k-i)] \tag{4.109}$$

式中 $\Phi_c^{k-i,0}$ 代表神经网络 N_2(见图 4.52)在时刻 0 和 $k-i$ 区间的映射。

从向量 $X_c(k-i)$ 被存储起到现在时刻 $k+1$，N_2(用作控制器)已经更新好多次。因此，

在时刻 $k+1$，存储的输入向量 $X_c(k-i)$可产生虚拟的过程的输入：

$$u^*(k-i) = \Phi_c^{k+1,0}[X_c(k-i)] \tag{4.110}$$

利用这个输入 $u^*(k-i)$，通过神经网络 N_1，可以预测过程的响应：

$$y_m(k+1-i) = \Phi_E^{k+1}[X_c^*(k-i)] \tag{4.111}$$

式中，$y_m(\cdot)$代表预测输出；Φ_E^{k+1} 代表网络 N_1 非线性映射，第二个上标为简单起见省略。式中

$$X_c^*(k-i) = [y_p(k-i), \cdots, y_p(k-n+1-i)$$
$$u^*(k-i), \cdots, u_k^*(k-m-i)]^{\mathrm{T}} \tag{4.112}$$

网络训练的时刻，可以把 N_1 和 N_2 当成一个整体单独的神经元网络。在时刻 $k+1$，对每一个输入向量 $X_c(k-i)$，$i=1, 2, \cdots, t-1$，其相应的预测误差为 $e=r(k+1-i)-y_m(k+1-i)$，训练的过程使预测误差为最小。一个可能的误差函数为

$$J_x(k) = \frac{1}{2}\sum_{i=0}^{t}\lambda_i[r(k-i)-y_m(k-i)]^2 \tag{4.113}$$

值得注意的是，网络 N_2 的训练，是基于参考和 N_1 输出之间的误差，而不是参考和过程输出 y_p 之间的误差。但是过程输出 $y(k)$的以前值在训练中仍然需要。

从图 4.52 可知，预测值 y_m 送至数值优化计算模块，它使一个特定的特性指标最小，以计算合适的控制信号 u'。

控制信号 u'可以按二次型指标为最小来选择：

$$J = \sum_{j=t_1}^{t_2}[y_r(t+j)-y_m(t+j)]^2$$
$$+\sum_{j=t_1}^{t_2}\lambda_i[u'(t+j-1)-u'(t+j-2)]^2 \tag{4.114}$$

J 的极小化受动态模型的约束。t_1 和 t_2 确定了误差跟踪和控制所考虑的区间，λ_i 是控制的权。

如图 4.52 所示，进一步的做法是对网络作进一步的训练，使控制器产生与最优控制信号 u'相同的控制 u。当训练完成之后，外环(包括 N_1 和优化计算模块)可以不再需要。

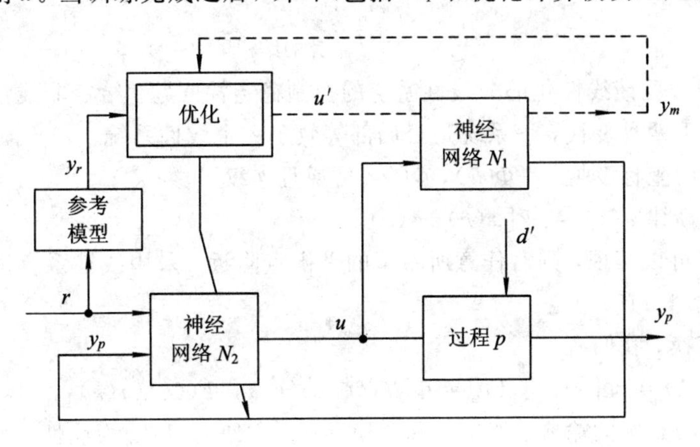

图 4.52　预测控制结构

4.6 神经元网络控制非线性动态系统的能控性与稳定性

非线性动态系统的复杂性，使得常规的数学方法难以对它的控制特性进行精确的分析，至今还没有建立完整的非线性系统控制理论。采用神经元网络可以对一类非线性系统进行辨识和控制。有关能控性和稳定性的分析大都建立在直觉和定性的基础上，本节拟根据 Narendra 等人提出的方法，对神经元网络控制的非线性系统能控性和稳定性分析方法作一些概略的介绍。要指出的是，我们把讨论只局限在可以线性化的系统范畴内。分析的思路是：先给出原非线性系统稳定和可控条件，然后分析采用神经元网络后这些条件是否还满足。

如果考虑调节器问题，且假定系统的状态是可以获得的。对离散时间，系统可描述为

$$\sum: \quad x(k+1)=f[x(k),\ u(k)] \tag{4.115}$$

我们对系统估计采用图 4.53 结构，图中 NN_f 为神经元网络。经过训练之后，设过程是能够准确地由模型来表示：

$$\begin{aligned}\hat{x}(k+1)&=\mathrm{NN}_f[\hat{x}(k),\ u(k),\ \hat{\theta}]\\&=\mathrm{NN}_f[\hat{x}(k),\ u(k)]\end{aligned} \tag{4.116}$$

$$\mathrm{NN}_f[0,\ 0]=0$$

$\hat{\theta}$ 为辨识参数。

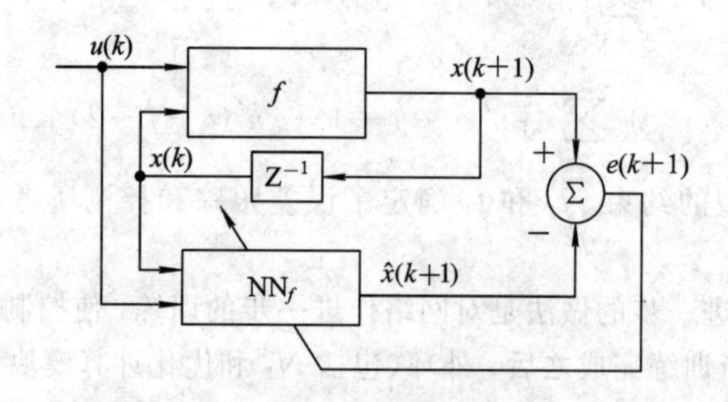

图 4.53　f 估计的结构

现在讨论通过反馈线性化的非线性系统的控制稳定性问题。给定非线性系统(4.115)，问题是：经过以下两种变换，该系统是否局部等效于一个线性系统？

(1) 状态空间坐标变换 $z=\Phi(x)$，$\Phi(\cdot)$可逆且连续可微；

(2) 存在反馈律 $u(k)=\Psi[x(k),\ v(k)]$。

如果反馈律可以实现，则对任意所希望的平衡点附近，采用线性系统理论和工具就可以使控制系统式(4.115)稳定。

应用上述变换，我们有

$$z(k+1)=\Phi[x(k+1)]=\Phi[f(\Phi^{-1}(z(k)),\ \Psi(\Phi^{-1}(z(k)),\ v(k)))] \tag{4.117}$$

$z(k)$是状态，$v(k)$是新的输入。如果这种变换存在，它使(4.117)为线性，则该系统称为反馈可线性的；如果变换只存在于(0, 0)的邻域，则系统在(0, 0)点是局部反馈可线性的。

系统成为局部反馈可线性的充要条件可在有关的文献中找到，这里给出其中一种的描

述方法。为此需要一个定义。

定义 令 $\Upsilon \in R^n$ 为一个集合，在此集合中确定 d 个平滑函数 $s_1, s_2, \cdots, s_d: \Upsilon \to R^n$。在任意给定点 $x \in \Upsilon$，向量 $s_1(x), s_2(x), \cdots, s_d(x)$ 张成一个向量空间(R^n 的子空间)，令这个取决于 x 的向量空间由 $\Delta(x)$ 来表示

$$\Delta(x) = \mathrm{span}[s_1(x), s_2(x), \cdots, s_d(x)]$$

由此，我们对每一 x，赋以一个向量空间。这种赋予称为一个分配。

再回到原系统(4.115)，令

$$f_x(x, u) = \frac{\partial}{\partial x} f(x, u), \qquad f_u(x, u) = \frac{\partial}{\partial u} f(x, u)$$

定义以下在 R^n 中取决于 u 的分配：

$$\Delta_0(x, u) = 0$$

$$\Delta_1(x, u) = f_x^{-1}(x, u)\mathrm{Im} f_u(x, u)$$

$$\Delta_{i+1}(x, u) = f_x^{-1}(x, u)[\Delta_i(f(x, u), u) + \mathrm{Im} f_u(x, u)]$$

式中 $\mathrm{Im} f_u(x, u)$ 是 f_u 值域，$f_x^{-1}V$ 表示在线性映射下 f_x 子空间 V 的逆象。$\Delta_i(\cdot, u)$ 是取决于 u 的分配，可以证明

$$\Delta_0(x, u) \subset \Delta_1(x, u) \subset \Delta_2(x, u) \cdots$$

式中 Δ_i 是最多 n 步后获得最大秩。最后，对 x 和 u，f 的雅可比表示为 $\mathrm{d}f = (f_x, f_u)$。这样，我们有以下的定理。

定理 令($x=0$, $u=0$)为系统式(4.114)的平衡点，并且假定 $\mathrm{rank}[\mathrm{d}f(0, 0)] = n$ 的系统(式(4.115))在(0, 0)为局部反馈可线性的充分必要条件为 $\Delta_1(x, u)$，$\Delta_2(x, u)$，$\cdots$ 都是维数恒定且在(0, 0)附近与 u 无关，$\dim\Delta_n(0, 0) = n$。

对一个线性系统：$x(k+1) = Ax(k) + bu(k)$，上述分配分别由 $\Delta_0(x, u) = 0$，$\Delta_1(x, u) = A^{-1}\mathrm{Im}b$，$\Delta_{i+1}$ 递推地由 $\Delta_{i+1}(x, u) = A^{-1}(\Delta_i + \mathrm{Im}b)$ 给出。

可以看到，对线性系统，如 Δ_i 描述了子空间，该子空间可以在 i 步内控制到原点。显然，对线性系统，这些子空间都是维数恒定且与 u 无关。因此，定性地说，上述定理可以解释为这些性质在反馈和二次坐标变换情况下是不变的，只有那些原来就拥有这些性质的系统才能变换成线性。

例 1 给定二阶系统：

$$x_1(k+1) = x_2(k)$$

$$x_2(k+1) = [1 + x_1(k)]u(k)$$

对此系统，我们有

$$f_x(x, u) = \begin{pmatrix} 0 & 1 \\ u & 0 \end{pmatrix}, \quad f_u(x, u) = \begin{pmatrix} 0 \\ 1 + x_1 \end{pmatrix}$$

在原点秩的条件满足

$$\Delta_0(x, u) = 0, \Delta_1(x, u) = \mathrm{span}\begin{pmatrix} 1 \\ 0 \end{pmatrix}, \Delta_2(x, u) = R^2$$

因此，这系统是局部反馈可线性的，根据这简单的例子，具有下面形式的任何输入：

$$u(k) = \frac{v(k)}{1 + x_1(k)}$$

可使系统局部线性化。

例 2 给定系统：

$$x_1(k+1) = f_1[x_1(k), x_2(k)]$$
$$x_2(k+1) = f_2[x_1(k), x_2(k), u(k)]$$

这里 u 只直接影响一个状态。对此系统，我们有

$$f_x(x, u) = \begin{pmatrix} f_{11}(x) & f_{12}(x) \\ f_{21}(x, u) & f_{22}(x, u) \end{pmatrix}$$

$$f_u(x, u) = \begin{pmatrix} 0 \\ f_{2u}(x, u) \end{pmatrix}$$

$f_{ij} \equiv (\partial f_i)/(\partial x_j)$ 和 $x = (x_1, x_2)$。

如果 $f_{2u}(x, u) \neq 0$ 和 $f_{12}(x) \neq 0$，在原点秩的条件满足。分配由下面给出：

$$\Delta_0 = 0,\ \Delta_1 = \text{span}\begin{pmatrix} -f_{12}(x) \\ f_{11}(x) \end{pmatrix}$$

Δ_1 只决定于 x，Δ_1 和 f_u 一起张成了整个空间：

$$\Rightarrow \Delta_2 = R^2$$

因此系统是局部反馈可线性的。

现在利用上面结果来讨论利用神经元网络后系统的稳定性问题。

如果已有了对象的方程式，而且它们满足反馈线性化条件，并已知其解存在，那么我们的任务就是寻求两个映射：Φ: $R^n \to R^n$ 和 Ψ: $R^{n+1} \to R$，并受以下约束：

$$z = \Phi(x),\ v = \Psi(x, u)$$

和

$$\begin{aligned} z(k+1) &= \Phi[x(k+1)] = \Phi[f(x(k), \Psi(x(k), u(k)))] \\ &= Az(k) + bv(k) \end{aligned}$$

上式中 A，b 是可控对。

另一方面，如果我们只有一个实际对象的模型，它由式(4.116)给出，那么问题是：式(4.115)可反馈线性化是否也意味模型式(4.116)也是可反馈线性化？

根据辨识过程，我们假定在运行区 D，模型的误差为 $\varepsilon \ll 1$，即

$$\| NN_f(x, u) - f(x, u) \| = \| e(x, u) \| < \varepsilon \qquad 对所有\ x, u \in D$$

对 NN_f 施加 Φ 和 Ψ 变换，得

$$\begin{aligned} &\Phi[NN_f(x(k), \Psi(x(k), u(k))] \\ &= \Phi[f(x, k), \Psi(x(k), u(k)) + e(x(k), \Psi(x(k), u(k))] \end{aligned} \tag{4.118}$$

因为 $\Phi(\cdot)$ 是一个平滑函数，如果 $\| e(\cdot, \cdot) \| < \varepsilon$，且假定 ε 小，则式(4.117)可以写成

$$\begin{aligned} &\Phi[f(x(k)), \Psi(x(k)), u(k))] + e_1[x, u, \Psi(\cdot), \Phi(\cdot)] \\ &= Az + bv + e_1[x, u, \Psi(\cdot), \Phi(\cdot)] \end{aligned} \tag{4.119}$$

e_1 的界是 ε 和 $\sup \| \partial\Phi/\partial x \|$ 的函数。因此，如果模型式(4.116)足够准确，它就可以转换成式(4.119)形式，近似于一个线性系统。现在的目的是同时训练两个神经网络 NN_Ψ 和 NN_Φ(见图 4.54)，使得当模型输入为 $v - NN_\Psi(x, u)$时，$\hat{z} - NN_\Phi(x)$跟踪线性模型输出 $z(k)$。模型的方程为

$$z(k+1) = Az(k) + bv(k) \tag{4.120}$$

式中 A，b 是可控对。

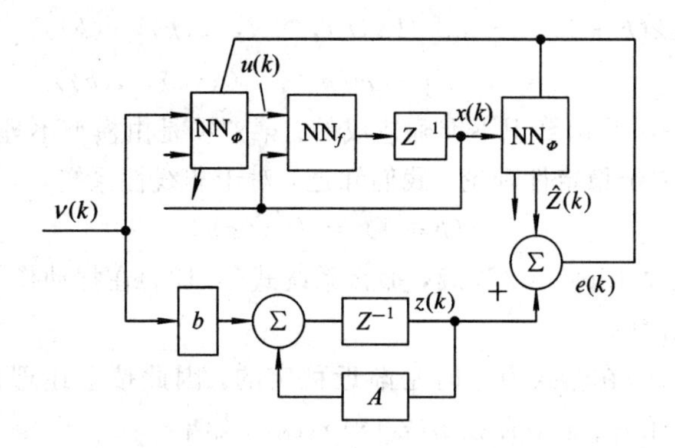

图 4.54 反馈线性化结构

不失一般性，我们可以假定 $\Phi(0)=0$（将 x 的原点映射到 z 的原点）。因此，如果两个系统都在原点开始，瞬时误差由下式给定：$e(k)=z(k)-\hat{z}(k)$，在区间内的特性指标可由 I 来表征：

$$I=\sum_k \| z(k)-\hat{z}(k) \|^2 \equiv \sum_k \| e(k) \|^2$$

因为 NN_Φ 直接连到输出，它的权可以用静态反传法来调节。但模型包含了反馈回路。为了计算特性指标相对于 NN_Ψ 权值的梯度，需要应用动态反传的方法。

假定 $\theta \in \Theta(\mathrm{NN}_\Phi)$，式中 Θ 是 NN_Φ 参数的集合，I 对 θ 的梯度推导如下：

$$\frac{\mathrm{d}I}{\mathrm{d}\theta}=-2\sum_k [z(k)-\hat{z}(k)]^{\mathrm{T}} \frac{\mathrm{d}\hat{z}(k)}{\mathrm{d}\theta} \tag{4.121}$$

$$\frac{\mathrm{d}\hat{z}(k)}{\mathrm{d}\theta}=\sum_j \frac{\partial \hat{z}(k)}{\partial x_j(k)} \cdot \frac{\partial x_j(k)}{\partial \theta} \tag{4.122}$$

$$\frac{\mathrm{d}x_j(k)}{\mathrm{d}\theta}=\sum_j \frac{\partial x_j(k)}{\partial x_j(k-1)} \cdot \frac{\partial x_j(k-1)}{\partial \theta}+\frac{\partial x_j(k)}{\partial \theta} \tag{4.123}$$

因此输出对 θ 的梯度由线性系统的输出给出：

$$\frac{\mathrm{d}x(k+1)}{\mathrm{d}\theta}=A\frac{\mathrm{d}x(k)}{\mathrm{d}\theta}+b\frac{\mathrm{d}v(k)}{\mathrm{d}\theta}$$

$$\frac{\mathrm{d}\hat{z}(k)}{\mathrm{d}\theta}=c^{\mathrm{T}}\frac{\partial x(k)}{\partial \theta} \tag{4.124}$$

式中 $(\mathrm{d}x(k))/(\mathrm{d}\theta)$ 是状态向量，$\mathrm{d}v(k)/\mathrm{d}\theta$ 是输入。a，b，c 由下式决定：

$$a_{ij}=\partial x_i(k+1)/\partial x_j(k)$$

$$b_i=1$$

$$c_i=\partial \hat{z}(k)/\partial x_i(k)$$

状态初始条件设置为 0。

一旦 NN_Φ 和 NN_Ψ 训练完毕，$\hat{z}(k)$ 的特性由下式给定：

$$\begin{aligned}\hat{z}(k+1) &= \mathrm{NN}_\Phi[\mathrm{NN}_f[x(k),\ \mathrm{NN}_\Psi(x(k),\ u(k))]] \\ &= A\hat{z}(k)+bv(k)+e_2[x(k),\ u(k)]\end{aligned} \tag{4.125}$$

这里 e_2 是一个小误差，代表了变换后的系统与理想线性模型的偏差。

前面已经证明，系统(4.115)的反馈线性化将保证模型(4.115)的近似反馈线性化，反

之亦然。从(4.125)我们有

$$
\begin{aligned}
z(k+1) &= \mathrm{NN}_{\Phi}[f(x(k), \mathrm{NN}_{\Psi}(x(k), u(k)))] \\
&= Az(k) + bv(k) + e_l(x(k), u(k))
\end{aligned}
\tag{4.126}
$$

式中 $e_l = e_1 + e_2$。第一项是由辨识不准确造成的；第二项是由模型不理想线性化所引起的。

根据 Lyapunov 关于稳定性理论，我们知道，对于非线性系统，

$$
x(k+1) = f[x(k)] \tag{4.127}
$$

如果 f 在平衡点附近是 Lipschitz 连续，那么系统式(4.126)在扰动作用下强稳定的充要条件是该系统是渐近稳定的。

现在系统式(4.120)在输入为零时是渐近稳定的，因此按上述理论，它在扰动作用下是强稳定的，即对于每一个 ε_0，存在 $\varepsilon_l(\varepsilon_0)$ 和 $r(\varepsilon_0)$，如果

$$
\| e_l(x, 0) \| < \varepsilon_l, \text{对所有 } \| x \| < r
$$

则

$$
\tilde{z}(k+1) = A\tilde{z}(k) + e_l(x(k), 0) \tag{4.128}
$$

将收敛于围绕原点的 ε_0 球(B_{ε_0})。

为了了解扰动 e_l 对式(4.128)的影响，令 $\tilde{z}(k, z_i)$ 表示为式(4.128)的解，且 $\tilde{z}(k, z_i) = z_i$；同样，令 $z(k, z_i)$ 表示为线性方程 $z(k+1) = Az(k)$ 的解，令 $e_l^n(z_i) \equiv \tilde{z}(n, z_i) - z(n, z_i)$。

我们有以下命题：

命题 如果存在一个集合 S，对所有 $z \in S$，$\| e_l^n(z) \| < \varepsilon_l^n$，则对所有 S 内部的初始条件，系统式(4.125)至多 n 步收敛到围绕原点 ε_l^n 球。

这个命题证明很简单，因为对 $k \geqslant n$，$A^k x = 0$。

最后，因为 NN_{Φ} 训练得把 z 的原点映射到 x 的原点，所以

$$
x(k+1) = \mathrm{NN}_f[x(k), \mathrm{NN}_{\Psi}(x(k), 0)]
$$

也将收敛到以原点为球心的 ε^l 球。这里 ε^l 由 $\mathrm{NN}_{\Phi}^{-1}(B_{\varepsilon^l})$ 确定。

这一节我们只对反馈线性化这个特殊的非线性问题作了稳定性分析。对于其他情况，也可以用类似的思路进行能控性和稳定性的分析。至今在这方面的研究还是比较肤浅，大多数是定性的，还有很多理论问题有待进一步深入研究。

习题与思考题

1. 试只用一个神经元构成神经网络来实现三个基本逻辑运算：① NOT(x_1)，② OR(x_1, x_2)，③ AND(x_1, x_2)。这里 x_1 和 $x_2 \in \{0, 1\}$。

2. (1) 证明单极形 Sigmoid 函数 $a(f)$ 对 f 的导数为

$$
a'(f) = \mathrm{d}\, a(f)/\mathrm{d}\, f = \lambda a(f)[1 - a(f)]
$$

(2) 证明双极形 Sigmoid 函数 $a(f)$ 对 f 的导数为

$$
a'(f) = \mathrm{d}\, a(f)/\mathrm{d}\, f = \frac{\lambda}{2}[1 - a^2(f)]
$$

提示：单极形 Sigmoid 函数：$a(f) = 1/(1 + \mathrm{e}^{-\lambda f})$

双极形 Sigmoid 函数：$a(f) = [2/(1 + \mathrm{e}^{-\lambda f})] - 1$

3. 考虑一般权学习规则：

$$\Delta w_i(t) \propto r x(t) \text{或} \Delta w_i(t) = \eta r x(t)$$

假定所有神经元为线性有级单元(LGU)，即具有单极形或双极形 Sigmoid 函数。如果学习信号由下式给定：

$$r \triangleq [d_i - a(\boldsymbol{w}_i^{\mathrm{T}} \boldsymbol{x})] a'(\boldsymbol{w}_i^{\mathrm{T}} \boldsymbol{x})]$$

式中，$a(\cdot)$是 $\lambda=1$ 时的双极 Sigmoid 函数；$a'(\cdot)$是对其输出的导数；d_i 是期望输出。我们得到的学习规则如下：

$$\Delta w_{ij} = \eta [d_i - a(\boldsymbol{w}_i^{\mathrm{T}} \boldsymbol{x})] a'(\boldsymbol{w}_i^{\mathrm{T}} \boldsymbol{x}) x_j$$

$$i = 1, 2, \cdots, n; \ j = 1, 2, \cdots, m$$

请用 δ 学习规则训练单个 LGU 网络，训练数据对为：

$$[\boldsymbol{x}^{(1)} = (2 \quad 0 \quad -1)^{\mathrm{T}}, \ d_1 = -1]$$

$$[\boldsymbol{x}^{(2)} = (1 \quad -2 \quad -1)^{\mathrm{T}}, \ d_2 = +1]$$

初始权向量为 $\boldsymbol{w}^{(1)} = (1 \quad 0 \quad 1)^{\mathrm{T}}$，学习常数选为 $\eta = 0.25$，对这个学习过程进行 2 个训练周期。

4. 如题 3，如果学习信号 r 给定为

$$r \triangleq d_i - \boldsymbol{w}_i^{\mathrm{T}} \boldsymbol{x}$$

我们用最小均方(LMS)学习规则或 Widrow—Hoff 学习规则如下：

$$\Delta w_{ij} = \eta (d_i - \boldsymbol{w}^{\mathrm{T}} \boldsymbol{x}) x_j \qquad i = 1, 2, \cdots, n; \ j = 1, 2, \cdots, m$$

注意到，这个学习规则与所有激励函数无关，训练数据与题 3 一样，请用 Widrow-Hoff 学习规则，对单个 LGU 网络训练 2 个周期。

5. 用(1)分析方法和(2)感知器学习规则设计和训练一个单线性阈值单元(LTU)感知器(阈值函数 $a(f) = \mathrm{sgn}(f) = \begin{cases} 1 & \text{如 } f \geqslant 0 \\ -1 & \text{如 } f < 0 \end{cases}$)，使感知器能够在二维模式空间将以下六种模式分成两类：

$$\{[2, 1.5]^{\mathrm{T}}, [3, 3]^{\mathrm{T}}, [-0.5, 4]^{\mathrm{T}}\}: \qquad \text{类 } 1, \ d^{(i)} = +1$$

$$\{[3, -1.5]^{\mathrm{T}}, [-1, 2.5]^{\mathrm{T}}, [-2, -1]^{\mathrm{T}}\}: \qquad \text{类 } 2, \ d^{(i)} = -1$$

6. 归一化的 LMS 学习规则由以下更新规则描述：

$$\hat{\boldsymbol{w}}(k+1) = \hat{\boldsymbol{w}}^{(k)} + \eta [d^{(k)} - (\boldsymbol{w}^{(k)})^{\mathrm{T}} \boldsymbol{x}^{(k)}] \frac{\boldsymbol{x}^{(k)}}{\| \boldsymbol{x}^{(k)} \|^2}$$

式中 η，$0 < \eta < 1$ 是学习常数，$\| \boldsymbol{x}^{(k)} \|$ 是输入向量欧氏范数。假定第$(k+1)$步要求自适应，证明在第 k 步中作了权校正之后，就再次出现相同的输入向量 $\boldsymbol{x}(k+1) = \boldsymbol{x}(k)$，误差减小到$(1-n)$。

7. 设计一个线性联想器，联想以下向量对：

$$\boldsymbol{x}^1 = \left[\frac{1}{6}, -\frac{5}{6}, -\frac{1}{6}, \frac{1}{2}\right]^{\mathrm{T}}, \qquad \boldsymbol{y}^1 = [1, 0, 0]^{\mathrm{T}}$$

$$\boldsymbol{x}^2 = \left[\frac{1}{2}, \frac{1}{2}, -\frac{1}{2}, \frac{1}{2}\right]^{\mathrm{T}}, \qquad \boldsymbol{y}^2 = [0, 1, 1]^{\mathrm{T}}$$

$$\boldsymbol{x}^3 = \left[-\frac{5}{6}, \frac{1}{6}, -\frac{1}{6}, \frac{1}{2}\right]^{\mathrm{T}}, \qquad \boldsymbol{y}^3 = [0, 0, 0]^{\mathrm{T}}$$

(1) 证明 $\boldsymbol{x}^1$，$\boldsymbol{x}^2$，和 $\boldsymbol{x}^3$ 是正交的；

(2) 计算线性联想器和权矩阵；

(3) 对各个 $\boldsymbol{x}_1$，$\boldsymbol{x}_2$ 和 $\boldsymbol{x}_3$，说明由网络完成的联想；

(4) 把一个特定的模式 $\boldsymbol{x}^i$ 破坏掉，即把其分量中的1设成零，计算最终的噪声向量。

8. 设计一个线性联想器，联想以下向量对：

$$\boldsymbol{x}^1 = [1, 3, -4, 2]^{\mathrm{T}}, \qquad \boldsymbol{y}^1 = [0, 1, 0]^{\mathrm{T}}$$
$$\boldsymbol{x}^2 = [2, 2, -4, 0]^{\mathrm{T}}, \qquad \boldsymbol{y}^2 = [0, 0, 0]^{\mathrm{T}}$$
$$\boldsymbol{x}^3 = [1, -3, 2, -3]^{\mathrm{T}}, \qquad \boldsymbol{y}^3 = [1, 0, 1]^{\mathrm{T}}$$

(1) 证明向量 $\boldsymbol{x}^1$，$\boldsymbol{x}^2$ 和 $\boldsymbol{x}^3$ 线性独立；

(2) 对以上模式，重复题7中(2)～(4)。

9. 给定以下三对存储在BAM中的向量对：

$$\boldsymbol{x}^1 = [1, -1, -1, 1, 1, 1, -1, -1, -1]^{\mathrm{T}}$$
$$\boldsymbol{y}^1 = [1, 1, 1, -1, -1, -1, -1, 1, -1]^{\mathrm{T}}$$
$$\boldsymbol{x}^2 = [-1, 1, 1, 1, -1, -1, 1, 1, 1]^{\mathrm{T}}$$
$$\boldsymbol{y}^2 = [1, -1, -1, -1, -1, -1, 1]^{\mathrm{T}}$$
$$\boldsymbol{x}^3 = [1, -1, 1, -1, 1, 1, -1, 1, 1]^{\mathrm{T}}$$
$$\boldsymbol{y}^3 = [-1, 1, -1, 1, -1, -1, 1, -1, 1]^{\mathrm{T}}$$

(1) 计算BAM的权矩阵。

(2) 将 $\boldsymbol{x}^2$ 供给BAM，并进行回忆。假定回忆周期以状态($\boldsymbol{x}^2$，$\boldsymbol{y}^1$)终止，$\boldsymbol{y}^1$ 是否等于 $\boldsymbol{y}^2$？即模式对是否被正确地回忆起来？

(3) 计算并比较状态($\boldsymbol{x}^2$，$\boldsymbol{y}^2$)和($\boldsymbol{x}^2$，$\boldsymbol{y}^1$)的能量值。

(4) 计算在距 $\boldsymbol{y}^2$ 一个汉明距的点上能量值，说明($\boldsymbol{x}^2$，$\boldsymbol{y}^2$)不是一个局部最小点。

10. 重复4.4.1节中Kohonen竞争学习的例子，但利用以下训练模式：

$\{\boldsymbol{x}^1\ \boldsymbol{x}^2\ \boldsymbol{x}^3\ \boldsymbol{x}^4\ \boldsymbol{x}^5\}=\{1\angle 15^\circ\ \ 1\angle 70^\circ\ \ 1\angle 55^\circ\ \ 1\angle -60^\circ\ \ 1\angle -30^\circ\}$

11. (1) 证明线性TD(1)过程就是Widrow-Hoff过程。

(2) 对增强学习三种类型的TD方法，写出通用的多步预测规则。

12. 试用CMAC网络学习以下二维函数：

$$P(S_1, S_2) = \left(\sin\frac{2\pi S_1}{360}\right)\mathrm{e}^{-2S_2}$$

式中

$$0 \leqslant S_1 \leqslant 360, \ 0 \leqslant S_2 \leqslant 10$$

当输入信号表示的分辨率不同时，比较误差收敛到相同数值所需学习的次数。

13. 设计一个神经网络，估计具有噪声信号的参数 a_1，b_1 和 w_x。

$$y(k) = a_1\cos(kw_x\tau) + b_1\sin(kw_x\tau) + e(k)$$
$$(k = 1, 2, \cdots, N)$$

式中 $y(k)$ 是有噪声信号所测(可测)的样本，$e(k)$ 是未知误差的样本，τ 是采样间隔，应用两种不同特性指标：① 绝对误差；② 均方误差。

14. 设计两个神经网络，分别辨识非线性未知的离散时间动态系统，假定"未知"系统由下式描述：

$$y(k+1)=\frac{0.8y(k)+u(k)}{1+y^2(k)} \quad ①$$

$$y(k+1)=\frac{u(k)y(k)}{1+y^2(k)}+u^3(k) \quad ②$$

式中，$y(k)$是响应，$u(k)$是激励。

可以考虑两种不同方案：一种方案是未知系统的输出 $y(k)$送给神经网络；另一方案是将神经网络的输出 $\hat{y}(k)$，作为网络的输入。

15. 假定参考模型由三阶差分方程描述：

$$y_m(k+1)=0.8y_m(k)+1.2y_m(k-1)+0.2y_m(k-2)+r(k)$$

式中 $r(k)$为有界参考输入。

过程的动态方程为

$$y(k+1)=\frac{-0.8y(k)}{1+y^2(k)}+u(k)$$

试用间接自适应控制方法，利用神经元网络对过程进行控制，并画出 $r(k)=\sin(2\pi k/25)$时的控制响应曲线。

参考文献

[1] Lin C T, George Lee C S. Neural fuzzy Systems: A Neural-Fuzzy Synergism to Intelligent Systems. Prentice Hall PTR, 1996

[2] Jang Y S R, Sun C T, Mizutani E. Neuro-Fuzzy and Soft Computing. Prentice-Hall International, Inc., 1997

[3] Albus J S. A New Approach to Manipulator Control: The Cerebellar Model Articulation Controller (CMAC). Transcations of ASME Journal of Dynamic Systems, Measuments, and Control. Sept., 1975, 9: 220-233

[4] Werbos P J. Backpropagation Through Time: What It Does and How to Do It. Proceedings of IEEE. 1990, 78(10): 1550-1560

[5] Narrendra K S, Parthasarathy K. Identification and Control of Dynamical Systems Using Neural Networks. IEEE Transcations on Neural Networks, 1990, 1(1): 4-27

[6] Narendra K S, Mukhopadhyay S. Intelligent Control Using Neural Networks. IEEE Control Systems, 1992, 4: 11-18

[7] Levin E, Gewirtzman R, Inbar G F. Neural Network Architecture for Adaptive Systems Modeling and Control, Neural Networks, 1991, 4: 185-191

[8] Tai H M, Wang J, Ashenayi A A. Network-Based Tracking Control Systems. IEEE Trans. on Industrial Electronics, 1992, 39(6): 489-504

[9] Chu S R, Shoureshi R, Tenorio M. Neural Networks for System Identification. IEEE Control Systems Magazine, 1990,4: 31-35

[10] Sartori M A, Antsaklis P J. Implementaions of Learning Control Systems Using Neural Networks. IEEE Control Sysyems, 1992, 4: 49-57

[11] Werbos P J. Consistency of HDP Applied to a Single Reinforcement Learning Problem. Neural Networks, 1990, 3; 179-189

[12] Khalid M, Omatu S. A Neural Network Controller for a Temperature Control System. IEEE

Control Systems, 1992, 6: 50-64
[13] Passino K M, Sartori M A, Antsahlis P J. Neural Computing for Numeric-to-Symbolic Conversion in Control Systems. IEEE Control Systems Magazine, 1989, 4: 44-51
[14] Nguyen D H, Widrow B. Neural Networks for Self-Learning Control Systems. Control Systems Magazine, 1990, 4: 18-23
[15] Chen Fu-Chuang. Back-Propagation Neural Network for Nonlinear Self-Turning Adaptive Control. IEEE Control Systems Magazine, 1990, 4: 44-48
[16] Bhat N V, Minderman P A, et al. Modeling Chemical Process Systems via Neural Computation. IEEE Control Systems Magazine, 1990, 4: 24-30
[17] Shing J R. Self-learning Fuzzy Controllers Based on Temporal Back Propagation. IEEE Trans. on Neural Networks, 1992, 3(5): 714-729
[18] Fukuda T, Shibata T. Theory and Applications of Neural Networks for Industrial Control Systems. IEEE Trans, on Industrial Electronics, 1992, 39(6): 472-489
[19] Kita H, Odani H, Nishikawa Y. Solving a Placement Probem by Means of Analog Neural Network. IEEE Trans. on Industrial Electronics, 1992, 39(6): 543-551
[20] Sutton R S, Barts A G, Williams R J. Reinforcemnt Learning Direct Adaptive Optimal Control. IEEE Control Systems, 1992, 4: 19-22
[21] Levin A U, Narendra K S. Control of Non-linear Dynamical Systems Using Nerual Networks. IEEE Trans. on Neural Network, 1993, 4(2): 182-206
[22] Horikawa S I, Furuhashi T, Uchikawa Y. On Fuzzy Modeling Using Fuzzy Neural Networks. Proceedings of IEEE, 1992, 3(5): 801-806
[23] Thomas M W, Glanz F H, Kraft L G. CMAC: An Association Neural Network Alternative to Back-Propagation. Proceedings of IEEE, 1990, 78(10): 1561-1567
[24] Hanelman D A, Lane S H, Geliand J J. Integrating Neural Networks and Knowledge-Based Systems for Intellingent Robotic Control. IEEE Control. Systems Magazine, 1990, 4: 77-87
[25] Willis M J, et al. Artificial Neural Networks in Process Eng. IEEE Proceedings-D, 1991, 38(3): 256-266
[26] Werbo P J. An Overiew of Neural Networks for Control, IEEE Control Systems, 1991, 1: 40-41
[27] Freeman J A, Skapura D M. Neural Networks, Algorithms, Applications, and Programming Techniques. Addison-Wesley Publishing Company, 1991
[28] Wang Mao, Li Renhou. Design of Neural Network Based Controller for Control Systems. Proceedings of SICICI '92, 1992
[29] 王矛，李人厚. 递阶结构智能控制系统的控制器设计. 信息与控制，1994，(2)：124-128
[30] 高峰，李人厚.基于多 ANN 复杂函数学习策略. 西安交通大学学报，1996，(8)：16-21
[31] 高峰，李人厚.基于多 ANN 模型复杂系统长时间预报. 自动化学报，1997，(5)：678-683
[32] Anderson C W. Learning to Control an Inverted Pendulun using Neural Network. IEEE Control Systems Mag, 1989, 3: 31-36
[33] Antsaklis P J. Special Issue on Nerual Network for Controt Systems. IEEE Control Systems, 1992, 12: 8-57

第 5 章　遗传算法及其在智能控制中的应用

5.1　遗传算法的基本概念

遗传算法(Genetic Algorithms，简称 GA)是人工智能的重要新分支，是基于达尔文进化论，在计算机上模拟生命进化机制而发展起来的一门新学科。它根据适者生存、优胜劣汰等自然进化规则来进行搜索计算和问题求解。对许多用传统数学难以解决或明显失效的复杂问题，特别是优化问题，GA 提供了一个行之有效的新途径，也为人工智能的研究带来了新的生机。GA 由美国 J. H. Holland 博士在 1975 年提出，当时并没有引起学术界的关注，因而发展比较缓慢。从 20 世纪 80 年代中期开始，随着人工智能的发展和计算机技术的进步，遗传算法逐步成熟，应用日渐增多，不仅应用于人工智能领域(如机器学习和神经网络)，也开始在工业系统，如控制、机械、土木以及电力工程中得到成功应用，显示出了诱人的前景。与此同时，GA 也得到了国际学术界的普遍肯定。

本章在介绍遗传算法的基本原理之后，着重研究遗传算法在智能控制中的应用，包括神经网络参数和结构学习以及在模糊控制中的应用。

5.2　简单遗传算法

在自然界的演化过程中，生物体通过遗传(传种接代，后代与父辈非常相象)、变异(后代与父辈不完全相象)来适应外界环境，一代又一代地优胜劣汰，发展进化。GA 模拟了上述进化现象。它把搜索空间(欲求解问题的解空间)映射为遗传空间，即把每一个可能的解编码为一个向量，称为一个染色体(Chromosome)或个体，它表示为二进制或十进制数字串。向量的每个元素称为基因(Genes)。所有染色体组成群体(Population)或集团。并按预定的目标函数(或某种评价指标，如商业经营中的利润，工程项目中的最小费用等)对每个染色体进行评价，根据其结果给出一个适应度的值。算法开始时先随机地产生一些染色体(欲求解问题的候选解)，计算其适应度。根据适应度对诸染色体进行选择、交换、变异等遗传操作，剔除适应度低(性能不佳)的染色体，留下适应度高(性能优良)的染色体，从而得到新的群体。由于新群体的成员是上一代群体的优秀者，继承了上一代的优良性态，因而明显优上于一代。GA 就这样反复迭代，向着更优解的方向进化，直至满足某种预定的优化指标。上述 GA 的工作过程如图 5.1 所示。

简单遗传算法的三个基本运算是选择、交换、变异，下面详细介绍。

1. 选择运算

选择运算又称为繁殖，再生，或复制运算，用于模拟生物界去劣存优的自然选择现象。它从旧种群中选择出适应性强的某些染色体，放入匹配集(缓冲区)，为染色体交换和变异运算产生新种群作准备。适应度越高的染色体被选择的可能性越大，其遗传基因在下一代

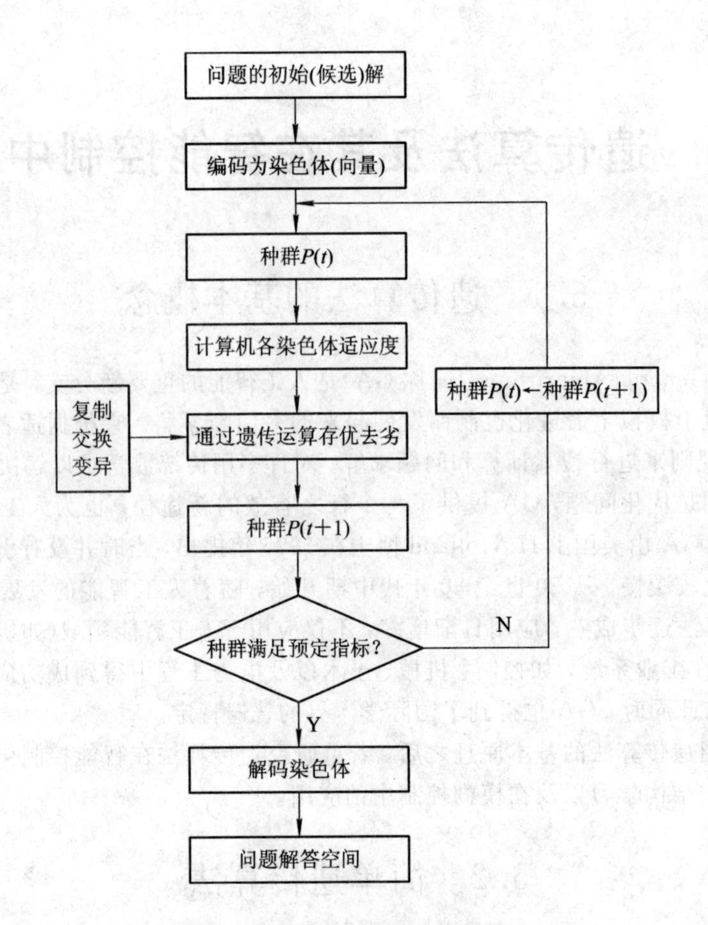

图 5.1　遗传算法工作原理示意图

群体中的分布就越广，其子孙在下一代出现的数量就越多。有多种选择方法，使用比较普遍的一种是适应度比例法。

适应度比例法又称为轮转法，它把种群中所有染色体适应度的总和看作一个轮子的圆周，而每个染色体按其适应度在总和中所占的比例占据轮子的一个扇区。每次染色体的选择可看作轮子的一次随机转动，它转到哪个扇区停下来，那个扇区对应的染色体就被选中。尽管这种选择方法是随机的，但它与各染色体适应度成比例。这是因为适应度大的染色体占据轮子扇区面积大，被选中的概率就高；适应度小的染色体占扇区小，被选中的概率就低。某一染色体被选中的概率为

$$P_s = \frac{f(x_i)}{\sum f(x_i)}$$

式中，x_i 为种群中第 i 个染色体，$f(x_i)$是第 i 个染色体的适应度值，$\sum f(x_i)$ 是种群中所有染色体的适应度值之和。

表 5.1 和图 5.2 分别表示了具有 6 个染色体的二进制编码、适应度值、P_s(占总适应值的比例)、累计和及相应的转轮。

用适应度比例法进行选择时，首先计算每个染色体的适应度，然后按比例于各染色体适应度的概率选择进入交换(匹配)集，其具体步骤如下：

(1) 计算每个染色体的适应度值 $f(x_i)$；

(2) 累加所有染色体的适应度值，得最终累加值 $\text{sum} = \sum f(x_i)$，同时也记录对于每个染色体的中间累加值 $S-\text{mid}$；

表 5.1　染色体的适应度值和比例

序号	染色体	适应度值	所占比例	累计和
1	01110	8	16	8
2	11000	15	30	23
3	00100	2	4	25
4	10010	5	10	30
5	01100	12	24	42
6	00011	8	16	50

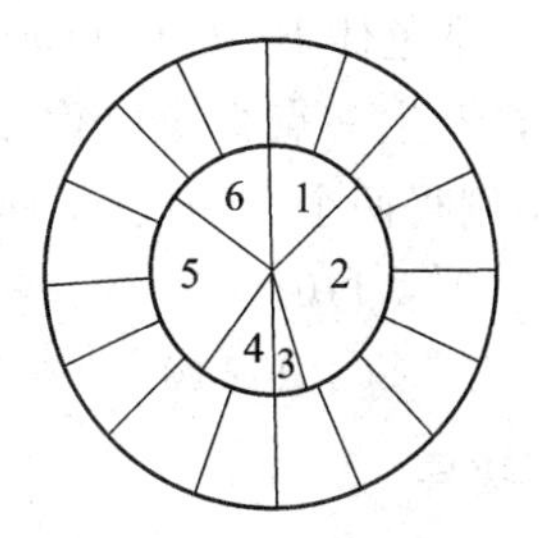

1—16%；2—30%；3—4%；
4—10%；5—24%；6—16%；
图 5.2　转轮示图

(3) 产生一个随机数 N，$0<N<\text{sum}$；

(4) 选择其对应的中间累加值 $S-\text{mid} \geqslant N$ 的第一个染色体进入交换集；

(5) 重复(3)、(4)，直到交换集中包含足够多的染色体为止。

显然，此法要求染色体的适应度值应为正值。

例　设某种群包含 10 个染色体，按适应度比例法选择进入交换集的过程示于表 5.2 及表 5.3。

表 5.2　染色体被选的概率

染色体编号	1	2	3	4	5	6	7	8	9	10
适应度值	8	2	17	7	2	12	11	7	3	7
被选概率	0.1	0.02	0.22	0.09	0.02	0.16	0.14	0.09	0.03	0.09
适应度累加值	8	10	27	34	36	48	59	66	69	76

表 5.3　被选的染色体

随机数	23	49	76	13	1	27	57
所选染色体号	3	7	10	3	1	3	7

由这两个表格可以看到，3 号染色体的被选概率最高，被选中的次数最多，其他选择概率较低的染色体被选中的次数就少。当然，用适应度比例法进行选择时，性能最坏的染色体也可能被选择，但概率极小，当种群规模较大时，这种情况可以忽略不计。

2. 交换

复制操作虽然能够从旧种群中选择出优秀者，但不能创造新的染色体。因此，遗传算法的开创者提出了交换操作。它模拟生物进化过程中的繁殖现象，通过两个染色体的交换组合，来产生新的优良的品种。即：在匹配集中任选两个染色体(称为双亲的染色体)；随机选择一点或多点交换点位置 $J(0<J<L$，L 是染色体数字串的长度)；交换双亲染色体交换点右边的部分，即可得到两个新的(下一代)染色体。也就是说，交换操作能够创造新

的染色体(子孙染色体)，从而允许对搜索空间中的新点进行测试。交换也体现了自然界中信息交换的思想。例如，从匹配集中取出的一对染色体为

染色体 A　11010|110

染色体 B　01011|001

假定随机产生一点交换位置是在第 5 位，交换染色体 A、B 中第 5 位右边的部分——110 和 001，则得两个下一代(子孙)染色体数字串：

A'　11010001

B'　01011110

3. 变异

变异运算用来模拟生物在自然的遗传环境中由于各种偶然因素引起的基因突变，它以很小的概率随机地改变遗传基因(表示染色体的数字串的某一位)的值。在染色体以二进制编码的系统中，它随机地将染色体的某一个基因由 1 变成 0，或由 0 变成 1。若只有选择和交换，而没有变异操作，则无法在初始基因组合以外的空间进行搜索，使进化过程的早期就陷入局部解而中止进化过程，从而使解的质量受到很大限制。通过变异操作，可确保群体中遗传基因类型的多样性，以使搜索能在尽可能大的空间中进行，避免丢失在搜索中有用的遗传信息而陷入局部解，获得质量校高的优化解答。

例　遗传算法举例。设有函数 $f(x)=x^2$，求其在区间[0, 31]的最大值。下面用遗传算法求解此函数的优化问题。

(1) 确定适当的编码，把问题的可能解表示为染色体数字串。因为有一个决策变量 x，其取值范围为[0, 31]，$2^5=32$，使用 5 位无符号二进制数组成染色体数字串，即可表达变量 x，以及问题的解答方案。

(2) 选择初始种群。通过随机的方法产生由 4 个染色体的数字串组成的初始种群，见表 5.4 第 2 列。

(3) 计算适应度值及选择概率。

此问题中染色体的适应度取为函数自身 $f(x)=x^2$。为了计算每个染色体的适应度，先将染色体解码，求出其二进制数字串等价的十进制数，即 x 值。再由 x 值计算目标函数 $f(x)=x^2$ 的值。在此基础上计算选择概率 $P_s=f_i/\sum f_i$ 和适应度期望值 $f_i/\bar{f}_i$。计算结果如表 5.4 第 4、5、6 列所示。

(4) 选择进入交换集的染色体。按适应度比例法，选择进入交换集的染色体，如表 5.4 第 7 列所示。可见，染色体 1 和 4 均被选择了 1 次；染色体 2 被选择了 2 次；染色体 3 没有被选择，也就是说染色体 3 被淘汰了。所选择的 4 个染色体被送到交换集，准备参加交换。(见表 5.5 第 1 列)

(5) 交换染色体。首先对进入交换集的染色体进行随机配对，此例中是染色体 2 和 1 配对，染色体 4 和 3 配对。接着随机确定交换位置，结果是第 1 对染色体交换位置是 4，第 2 对染色体的交换位置是 2。经交换操作后得到的新种群如表 5.5 第 4 列所示。

(6) 变异。此例中变异概率取为 0.001。由于种群中 4 个染色体总共有 20 位代码，变异的期望次数为 20×0.001=0.02 位，这意味着本群体不进行变异。因此，此例中没有进行变异操作。

表 5.4　初始种群和它的适应度

编号	初始种群（随机产生）	x 值（无符号整数）	适应度 $f(x)=x^2$	选择概率 $f_i/\sum f_i$	期望值 $f_i/\bar{f}_i$	实际数（从转轮选择）
1	01101	13	169	0.14	0.58	1
2	11000	24	576	0.49	1.97	2
3	01000	8	64	0.06	0.22	0
4	10011	19	361	0.31	1.23	1
和			1170	1.00	4.00	4.0
平均			293	0.25	1.00	1.0
最大			576	0.49	1.97	2.0

表 5.5　染色体的交换操作

复制后交换集种群	交换配对（随机选择）	交换位置（随机选择）	新种群	x 值	$f(x)$ x^2
0110|1	2	4	01100	12	144
1100|0	1	4	11001	25	625
11|000	4	2	11011	27	729
10|011	3	2	10000	16	256
和					1754
平均					439
最大					729

从表 5.5 可以看出，虽然仅进行了一代遗传操作，但种群适应度的平均值及最大值却比初始种群有了很大的提高，平均由 293 变到 439，最大值由 576 变到 729。这说明随着遗传运算的进行，种群正向着优化的方向发展。

5.3　遗传算法的基本数学问题

由前面的叙述可知，遗传算法并不复杂，但却展示了强大的信息处理能力。为什么它具有这种能力呢？Holland 提出的图式(Schmata)定理在一定程度上对此作了解释，奠定了遗传算法的理论基础。图式是描述种群中任意染色体之间相似性的一组符号串。它由符号 0，1，* 定义，即由二进制数字 0，1 及通配符 * 任意组合而成。图式中的 01 序列组成其固定部分，* 表示其变化部分，整个图式表示有意义的匹配模式。例如，图式 01 * * 可和 0100，0101，0110，0111 中的任一个匹配。由 0，1，* 定义且长度为 L 的符号串所能组成的最大图式数或相似性为$(2+1)^L$，若 $L=3$，则它最多可组成 27 种图式。含有 N 个染色体的种群可能包含的图式数在 $2^L \sim N \cdot 2^L$ 之间。遗传算法正是利用种群中包含的众多的图式及其染色体符号串之间的相似性信息进行启发式搜索和问题求解。已经证明，在产生新一代的过程中，尽管遗传算法只完成了正比于种群长度 N 的计算量，而处理的图式数却正比于种群长度 N 的三次方。

用两个参数描述图式 H，即

· 定义长度 $\delta(H)$——H 左右两端有定义的位置之间的距离。

· 确定位数 $O(H)$或图式的阶次——H 中有定义(非 $*$)位的个数。

例如，图式 1 * * * 1 的定义长度是 $5-1=4$，确定位数为 2。

种群中定义长度短、确定位数少和适应度高的图式(符号串)称为组块(Building Block)。GA 的运算实际上是对组块的操作。图式定理可用来描述图式的组块在多大程度上能保留到下一代，详述如下。

设 $m(H, t)$表示在第 t 代种群中存在的图式 H 的数量，$f(H)$为在 t 时刻包含 H 的染色体平均适应度。对具有 n 个染色体的种群，经过选择操作，在 $t+1$ 时刻，图式 H 的数量 $m(H, t+1)$可表示为

$$m(H, t+1)=\frac{m(H, t)nf(H)}{\sum f_i} \tag{5.1}$$

式中 $nf(H)/\sum f_i$ 可进一步写成

$$\frac{f(H)}{\sum f_i/n}=\frac{f(H)}{\bar{f}}$$

$\bar{f}_i$ 是种群平均适应度，于是复制后图式 H 的增长可表示为

$$m(H, t+1)=m(H, t)\frac{f(H)}{\bar{f}} \tag{5.2}$$

由上式可知，在遗传算法的选择运算过程中，下一代种群中 H 的数量正比于种群中 H 染色体平均适应度与种群平均适应度的比值。若某些染色体的适应度高于当前种群中平均适应度，则这些数字串所包含的组块在下一代染色体中出现的机会将增大，否则在下一代中组块的出现将减少。运算中组块的增减是并行进行的，这也表现了遗传算法隐含的并行性。

经过交换和变异操作后，图式可能被破坏，因交换而破坏的概率为

$$P_c\delta(H)/(L-1)$$

式中，L 为染色体长度；P_c 为交换的概率，即经选择操作进入交换集的一对染色体发生交换的概率；$\delta(H)$是定义长度。

因变异操作而破坏的概率为

$$O(H)P_m$$

式中，P_m 是变异概率；$O(H)$是确定位数。

综合上述讨论，在 GA 运算过程中，经过复制、交换和变异操作后，在 $t+1$ 代中图式 H 的数量为

$$m(H, t+1)\geqslant m(H, t)\frac{f(H)}{\bar{f}}\left[1-P_c\frac{\delta(H)}{L-1}-O(H)P_m\right] \tag{5.3}$$

式(5.3)也可用文字表达为如下的图式定理：

在选择、交换、变异运算的作用下，确定位数少、定义长度短和适应度高的图式(也称

组块)将按指数增长的规律，一代一代地增长。

由此定理可知，下一代图式(组块)的数量正比于染色体的适应度。为了增加图式，就应尽可能减少交换和变异。但是，没有交换和变异，就没有种群的进化，就不能跳出可能陷入的局部最小区域。遗传算法正是通过组块的增减、组合等处理来存优去劣，寻找最佳匹配点，进行高质量的问题求解。

5.4 遗传算法应用中的一些基本问题

5.4.1 知识表示(编码)

知识表示要解决的问题是如何用方便实用的染色体串表达欲求解问题的候选解，即如何将问题的候选解集编码。编码的恰当与否对问题求解的质量和速度有直接的影响。David E. Goldberg 提出了编码的两条基本原理：

(1) 所选编码方式应使确定位数少、定义长度短的图式与所求解的问题相关，而同其他固定位的图式与求解问题关系少一些。

(2) 所选编码方式应具有最小的字符集，自然地表达欲求解的问题。

原理(1)基于图式定理，在实际编码过程中较难掌握和使用。原理(2)则为实际编码工作指出了方向。根据原理(2)，由于二进制编码的字符集少，它比非二进制编码要好。这也可从以下数学推演来说明。设某问题的解既可以用 b 位二进制数，也可以用基数为 K(K 进制)的 d 位非二进制数编码，为了保证这两种编码方式确定的解的数量相同，应有

$$2^b = K^d$$

二进制数编码时每个码位的取值有 0，1，* 三种情况，可得到的图式数为 3^b。K 进制数编码时每个码位的取值有 $K+1$ 种情况，可得到的图式数为$(K+1)^d$。由于 $b>d$(以十进制为例，$b\approx3.33d$，即，一位十进制数若用二进制数表达，约需 3.3 位)，故 $3^b>(K+1)^d$。这说明采用二进制数能比非二进制数提供更多的图式。

从另外一个角度看，由于实际问题中往往采用十进数，用二进制数字串编码时，需要把实际问题对应的十进数变换为二进数，使其数字长度扩大约 3.3 倍，因而对问题的描述更加细致，而且加大了搜索范围，使之能够以较大的概率收敛到全局解；另外，进行变异运算的工作量小(只有 0 变 1 或 1 变 0 的操作)。所以，早期遗传算法的编码多采用二进制数。

但是，采用二进制编码也有一些缺点，如：编码时需进行十进制数到二进制数变换，输出结果时要解码，进行二进制数到十进制数的变换；当二进制数串很长时，交换操作计算量很大。也有人认为，使用二进制编码效率低，可能会使遗传算法的性能变坏。因此，近年来许多应用系统已使用非二进制编码。

应该明白，考虑图式的目的之一就是要把高适应度与种群数字串之间的相似性联系起来。因为对遗传算法而言，找出具有多个相似的图式是至关重要的。当我们设计编码时，应使 GA 可利用的图式数目最多，以便搜索。

在实际应用中，对多个实参数的优化问题的编码，应用所谓连接多参数映射的定点编码法。对一个参数 $x\in[U_{\min}, U_{\max}]$，我们将已编码的无符号的整数线性地从$[0, 2^l]$映射到

特定区间$[U_{\min}, U_{\max}]$。这样，可以慎重地控制决策变量的范围和精度，这种映射编码的精度为

$$\pi = \frac{U_{\max} - U_{\min}}{2^l - 1} \tag{5.4}$$

为了构造多参数的编码，只要按要求将单参数码连接起来即可，每一个码可以有自己的子长度和自己的$U_{\max}$和$U_{\min}$值。下面是10个参数编码的例子：

单个参数$U_1(l_1=4)$

$0000 \rightarrow U_{\min}$

$1111 \rightarrow U_{\max}$

其他各点在$U_{\max}$和$U_{\min}$之间线性映象。

多个参数编码(10个参数)可描述如下：

0001 | 0101 | … | 1100 | 1111 |

U_1 | U_2 | … | U_9 | U_{10} |

许多优化问题，不仅仅有单个控制参数，而且还有控制函数，它必须以连续形式在每一点指定。为了使GA应用于这些优化问题，必须在函数编码之前，将它简化成有限的参数形式。换句话说，必须将最优连续函数的搜索通过离散化变换成函数上多点搜索。例如，我们假定要将二点之间自行车旅行时间缩至最短，再假定可以加一个时间t的函数$f(t)$，$|f(t)| \leqslant f_{\max}$。对于这个问题，我们要计算所加力的时间连续函数，如图5.2所示。为了用GA来寻找这样一个函数，就应该将连续的力函数离散化变成按相等时间间隔、所加力为f_i的有限参数形式。譬如，在力控制问题中，最优连续函数$f(t)$的搜索可变成6个参数f_0，f_1，…，f_5的搜索(见图5.2)。然后，通过编码过程，将有限参数编成字符串形式。当有限参数的最优值f_i^*找到时，则用某种函数形式，如阶跃函数，线性插值，分段平方或三次条样来拟合多点f_i^*。图5.3用线性插值函数来逼近自行车控制问题中连续力函数。

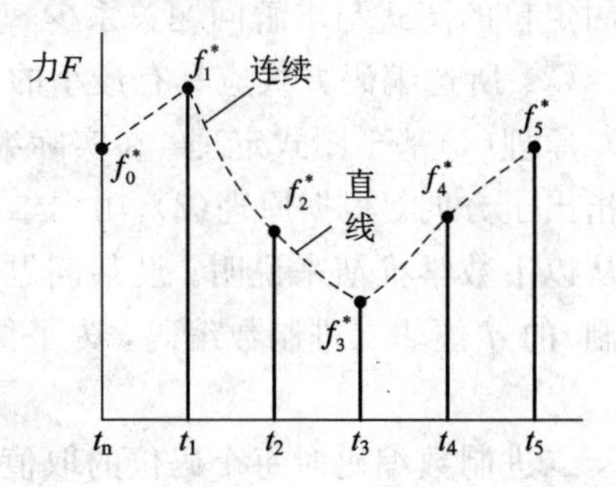

图5.3　离散化的力控制

5.4.2　适应度函数

在一般的遗传算法中，基本上不需要搜索空间的知识，而仅用适应度函数来评价染色体的优劣，并在此基础上进行各种遗传操作。因此适应度函数选择是否适当对算法的性能好坏影响很大，应根据实际问题的特性具体确定。通常遗传算法要求适应度函数值非负，同时要求把待优化问题表达为最大化问题，即目标函数的优化方向对应于适应度函数的增大方向。而一般的优化问题并不一定满足这些条件，许多问题求解的目标是求目标函数(如成本和费用)的极小值或者负值。为此，我们必须通过一次或多次的映射，将所求解问题的自然目标函数变换成适应度函数。

如果优化问题是使费用函数$g(x)$最小，则GA中常用以下的费用－适应度的变换：

$$f(x) = \begin{cases} C_{max} - g(x) & 当\ g(x) < C_{max} \\ 0 & 其他情况 \end{cases} \tag{5.5}$$

式中 C_{max}可以当作输入参数，它可以是所观测到的最大 g 值，或当前种群中最大 g 值，或前 k 代中最大 g 值。也许更合适的是，C_{max}应根据种群方差而变化。

当原始目标函数是最大化的利润或实用函数 $u(x)$时，就可简单地按下式变换成适应度函数：

$$f(x) = \begin{cases} u(x) + C_{min} & 当\ u(x) + C_{min} > 0 \\ 0 & 其他情况 \end{cases} \tag{5.6}$$

式中 C_{min}可选作为输入参数，或当前或前 k 代中最坏 u 绝对值，或者作为种群方差的函数。

大家知道，调节遗传算法中子孙的数目是十分重要的，也即要保持种群中个体的多样性。特别在头几代，当几个"超级"染色体可能潜在地占有种群的很大部分时，更是重要。否则会减少多样性，导致早熟收敛。为了防止这个问题的产生，可以将适应度函数进行线性换算。

设原来的适应函数为 f，换算后的适应函数为 f'，f'与 f 之间存在以下线性关系：

$$f' = af + b \tag{5.7}$$

选择式(5.7)中的系数 a 和 b，使得下列条件满足：

$$f'_{avg} = f_{avg} \tag{5.8}$$

$$f'_{max} = C_{mult} f_{avg} \tag{5.9}$$

式中，f_{avg}和 f'_{avg}分别是换算前后的平均适应值；C_{mult}是最好种群数目情况下，所需的期望复制数目，对典型的小种群(n=50～100)，C_{mult}=1.2～2.0。方程式(5.8)保证具有平均适应值的每一种群中个体(染色体)，对下一代贡献一个期望的子孙；而式(5.9)控制了给种群提供具有最大适应值个体的个数。注意到式(5.7)～(5.9)的变换关系在换算之前会使得低适应值变成负，破坏了非负性的要求。其解决的办法是用条件 $f'_{min}=0$ 来代替式(5.9)的条件。

5.4.3 GA的全局收敛性与最优性

简单的遗传算法的进化过程可以用齐次有限马尔可夫链来描述。已经证明，当采用比例选择(转轮法)时，简单的 GA 都不会以 1 的概率收敛到全局的最优点。只有采用下节所述的精英选择法和改进的遗传算法可以收敛到全局最优点。可以证明，在几代进化后，种群中包含最大适度的概率下限为：$P_{LB}=1-O(|\lambda_*|^n)$，式中 λ_* 为转移矩阵主对角矩阵特征值的最大值，n 为进化的代数，$|\lambda_*|<1$。

对于简单的遗传算法，转移矩阵 $Q_{k,v}$可表示为

$$Q_{k,\nu} = M! \prod_{j=0}^{2^L-1} \frac{1}{Z(j,\nu)!} r(j,k)^{Z(j,v)}$$

式中，$Q_{k,\nu}$是从种群 k 中产生种群 ν 的条件概率；这里采用二进制编码，L 是编码的长度；M 是偶数，是种群中染色体个数；$Z(j,\nu)$表示种群 ν 出现 j 个体个数，它根据 $r(j,k)$按多项式分布产生，$j=0, 1, 2, \cdots, 2^L-1$；$r(j,k)$是种群中出现个体 j 的概率。

根据交换概率 $X(0\leqslant X\leqslant 1)$和变异概率 $\mu(0\leqslant\mu\leqslant 1)$可以计算 $r(j,k)$，而且可以导出对任何 k,有

$$\mu^{LM}M!\prod_{j=0}^{2^L-1}\frac{1}{Z(j,\ v)!}\leqslant Q_{k,\ v}\leqslant(1-\mu)^{LM}M!\prod_{j=0}^{2^L-1}\frac{1}{Z(j,\ v)!}$$

5.4.4 遗传算法的早期收敛

遗传算法中存在一个重要问题是成熟前收敛(Premature Convergence)，它使遗传算法搜索不到真正的最优值。这时群体中的所有染色体都相同，以至于基因交换只能产生和父代相同的子代。任何进一步的改善中只能依靠基因突变，因而收敛速度变得极慢。造成成熟前收敛的原因是：在进化的初期，群体的适应度一般都较低，按比例选择方法，少数具有相对高的适应度的“超常”染色体就会获得较多的后代。这些“超常”染色体的图式就会在整个群体中蔓延，从而抑制了具有优秀图式的普通染色体的生长，就会造成成熟前收敛。在进化的后期，由于群体已接近收敛，染色体的适应度都较高，而且方差较小，按照比例选择方式得到的后代数几乎相同，使比例选择方式失去了效用，无法再从染色体中选出优秀基因。这也造成了成熟前收敛。

5.5 高级遗传算法

前面介绍的遗传算法仅包含选择、交换和变异三种遗传算子，其交换及变异概率是固定不变的，这样的遗传算法被称为简单(经典)遗传算法(SGA)。随着遗传算法研究的进展，人们在SGA的基础上提出了多种选择方法和高级遗传运算，从而形成了各种较为复杂的遗传算法，称为高级遗传算法(Refine Genetic Algorithms，简称为RGA)。

本节首先介绍选择方法的改进，然后从微操作和宏操作两方面讨论高级遗传运算，进而提出一些新的遗传算法。

5.5.1 改进的选择方法

在标准的(简单的)遗传算法中，采用转轮法来选择后代，使适用度高的染色体具有较高的复制概率。此法的优点是实现简单。其潜在的问题是：种群中最好的个体可能产生不了后代，造成所谓随机误差。现在已有几种选择方法，可避免转轮法所带来的随机误差。

1. 精英选择法

精英选择策略是把种群中最优秀的个体直接复制到下一代。这个策略可以提高优秀个体对种群控制的速度，从而改善局部搜索，但损害了全局搜索能力。但相权之下，仍改善了GA特性。

2. 确定性选择方法

在确定性选择方法中，选择的概率按常规计算 $P_s = f_i / \sum f_i$。对染色体 A_i，其期望的后代数目 e_i 计算为 $e_i = nP_s$。每一字符串(染色体)按 e_i 的整数部分分配后代数，种群的其余部分按排序表由高至低来填充。

3. 置换式余数随机选择法

该方法开始与上述确定性选择法一样，期望的个体数如前分配为 e_i 的整数部分，但 e_i

的余数部分用来计算转轮法中的权值，以补足种群总数。

4. 非置换式余数随机选择法

该方法开始也与上述确定性选择法一样，而 e_i 的余数部分按概率来处理。换句话说，染色体至少复制一个与 e_i 整数部分相等的后代，然后以 e_i 的余数部分为概率来选择其余的后代，直至种群的总数达到 n。例如一个具有期望复制值为 1.5 的染色体，它可以复制产生一个后代，并以 0.5 的概率产生另一个后代。实验表明，这种方法优于其他选择方法。因此，非置换式余数随机选择法广泛应用各种应用领域。

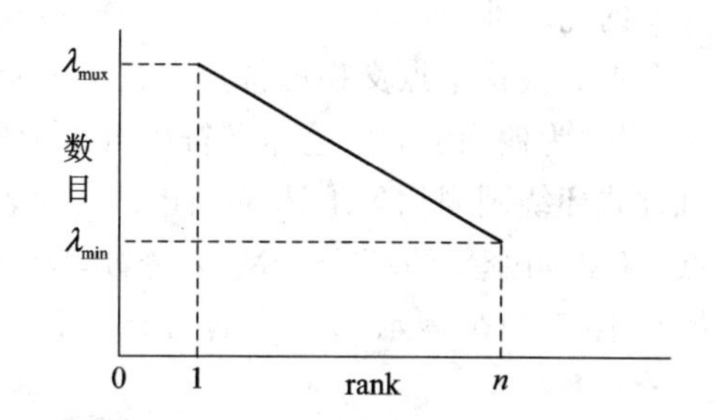

图 5.4　排序过程

5. 排序法

排序过程是选择方法中的非参数过程。在排序法中，种群按目标函数(适应度)排序，个体所分配到的后代仅是它们级别的函数。图 5.4 是一种排序函数。特殊情况下，个体的期望数目 e_i 可按下式计算

$$e_i=-\frac{2(\lambda_{\max}-1)}{n-1}\text{rank}(i)+1+(\lambda_{\max}-1)\frac{n+1}{n-1} \tag{5.10}$$

式中，$\lambda_{\max}$是用户定义的值，$1\leqslant\lambda_{\max}\leqslant 2$；$n$ 是种群的规模；e_i 的范围为$[2-\lambda_{\max},\lambda_{\max}]$。式(5.10)的函数是图 5.4 的一种特殊情况，只要把最小值设成$(2-\lambda_{\max})$即可。即在图 5.4 中，使 $\lambda_{\min}=2-\lambda_{\max}$。

5.5.2　高级 GA 运算

简单的 GA 主要是由 3 个运算：复制、交换和变异来操作，但还有其他有趣的自然现象和运算。这里考虑两种类型的基因运算，它可以改善简单 GA 的鲁棒性，这就是微运算和宏运算。前者是在染色体级别上的运算；而后者是在种群级别上的运算。我们先对微运算：多点交换和重组运算，进行讨论，然后介绍两种高级的 GA 算法。

1. 多点交换

交换运算的目的是把染色体中性能优良的欲交换的两个组块，遗传到下一代某个染色体中，使之具有父辈染色体的优良性能。但是，在某些情况下，一点交换运算无法达到这个目的。例如，设有两个父辈染色体 c_1 及 c_2，

$$c_1:10110001100$$
$$c_2:00101101001$$

设 c_1 含有性能优良的组块 $1*1$ 及 $**0$；c_2 中含有性能优良的组块 $1*1$ 及 $1**1$。若对 c_1 和 c_2 进行一点交换运算，则无论交换点选在何处，都可能使这些优良组块由于交换运算而被分割或丢弃，不能遗传到下一代。而采用两点交换就可避免这个问题。设两个交换点选择如下(|表示交换点)：

$$c_1:1011|0001|100$$
$$c_2:0010|1101|001$$

则两点交换运算就是交换 c_1 与 c_2 两个交换点之间的部分，得到两个子孙染色体 c_1' 及 c_2'

如下：

$$c_1': 1011|1101|100$$

$$c_2': 0010|0001|001$$

可见，子孙染色体 c_1' 中继承了父辈染色体中性能优良的组块。从这个例子中也可以看到多点交换的优越性。

多点交换是单点交换的推广，其交换点数设定为 N_c，当 $N_c=1$ 时，就简化为单点交换。当 N_c 为偶数时，染色体字符串可以看作是首尾相接的环，无起点也无终点，交换点以随机方式环绕圆周均匀地选择。图 5.5(*a*)表示了 $N_c=4$ 的多点交换情况，随机选择 4 个交换点，获得两个新的环。若 N_c 为奇数，默认的交换点常常假定为 0 位置(染色体字符串的开始)。图 5.5(*b*)表示 $N_c=3$ 的情况。

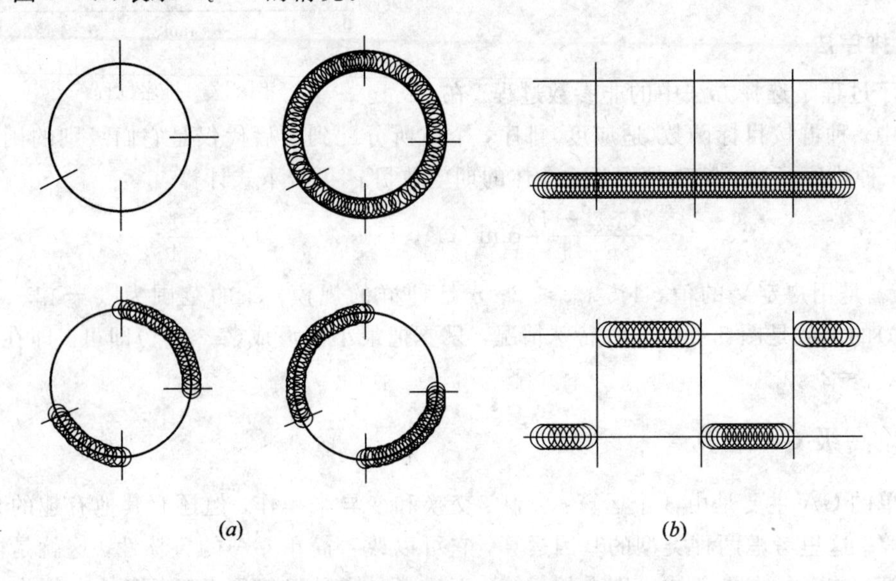

图 5.5 多点交换操作

(*a*) 随机取 4 点交换得两个新环；(*b*) 随机取 3 点交换得两个新染色体

另外一种多点交换运算的方法称为一致性交换。在该方法中，选择两个父辈染色体并产生两个子辈染色体。按照随机产生的模板，随机地决定父辈染色体中哪一位进行交换。下面是一个交换的例子：

父辈 1	01100111
父辈 2	11010001
模板 3	01101001
子辈 1	11110001
子辈 2	01000111

上例表明，模板为 1 的各位，父辈染色体之间不进行交换；模板为 0 的各位，父辈染色体之间进行交换，于是产生两个新的子辈。

虽然多点交换能解决上述单点不能解决的问题，但使用时必须小心。经验表明，随着交换点数 N_c 的增加，GA 的性能会变坏，其理由是，随着 N_c 增大，多点交换造成更多的混合和更少的结构性。因此像随机洗牌一样，可保持的优秀图式减少。

2. 重组运算

这是GA中在种群级别上的宏运算。这种宏运算考虑了自然界中种族间变演(特化作用)的现象。在自然界中，族间变演是通过物种形成和小生镜开拓而实现的。在GA中，可以促进小生镜和物种形成的一个模式是共享函数。共享函数确定种群中每一染色体字符串共享程度和领域。一个简单的共享函数表示于图5.6。图中$d(x_i, x_j)$是两个字符串x_i和x_j之间汉明距。对给定的某个个体，其共享度是由种群中所有其他字符串所提供的共享函数值之和来决定。接近于该个体的字符串具有高的共享度(接近于1)，而远离该个体的字符串，具有很小的共享度(接近于0)。以这种方式累计共享总数之后，一个个体所降低的适应度由下式计算：

$$f_s(x_i) = \frac{f(x_i)}{\sum_{j=1}^{n} s(d(x_i, x_j))} \tag{5.11}$$

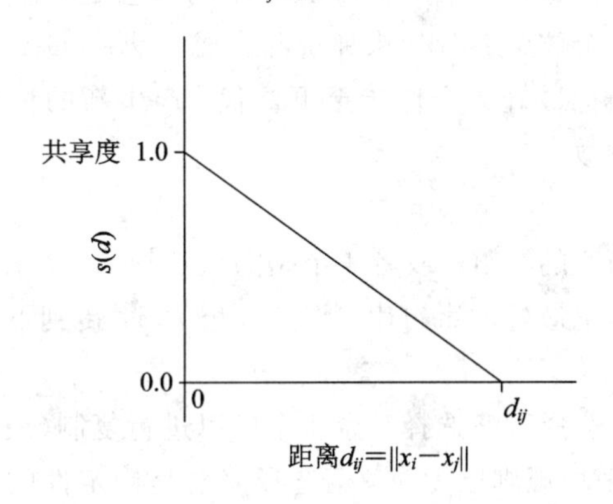

图5.6　三角共享函数

即潜在(未共享)适应度除以累计的共享值。因此，当许多个体处于相近区领域时，它们相互降低适应度的值，这样就可限制种群内部特殊个体的不可控的长势。

共享函数的效果表示于图5.7。利用图5.6的三角形共享函数，如图5.7(*a*)所示，在100代后每个峰区有偶数个分布点。为了比较，无共享的简单GA的结果表示于图5.7(*b*)，由此图可见，简单的无共享的GA，所产生的个体分布集中，减少了个体的多样性。

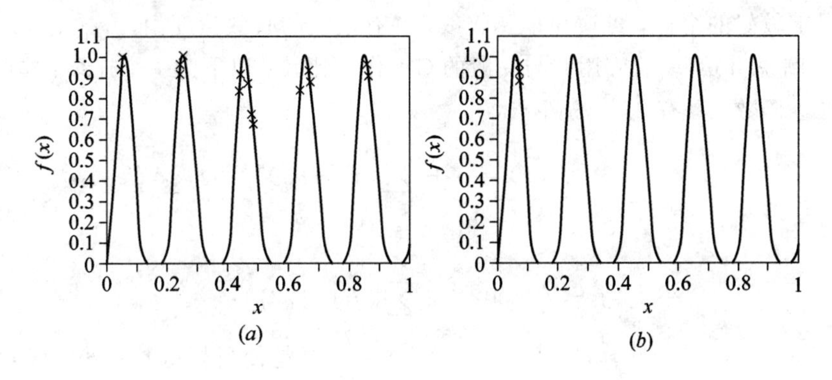

图5.7　简单GA在等峰上的特性

(*a*) 100代，有共享，无变异；(*b*) 100代，无共享，无变异

5.6 微种群和双种群遗传算法

简单的遗传算法对许多优化问题是一个十分有用的工具，但对于种群规模很大的GA，它要花很多时间用来计算适应度函数，因此速度慢，影响它在实际中实时应用。为了提高简单遗传算法的收敛速度，并防止陷入成熟前的收敛，获取最优解，许多学者已提出许多改进的算法。下面我们介绍微种群和双种群的遗传算法。

5.6.1 微种群算法

在一般的简单GA的规模大致为30～200。经过理论研究，普遍认为种群小，信息处理不充分，容易陷入局部非最优结果；但种群小，无疑有计算简单、速度快等优点。为了尽快地获得最优解，提出微种群遗传算法μGA。其基本的思想是不按平均特性来评价种群的行为，而是根据至今最好的个体(字符串)来评价和完成算法。μGA随机产生小种群，对它进行遗传运算并收敛之后，把最好的个体传至下一代，产生新的种群，再进行遗传算法，如此重复，直到完成总体收敛。

μGA的具体算法如下：

(1) 随机选择规模为5的种群，或者4个是随机选择，1个来自前一次搜索。

(2) 计算适应度并确定最好的字符串，将其标记为5，传到下一代(精英策略)，这样保证优良的图式信息不致丢失。

(3) 按照确定性竞赛选择策略选择其余4个串以进行复制(最好的串也参予竞赛，复制一个串)。因为种群小，平均规则已无意义，选择完全是确定性的。在竞赛策略中，字符串随机编排，相邻一对进行竞争以获得最终的4个串。(要注意避免在下一代中同一串有两个复制品。)

(4) 以概率1施加交换运算，以加速产生确定位高的图式。显然，通过新的种群，每次收敛后有足够的种类，因此变异率为零。

(5) 检验收敛条件，如收敛转步骤(1)；否则转步骤(2)。

μGA在进化过程中，以合理的间隔，通过“起动—再起动”过程，不断地引入恒定数目新种群，寻求较好的个体，可避免早熟收敛，并有较快的收敛速度。

下面举例说明μGA的应用并与一般的GA作一比较：以下为一个连续、非凸、非二次型、多模二进函数，具有25个极小点，

$$f_j(x) = j + \sum_{i=1}^{2}(x_i - a_{ij})^6 \tag{5.12}$$

目标函数为

$$J = \left(0.002 + \left(\sum_{j=1}^{25}(f_j(x)^{-1})\right)\right)^{-1} \tag{5.13}$$

其中$-65.536 \leqslant x_i \leqslant 65.536$，分辨率$\Delta x_i = 0.001$，问题是使目标函数最小。搜索空间由近似为$1.68 \times 10^{10}$候选解成组成。$J$是一平滑面，具有25个位于$x_i = a_{ij}$的深“狐穴”。用$\mu$GA和简单(种群为50)的搜索结果表示于图5.8。

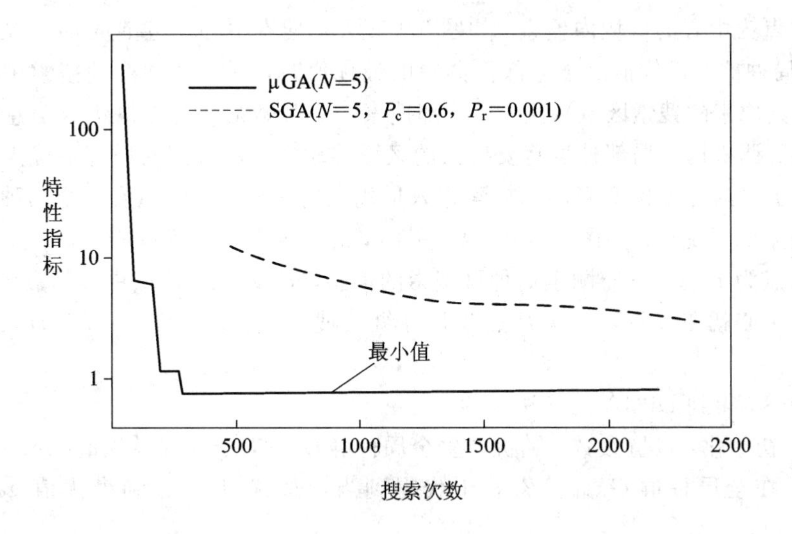

图 5.8 μGA 与 SGA 算法比较

5.6.2 双种群遗传算法

在多模态函数寻优时，为了进一步解决 GA 在搜索空间广泛的快速搜索能力和避免陷入局部最优点的矛盾，受人类社会分工负责和协作的工作方式的启发，提出了双种群遗传算法(DPGA)。它用两个种群分工协作来解决上述的矛盾。一个种群是全局种群，主要任务是寻找可能存在最优点的区域；另一个种群是局部种群，主要任务是仔细搜索全局种群划定的区域，找到最优点。

全局种群和局部种群的任务不同，两者对遗传算法的要求也不一样，因此，要根据不同要求，对每个种群采用适合其特点的适应度评价指标和遗传算子(交换和变异)策略。全局搜索种群注重搜索未知区域，要求处理的信息较多，处理速度快而对精度要求不高，不能陷入局部极小点；局部种群注重搜索有局部最优点的区域，要求搜索速度快，一般情况下属于多模态寻优问题，搜索范围较小。按以上的要求，我们采用 5.6.1 节的微种群遗传算法。

全局种群采用 μGA 是很自然的，因为它能够很快地找到近似最优的区域，而且不会陷入局部极小点；局部种群在含最优点的区域内收敛到最优点的过程也可看成是小范围的多模态函数寻优，它和全局群体的算法只是搜索范围和编码长度的不同，没有本质上的差别，因此也可采用 μGA。然而，DPGA 比单纯使用 μGA 的搜索速度快，这是因为 DPGA 能将寻优范围局限在含有最优点的较小的区域而不用搜索其他无关的区域，因此算法搜索速度快，算法搜索的效率也大大地提高了。

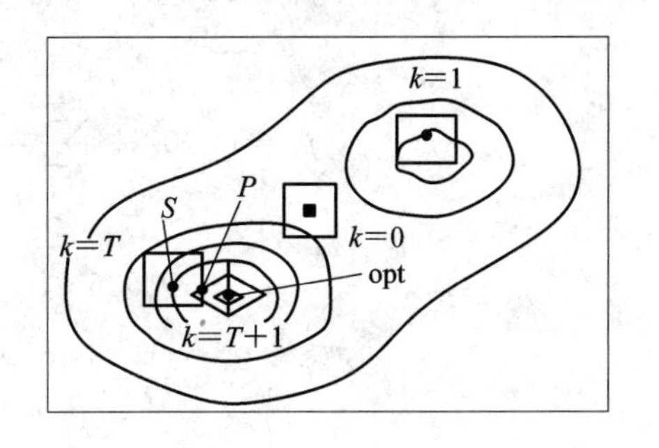

图 5.9 DPGA 的搜索过程

现在以图 5.9 为例说明 DPGA 的搜索过程。搜索开始时，局部种群的搜索中心随机确定，当全局种群找到的当前最优点优于当前局部种群的最优点时，则局部种群便以全局种群中的最优点为中心的区域内搜索。如图 5.9 所示，搜索中心及范围从 $k=0$ 处移动到 $k=1$ 处；若全局种群的最优值次于局部种群中的最优值时，则局部种群的搜索中心及宽度不变，继续在其原来的搜索区域内搜索。局部搜索一定步数后，若无最优点信息从全局种群中传来，则协调机构将局部种群将要搜索的区域移动到以新得到的局部最优点为中心的区域内继续搜索，这样可保证当局部搜索进入最优点的区域后，即使没有全局种群的指导也可以自行搜索到最优点。如图 5.9 中，$k=T$ 时，局部种群的搜索中心在 S 点，局部种群可找到的最大点为 P 点。它监测全局种群搜索的信息，若没有比 P 点更好的点传来时，局部种群的搜索中心就在 S 点，并以 P 点为目标继续搜索，于是在 $k=T+1$ 时，找到最优点 opt。

综上所述，得到 DPGA 的算法步骤：

Step1 初始化：设置参数，随机产生全局种群 G_{global}，令局部最优值 lopt＝0。

Step2 在全局种群 G_{global} 搜索若干代得到当前最优点 x_{global} 和最优值 gopt，其中 $f(x_{\text{global}})=\text{gopt}$。

Step3 若 gopt＞lopt，则局部种群的搜索中心为 $x=x_{\text{gotp}}$；否则，局部种群的搜索中心为 $x=x_{\text{lopt}}$。

Step4 局部搜索。

在搜索中心为 x，宽度为 w 的范围内随机产生初始种群 G_{local}。

在种群 G_{local} 进行遗传搜索若干代，得到当前最优点 x_{lopt} 和最优值 lopt。

Step5 令 opt＝max[gopt，lopt]，若 opt 满足结束条件或进化代数超过限定值则进化结束；否则，转向 Step2。

为了比较 DPGA 与其他算法的性能，我们用 4 个试验函数作了测试。测试的性能定义为：

计算量：解的适应度超过某个阈值所需要的适应度评价次数。因为在遗传算法的应用中最费时间的是评价每个解的适应度，它比进化的代数更能反映计算量的大小。

全局优化的能力：由遗传算法受困于局部极值点的次数来表征。当 DPGA 经过充分长时间的进化仍然找不到全局最优点，就可认为它受阻于局部极值点。

我们按照函数局部极值点分布的疏密，个数的多少，各局部极值的相近程度及其变化速率的快慢等因素选择如下 4 个优化函数：

$$f_1=100(x_1^2-x_2)^2+(1-x_1)^2$$

$$-2.048\leqslant x_1,\ x_2\leqslant 2.048$$

$$f_2=0.002+\sum_{j=1}^{25}\frac{1}{j+\sum\limits_{j=1}^{2}(x_i-a_{ij})^6}$$

$$-65.536\leqslant x_1,\ x_2\leqslant 65.536$$

$$f_3=0.5+\frac{\sin\sqrt{x_1^2+x_2^2}-0.5}{[1.0+0.001(x_1^2+x_2^2)]^2}$$

$$100\leqslant x_1,\ x_2\leqslant 100$$

$$f_4=(x_1^2+x_2^2)^{0.25}[\sin(50(x_1^2+x_2^2)^{0.1})+1.0]$$

$$-100\leqslant x_1,\ x_2\leqslant 100$$

试验函数 f_2，f_3 求极大值，f_1，f_4 求极小值。f_1 是连续的凹函数，又称 Rosonbrock 马鞍函数，许多算法难以求其全局最小值。f_2 是具有 25 个稀疏尖峰的多模态函数。f_3 是快速变化的多模态函数，形状相对原点对称，越接近最优点，变化越剧烈。f_4 和 f_3 类似，只是接近最优点时，变化幅度较小；远离最优点时，变化幅度较大。

将 DPGA 和 AGA，μGA 做比较，试验条件如表 5.6 所示。需要说明的是，为了使比较结果客观、公正，应使 AGA，μGA 和 DPGA 都工作在各自方法的最佳状态，而不必强求种群大小和编码长度的一致。表 5.6 所示的实验条件都是针对各自的较好的实验条件。

表 5.6　各优化算法的实验条件

函数	种群大小/编码长度				DPGA 局部搜索范围	适应度阈值	最大评价次数
	AGA^Δ	μGA	DPGA				
f_1	40/24	5/24	5/24*	5/24**	2.0	≤0.001	60 000
f_2	100/34	5/34	5/10	5/12	1.0	≥1.0	4000
f_3	100/44	5/44	5/44	5/34	6.0	≥0.997	60 000
f_4	100/44	5/44	5/44	5/30	0.005	≤0.01	100 000

*：全局种群的数据；　**：局部种群的数据；　Δ：AGA 为自适应概率遗传算法。

实验结果见表 5.7。由于 DPGA 为随机优化方法，为保证统计数据的准确性，表 5.7 中的运算量和阻滞次数是通过对 9 个不同的初始群体重复寻优 60 次，即对每个函数寻优 9×60=540 次求平均值所得到的。

观察表 5.7 结果可得到结论：DPGA 不仅运算量小，而且几乎不陷入局部极小点，确实做到了全局搜索和局部优化的平衡。这是因为：

f_1 是二维凹函数，函数性态较好，此时三种方法均不陷入局部极小点，但 DPGA 运算量最小，分别是 AGA 和 μGA 的 1/3 和 1/2。

f_2 是各局部极值点较稀疏且最优点区域很小的情形，找寻该函数的最优点被称之为“大海捞针”，DPGA 对该函数的优化的成功表明 DPGA 有较强的搜索未知区域的能力。

f_3、f_4 的各局部极值点较近，在最优点附近有很多局部极值点，因此通常的寻优算法很容易陷入局部极值点。如 AGA 平均每 60 次寻优中就分别有 7 次和 19 次陷入局部极值点，即使通过 10 万次适应度评价仍然找不到最优解。DPGA 对该函数优化的成功表明 DPGA 有较强的找到全局最优点的收敛能力。

表 5.7　各优化算法的性能比较

函数	AGA		μGA		DPGA	
	运算量	阻滞次数*	运算量	阻滞次数*	运算量	阻滞次数*
f_1	11 698.00	0	10 061.00	0	3911.15	0
f_2	5905.53	3	4510.70	0	4079.49	0
f_3	9478.52	7	9811.2	0	1510.95	0
f_4	42 816.00	19	17 462.00	0	16 071.00	0

*：阻滞次数是指群体受困于局部极小点的次数。

5.7 遗传算法的应用

GA 的早期应用主要围绕组合优化问题求解，如煤气管道的最优控制、旅行商(TSP)问题等，近年来迅速扩展到机器学习、设计规划、神经网络优化、核反应堆控制、喷气发动机设计、通讯网络设计、人工生命等领域，显示出 GA 应用的巨大潜力。

现在我们举几个 GA 在优化问题上应用的例子。从这些例子中读者可以学习有关 GA 的创新性技术，比如染色体的实数表示、可变长度的染色体的选择、交换率和变异率的确定等。

5.7.1 GA 在神经网络参数学习中的应用

遗传算法很早就用于多层前馈神经网络权值空间的搜索。其基本概念是将神经元网络的权值集合按二进制或十进制编码成字符串，该串有一个说明它有效性的“适应度”。例如，该适应度可简单地给定为 E，而 E 即为该权值集合的特性函数。由这些串的随机种群开始，利用遗传算法中遗传运算，一代代地进行演化，从老的串构成新的串，使更合适的串(权值)更可能地延续下去参与交换运算。原则上，交换运算可以将种群中不同个体中良好的组块集合在一起。例如，可将计算某些逻辑功能的隐层结点汇集一起。与反传学习规则不同，GA 进行全局搜索，不易落入局部最小点，而且，适应度函数不必可微。所以我们可以在布尔问题中从具有阈值的单元开始而不必一定用 Sigmoid 函数。但是对于具有连续激励函数的神经网络，最好将 GA 方法与梯度法给合起来。开始用遗传算法，接着可把梯度法或最陡梯度法作为遗传运算包括进来。

在神经网络权值训练中，权值和偏置按序编码入一个表，图 5.10 即为其中一例。这样，每一染色体(个体)完全描述了一个神经网络。为了计算一个染色体适应度，我们将权值组成的染色体赋给一个给定结构的网络(解码过程)，该网络对训练样本进行训练，从每组样本返回误差平方和。换句话说，在 GA 中，网络起到计算函数的作用。种群中初始个体的整体(即权值)在一定间隔内随机选择，可以用一个有效的初始化方法来随机选择权值。比如，可用一个由 $e^{-\|x\|}$ 给定的概率分布，即均值为 0、平均绝对值为 1 的双边指数分布。这个概率反映了经验规则：最优解大多分布在绝对值小的权值上，但也可以有绝对值大的权值。因此，这个特定的初始化允许 GA 探索所有解的范围，且倾向于最可能的最优解。

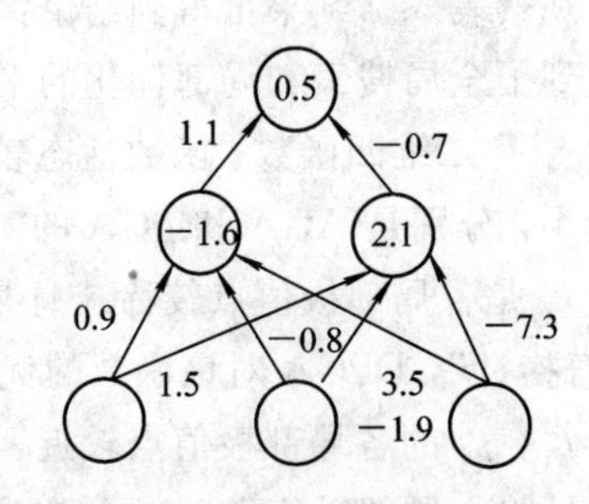

编码：(1.1，−0.7，0.5，0.9，1.5，−0.8，−1.9，3.5，−7.3，−1.6，2.1)

图 5.10 将网络编码成染色体

在寻优过程中，采用变异、交换和梯度遗传运算，并从以下几个变异运算中取一个父辈染色体，随机地改变其中几位以产生一个子辈。

无偏变异权值：以固定概率(P=0.1)从初始概率分布中取一个随机值代替染色体的各个位。

有偏变异权值：以固定概率(P=0.1)从初始概率分布中取一个值加到染色体的各个位。

变异结点：选择父辈染色体表示网络的 n 个(比如 n=2)非输入结点，对于连结到这些

n 个结点的每一输入连接，该变异运算将选自初始化概率分布的一个随机值加到连接权值上，然后在子辈染色体上将此新网络进行编码。因为对一个结点的输入连接形成所有连接的一个子逻辑集，对这些子集限定随机权值的改变似乎更可能获得好的进化。

仿真结果表明，以上 3 种变异运算中变异结点的性能优于有偏变异权值，而后者又优于无偏变异权值。

在神经网络权值搜索中通常采用以下的交换运算。经验表明，以下的交换运算有同样好的效果。

交换权值：随机选择双亲中的一个，并且把其染色体某些位置上的值放到子辈染色体中与其相同的每个位置上。

交换结点：对由子辈染色体编码的网络的每个结点，选择两个父辈网络的一个并找出与该网络相应的结点。然后，将每个到父辈结点的输入连接放到子辈网络的相应连接。这个运算的原意与变异结点相同。在遗传基因传递过程中，逻辑子集应该放在一起。

在搜索最优权值集合时，也可用梯度运算。它取一个父辈染色体，在其基因上加上评价函数梯度的倍数，产生一个子辈染色体。梯度的计算可以采用爬山法。

在以上运算中，我们还必须定义以下几个参数：

父辈因子：决定每一个体被选为一个父辈的概率，在运行过程中可在 0.92 和 0.89 之间线性插值。

运算概率：决定运算中每种运算被选的概率，这些值要初始化，使变异和交换与选择具有相同的概率。

种群规模：决定在繁殖中子辈数目。

代的规模：决定每代产生多少子辈，代的规模应尽可能小(比如等于 1)。这样做的好处是，当产生较好的个体时，可以将它立即放到复制过程。

现在举例来说明遗传算法在神经网络学习中的应用。

图 5.11 是一个实现异或(XOR)逻辑功能的多层前馈神经元网络，网络中激励函数是单极 Sigmoid 函数，网络的染色体(字符串)编码成(w_1，w_2，…，w_9)，每一个基因就是权值，不用二进制而用十进制编码。交换和变异的最小单元就是权值。这里采取一致性交换方式。首先随机选择被交换的基因数 n_c，通常是个体所拥有的基因数的一半。对未进行交换的个体以概率为 1.0 进行变异操作。因此，如果被选中交换运算的概率为 P_c，则变异的概率为($1-P_c$)，所有基因由变异运算而增加 ΔW，此值由一个间隔内随机预先决定。

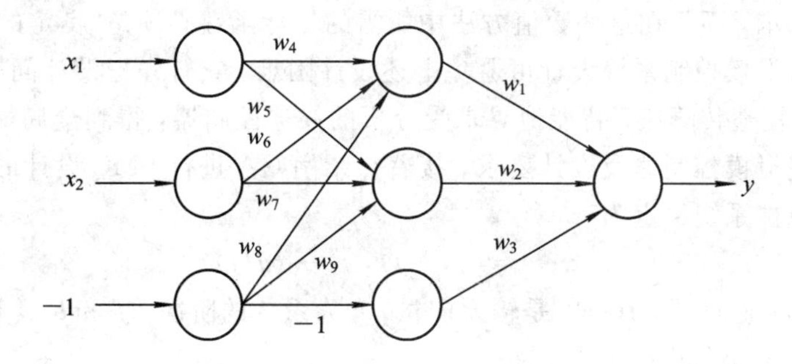

图 5.11 异或(XOR)问题的网络结构

选择用两种类型，一种是选择染色体，以施加基因运算；一种是为下一代选择延续的染色体。第一种选择与标准的做法一样。第二种选择则有些特别，在基因运算完成创造了新个体之后，延续的染色体是从包括当前和新建个体在内的两倍试验性种群中选择。在这个过程中，计算新建个体的目标函数值，并对试验种群中的所有个体计算适应度。然后以正比于适应度的概率从中选择下一代的个体。这里也用精英选择策略，即选择具有最高目标函数值的个体而不管它的适应度为多少。下一代的种群规模保持不变，即选用试验种群中个体总数的一半。

在遗传进化中，也采用换算和共享方法。换算按式(5.7)～(5.9)的线性换算进行。从最大适应度个体中产生后代的期望个数 C_{mult} 选为 2.0。为了检验染色体的多样性，要确定种群中所有个体之间的最小距离。两个个体 q_1 和 q_2 之间的距离由 $d[q_1, q_2]$ 来表示，它定义为

$$d[q_1, q_2] = \min_i \{[q_1(\text{基因 } i) - q_2(\text{基因 } i)]\} \tag{5.14}$$

式中 q_1(基因 i)表示个体 q_1 中第 i 个基因(权值)。在换算之后，就进行适应度值的“共享”，使个体 q 的适应度除以种群中距 q 的距离小于 1.0 的个体总数。

这样，我们就可对图 5.11 所示的神经元网络进行 GA 运算，以解决异或问题。图中 x_1，x_2 和 y 对应于“真”或“假”分别取 0.1 或 0.9。种群规模为 20，这 20 个网络具有不同的权值，并在进化中具有不同的特性。权值的初始值随机从[-10, 10]区间选取，交换概率为 0.7，交换点 N_c 为 4，ΔW 在 -3～3 之间随机选取。为了缩小搜索空间，要调整变异使各权值不超过 -10 和 10 的界限。适应度值定义为误差的倒数，误差为 4 个异或模式输出差的绝对值之和。经过 30 代迭代，可建立满意的神经网络，其误差小于 0.05(适应度值大于 20)。

5.7.2 GA 在滑模控制系统设计中的应用

近年来，在非线性和变结构控制系统广泛应用一种称为滑模控制(SMC)的方法。该方法主要根据被观察对象输入/输出特性建模的不确定性，利用状态空间中的奇异弧，产生控制设定值。这种鲁棒控制方法可以有效地控制高阶非线性系统并易于实现。已有设计方法往往基于试探性仿真，从名义模型和理论上的充分条件开始，然后进行联线手工调节。

众所周知，在非线性控制系统设计中的困难在于当以微积分为基础的分析方法应用到约束条件下的参数优化问题时，其设计数据或特性指标是不可微的。现有的计算机辅助设计方法往往也不适用，因为它们都建立在导数或梯度的引导上，在寻找多模设计空间中的全局最优解有困难，而且在这些数值方法中所需的目标函数必须是“良定的”。

用 GA 进行滑模控制系统设计可避免上述设计困难。它首先把设计问题变换成一个分析问题，然后运用遗传算法，智能地寻求受分析的候选控制器，得到全局最优的控制系统。

本节先阐述滑模控制律及设计要求，接着介绍用 GA 进行 SMC 设计的基本方法。

设被控非线性系统给定为

$$\dot{\boldsymbol{x}}(t) = \boldsymbol{f}(x(t), t) + \boldsymbol{bu}(t) \tag{5.15}$$

式中，$\boldsymbol{x} \in R^n$ 是状态向量，$\boldsymbol{u} \in R^m$ 是输入向量，n 为系统的阶次，$\boldsymbol{f}$ 和 $\boldsymbol{b}$ 具有适当的维数。

n 维跟踪的滑动的超平面定义为

$$S(\boldsymbol{e}) = \{\boldsymbol{e} \mid S(\boldsymbol{e}, t) = H^{\mathrm{T}}\boldsymbol{e}(t) = 0\} \tag{5.16}$$

式中，$\boldsymbol{e} = \boldsymbol{x} - \boldsymbol{x}_d$ 是期望轨迹的(负)跟踪误差，$H \in R^n$ 代表滑动表面的系数或斜率。已经证

明，利用 SMC，这个 n 维跟踪问题实质上是在 $S(\boldsymbol{e})$ 上对所有 $t>t_s$ 保持误差最小的一阶镇定化问题。这里 t_s 是滑模开始的时间，且在滑模时系统的动态给定为 $\dot{S}(\boldsymbol{e}, t)=0$。在 SMC 意义上常常用 $\boldsymbol{e}$ 当作状态向量 $\boldsymbol{x}$。

为了简化控制，我们这里采用比例—积分—微分控制器，其一般的控制器结构可描述为

$$U = -\varphi - \varphi_p \boldsymbol{e} - \varphi_I \int \boldsymbol{e} dt - \varphi_D \mathrm{d}\boldsymbol{e}/\mathrm{d}t \tag{5.17}$$

通用的"硬切换"的参数为

$$\varphi = \begin{cases} \alpha_1 & s<0 \\ \alpha_2 & s>0 \end{cases}, \quad \varphi_P = \begin{cases} \beta_1 & es<0 \\ \beta_2 & es>0 \end{cases}$$

$$\varphi_I = \begin{cases} \gamma_1 & s<0 \\ \gamma_2 & s>0 \end{cases}, \quad \varphi_D = \begin{cases} \delta_1 & \dot{e}s<0 \\ \delta_2 & \dot{e}s>0 \end{cases} \tag{5.18}$$

再次注意到 e 是负的跟踪误差，式(5.17)第 1 项代表不对称系统的不对称切换"电压"；第二项是误差状态的比例(P)项；第三项是积分(I)项；最后一项是微分(D)项。利用 PID 控制给实际工程师一个更易于处理的控制方法。在这个简化的 SMC 系统的设计中，要选择式(5.18)中 8 个切换参数，以及与式(5.16)滑动表面有关、由 $H^{\mathrm{T}}=[h, 1]$决定的切换逻辑，因此设计任务是在解空间

$$P = \{P_i \mid \| P_i \|_{L_2} < \infty, \ \forall_i\} \subseteq \mathbf{R}^9 \tag{5.19}$$

中，寻求参数向量

$$\boldsymbol{P}_i = [h, \alpha_1, \alpha_2, \beta_1, \beta_2, \gamma_1, \gamma_2, \delta_1, \delta_2]^{\mathrm{T}}$$

使参数集构成的滑模控制器能最优地满足设计判据。

上述这种控制器可用模型线性化方法来设计。为了分析上求解最优化的 SMC 参数，要对 2 次型的特性指标求导。由于需要线性化模型，损失了物理系统原有的许多有用信息。又由于许多对象的动态特性太复杂或非线性太严重，用分析方法很难解决 SMC 系统的参数设计。

现在用 GA 来实现 SMC 系统参数的设计。首先，我们对 SMC 特定的问题，考虑 GA 所需的编码、种群规模以及适应度函数等问题。

1. 编码

对式(5.18)的所有参数，需要按整数串编码组成染色体，每个 10 进制值的参数映射成

$$C = C_{\min} + [(a_{p-1}b^{p-1} + \cdots + a_0 b^0)/(b^p - 1)](C_{\max} - C_{\min}) \tag{5.20}$$

式中，$C=[C_{\min}, C_{\max}]$是被编码的实值；$b=10$ 是 10 进制编码的基值；$a_i \in \{0, \cdots, b-1\}$是无符号的整数码；$p$ 是数位，它的选择应在精度和速度之间进行折中。GA 中编码不一定限于整数串，也可用对数实值编码。这里控制器的各参数编成 2 位 10 进制数。不同的参数如果知道其范围不一样可以有不同的 $C_{\min}$ 和 $C_{\max}$。如果期望参数的范围大 10 倍，或分辨率要求高 10 倍，也可采用 3 位数。目前情况下，在 2 位数后面加上第 3 位，表示 100 个编码数的 5 个(或小于 11)离散可选范围，即第 3 个基因表示参数的范围[0，0.99]、[0，9.9]、[0，49.5]、[－50，49]或[50，99.5]。另外，在很多代之后，可以自适应地调节参数范围，使它等于已找到的第一参数±30%，因为在这个阶段，所有参数都已收敛到一个狭窄范围。然后搜索可以更细地、与传统的"爬山法"或"模拟退火法"混合起来进行。

2. 初始种群

SMC 典型的种群规模选为 30。在初始种群编码中，可以应用已有的知识，先将编码组成某些染色体，其余的个体可以用随机产生的染色体来填补。这样保证有一个直接的起始点。它与基于人工神经元网络学习技术的情况不同，后者其起始点不涉及到 SMC 参数的直接映射。从现有的知识开始常常会获得更快的收敛。当然，也可以从完全随机的染色体开始。候选设计的整个种群在进化中减少了导致局部最优的可能性。

3. 适应度函数

它相当于优化中性能指标的倒数。一个反映稳态误差小、上升时间短、低震荡、低超调以及良好的稳定性的适应度函数定义为

$$f(P_i)=\begin{cases}0 & 若\ |e_j|>10|r_j| \\ \dfrac{N}{\sum\limits_{j=1}^{N}\{|e_j|+w|\Delta e_j|\}j} & 其他\end{cases} \tag{5.21}$$

式中，N 是评估设计的仿真时间；j 是仿真中时间下标；e_j 是仿真步骤 j 时的误差，而 Δe_j 是误差的变化；w 是 e_j 和 Δe_j 之间的权值，这里取 1；r_j 是参考输入。

在计算适应度函数的分母时，可以采用误差时间加权的 L_1 范数，Δe 项可被加权以进一步压制震荡，误差 e 和误差变化也可以采用 L_2 范数，但不宜用 L_∞ 范数。

在计算实际控制器的特性时，对参数有一个隐含的约束，这就是在仿真中控制信号的限制(比如，±5V 之间)，这样可减小执行器的磨损。式(5.21)的第一部分反映了误差信号太大时对适应度的惩罚，式中也可以包括反映显式约束或指标的项。例如，需要突出因时延或滞后造成的鲁棒性，它们可以直接或用罚项包括在适应度函数中。GA 在这些约束条件下的搜索比常规优化技术使特性函数最小要容易得多。在需要时，设计的稳定性和可靠性的数据也可以包括在适应度中。我们还可注意到，这种形式的特性计算方式排除了包括稳定性、存在性、可达性或收敛性在内的必要条件，因为不满足这些条件的控制器就会自动地造成很坏的适应度，在进化的设计过程中也不能成功。

下面举一个实用例子。

图 5.12 是一个实验室规模、二阶、非线性、非对称液位控制系统。现在用 GA 来设计控制器。在这个简单的示范系统中，只有槽 1 输入用作输入流 u(单位为 cm^3/sec)，它在以后实施中映射成执行器的电压，用来控制槽 2 的液位：$h_2=x+r=e+r$(单位为 cm)，式中 r 是槽 2 期望液位，$[\dot{x}\ \ x]^T$ 是分别以(负)跟踪误差和(负)误差变化形式表示的状态向量。另一个到槽 2 的输入 d 用作扰动以进行鲁棒性测试。该系统的简化方程给定为

$$\left.\begin{aligned} A\dot{h}_1 &= u-a_1c_1[2g(h_1-x-r)]^{1/2} \\ A\dot{x} &= a_1c_1[2g(h_1-x-r)]^{1/2}-a_2c_2[2g(x+r-h_0)]^{1/2}+d \end{aligned}\right\} \tag{5.22}$$

式中，$A=100\ cm^2$ 是两个槽的横截面面积；$a_1=0.386\ cm^2$，$a_2=0.976\ cm^2$，分别是两个槽的入口面积；$c_1=c_2=0.58$ 是排出常数；中间变量 h_1 是槽 1 的液面，$h_0=3$ cm 是入口的高度；$g=981\ cm\cdot s^{-2}$ 是引力常数。

此系统的目标是对槽 1 施加输入，控制槽 2 的液面，使其以尽可能快的速度、最小的超调及暂态误差达到所期望的 10 cm 液位。使用 GA 设计式(5.17)所定义的滑模控制器

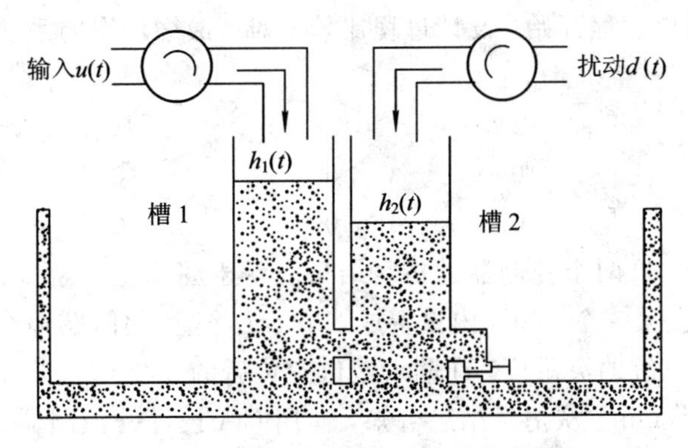

图 5.12　实验室规模的液体槽实验系统

时，如果要设计的滑动超平面的维数等于系统阶次，就不必将式(5.22)所给出的物理系统模型重写成式(5.15)那样的正规形式，这也避免了应用 SMC 理论的另一个困难。

在本例中，假定没有关于设计的先验知识，组成种群的 50 个染色体均是随机产生的。交换概率取为 0.6，变异概率取为 0.05。由于染色体长度较长，采用两点交换法和自适应变异操作。进行了 100 代 GA 运算后，算法基本收敛。每一代求出的最高适应度及平均适应度如图 5.13 所示。由图可见，最高适应度快速收敛并停留在最好值(72 代以后的值)。平均适应度在大约 50 代以后收敛于一个非常狭窄的区间内。使用 GA 最后求出的优化参数如下：

$$h=0.1,\quad \varphi=\begin{cases}0.192 & s<0\\ 0.161 & s>0\end{cases},\quad \varphi_P=\begin{cases}9.51 & xs<0\\ 10.0 & xs>0\end{cases}$$

$$\varphi_I=\begin{cases}0.111 & s<0\\ 0.201 & s>0\end{cases},\quad \varphi_D=\begin{cases}0.101 & s<0\\ 0.0918 & \dot{x}s>0\end{cases}\tag{5.23}$$

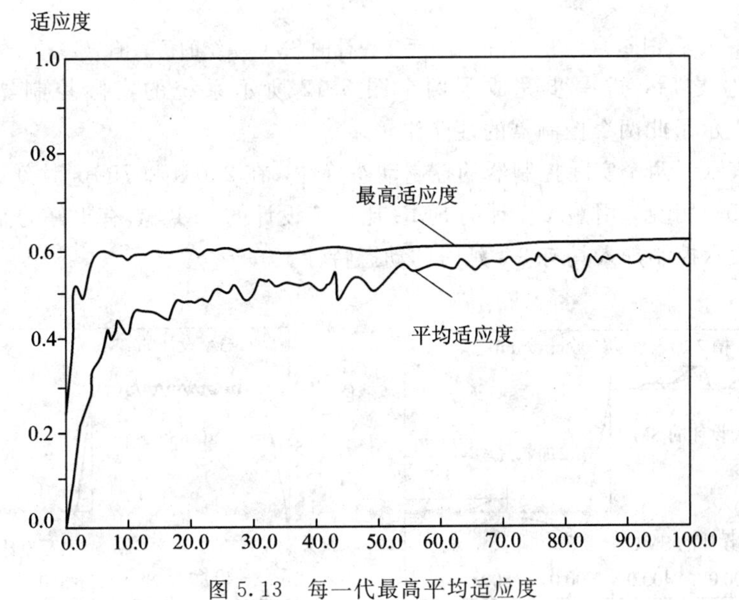

图 5.13　每一代最高平均适应度

为了与 GA 方法进行对比，采用传统方法，从 PID 控制器开始，用试凑技术重复手工选择，设计了式(5.22)定义的 SMC 控制器。由于需要同时整定多个参数，而且每次整定都

要从重复整个输入输出过程开始，设计过程比较困难。最终获得的系统参数为

$$h = 0.5, \quad \varphi = \begin{cases} 1 & s < 0 \\ 0.25 & s > 0 \end{cases} \quad \varphi_P = \begin{cases} 8.5 & xs < 0 \\ 10.2 & xs > 0 \end{cases}$$

$$\varphi_I = \begin{cases} 0.05 & s < 0 \\ 0.2 & s > 0 \end{cases} \quad \varphi_D = \begin{cases} 0.4 & \dot{x}s < 0 \\ 0.5 & \dot{x}s > 0 \end{cases} \tag{5.24}$$

利用模型(5.22)，这两个控制器的仿真结果表示于图 5.14。槽 2 的液位在 500 s 内设置在 10.0 cm，然后在另一个 500 s 内设置成 5.0 cm。这里用阶跃命令来测试该非对称系统的性能。为了测定系统的灵敏度，在输入液位变化后的 250 s 时刻，在槽 2 直接加入未建模的扰动输入 50 cm³/min。从仿真结果可知，使用 GA 设计的控制器比根据瞬态响应、稳态误差和加入扰动的鲁棒性的手工设计性能好。

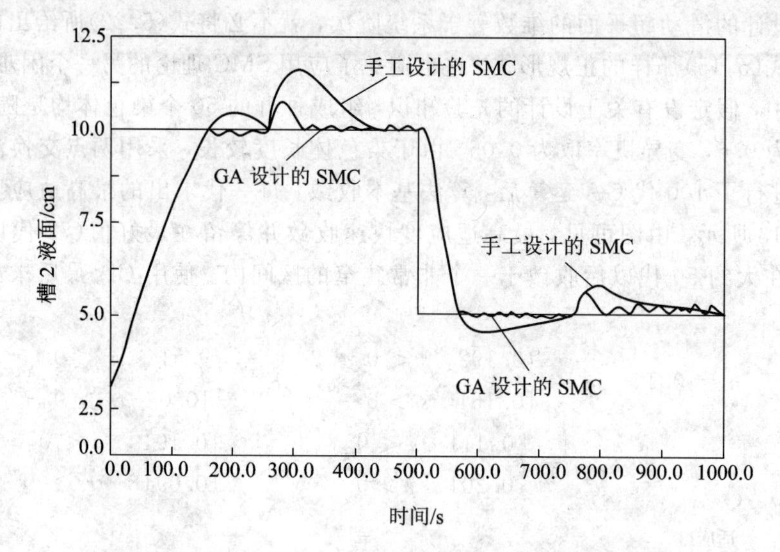

图 5.14 由 GA 优化及手工设计的 SMC 系统的仿真响应

在仿真实验之后，进一步完成了两个图 5.12 所示系统的实际控制器。图 5.15～图 5.17 分别表示了此两个控制器的性能比较。

图 5.15 表示了两个实际控制器的控制动态特性，在 250 s 和 750 s 时刻加入了恒定扰动 500 cm³/min。可见，用 GA 设计的 SMC 比手工设计的 SMC 具有更好的品质。

图 5.16 表示控制加入具有 3 s 延时的动态特性。

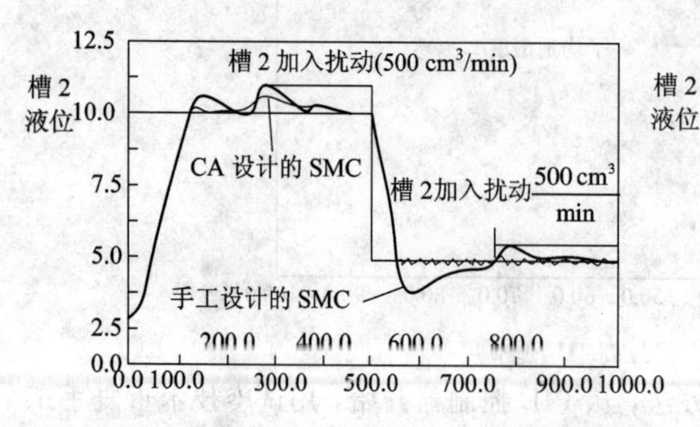

图 5.15 使用 GA 和人工设计的实际控制器特性

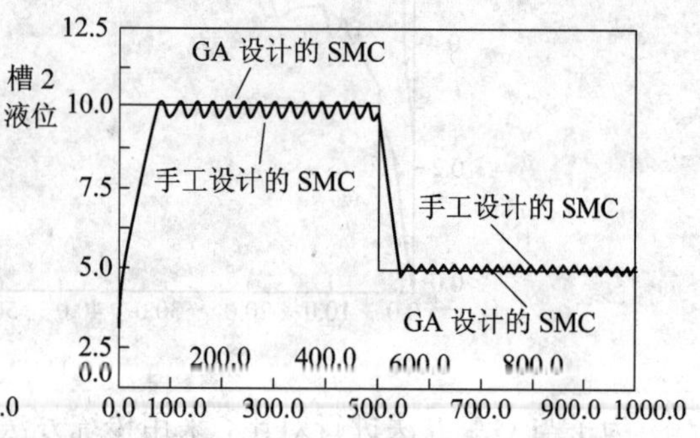

图 5.16 加人为延时的仿真响应

图 5.17 表示在反馈信号中加入幅度为参考输入的 20%的白色噪声和情况。由这两个仿真结果可见。用 GA 设计的控制器具有更好的性能指标。

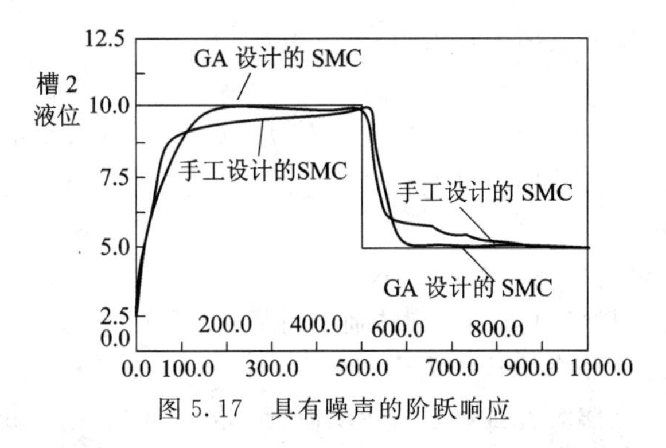

图 5.17　具有噪声的阶跃响应

5.8　模糊规则与遗传算法在控制中的应用

在第 3 章中我们介绍和讨论过模糊集合和模糊控制器的概念。对于复杂的被控对象，模糊控制器的参数的设计和选择往往需要很大计算量，有时变得十分困难。如果我们把模糊逻辑与遗传算法结合起来就会产生很好的效果。

本节以二级倒立摆为对象，说明模糊规则与遗传算法的结合以及它们在控制中的应用。

二级倒立摆系统如图 5.18 所示，是一个典型的复杂非线性系统。它由一个沿轨道左右运行的小车和沿同一平面自由运行的上、下摆构成。上摆与下摆、下摆与小车之间以铰链方式联接，使上摆和下摆都能在平行于轨道的铅直平面内自由转动。控制的目标是通过给小车施加一个力，让小车在轨道上运行以使上摆和下摆保持直立。

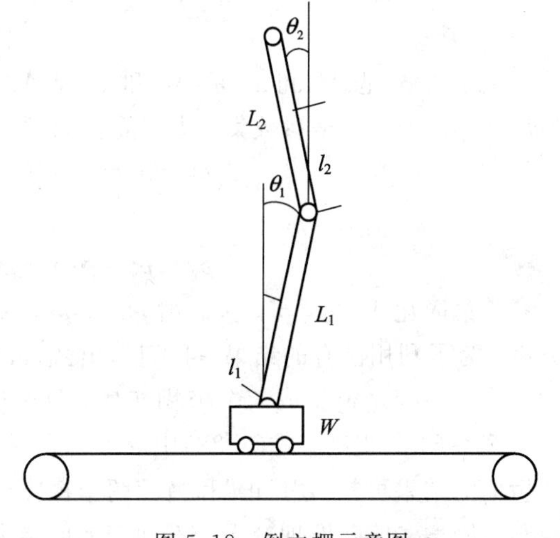

图 5.18　倒立摆示意图

二级倒立摆系统的动态特性可以由 6 个状态变量来描述：小车位移 x，小车速度 $\dot{x}$，下摆与铅垂线间夹角 θ_1，下摆角速度 $\dot{\theta}_1$，上摆与铅垂线间夹角 θ_2，上摆角速度 $\dot{\theta}_2$。对二级倒立摆系统进行分析，考虑进摩擦的影响并忽略某些次要因素后，可以获得一组如下微分方程：

$$M(\theta_1, \theta_2)\begin{pmatrix}\ddot{x}\\ \ddot{\theta}_1\\ \ddot{\theta}_2\end{pmatrix} + F(\theta_1, \theta_2, \dot{\theta}_1, \dot{\theta}_2)\begin{pmatrix}\dot{x}\\ \dot{\theta}_1\\ \dot{\theta}_2\end{pmatrix} = G(u, \theta_1, \theta_2) \tag{5.25}$$

其中

$$M(\theta_1, \theta_2) = \begin{pmatrix} M_0 + M_1 + M_2 & (M_2L_1 + M_1l_1)\cos\theta_1 & M_2l_2\cos\theta_2 \\ (M_2L_1 + M_1l_1)\cos\theta_1 & J_1 + M_1l_1^2 + M_2L_1{}^2 & M_2l_2L_1\cos(\theta_2 - \theta_1) \\ M_2l_2\cos\theta_2 & M_2l_2L_1\cos(\theta_2 - \theta_1) & J_2 + M_2l_2^2 \end{pmatrix} \tag{5.26}$$

$$F(\theta_1, \theta_2, \dot{\theta}_1, \dot{\theta}_2) = \begin{bmatrix} F_0 & -(M_2 L_1 + M_1 l_1)\dot{\theta}_1 \sin\theta_1 & -M_2 l_2 \dot{\theta}_2 \sin\theta_2 \\ 0 & F_1 + F_2 & -M_2 l_2 L_1 \dot{\theta}_2 \sin(\theta_2 - \theta_1) - F_2 \\ 0 & M_2 l_2 L_1 \dot{\theta}_2 \sin(\theta_2 - \theta_1) - F_2 & F_2 \end{bmatrix}$$

$$G(u, \theta_1, \theta_2) = (u \quad (M_1 l_1 + M_2 L_1) g\sin\theta_1 \quad M_2 l_2 g\sin\theta_2)^{\mathrm{T}} \tag{5.27}$$

上述公式中各符号意义如下：

M_0——小车质量，取 1.0 kg；

F_0——小车与轨道间摩擦，取 10.6 N·s/m；

l_1，l_2——下摆、上摆各自重心至旋转轴之间距离，取 0.25 m；

F_1，F_2——下摆、上摆各自摩擦阻力矩系数，取 0.0015 N·s/m；

J_1，J_2——下摆、上摆对各自重心的转动惯量，取 0.0044 kg·m^2；

M_1，M_2——下摆、上摆各自质量，取 0.1 kg；

L_1——下摆长度，取 0.5 m。

为了与实际系统更接近，小车运行轨道的长度限制为 1 m，以轨道中点为原点，并对控制量的大小进行限幅。控制目标为施加一定的控制量，使小车在轨道上往复运动，上、下摆直立，且小车不出轨，并回到中点附近。上述描述和以后的运算角度均为弧度。

我们采用 Sugeno 提出的模糊推理机制，其形式为

$$\left.\begin{array}{l} R_1: \text{if } x_1 \text{ 是 } A_1^1 \text{ 和 } x_2 \text{ 是 } A_2^1 \text{ 和 } x_n \text{ 是 } A_n^1, \text{ then } u^1 = p_0{}^1 + p_1^1 x_1 + \cdots + p_n^1 x_n \\ \quad\vdots \\ R_m: \text{if } x_1 \text{ 是 } A_1^m \text{ 和 } x_2 \text{ 是 } A_2^m \text{ 和 } x_n \text{ 是 } A_n^m, \text{ then } u^m = p_0{}^m + p_1^m x_1 + \cdots + p_n^m x_n \end{array}\right\} \tag{5.28}$$

$\{p_0^1, \cdots p_n^1, \cdots p_n^m\}$是参数集。为了简化问题，不失一般性，这里假设

$$\left.\begin{array}{c} p_1^1 = p_1^2 = \cdots = p_1^m = p_1 \\ \vdots \\ p_n^1 = p_n^2 = \cdots = p_n^m = p_n \end{array}\right\} \tag{5.29}$$

则参数集简化成$\{p_0^1, p_0^2, \cdots, p_0^m, p_1, p_2, \cdots, p_n\}$。二级倒立摆系统已有成功的线性控制方案。为了利用已有的结果，我们作出式(5.29)中的假定，以简化寻优过程。我们将前述的 6 个状态变量定义成 6 个模糊变量，每个模糊变量划分成两个模糊子集，则规则库最多可有 $2^6=64$ 条规则。式(5.28)中 $m=64$，$n=6$。每个模糊变量的子集数可以不只两个，但从后面的结果可知，用“正”和“负”两个模糊子集就可实现控制目标，而且子集数过多将使规则数剧增，模糊推理减慢，不利于实时控制。同时，由于倒立摆的方向的“正”或“负”是人为规定的，倒立摆在这两个方向上不具有特殊性，因此可作出如下推定：倒立摆各模糊变量的“正(＋)”或“负(－)”两模糊子集的隶属函数左右对称。假如模糊子集的隶属函数选用下式：

$$\mu_{A_i}(x) \begin{cases} +: \mu_{A_i}(x) = \dfrac{1}{1 + \left[\left(\dfrac{x - c_p}{a_p}\right)^2\right]^{b_p}} \\ -: \mu_{A_i}(x) = \dfrac{1}{1 + \left[\left(\dfrac{x + c_n}{a_n}\right)^2\right]^{b_n}} \\ a_p = a_n = a, \quad b_p = b_n = b, \quad c_p = -c_n = c \end{cases} \tag{5.30}$$

因此每个模糊变量用三个参数即可确定其“正”或“负”两个模糊子集的函数。

由 6 个模糊变量的隶属函数的参数$\{a_j, b_j, c_j, j=1, \cdots, 6\}$和$\{p_0^1, p_0^2, p_0^m, \cdots p_m^0, p_1, p_2, \cdots, p_n \mid m=64; n=6\}$，共 88 个。每个基因代表一个参数，由一个 16 位二进制数表示。选择如下数据作为基因算法中的各参数。

种群规模：$N=100$；基因复制率：$C=80\%$；基因变异率：$M=10\%$；代沟(每代非交叠个数)：$G=30\%$。系统性能指标为如下标准的二次型指标：

$$J = \sum_{i=0}^{N} \left[\frac{i^2 \left(\frac{x^2}{10} + \frac{\dot{x}^2}{20} + \theta_1^2 + \dot{\theta}_1{}^2 + \theta_2{}^2 + \dot{\theta}_2{}^2 \right)}{N} \right] \tag{5.31}$$

以 J 越小越好为选择策略，由此在计算机上进行仿真。

图 5.19 显示了基因算法的寻优结果，一共生成了 50 代后代。由图中可见，当算到第 25 代以后性能指标 J 就已接近最优 $J=6990.138\,627$。寻优结束后，各模糊变量的各模糊子集的隶属函数参数如表 5.8 所示。图 5.20 是用基因算法设计的模糊控制器与基于线性系统指标设计的次优线性控制器的比较。

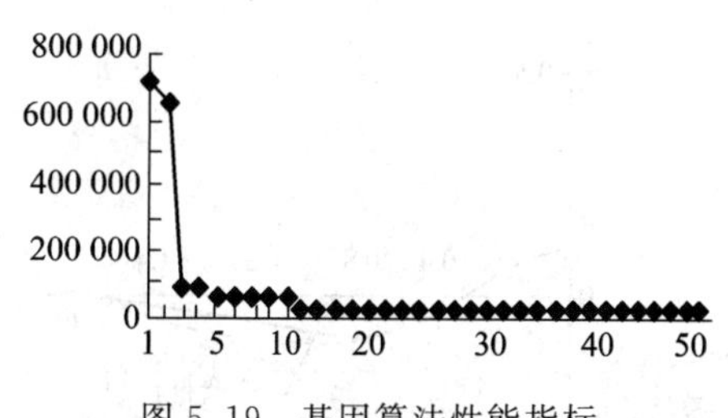

图 5.19　基因算法性能指标

表 5.8　各模糊变量的各模糊子集隶属函数参数表

	隶属函数					
	a_p	b_p	c_p	a_n	b_n	c_n
模糊变量	正			负		
x	10.747 009 3	0.926 084	21.54 026	10.747 093	0.926 084	−21.540 26
$\dot{x}$	104.947 05	0.660 573	49.209 57	104.947 05	0.660 573	−49.209 57
θ_1	1.199 591	2.532 884	0.969 543	1.995 91	2.532 884	−0.969 543
$\dot{\theta}_1$	0.544 115	3.287 759	0.876 827	0.544 115	3.287 759	−0.876 827
θ_2	1.114 444	1.192 969	0.773 431	1.114 444	1.192 969	−0.773 431
$\dot{\theta}_2$	1.039 003	0.255 440	0.949 828	1.039 003	0.255 440	−0.949 828

在图 5.20，为了将情况看得更清楚，θ_1、θ_2、u 的时间坐标只取了 2 s，全部仿真时间 5 s，可看出用基因算法设计的模糊控制器比线性反馈控制器的性能好，减少了超调，缩短了过渡时间。

我们用上面所得到的模糊控制器对二级倒立摆系统进行实时控制，使用 12 位的 MS—1215A/D，D/A 板对采样板所输出的小车位移、上下摆角度信号进行采样并将控制器的输出转换为模拟量提供给功放板进行控制。模糊控制器在 PC386/387 实现，不记录控制数据时，控制周期为 8.9 ms，其中模糊推理耗时 6.9 ms。图 5.21 为一次控制的采样数据曲线。

在采用计算机实现模糊控制对二级倒立摆进行控制时，主要遇到以下困难。

首先，由于采样和模糊推理要花费时间，模糊控制器的实际输出 $u(kT)$ 比 kT 时刻滞

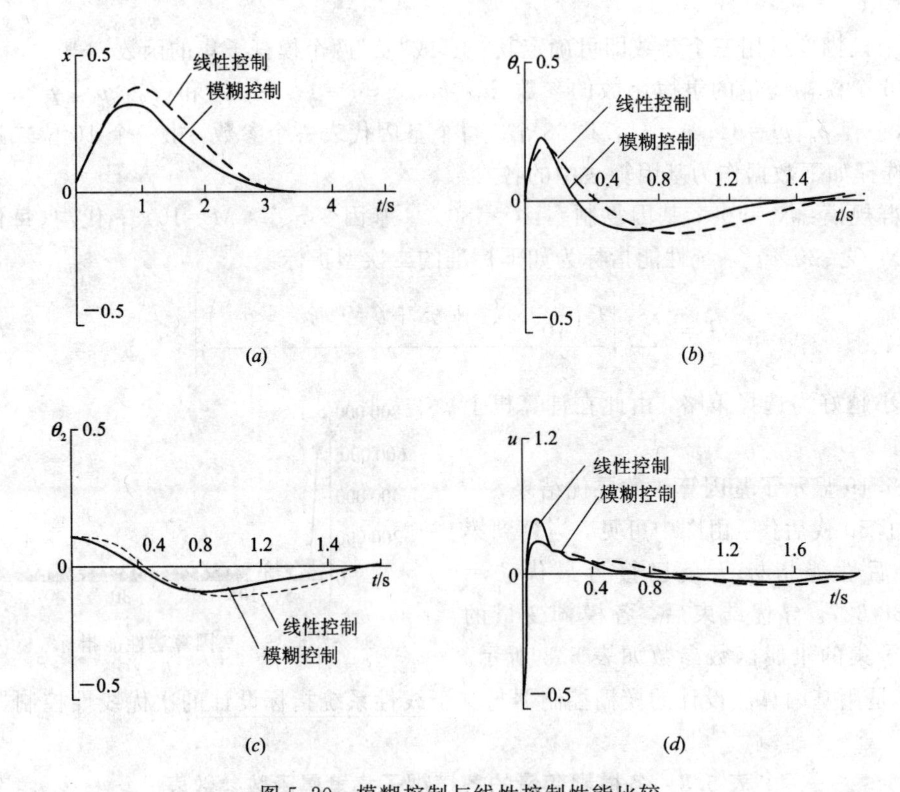

图 5.20　模糊控制与线性控制性能比较

（a）二级倒立摆位移 θ 过渡特性；（b）二级倒立摆角度 θ 过渡特性；

（c）二级倒立摆角度 θ_2 过渡性；（d）二级倒立摆控制数 n 曲线

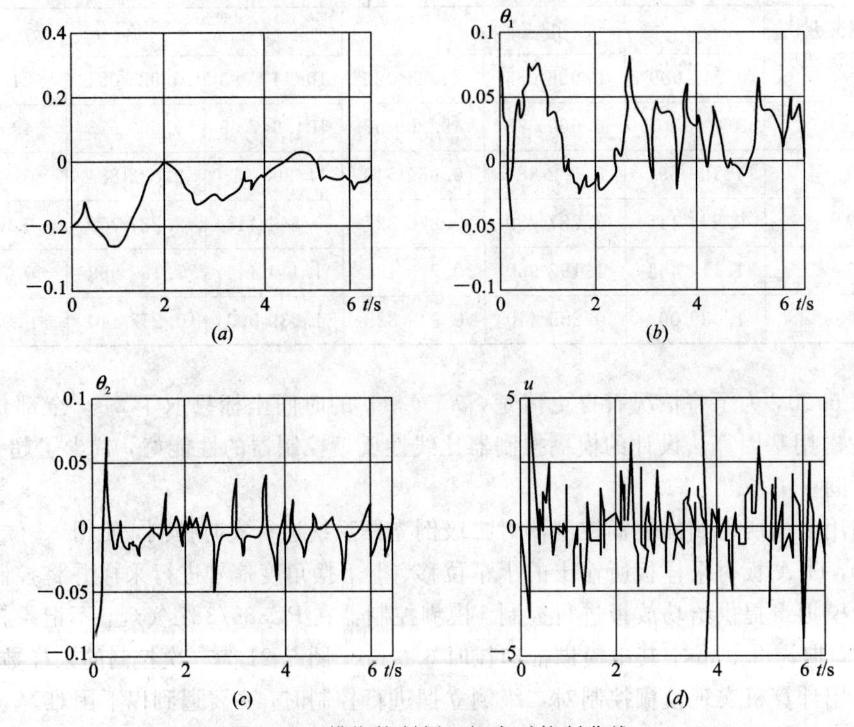

图 5.21　模糊控制倒立摆实时控制曲线

后。这段滞后时间的引入，相当于给闭环系统引入了一个纯时延环节，而二级倒立摆系统是个快速系统，对这种时延特别敏感，需将这种时延尽量减少。

其次，上下摆采样电位器上始终带有 50Hz 的工频干扰。由于这种干扰的存在，要求控制器对上下摆的反馈不宜过大。但是由于电机存在较大的死区，又要求控制器对上下摆的反馈不宜太小，因此在选择二次型指标系数时需权衡这两个因素。

由上面仿真和实验结果可知，GA 算法作为一种新兴的寻优和自学习算法，对搜索空间维数大、问题复杂和被求解问题导数不易得到的 MIMO 模糊控制器设计问题非常有效，并且寻优速度快，能避免局部最优。

GA 这类新方法也为模糊控制器的设计提供了一个新的途径，提高了模糊控制器的设计效率，使模糊控制器能更广泛地运用。

习题与思考题

1. 考虑 3 个数字串 $A_1=11101111$，$A_2=00010100$ 和 $A_3=01000011$ 和 6 个图式 $H_1=1*******$，$H_2=0*******$，$H_3=******11$，$H_4=***0*00*$，$H_5=1*****1*$，$H_6=1110**1*$。哪些图式与哪些串配匹？各图式的阶和定长为多少？当单个变异的概率 $P_m=0.001$ 时，计算在该变异率的条件下各图式的存活概率。当交换概率为 $P_c=0.85$ 时，在该交换率的条件下各图式的存活概率。

2. 在 0 代，有一种群，它含有以下染色体和适应度值：

	染色体					适应度值
1	1	0	0	0	1	20
2	1	1	1	0	0	10
3	0	0	0	1	1	5
4	0	1	1	1	0	15

设变异概率 $P_m=0.01$，交换概率为 $P_c=1.0$。计算在第 1 代图式为 $1****$ 的期望数；计算在第 1 代图式为 $0**1*$ 的期望数。

3. 一个搜索空间包含 2 097 152 个点。比较二进制和八进制编码的遗传算法，计算并比较两种情况以下各量：

(1) 图式总数；

(2) 搜索点总数；

(3) 在单个个体内所含的图式数目；

(4) 在种群规模为 $n=50$ 时，图式数目的上界和下界。

4. 假定要使 3 个变量的函数 $f(x_1, x_2, x_3)$ 极大化，各变量的论域分别为：$x_1\in[-30, 150]$，$x_2\in[-0.5, 0.5]$，$x_3=[0, 10^5]$。对 x_1、x_2 和 x_3 要求的精度分别为 0.1、0.001 和 1000。

(1) 对上述问题设计一个串连的多参数映射定点编码。

(2) 为得到所要求的精度，最少需要多少位？

(3) 利用所设计方法，写出代表以下各点的数字串：(x_1, x_2, x_3)：(−30, 0.5, 0)，(10.5, 0.008, 52 000)，(72.8, 0.357, 72 000)，(150, 0.5, 100 000)。

5. 求两个变量 x_1、x_2 的组合使其记分(适应度)最高，其中 $x_1, x_2\in\{1, 2, \cdots, 9\}$。对

每种可能组合适应度(记分表)给出如图 5.22。显然，最高分的组合为$(x_1, x_2)=(5, 5)$，其记分为 9。令本问题中染色体由类似于基因的 2 个数组成。首先决定 x_1 值，其次确定 x_2 值，每代的种群规模保持为 $n=4$。

9	1	2	3	4	5	4	3	2	1
8	2	3	4	5	6	5	4	3	2
7	3	4	5	6	7	6	5	4	3
6	4	5	6	7	8	7	6	5	4
5	5	6	7	8	9	8	7	6	5
4	4	5	6	7	8	7	6	5	4
3	3	4	5	6	7	6	5	4	3
2	2	3	4	5	6	5	4	3	2
1	1	2	3	4	5	4	3	2	1
	1	2	3	4	5	6	7	8	9

x_1

(a)

9	1	2	3	4	5	4	3	2	1
8	2	0	0	0	0	0	0	6	2
7	3	0	0	0	0	0	0	0	3
6	4	0	0	7	8	7	0	0	4
5	5	0	0	8	9	8	0	0	5
4	4	0	0	7	8	7	0	0	4
3	3	0	0	0	0	0	0	0	3
2	2	0	0	0	0	0	0	6	2
1	1	2	3	4	5	4	3	2	1
	1	2	3	4	5	6	7	8	9

x_2

(b)

图 5.22 记分表

(1) 考虑记分表图 5.22(a)，只用复制和变异运算，实现 GA 搜索，寻求最优(x_1, x_2)。提示：令初始染色体为{(1, 1), (1, 9), (9, 1), (9, 9)}，变异概率为 $P_m=0.2$，代沟 $G=1$(即每代无交叠)。注意，变异操作是按数位为基础的。

(2) 重复(1)，但容许有交换操作，交换概率设为 1。交换位落在 x_1 和 x_2 之间。

(3) 重复(1)和(2)，但考虑记分表图 5.22(b)。

(4) 分别在两个记分表中，评价交换的效果。

(5) 解释为何在记分表图 5.22(b)中，交换能帮助 GA 搜索，而在记分表图 5.22(a)中反而阻碍 GA 的搜索。

6. 考虑具有以下适应度值：5，15，30，45，55，70 和 100，7 个染色体。

(1) 利用转轮选择法，如果种群规模 $n=7$，计算在交换池中每个染色体复制的期望数目。

(2) 重复(1)，但采用非置换式余数随机选择方法。

(3) 这两种方法在哪些方面是一样的？在哪些方面是不一样的？

7. 试用 GA 训练神经元网络。该神经网络如图 5.23 所示。

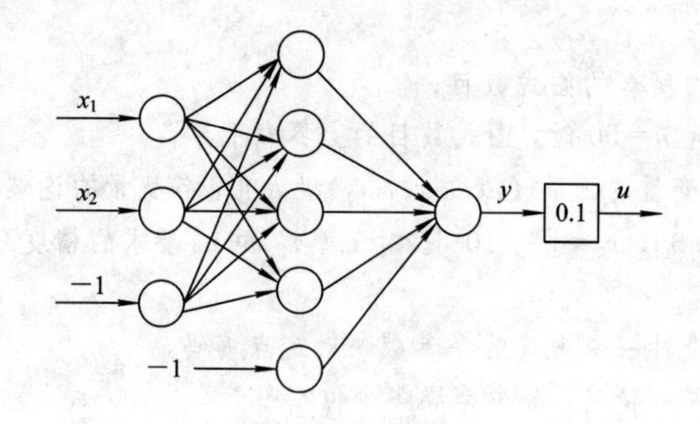

图 5.23 受训练的神经网络

训练的目的是使神经元网络成为一个控制器，被控对象是一个非线性系统，它由以下运动方程描述：

$$\frac{d^2x}{dt^2} = u\ \mathrm{sgn}(x)$$

式中，u 是外界控制力；x 是位移；控制器的任务是使初始状态的位移 +1 或 −1，调整到零。神经网络结构中 $x_1 = x$，$x_2 = dx/dt$，输出 y 乘上比例因子 0.1，输入到被控对象，成为驱动力。

提示：神经网络的权可作为染色体 q，规定 q 的适应度

$$F = -\log(P|_{x(0)=1} + P|_{x(0)=-1})$$

式中，$P = |x_1(N_{max})| + 10|x_2(N_{max})| + Q$。如果 $\max\{u(n)\}$ 小于 5×10^{-2}，那么 $Q = 10^4$；如果 $\max\{u(n)\}$ 不小于 5×10^{-2}，$Q = 0.0$。建议选种群规模为 20，$P_c = 0.7$，交换位置 $N_c = 8$。N_{max} 是动态仿真最大时间，可选 $N_{max} = 10$，ΔW 可在 +5 与 −5 之间任意选择。

8. 利用 GA 算法编制程序，优化下列函数：

$$f(x, y) = 0.5 - \frac{\sin^2\sqrt{x^2+y^2} - 0.5}{[1.0 + 0.001(x^2+y^2)]^2}$$

式中 $x, y \in [-100, 100]$，并把优化结果与一般优化方法相比较。

参考文献

[1] Goldlerg D E. Genetic Algorithms in Search, Optinization and Machine Learing. Addison-Wesley Publishing Company, Inc., 1989

[2] Davis L. Hand Book of Genetic Algonthms. New York: Van Nostrand Reinhld, 1991

[3] Goldberg D E. Genetic and Evolutionary Algonthms, Come of Age, Commun., 1993,37(3): 113-119

[4] Karr C L, Gentry E J. Fuzzy Control of PH using Genetic Algorithms. IEEE Trans. Fuzzy System, 1993, (1): 46-53

[5] Krishnakumar K, Goldberg D E. Control System Optimization Using Genetic Algonthms. J. Guidance, Control, Dyn., 1994, 15: 735-740

[6] Kristinsson K, Dumont G A. System Identitication and Control Using Genetic Algorithms. IEEE. Trans. Sys. Man, Cybern, 1992, 22(5): 1033-1046

[7] Zadeh L A. Fuzzy Logic, Neural Network, and Soft Computing. ACM, 1994, 37(3): 77-84

[8] Li Yun et al: Genetic Algorithm Automated Approach to the Design of Sliding Mode Control Systems. Int. J. Control 1996, 63(4): 721-739

[9] Li R H, Zhang Yi. Fuzzy Logic Controller Based on Genetic Algorithm. Fuzzy Sets and Systems, 1996, 83(5): 1-10

[10] Jang J S R, Sun C T, Mizutani E. Neuro-Fuzzy and Soft Computing. Prentice-Hall International, Inc., 1997

[11] 郝翔，李人厚. 一种快速有效的多模态函数优化方法：双群体遗传算法. 控制理论与应用，1997，(5)：765-769

[12] 郝翔，李人厚. 适用于复杂函数寻优的多群体遗传算法. 控制与决策，1997，(3)：236-266

[13] 张毅，李人厚. 基于基因算法的多变量模糊控制器的设计. 控制理论与应用，1996，(4)：1-8

第6章 模糊—神经元网络及其在智能控制中的应用

本章将着重介绍和讨论模糊逻辑和神经网络相结合的基本概念和实现方法。模糊逻辑系统技术与神经网络相结合是一种新的思想，它把模糊逻辑控制和决策系统的设计变换成神经元网络的训练和学习。这种神经—模糊或模糊—神经的协同式集成可以从神经网络和模糊系统两个方面获得好处，即：神经网络向模糊逻辑系统提供了连接式结构(具有容错、分布式表示性质)和学习能力；模糊逻辑系统向神经网络提供了具有高级模糊规则if—then思维和推理的结构框架。

我们将从模糊逻辑与神经网络特征比较开始，介绍三种类型的模糊—神经系统或神经—模糊系统，并讨论它们在智能控制中应用的潜力和实例。

6.1 模糊系统与神经元网络集成的基本概念

6.1.1 模糊系统与神经元网络的一般比较

模糊系统与神经网络二者都是非数值模型的估计器和动态系统。它们都能够改善在不确定、不精确和噪声环境中工作的系统智能。两者都比传统的统计估计和用自适应控制方法估计函数要优越。模糊系统和神经网络估计或逼近函数都不需要数学模型来描述输出如何依赖于输入，即它们都从数值实例中进行学习。模糊和神经方法本质上是数值型的，即可用数学工具进行处理，可以部分地用定理进行描述而且允许有算法特征，这种特征适用于硅片和光器件实现。这些性质也使得模糊和神经元方法与人工智能(AI)的符号处理相区别。

虽然模糊系统与神经网络形式上是相似的，但它们在样本函数估计、样本表示和存储、结构知识的表示和编码以及相关推理或输入到输出映射的方法上存在很大差别。

(1) 神经网络具有大量高度连接的处理元件(节点)，这些节点展示了按训练样板或数据进行学习和泛化的能力。而模糊系统是以语言变量形式表示的输入来决策的。语言变量由隶属函数导出，通过模糊隐含、推理、去模糊化获得适当的输出。

(2) 模糊系统用模糊集合样本(A_i，B_i)来估计函数，而神经网络是用数值点样本(x_i，y_i)来逼近函数。例如：在神经网络中，x_i 可代表组成图象的象素，y_i 可代表该向量的类别。给定一个由 x_i 和 y_i 对组成的训练集合，神经网络通过调整其权值来学习输入—输出的映射。而在模糊系统中，如果 A_i 是表征一个工厂状态的模糊集，B_i 代表工厂中出现或不出现各种不同事故的可能性，则模糊推理和模糊规则可以用来确定这些事故之一产生的似然率，并可表示成 A_i 的函数。

(3) 神经网络是可训练的动态系统。它的学习、容错和泛化能力来源于它的连接结构、它们的动力学性质以及分布式数据表示。神经网络以定理、有效的数值算法和模拟与数字

VLSI组件开拓其数值框架，但它们不能直接对结构知识进行编码。神经网络学习时需要足够的样本，其学习的过程对用户或设计者是透明的。除非对所有的输入一输出样本作检查，否则我们就不知道神经网络学习什么以及新样本加上时它忘记了什么。在神经网络中很难将普通的if－then规则编码，也很难确定网络的结构和规模。

模糊系统是结构式的数值估计器，它们从有关分类心理学、高度形式化的推理和现实世界存在的分类结构开始，然后连接成模糊if－then规则，并把它当做专家知识。模糊系统直接把结构知识编成灵活的数值框架并按相似于神经网络的方式进行处理。但与神经网络不同，模糊系统只要求部分地填充语言规则矩阵。这个任务比训练和设计神经网络要简单。模糊系统碰到的困难是如何确定模糊规则和隶属函数，它的学习过程不是透明的。与人工智能中结构知识不同，模糊系统可用数值数学工具进行处理，而前者只能按符号框架来处理，不能直接用数学工具。模糊系统也可以用统计和神经网络技术，直接由问题相关的采样数据自适应地推导和修改模糊规则。

目前，在应用方面，模糊逻辑技术主要用于控制系统或控制问题。通常允许与标准控制理论和专家系统方法相结合。神经网络用得最好的领域是病态的模式识别。当然，如第4章所述，也可用于复杂系统的辨别和控制。在应用中究竟采用模糊系统还是神经网络至今尚无选择原则。一般而言，当系统运行的经验或内在机理可用来构造模糊的if－then规则或模糊集合可以表示系统度量的特征时，选模糊系统比较合适；当这种做法不可能时，我们可求助于神经网络或者可以用神经技术产生模糊规则，这就形成了所谓自适应模糊系统。

6.1.2 模糊系统和神经网络集成的理由

模糊逻辑和神经网络是互补的技术，神经网络从被训练或受控的系统中抽取信息，而模糊逻辑技术最常用的是从专家中获取口头和语言信息。为了解决现实中的各种复杂问题，应把两者结合起来构成集成系统。

集成系统将拥有神经网络和模糊系统两方面的优点。譬如它可具有神经网络的学习能力、优化能力和连接式结构；拥有模糊系统类似于人类思维方式的if－then规则并易于嵌入专家知识。这样，我们可以把神经网络低级的学习和计算功能带到模糊系统；也可把模糊系统高级的类似人类的if－then思维规则和推理嵌入神经网络。由此，在神经网络方面，我们可以通过将神经网络预结构化，或者通过学习阶段之后对权矩阵进行可能的解释，使神经网络越来越不透明；在模糊方面，通过表征模糊系统的参数的自校正可以从神经网络所用的相似方法中吸取好处。于是，神经网络可以降低透明程度，使它们更接近于模糊系统；而模糊系统可以提高自适应性，更接近于神经网络。

集成的系统可以学习和自适应，它学习新的联想、新的模式和新的功能上依存关系；把经验流采样并编成新的信息；把采样的经验流压缩或量化成一个小的但统计上为样本或原型的表示集。

广义上讲，我们可在三种范畴内把这两种技术结合起来。

(1) 神经模糊系统。在模糊模型中用神经网络作为工具。

(2) 模糊神经网络。把常规的神经网络模型模糊化。

(3) 模糊一神经混合系统。把模糊技术和神经网络结合起来形成混合系统。

在第一种方法中，神经模糊系统旨在向模糊系统提供典型神经网络的自校正方法而不改变模糊系统的功能(如模糊化、去模糊化、推理机和模糊逻辑基)。在神经模糊系统中，神经网络用于对模糊集合扩大的数值进行处理，譬如隶属函数的选取和模糊集合(用作模糊规则)之间映射的实现。因为神经模糊系统本质上还是模糊逻辑系统，所以它主要用在控制领域。

在第二种方法中，模糊神经网络保留了神经网络的基本性质与结构，只是将其中某些元件"模糊化"，精确的神经元变成了模糊的。神经元对低层激励信号的响应可以是一个模糊关系型而不是一个 Sigmoid 型。在领域知识，当模糊集合形成之后，它可以用于增强神经网的学习能力或扩大它的解释能力。在这种情况下，因为网络结构不变，改变的仅是连接低层到高层神经元的某种突触权值。模糊神经网络本质上还是神经网络，故它主要应用于模式识别领域。

第三种方法中，模糊技术和神经网络两者都在混合系统中起重要作用。它们在系统中各自完成自己的任务，利用各自的长处，相互补充和合作，共同达到统一的目标。模糊一神经混合系统是面向应用对象的，它们既适合应于智能控制，也适合于模式识别。

6.2 基于神经元网络的模糊系统

6.2.1 基于神经元网络的基本模糊逻辑运算

现在我们来考虑如何用神经网络来实现模糊隶属函数以及某些基本的模糊逻辑运算，如模糊"与"和模糊"或"等等。

在模糊逻辑的许多应用中，模糊隶属函数有正规型式。如三角型、梯型和钟型。这种简单的隶属函数可以用单个神经元来实现，并且可以容易地用设置激励函数来实现所需的隶属函数。例如，为了表示一个钟形隶属函数，我们可以用一个神经元，它的激励函数为：

$$f(\mathrm{net}) = \exp\left(\frac{-(\mathrm{net}-m)^2}{\sigma^2}\right) \tag{6.1}$$

式中，"net"是神经元总输入；m 是隶属函数的中心(平均)；σ 代表隶属函数的宽度(均方差)。

我们也可以用常规的 Sigmoid 神经元来表示有用的隶属函数。例如，为了表示一个在实轴上的语言变量 X 的三个项(模糊集)"小(Small(S))"，"中(Medium(M))"和"大(Large(L))"，我们可以利用如图 6.1 所示的网络。图中 y_1，y_2 和 y_3 分别表示隶属函数 $\mu_S(x)$，$\mu_M(x)$和$\mu_L(x)$。具有符号＋的节点的输出是输入的和；具有符号 a 的节点其激励函数为 Sigmoid 函数，按照此图，有

$$y_1 = \mu_S(x) = \frac{1}{1+\exp[-w_g(x+w_c)]} \tag{6.2}$$

因此，权值 w_c 和 w_g 分别决定了 Sigmoid 函数的中心位置和 Sigmoid 函数的宽度。适当地将权值初始化，模糊集合 S，M 和 L 的隶属函数可以配置成如图 6.1(b)所示的论域。拟梯形的隶属函数 $\mu_M(x)$是由图 6.1(c)所示的两个 Sigmoid 函数组成的。Sigmoid 函数用虚线画出，两个 Sigmoid 函数具有不同的符号。

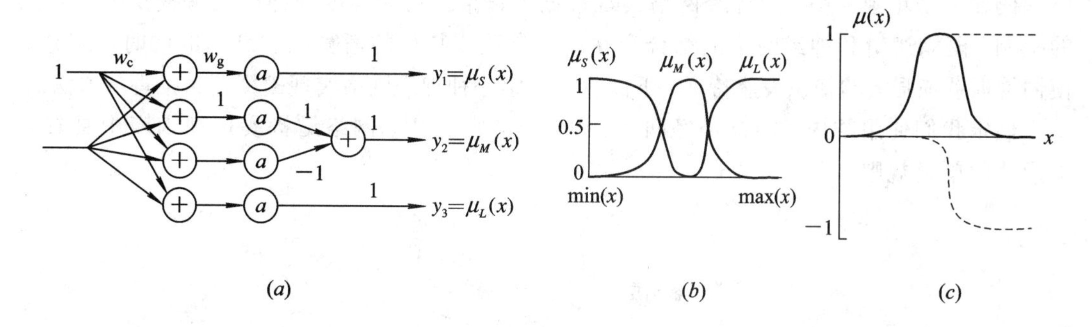

图 6.1　简单隶属函数用神经网络实现

(a) 网络结构；(b) a 中表示的隶属函数；(c) b 中 $\mu_M(x)$的组成

下面我们来考虑如何用神经元网络实现基本的模糊逻辑运算，如模糊“与”，模糊“或”和模糊“非”。实现模糊逻辑运算的一个最直接办法就是让神经元函数成为一个所需的模糊逻辑运算单元。例如，我们可以将一个神经元的激励函数设成“与”，另一个激励函数设置成“或”。同样，也可以将神经元激励函数设成“非”。然而，在某些情况下，尤其是为了训练，我们需要可微的神经元激励函数。因此，我们要定义某些可微的函数来替代或逼近一个所需的但不可微的模糊逻辑运算。譬如，下面的 Softmin 运算可以用于替代原始的 min 运算：

$$(a \wedge b) \triangleq \text{Softmin} = \frac{a\mathrm{e}^{-ka} + b\mathrm{e}^{-kb}}{\mathrm{e}^{-a} + \mathrm{e}^{-b}} \tag{6.3}$$

在极限情况下，此式产生与 min 运算相同的结果。但在一般情况下，并不是极小运算。式中参数 k 控制 Softmin 运算的硬度。当 $k\to\infty$时，就变成常规的极小运算。当 k 为有限时，得到一个输入的可微函数，在学习过程中使梯度计算十分方便。

另一种用神经网络实现基本模糊逻辑运算的方法是用有序加权平均(OWA)的神经元。该神经元执行如下定义的 OWA 运算：映射 f：$I^n\to I$(I 是单位间隔)被称为 n 维 OWA 运算，如果 f 与加权向量 $\boldsymbol{v}=(v_1\ v_2\cdots\ v_n)^{\mathrm{T}}$，$v_i\in[0,1]$，且 $\sum^{i} v_i = 1$，存在关系，使得

$$f(a_1, a_2, \cdots, a_n) = v_1b_1 + v_2b_2 + \cdots + v_nb_n \tag{6.4}$$

式中 b_i 是集合 a_1，a_2，$\cdots a_n$ 中最大的元素。例如，假定 f 是一个维数 $n=4$ 的 OWA 运算：令 $\boldsymbol{v}=(0.2\ \ 0.3\ \ 0.1\ \ 0.4)^{\mathrm{T}}$，则 $f(0.6, 1, 0.3, 0.5)=(0.2)(1)+(0.3)(0.6)+(0.1)(0.5)+(0.4)(0.3)=0.55$。OWA 的主要特征是权值不是特定地赋给一个给定的宗量，其关系是由宗量次序所决定。

OWA 运算提供了从一个极端——模糊“或”(极大)运算，到另一个极端——模糊“与”(极小)运算变动特性。前者 $f(a_1, a_2, \cdots, a_n)=\max_i(a_i)$，此时 $\boldsymbol{v}=\boldsymbol{v}^*=(1\ \ 0\ \ 0\ \ \cdots\ \ 0)^{\mathrm{T}}$；后者 $f(a_1, a_2, \cdots, a_n)=\min_i(a_i)$，此时，$\boldsymbol{v}=\boldsymbol{v}^*=(0\ \ 0\ \ 0\ \ \cdots\ \ 1)^{\mathrm{T}}$。OWA 的另一个特殊情况是 $\boldsymbol{v}=\boldsymbol{v}_n=\left(\frac{1}{n}\ \ \frac{1}{n}\ \ \cdots\ \ \frac{1}{n}\right)^{\mathrm{T}}$它相同于宗量简单平均。

6.2.2　基于神经网络的模糊逻辑推理

利用模糊推理系统可以学习和外插规则中前提和结论概率分布之间的复杂关系，而神经网络可以大大改善原来模糊推理系统非自适应的特性。而且，由于相同变量不同规则可

以编码在一个单独网络，用神经网络实现模糊逻辑推理可为规则的冲突消解提供一个自然的机制。模糊逻辑和神经网络的结合会在提供自适应特性的新算法和结构的同时，又保持模糊推理系统强大的知识表达特征。下面我们介绍一种神经网络实现模糊逻辑推理的方法。

假定我们使用结构式前馈神经网络(图 6.2)，每一基本网络结构实现规则库中具有以下形式的单个规则：

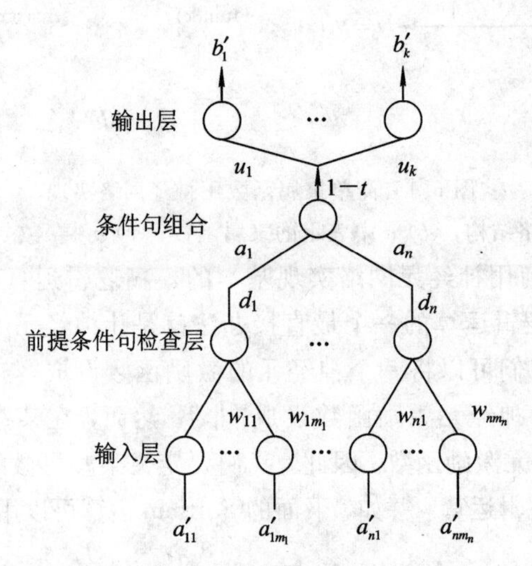

图 6.2　模糊推理网络一模糊逻辑推理的结构式神经网络配置

$$\text{if}\quad X_1 \text{ 是 } A_1 \text{ 和 } X_2 \text{ 是 } A_2 \text{ 和}\cdots\text{和 } X_n \text{ 是 } A_n\text{, then } Y \text{ 是 } B \tag{6.5}$$

表征事实概率分布的模糊集合 X_1 是 A_1'，…，X_n 是 A_n' 被送到网络的输入层。模糊集 A_i' 表示为

$$A_i' = \{a_{i1}', a_{i2}', \cdots, a_{im}'\} \tag{6.6}$$

式中，a_{i1}'，a_{i2}'，…，a_{im}' 是在论域中采样点上模糊集 A_i' 的隶属度。

在前提句检查层中(第一个隐层)有两种不同的活动。不论哪种情况，各规则的前提句决定了权值。对第 1 种情况，权 w_{ij} 是前提条件的补，即对第 i 条件句，

$$w_{ij} = \bar{a}_{ij} = 1 - a_{ij} \tag{6.7}$$

式中，条件句“X_i 是 A_i”转换成概率分布，

$$\prod X_i = A_i = \{\bar{a}_{i1}, \bar{a}_{i2}, \cdots, \bar{a}_{im}\} \tag{6.8}$$

若用这样方式选择权，即在每一节点计算输入和前提条件的补(即权 w_{ij})之间的相同性(譬如互交)，则在模糊推理网络的第 1 层产生一个输入概率分布和前提条件句之间的不一致测度。因此，当输入离开前提条件时，不一致量上升到 1。这个证据在前提条件句检查节点组合起来。该节点的作用是确定前提条件与相应输入语句之间的不一致总量。令在第 k 节点的组合由 d_k 来表示，则

$$d_k = \max_j\{w_{kj} * a_{kj}'\} = \max_j\{(1 - a_{kj}) * a_{kj}'\} \tag{6.9}$$

式中 $*$ 相应于乘法或极小(min)运算。因此，我们有

$$d_k^1 = \max_j\{(1 - a_{kj}) \cdot a_{kj}'\} \tag{6.10}$$

或

$$d_k^2 = \max_j\{\min\{(1 - a_{kj}), a_{kj}'\}\} \tag{6.11}$$

式中运算 d_k^1 和 d_k^2 提供了模糊集合$\overline{A_i}$和A_i'交的测度，而且两者都可以看作是权向量和输入向量点乘的推广。

前提条件句检查层的第二种形式是用模糊集合 A_i 本身作为权值，即在这种情况下：

$$(w_{i1}, w_{i2}, \cdots, w_{im}) = \prod X_i = A_i = \{a_{i1}, a_{i2}, \cdots, a_{im}\} \tag{6.12}$$

在前提条件检查层的第 k 节点的组合变成

$$d_k^3 = \max_j\{|a_{kj} - a_{kj}'|\} \tag{6.13}$$

这是两个函数 μ_{A_k} 和 $\mu_{A_k'}$ 之间 max 范数差，它也给出了不一致的程度。

每一个节点的不一致值，在下一层联合起来产生前提条件的输入数据之间总和的不一致程度。这个不一致值对规则的激发提供禁止信号。这些连接的权值 α_i，相应于不同前提条件的重要性，可以主观地给出或通过某种学习方式学习得到，联合节点计算：

$$1 - t = 1 - \max_i\{\alpha_i \cdot d_i\} \tag{6.14}$$

在输出节点的权值 u_i 携带了规则结论的信息。如果命题“Y 是 B”是由 B 域中概率分布函数 $\pi_Y(y_i) = b_i$(对所有 y_i) 来表征，则权值 u_i 由下式决定：

$$u_i = \bar{b}_i = 1 - b_i \tag{6.15}$$

各输出节点计算：

$$\begin{aligned} b_i' &= 1 - \bar{b}_i(1-t) = 1 - (1-b_i)(1-t) \\ &= b_i + t - b_i t \end{aligned} \tag{6.16}$$

从式(6.16)可知，如 $t=0$，则规则严格按结论“Y 是 B”激发；相反，如果总的不一致是 1，则激发规则的结论是由全部为 1 所组成的概率分布。因此，结论是“Y 不知道”。下面用例子来阐明上述的公式。

例 利用式(6.10)不一致量测 d^1 来建立规则“if X 是低(Low)，then Y 是高(High)”的模糊推理网络。

为了实现此规则，我们用图 6.2 所示的网络结构。假定 $n=1$，$m_1=k=11$，和 $\alpha_1=1$，有关的模糊集的隶属函数为

$$A = \text{“Low”} = \{1, 0.67, 0.33, 0, 0, 0, 0, 0, 0, 0, 0\}$$
$$B = \text{“High”} = \{0, 0, 0, 0, 0, 0, 0.2, 0.4, 0.6, 0.8, 1\}$$

因此，由式(6.7)有(见图 6.2)

$$(w_{i1}, w_{i2}, w_{i3}, \cdots, w_{i11}) = (0, 0.33, 0.67, 1, 1, \cdots, 1)$$

同样，由式(6.15)，有

$$(u_{1.1}, u_{1.2}, \cdots, u_{1.7}, u_{1.8}, u_{1.9}, u_{1.10}, u_{1.11}) = (1, \cdots, 1, 0.8, 0.6, 0.4, 0.2, 0)$$

接着，用输入“X 是 Low”即 $A=A'$ 来测试这个网络。从式(6.10)得到 $d_1^1=0.22$，从式(6.14)我们有 $t=0.22$，最后从(6.16)我们导出输出：

$$\begin{aligned}(b'_1, b'_2, \cdots, b'_{11}) = (&0.22, 0.22, 0.22, 0.22, 0.22, \\ &0.22, 0.38, 0.53, 0.69, 0.84, 1)\end{aligned}$$

由此可见 $B' \neq B$。

6.2.3 神经网络驱动的模糊推理系统

在第 3 章中，我们曾经介绍过模糊推理的 T－S 模型：

R^i：if　X 是 A_i 和 y 是 B_i，then z 是 $f_i(x, y)$ (6.17)

现在来讨论如何用合适的神经网络来实现 T－S 模型中前提的隶属函数和结论中的推理函数。这样可以解决模糊推理中两个主要问题：① 缺乏确定的方法选择隶属函数；② 缺乏学习功能以自校正推理规则。

用神经网络实现 T－S 模型的一种方案称为神经网络驱动模糊推理(NDF)。它由两部分网络组成。前提部分的神经网络可以学习合适的隶属函数。它用反传网络，其算法是在输入空间中构造前提的模糊集；结论部分的网络学习规则合适的“动作”，相应于结论的推理函数也可用反传函数构造。因此，在 NDF 中模糊推理规则具有以下格式：

$$R^s\text{: If } X=(x_i, \cdots, x_n) \text{ 是 } A_s\text{, then } y_s = NN_s(x_1, \cdots, x_m)$$

$$s=1, 2, \cdots r \qquad (6.18)$$

式中，r 是推理规则的数目；A_S 代表每一规则前提部分的模糊集；$NN_s(\cdot)$表示模型函数的结构，它由输入$(x_1, x_2, \cdots, x_m)$和输出 y_s 的反传网络所组成。在 $NN_s(\cdot)$中的变量数目是由以后要讲到的最优选择模型的方法来确定的。

对前提部分，用反传网络 NN_{mem} 来实现整个前提表达式。用这种 NN_{mem} 网络确定隶属函数的方法表示在图 6.3。网络对输入数据(x_{i1}, x_{i2})，$i=1, 2, \cdots, N$ 进行训练，相应数据归属于由(R_1, R_2, R_3)表示的规则。受训的 NN_{mem} 估计值就是前提部分模糊集的隶属函数值，因为估计值代表了数据对每一个规则的归属。

假定，在 NDF 中，有 m 个输入 $x_1, x_2, \cdots, x_m$ 和一个输出 y，NDF 系统的结构表示于图 6.4。图中，NN_{mem} 是决定所有规则前提部分隶属值的神经网络；NN_s 是决定第 s 条规则的输出 y_s 和控制值的神经网络。$\mathbf{y}^*$ 是最后的控制值，x_j 是输入变量，m^s 是第 s 条规则前提部分的隶属值(即激励强度)。

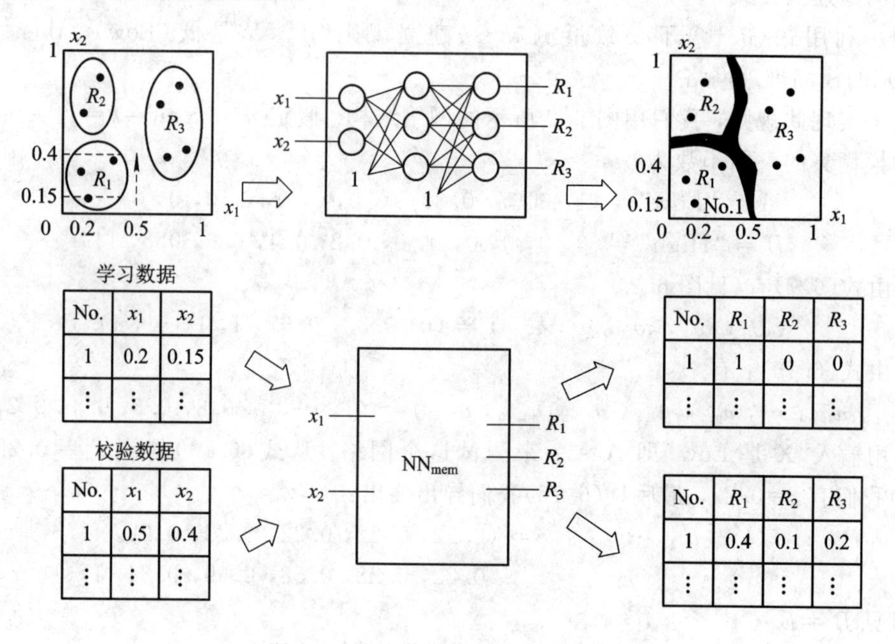

图 6.3　决定前提部分的隶属函数

NDF 系统的设计过程可表述于以下步骤：

步骤 1：选择输入－输出变量和训练数据。定义输出变量为 y，候选输入变量为 x_j，

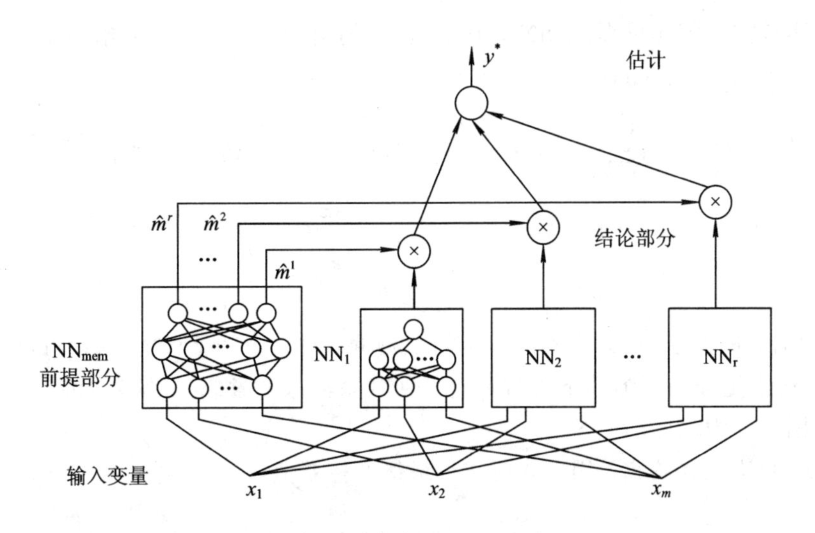

图 6.4　神经网络驱动的模糊推理框图

$j=1, 2, \cdots, m$。在这步骤中，输入变量 x_j 与观测值 y_i，$i=1, 2, \cdots, N$ 的关系由反传网络来选择，它用误差平方和作特性指标，由后述反向消去法来选择输入变量。它抛弃有噪声的输入，只选择与观测值有重要关系的输入变量。令 $\boldsymbol{x}_i=(x_1\quad x_2\quad \cdots\quad x_m)^{\mathrm{T}}$，为相应于观测值 y_i 的第 i 个输入值集合。输入一输出数据$(\boldsymbol{x}_i, y_i)$被分成 N_t 个训练数据(TRD)和 N_c 个校验数据(CHD)，$N_t+N_c=N$，N 为输入一输出数据总数。

步骤 2： 将训练数据聚类。用前述的聚类法，将 TRD 分成 R^S 中的 r 类。这里 $s=1, 2, \cdots, r$。对每一 R^S，TRD 表示成$(\boldsymbol{x}_i^s, y_i^s)$。$i=1, 2, \cdots, N_s$。$N_s$ 是 R^S 的 TRD 数目。把 n 维空间分成 r 个子空间意味推理规则数设定 r 个。

步骤 3： 训练相应于模糊推理规则 if 部分的 NN$_{mem}$。对每个 TDR 输入向量，$\boldsymbol{x}_i\in R^s$，定义一个向量 $\boldsymbol{m}_i=(m_i^1\quad m_i^2\quad \cdots\quad m_i^r)^{\mathrm{T}}$，使 $m_i^s=1$，$m_i^k=0$，$k\neq s$。于是具有 m 个输入节点和 r 个输出节点的 NN$_{mem}$ 网络对输入一输出对$(\boldsymbol{x}_i, \boldsymbol{m}_i)$进行训练，$i=1, 2, \cdots, N_t$。因此 NN$_{mem}$ 能够推断出每个校验数据 $\boldsymbol{x}_i$ 对 R^s 的从属度 $\hat{m}_i^s$。If 部分的隶属函数就定义为推断值 $\hat{m}_i^s$。学习网络 NN$_{mem}$ 的输出，即

$$\mu_{A_S}(\boldsymbol{x}_i)=\hat{m}_i^s\qquad i=1, 2, \cdots, N;\ s=1, 2\cdots, r \tag{6.19}$$

式中，A_S 代表了第 s 条规则前提部分的模糊集，如定义在式(6.18)中。

步骤 4： 训练相应于第 s 条推理规则 then 部分的网络 NN$_s$。把 TDR 输入 $x_{i1}^s, x_{i2}^s, \cdots, x_{im}^s$ 和输出值 y_i^s，$i=1, 2, \cdots, N_s$ 分别赋给 NN$_s$ 的输入和输出。该 NN$_s$ 是 R^s 中 then 部分的神经网络，引导 NN$_s$ 的训练以推断控制值。CHD 输入数据 $x_{i1}, x_{i2}, \cdots, x_{im}$，$i=1, 2, \cdots, N_c$ 代入已得到 NN$_s$，求得平方误差之和 E_m^s，

$$E_m^s=\sum_{i=1}^{N_c}\{y_i-\mu_s(\boldsymbol{x}_i)\mu_{A\,s}(\boldsymbol{x}_i)\}^2 \tag{6.20}$$

式中估计值 $\mu_s(\boldsymbol{x}_i)$是作为 NN$_s$ 的输出而获得的。我们也可计算带有权值的误差：

$$E_m^s=\sum_{i=1}^{N_c}\mu_{A_s}(\boldsymbol{x}_i)\{y_i-\mu_s(\boldsymbol{x}_i)\mu_{A_s}(\boldsymbol{x}_i)\}^2 \tag{6.21}$$

步骤 5： 由反向消去法简化 then 部分。在 NN$_s$ 所有的 m 个输入变量中任意消去一个

x_p；且用 TRD 按步骤 4 再训练 NN_s。在消去 x_p 的情况下，式(6.20)给出第 s 条规则控制值的平方误差 E_{m-1}^{sp}，用 CHD 可以估计 E_{m-1}^{sp}，

$$E_{m-1}^{sp} = \sum_{i=1}^{N_c} \{ y_i - \mu_s(\overset{\wedge}{\boldsymbol{x}}_i)\mu_{A_s}(\overset{\wedge}{\boldsymbol{x}}_i)) \}^2 \qquad p = 1, 2, \cdots, m \tag{6.22}$$

式中，$\overset{\wedge}{\boldsymbol{x}}_i = (\boldsymbol{x}_{i,1} \;\; \boldsymbol{x}_{i,2} \;\; \cdots \;\; \boldsymbol{x}_{i,P-1} \;\; \boldsymbol{x}_{i,P+1} \;\; \cdots \;\; \boldsymbol{x}_{im})^{\mathrm{T}}$，把式(6.20)和式(6.22)结果进行比较，如果

$$E_m^s > E_{m-1}^{sp} \tag{6.23}$$

则可以认为消去的变量 x_p 关系不大，x_p 可以抛弃。对其余的$(m-1)$变量也可进行同样的操作。这种消去过程一直继续下去直到对任何其余输入变量式(6.23)不再成立。给出最小的 E^s 值的网络即为最好的 NN_s。

步骤 6：决定最终输出。用下式可求得最终的控制值 y_i^*：

$$y_i^* = \sum_{s=1}^{r} \mu_{A_s}(\boldsymbol{x}_i)\mu_s(\boldsymbol{x}_i) \Big/ \sum_{s=1}^{r} \mu_{A_s}(\boldsymbol{x}_i) \tag{6.24}$$

6.2.4 基于神经网络的模糊建模

在第 3 章中已经指出，模糊建模的方法具有显著的特点，它可以用语言来描述复杂的非线性系统。然而它不太容易辨识一个复杂非线性系统模糊模型的模糊规则和调整模型的隶属函数。本章介绍利用反传学习方法的神经网络建立模糊模型。

根据不同的模糊推理方法有三种不同类型的神经模糊模型。我们把用于模糊建模的神经网络称之为模糊建模神经网络(FMN)。FMN 可以用反传学习算法自动辨识模糊规则和修正网络连接权值，自动调节隶属函数。

三种不同类型的 FMN 结构表示于图 6.5。图中表明 FMN 具有两个输入(x_1，x_2)，一个输出(y^*)。在前提部分有三个隶属函数。显然，FMN 中的隶属函数是由图 6.1 所示的网络结构实现。图 6.5 中方框与圆圈表示网络的节点。节点之间符号 w_c，w_g，w_s，w_a，w_r，w_c'，w_g'和 1，−1 表示连接的权值。具有符号 1 的节点是输出为 1 的偏置单元。具有符号 f，Σ，$\prod$和$\overset{\wedge}{\prod}$的输入−输出关系定义如下：

$$I_i^{(n)} = \sum_k w_{ik}^{(n,n-1)} O_k^{(n-1)} \tag{6.25}$$

$$f: \quad O_i^{(n)} = \frac{1}{1+\exp(I_i^{(n)})} \tag{6.26}$$

$$\sum: \quad O_i^{(n)} = I_i^{(n)} \tag{6.27}$$

$$I_i^{(n)} = \prod_k w_{ik}^{(n,n-1)} O_k^{(n-1)} \tag{6.28}$$

$$\prod: \quad O_i^{(n)} = I_i^{(n)} \tag{6.29}$$

$$\overset{\wedge}{\prod}: \quad O_i^{(n)} = I_i^{(n)} \Big/ \sum_k I_k^{(n)} \tag{6.30}$$

式中 $I_i^{(n)}$ 和$O_i^{(n)}$ 分别是第 n 层第 i 个单元的输入和输出；$w_{ik}^{(n,n-1)}$ 表示第$(n-1)$层第 k 单元和第 n 层第 i 单元之间的连接权值。没有符号的单元只把输入送到下继的层次。

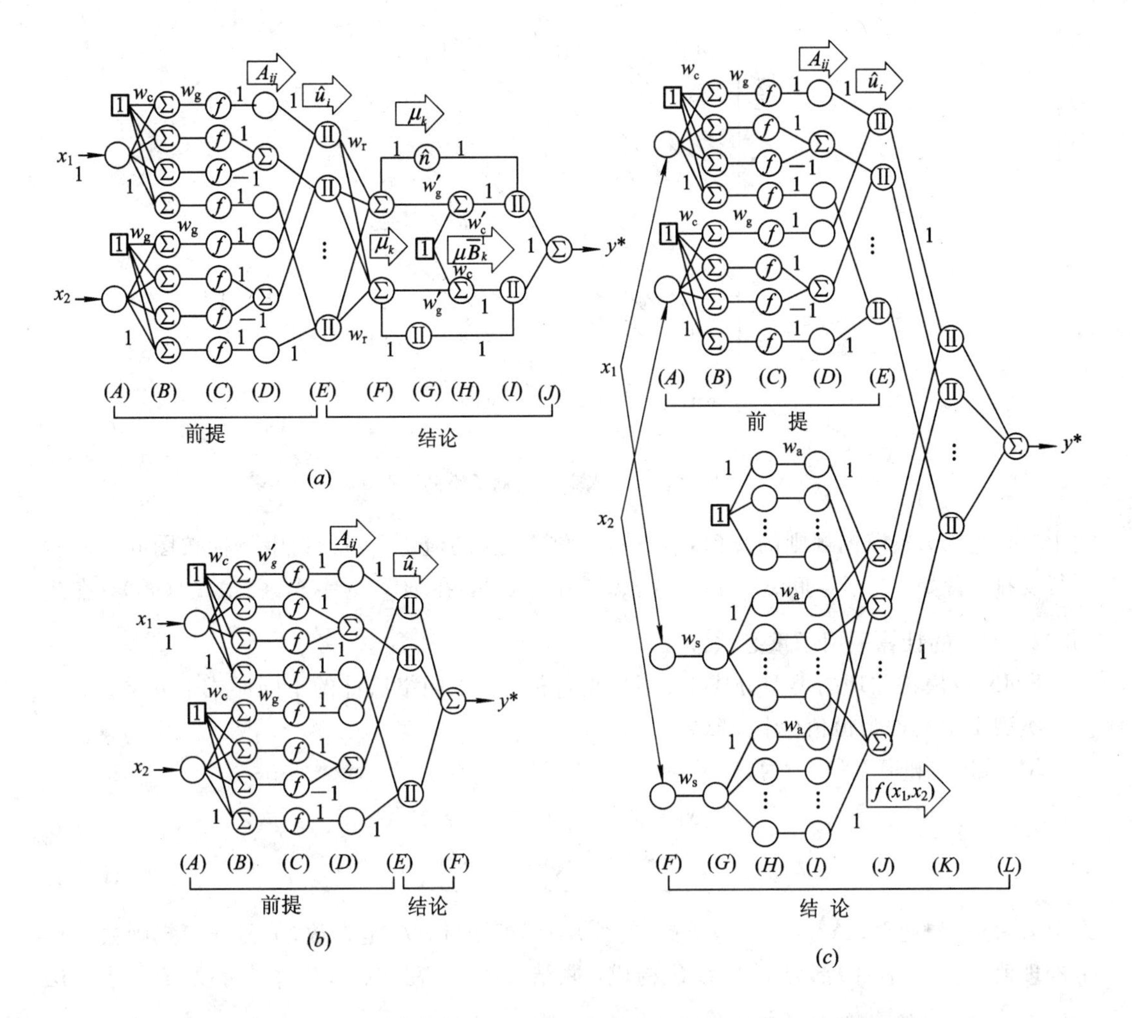

图 6.5　模糊建模网络的结构

(*a*) 类型Ⅲ；(*b*) 类型Ⅰ；(*c*) 类型Ⅱ

按照模糊推理过程，FMN 可以分成前提部分的结论部分。前提部分由 A 到 E 层组成，三种类型都是一样的。前提中隶属函数的隶属度由 A 到 D 层计算，权值 w_c 和 w_g 是网络参数，分别确定 C 层单元中 Sigmoid 函数的中心位置和梯度。适当地给定权值，可以把隶属函数$A_{1i}(x_i)$，$A_{2i}(x_i)$，$A_{3i}(x_i)$安置如图 6.1(*b*)所示的论域中，其中 $A_{2i}(x_i)$是由两个 Sigmoid 函数组成。模糊规则的真值从 E 层单元的输出求得。在图 6.1 的情况下，输入空间分成 9 个模糊子空间，如图 6.6 所示。在每个子空间中模糊规则的真值由 E 层单元中隶属函数的隶属度的乘积给出，即

输入
$$\mu_i = \prod_j A_{i_j j}(x_j) \tag{6.31}$$

输出
$$\hat{\mu}_i = \frac{\mu_i}{\sum_k \mu_k} \tag{6.32}$$

$$i = 1, 2, \cdots, 9 \quad j = 1, 2$$

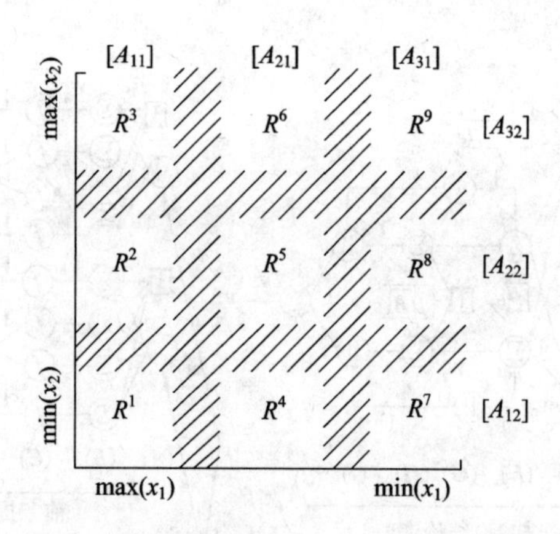

图 6.6 输入空间模糊子空间

式中，μ_i 是第 i 条模糊规则的真值，$\hat{\mu}_i$ 是 μ_i 的归一化的值。式(6.31)中下标按图 6.6 所示进行安排。譬如，在子空间 R^9，$\mu_9 = A_{31}(x_1)A_{32}(x_2)$，在 R^3，$\mu_3 = A_{11}(x_1)A_{32}(x_2)$。在式(6.32)中 $\hat{\mu}_i$ 的计算采用了重心法。

FMN 按模糊推理的类型分成Ⅰ、Ⅱ、Ⅲ三种，即以网络后件的不同形式来分类。

类型Ⅰ 后件为恒值(图 6.5(b))。

R^i：如 x_1 和 $A_{i_1 1}$ 和 x_2 为 $A_{i_2 2}$，则

$$y = f_i(i = 1, \cdots, n)$$

$$y^* = \sum_{i=1}^{n} \mu_i f_i \Big/ \sum_{i=1}^{n} \mu_i = \sum_{i=1}^{n} \hat{\mu}_i f_i \tag{6.33}$$

式中 R^i 是模糊规则，$A_{i_1 1}$，$A_{i_2 2}$ 是前提(前件)中模糊变量，f_i 是常数，n 是模糊规则数，y^* 是推理值。结论(后件)部分由 E 和 F 构成，联结权值 w_f 在式(6.33)中表示为 f_i，是 E 层的输出。F 层的输出即为推理所得值，它是 $\hat{\mu}$ 和 w_f 乘积之和。

类型Ⅱ 后件为一阶线性方程(图 6.5(c))。

R^i：如果 x_1 是 $A_{i_1 1}$ 和 x_2 为 $A_{i_2 2}$，则

$$y = f_i(x_1, x_2) \quad i = 1, 2, \cdots, n$$

$$y^* = \sum_{i=1}^{n} \mu_i f_i(x_1, x_2) \Big/ \sum_{i=1}^{n} \mu_i = \sum_{i=1}^{n} \hat{\mu}_i f_i(x_1, x_2) \tag{6.34}$$

$$f_i(x_1, x_2) = a_{io} + a_{i1}x_1 + a_{i2}x_2$$

$$a_{ij}(j = 0, 1, 2) \text{ 为常数}$$

结论为 F 到 L 层，连结权值 w_s 为结论输入变量的比例因子，它们通过学习确定。$a_{ij}(j \neq 0)$ 等于 w_a 和 w_s 的乘积。每一模糊规则推理值 $f_i(x_1, x_2)$ 由 J 层的单元输出计算而得。$\hat{\mu}_i$ 和 $f_i(x_1, x_2)$ 的乘积在 K 层计算，L 层的乘积和即为模糊推理的推理值。

类型 Ⅲ 结论为模糊变量(图 6.5(a))。

$$R_k^i: (\text{If } x_1 \text{ 是 } A_{i1} \text{ 和 } x_2 \text{ 是 } A_{i2}, \text{ then 是 } B_k) \text{ 是 } \tau_{R_k^i}$$

$$i = 1, \cdots, n;\ k = 1, 2$$

$$\mu_k' = \sum_{i=1}^{n} \hat{\mu}_i \tau_{R_k^i} \tag{6.35}$$

$$y^* = \sum_{k=1}^{2} \mu_k' \mu_{B_k}^{-1}(\mu_k') \Big/ \sum_{k=1}^{2} \mu_k'$$

$$= \sum_{k=1}^{2} \hat{\mu}_k' \mu_{B_k}^{-1}(\mu_k') \tag{6.36}$$

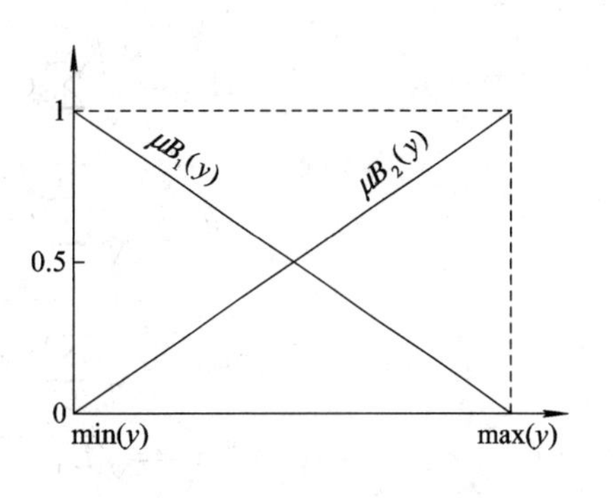

图 6.7　类型 ⅢFMN 结论中隶属函数

式中，B_k 是结论中模糊集合，其隶属函数定义如图 6.7 所示。

$\tau_{R_k^i}$ 是模糊规则 R_k^i 的语言真值，由[0，1]之间的单点表示。μ_k' 是结论的真值。$\mu_{B_k}^{-1}$ 是结论中隶属函数 $\mu_{B_k}(y)$ 的逆函数。结论部分由图 6.5(a)中 E 到 J 层组成。图中权值 w_r 代表了式(6.34)中 $\tau_{R_k^i}$。权值 w_c' 决定了结论中隶属函数为零的位置。w_g' 给出了隶属函数的梯度。F 层和 H 层的节点输出分别给出了 μ_k' 和 $\mu_{B_k}^{-1}$ 的值。因为 $\tau_{R_k^i} \in [0, 1]$ 和 $\sum \hat{\mu}_i = 1$，μ_k' 的值的范围为[0，1]，这样，$\mu_{B_k}^{-1}(\mu_k')$ 可用 F 层到 H 层的线性激励函数而非Sigmoid 函数来实现。结论中归一化的真值 $\hat{\mu}_k'$ 在 G 层计算。推理所得的值由 I 和 J 层中 $\hat{\mu}_k'$ 和 $\mu_{B_k}^{-1}(\mu_k')$ 乘积和获得。

以上所有三种类型的 FMN 是具有不同激励函数的结构化的多层前馈网络。因此可以用 BP 算法，通过修正连接权 w_f，w_a 和 w_r 来辨识规则；通过更新 w_c，w_g 和 w_c'，w_g' 来修正隶属函数。

现在我们考虑用 FMN 进行模糊建模。辨识模糊模型的过程分成前提辨识和结论辨识。模糊模型的结构表明了在前提和结论中输入变量和隶属函数的组合。经验研究说明，一个模糊模型的特性严重地依赖于模型的结构而不是隶属函数的参数。在模糊模型辨识过程，首先完成结构的选择，而且类型Ⅰ和Ⅲ的结构选择只在前提中进行。因为在结论部分这些类型的结构自动地由前提确定。结构选定之后，FMN 自动地辨识模糊模型的参数。

下面我们举例说明模糊建模过程。

假定要辨识的系统表示为

$$g = (1 + x_1^{0.5} + x_2^{-1} + x_3^{1.5})^2 \tag{6.37}$$

表 6.1 列出 40 对输入一输出数据，表中 x_4 是虚拟变量，它与式(6.37)无关。

将表 6.1 的数据分成二组：A 组(No.1～No.20)和 B 组(No.21～No.40)，用 FMN 建模的过程如下：

首选分别用 A 组或 B 组的数据来确定系统的结构。用 FMN 来辨识系统前提中结构表示于表 6.2。表中 $x_i[k]$表示输入变量 x_i 在前提中有 k 个隶属函数。前提中输入变量可一步步增加。类型Ⅱ的结论用第 3 章中相同的方法来辨识。在每种情况下，可以用 A 组数据，也可以用 B 组数据，直到 FMN 的输出误差减少到预定的值。所有的学习次数不超过1000 次。用 A 组数据和 B 组数据建立的模型分别叫模型 A 和模型 B。在结构辨识中只修改类型Ⅰ中 w_f，类型Ⅱ中 w_a 以及类型Ⅲ中 w_r，隶属函数不作调正。表 6.2 中 E_A，E_B，UC 和 C 定义为

$$E_A = \sqrt{\sum_{i=1}^{n_A} (y_i^A - y_i^{AA})^2} \tag{6.38}$$

$$E_B = \sqrt{\sum_{i=1}^{n_B} (y_i^B - y_i^{BB})^2} \tag{6.39}$$

$$UC = \sqrt{\sum_{i=1}^{n_A} (y_i^{AB} - y_i^{AA})^2 + \sum_{i=1}^{n_B} (y_i^{BA} - y_i^{BB})^2} \tag{6.40}$$

$$C = \sqrt{E_A^2 + E_B^2} + UC \tag{6.41}$$

上述式中，n_A 和 n_B 分别是 A 组和 B 组数据的数目；y_i^A，y_i^B 分别是 A 组和 B 组的数据；y_i^{AA} 和 y_i^{BA} 分别为用 A 组和 B 组输入由模型 A 推理所得的值；y_i^{BB} 和 y_i^{AB} 分别为用 A 组和 B 组数据由模型 B 所得的值；E_A 和 E_B 分别是模型 A 和 B 的误差；UC 是无偏差判据；C 是一个新的判据用以评估模糊模型的结构。式(6.41)的第一项是估计模型的精度，第二项是估计它们的泛化能力。我们希望选择最佳的结构。表 6.2 中标记 O 是每步所选的结构，⊙是最后所选的最佳的结构。表中表明，对于类型Ⅰ和Ⅲ最佳结构是前提为 $x_1[2]$，$x_2[2]$，$x_3[2]$；而对类型Ⅱ前提为 $x_2[2]$，$x_3[2]$，结论为 x_1，x_2，x_3。利用式(6.41)可以辨别最佳的结构而不需不必要的输入。

表 6.1 非线性系统输入-输出数据

No.	x_1	x_2	x_3	x_4	y	No.	x_1	x_2	x_3	x_4	y
1	1	3	1	1	11.110	21	1	1	5	1	9.545
2	1	5	2	1	6.521	22	1	3	4	1	6.043
3	1	1	3	5	10.190	23	1	5	3	5	5.724
4	1	3	4	5	6.043	24	1	1	2	5	11.250
5	1	5	5	1	5.242	25	1	3	1	1	11.110
6	5	1	4	1	19.020	26	5	5	2	1	14.360
7	5	3	3	5	14.150	27	5	1	3	5	19.610
8	5	5	2	5	14.360	28	5	3	4	5	13.650
9	5	1	1	1	27.420	29	5	5	5	1	12.430
10	5	3	2	1	15.390	30	5	1	4	1	19.020
11	1	6	3	5	5.724	31	1	3	3	5	6.380
12	1	1	4	5	9.766	32	1	5	2	5	6.521
13	1	3	5	1	5.870	33	1	1	1	1	16.000
14	1	5	4	1	5.406	34	1	3	2	1	7.219
15	1	1	3	5	10.190	35	1	5	3	5	5.724
16	5	3	2	5	15.390	36	5	1	4	5	19.020
17	5	5	1	1	19.680	37	5	3	5	1	13.390
18	5	1	2	1	21.060	38	5	5	4	1	12.680
19	5	3	3	5	14.150	39	5	1	3	5	19.610
20	5	5	4	5	12.680	40	5	3	2	5	15.390

表 6.2 模糊模型的结构辨识

(*a*) 类型Ⅰ

辨识步骤	结构	判据			
	前提	E_A	E_B	UC	C
1	O $x_1[2]$	15.30	13.66	6.71	27.22
	$x_2[2]$	24.19	17.66	5.53	35.18
	$x_3[2]$	22.41	21.32	26.77	37.70
	$x_4[2]$	26.13	21.52	10.07	18.42
2	O $x_1[3]$	5.30	13.66	6.70	27.22
	$x_1[2], x_2[2]$	11.37	7.64	9.72	28.42
	$x_1[2], x_3[2]$	13.49	12.81	7.96	26.39
	$x_1[2], x_4[2]$	11.24	11.94	25.02	41.42
3	$x_1[3], x_2[2]$	11.38	7.64	9.72	23.42
	$x_1[2], x_2[3]$	9.26	6.65	11.97	23.37
	⊙ $x_1[2], x_2[2], x_3[2]$	9.39	5.72	7.78	18.78
	$x_1[2], x_2[2], x_4[2]$	9.14	7.01	18.66	30.17
4	O $x_1[3], x_2[2], x_3[2]$	9.39	5.72	7.79	18.78
	$x_1[2], x_2[3], x_3[2]$	5.68	4.32	11.85	18.00
	$x_1[2], x_2[2], x_3[3]$	4.33	2.79	21.82	26.97
	$x_1[2], x_2[2], x_3[2], x_4[2]$	6.91	3.58	41.55	49.34

(*b*) 类型Ⅱ

辨识步骤	结构		判据			
	前提	结论	E_A	E_B	UC	C
1	O $x_1[2]$	x_2, x_3, x_4	6.72	4.97	9.89	18.26
	$x_2[2]$	x_1, x_2, x_3, x_4	5.48	2.69	6.74	12.85
	$x_3[2]$	x_1, x_2, x_3, x_4	5.77	5.27	8.44	16.25
	$x_4[2]$	x_1, x_2, x_3	6.82	4.98	8.87	17.31
2	$x_1[2], x_2[2]$	x_1, x_2, x_3	4.46	3.31	10.72	16.29
	$x_2[3]$	x_1, x_3, x_4	4.37	2.71	9.06	14.20
	⊙ $x_2[2], x_3[2]$	x_1, x_2, x_3	2.46	1.75	6.66	9.68
	$x_2[2], x_4[2]$	x_1, x_2, x_3	3.34	2.06	14.25	18.18
3	O $x_1[2], x_2[2], x_3[2]$	x_1, x_2, x_3	1.08	1.23	13.92	15.55
	$x_2[3], x_3[2]$	$x_1, x_2, x_3,$	1.58	1.08	10.70	12.61
	$x_2[2], x_3[3]$	x_1, x_2, x_3, x_4	0.13	0.24	11.40	11.68
	$x_2[2], x_3[2], x_4[2]$	x_1, x_2, x_3	0.52	1.09	19.87	21.08

(*c*) 类型Ⅲ

辨识步骤	结构		判据			
		前提	E_A	E_B	UC	C
1	O	$x_1[2]$	15.28	13.66	7.59	28.08
		$x_2[2]$	24.15	17.11	5.80	35.39
		$x_3[2]$	22.34	21.24	22.74	53.66
		$x_4[2]$	26.07	21.41	8.83	42.56
2	O	$x_1[3]$	15.30	13.66	6.70	27.22
		$x_1[2]$, $x_2[2]$	12.11	7.42	15.43	29.63
		$x_1[2]$, $x_3[2]$	13.93	12.85	6.80	25.75
		$x_1[2]$, $x_4[2]$	11.23	11.94	24.53	40.93
3		$x_1[3]$, $x_2[2]$	13.91	12.84	6.74	25.68
	⊙	$x_1[2]$, $x_2[2]$, $x_3[2]$	7.10	5.09	8.99	17.73
		$x_1[2]$, $x_2[3]$	11.00	8.18	23.05	36.76
		$x_1[2]$, $x_3[2]$, $x_4[2]$	10.29	11.01	22.89	37.96
4	O	$x_1[3]$, $x_2[2]$, $x_3[2]$	6.92	5.05	9.41	17.98
		$x_1[2]$, $x_2[3]$, $x_3[2]$	5.71	4.41	10.70	17.92
		$x_1[2]$, $x_2[2]$, $x_3[3]$	3.50	2.00	18.67	22.71
		$x_1[2]$, $x_2[2]$, $x_3[2]$, $x_4[2]$	7.39	3.59	18.96	27.18

结构确定之后，就可以用 FMN 来辨识式(6.37)所描述的模型。这里可以用 A 组数据来辨识，而用 B 组数据来验证，反之亦然。FMN 利用修正连结权 w_c，w_g 和 w_c'，w_g'来调节

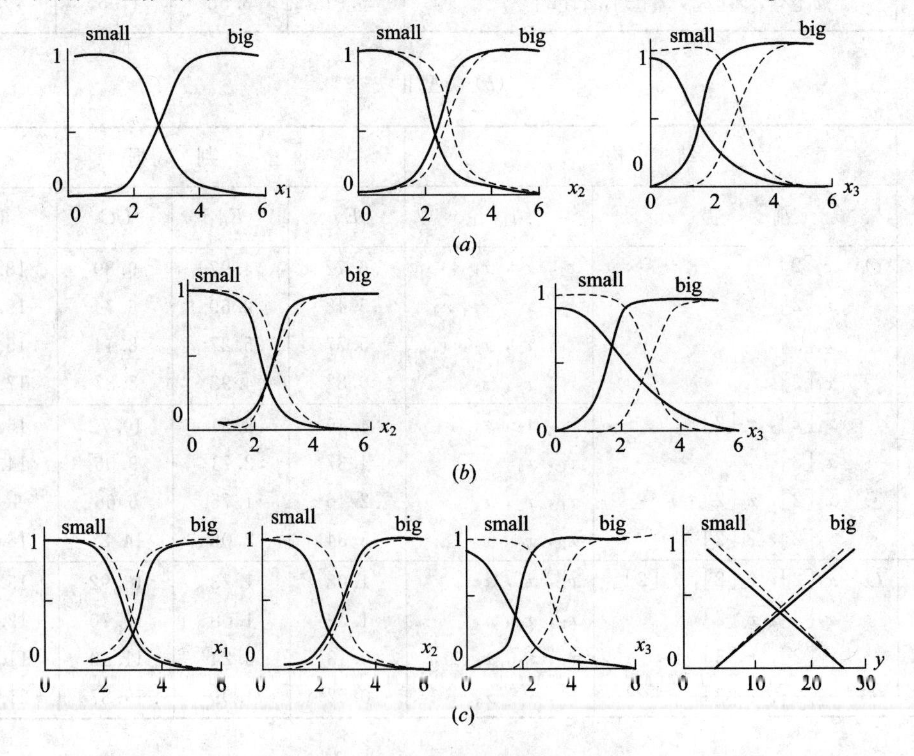

图 6.8　辨识后模型的隶属函数

隶属函数。利用 A 组数据，调节 w_f，w_a，w_r 来确定规则。在各前提中，两个隶属函数标记为大(big)和小(small)。模型的精度可由下式来表达 J：

$$J = \frac{1}{20}\sum_{i=1}^{20}\frac{|y_i - y_i^*|}{y_i} \times 100(\%) \tag{6.42}$$

式中，y_i 利用了表 6.1 的数据；y_i^* 是推理而得的数据。

图 6.8 表示了 FMN 在学习之前(虚线)和学习之后(实践)的隶属函数。不论什么类型，隶属函数都被调整得很好。

表 6.3 表示了被辨识模型的模糊规则，对于类型Ⅲ，$\tau_{R_B^i}$ 和 $\tau_{R_S^i}$ 代表模糊规则的语言值。在结论中，其语言变量分别为“big”(大)和“small(小)”。所辨识的模糊规则很好地表示了系统的特征。譬如，当输入 x_1 为大，x_2 和 x_3 为小时，输出 y 为最大。即 $\tau_{R_B^i}=1.0$。

表 6.3 被辨识模型的模糊规则

(a) 类型Ⅰ

前件			后件
x_1	x_2	x_3	f_i
small	small	small	15.9
small	small	big	9.7
small	big	small	10.8
small	big	big	5.2
big	small	small	28.3
big	small	big	18.8
big	big	small	20.3
big	big	big	12.5

(b) 类型Ⅱ

前件		后件
x_2	x_3	$f_i(x_1, x_2, x_3)$
small	small	$15.6+2.59x_1+0.34x_2-0.15x_3$
small	big	$2.8+2.30x_1+0.01x_2+0.88x_3$
big	small	$6.3+2.31x_1+0.64x_2-0.37x_3$
big	big	$0.3+1.76x_1+0.14x_2+0.48x_3$

(c) 类型Ⅲ

前件			后件	
x_1	x_2	x_3	$\tau_{R_S^i}$	$\tau_{R_B^i}$
small	small	small	0.53	0.47
small	small	big	0.76	0.28
small	big	small	0.73	0.31
small	big	big	0.94	0.15
big	small	small	0.09	1.00
big	small	big	0.38	0.63
big	big	small	0.36	0.68
big	big	big	0.64	0.38

6.3 模糊神经网络

本节讨论把模糊逻辑技术置入神经网络。按这方法形成的系统我们称之为**基于模糊逻辑的神经网络模型或模糊神经网络**。在模糊神经网络中，神经元的数值控制参数和连接矩阵由模糊参数所替代，它具有更强的表达功能，更高的训练速度，且比常规的神经网络更稳健。在这种情况下，模糊性意味着在系统定义中更灵活，即系统的边界更含糊，而且系统本身能重构，可获最佳性能。模糊神经网络事实上是模糊化的神经网络，因此本质上是神经网络，只是神经网络的各部分(例如激励函数、集结函数、权、输入一输出数据等)、各神经网络的模型以及各神经学习算法可被模糊化。按照这种概念，我们将讨论三种范畴的模糊神经网络，即：模糊神经元、模糊神经模型以及模糊训练的神经网络。限于篇幅，很多问题不能详细展开，有兴趣的读者可进一步阅读有关的参考文献。

6.3.1 模糊神经元

归纳起来，目前有三种类型的模糊神经元：(*a*) 类型Ⅰ：具有精确信号的模糊神经元，用于计算模糊权值；(*b*) 类型Ⅱ：具有模糊信号的模糊神经元，它与模糊权相结合；(*c*) 类型Ⅲ：由模糊逻辑方程描述的模糊神经元。现分别介绍如下。

1. 模糊神经元类型Ⅰ

这种类型的模糊神经元 N 表示于图 6.9。N 有 n 个非模糊的输入，x_1，x_2，…，x_n，N 的权是模糊集 A_i，$1\leqslant i\leqslant n$，即权运算由隶属函数替代，各加权运算的结果是在模糊集(权) A_i 中相应输入 x_i 的隶属函数。所有这些隶属函数集结成一个在[0，1]区间的单独输出，可以当作“信任度”。集结运算由☆表示，它可代表 min 或 max，或其他三角或协三角范式运算。这种模糊神经元的数学表达式写成

$$\mu_N(x_1, x_2, \cdots, x_n) = \mu_{A_1}(x_1) ☆ \mu_{A_2}(x_2) ☆ \cdots ☆ \mu_{A_i}(x_i) ☆ \cdots ☆ \mu_{A_n}(x_n) \tag{6.43}$$

式中 x_i 是神经元第 i 个非模糊输入，$\mu_{A_i}(\cdot)$是第 i 个(模糊)权值的隶属函数，$\mu_N(\cdot)$是神经元输出的隶属函数，☆是集结算子。

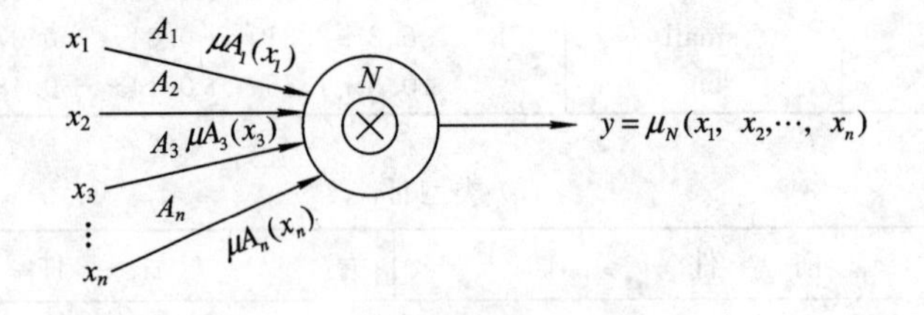

图 6.9 模糊神经元类型Ⅰ

2. 模糊神经元类型Ⅱ

这种类型的神经表示于图 6.10，除了所有输入和输出是模糊集而不是精确值之外，它与图 6.9 所示结构无多大区别。每一个模糊输入 X_i 进行加权运算，获得另一个模糊集合 $X'_i=A_i * X_i$，$1\leqslant i\leqslant n$，$*$ 是某种运算子。A_i 是第 i 个模糊权，所有修正后的输入集结产生 n 维模糊集 Y，这里加权运算不像类型Ⅰ那样是一个隶属函数，它由每一模糊输入的修正

乘子来替代。类型Ⅱ的模糊神经元数学上可描述为

$$X_i' = A_i * X_i \qquad i = 1, 2, \cdots, n$$
$$Y = X_i' ☆ X_2' ☆ \cdots\cdots ☆ X_i' ☆ \cdots\cdots ☆ X_n' \tag{6.44}$$

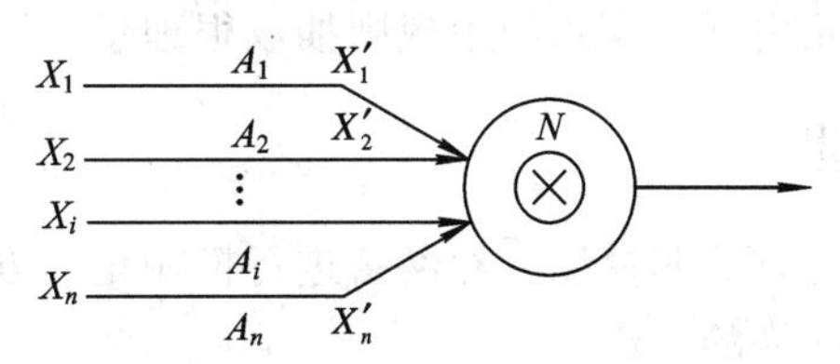

图 6.10　类型Ⅱ的模糊神经元

式中，Y 是代表模糊神经元输出的模糊集，X_i 和 X'_i 分别是加权运算前后的第 i 个输入，A_i 是第 i 个突触连接的权，☆是类型Ⅰ神经元中已提到的集结算子，$*$ 是加权算子，诸如两个模糊集的乘法运算。

下面举例说明这种类型神经元的应用。考虑一个系统辨识问题：寻找一个函数 f 把模糊输入 X 和 Y 转换成模糊输出 Z，假定有一个二次关系：

$$AX^2 + BXY + CY^2 = Z$$

式中 A，B 和 C 是模糊数，该方程可以用图 6.11 的神经网络实现，该网络使用类型Ⅱ的模糊神经元，它从某些输入训练数据(X_k，Y_k)和相应期望输出，Z_k^d，$k=1, 2, \cdots$学习 A，B 和 C，这种学习方法会在以后讨论。

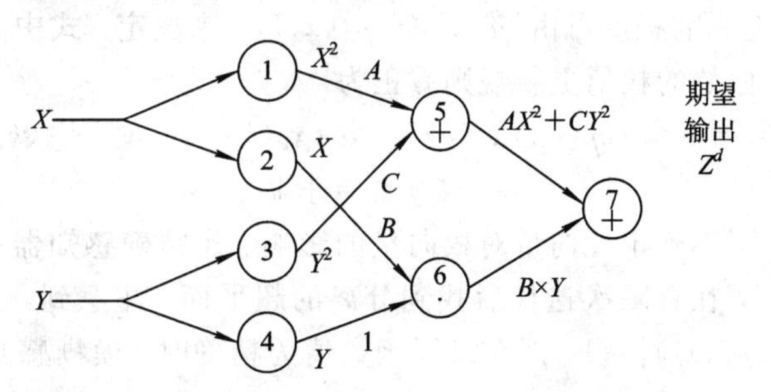

图 6.11　拟合二次函数的模糊神经元

3. 模糊神经元类型Ⅲ

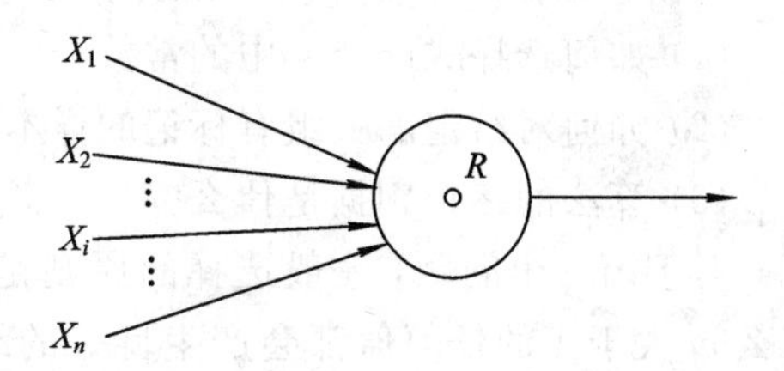

图 6.12　模糊神经元类型Ⅲ

类型Ⅲ的模糊神经元表示于图 6.12，其输入一输出关系由一个模糊 if一then 规则表示：

if X_1 和 X_2 和 … 和 X_n，then Y　(6.45)

(6.45)式中 X_1，X_2，…，X_n 是当前输入，Y 是当前输出。类型Ⅲ的模糊神经元可描述为模糊关系 R，例如：

$$R = X_1 \times X_2 \times \cdots X_n \times Y \tag{6.46}$$

或在一般情况下，

$$R = f(X_1, X_2, \cdots, X_n, Y) \tag{6.47}$$

式中 $f(\cdot)$表示一个隐含函数。结合当前输入(模糊或非模糊)x_1，x_2，…，x_n，按照推理的复合规则，模糊神经元输出 Y_i' 成为

$$Y_i' = x_1 \circ (x_2 \circ (\cdots \circ (x_n \circ R_i) \cdots)) \tag{6.48}$$

这里$\circ$代表任何类型的推理运算的复合规则。注意到神经元的输入可以是模糊的或非模糊的，精确值是模糊值的一种特殊情况。

第Ⅲ类型的模糊神经元用于专家系统中规则抽取很理想。

6.3.2 神经网络模糊化

本节着重研究直接从现有的非模糊神经网络进行模糊化的方法。这种类型的模糊神经模型构成了现有模糊神经网络的主流。

1. 模糊感知器

在精确的感知器学习算法中，每个训练样本(向量)在调整权值中具有相同的“重要性”。当感知器用在样板分类的情况下，在类别有重叠时，精确感知器算法得不到良好的分类效果。使分类交叠的不确定样本是造成算法出错的主要原因。模糊感知器的基本思想是在模糊隶属函数上，偏置一个权向量的修正量；对于那些其类别不太确定的样本(隶属值接近于0.5)，在决定权向量时使它产生较少的影响。现对一组样本向量$\{\boldsymbol{x}_1\ \ \boldsymbol{x}_2, \cdots, \boldsymbol{x}_p\}$，令$\mu_i(\boldsymbol{x}_k)$，$i=1, 2$，$k=1, 2, \cdots, p$，组成这些样本向量一个模糊两类的划分，即指定各向量在两类之一的隶属程度。这隐含以下性质：

$$\sum_{i=1}^{2} \mu_i(\boldsymbol{x}_k) = 1 \qquad 0 < \sum_{k=1}^{p} \mu_i(\boldsymbol{x}_k), \quad \mu_i(\boldsymbol{x}_k) \in [0, 1] \tag{6.49}$$

样本$\boldsymbol{x}_k$对权值更新的影响程度可由$|\mu_1(\boldsymbol{x}_k)-\mu_2(\boldsymbol{x}_k)|^m$来决定，式中$m$是常数。由此，在模糊感知器算法中，原始的权值更新规则修正为

$$W_{k+1}^i = W_k^i + \eta \mid \mu_1(\boldsymbol{x}_k(k)) - \mu_2(\boldsymbol{x}_k(k)) \mid^m [y_k^d - y(k)] x_k^i$$
$$1 \leqslant j \leqslant n+1 \tag{6.50}$$

显然，上述方程减小了不确定性向量对权向量的影响。像精确感知器一样，模糊感知器可在线性可分的情况下，在有限次迭代后找到分离的超平面。注意到，当$\mu_1(\boldsymbol{x}_k)$，$\mu_2(\boldsymbol{x}_k) \in \{0, 1\}$时，$|\mu_1(\boldsymbol{x}_k)-\mu_2(\boldsymbol{x}_k)|=1$，即在隶属函数值为精确时，模糊感知器就演变成精确感知器。

模糊感知器的学习算法存在以下几个问题：

(1) 如何选择式(6.50)中的常数m?

(2) 如何对给定的一组有标记的样本向量赋给模糊隶属函数值?

(3) 算法的终止判据是什么?

对于第一个问题，一般选择的原则是：如果在交叠区输入向量的隶属函数接近0.5，那么m大于1的任何值都会产生良好的结果；相反，如果这些向量具有较高的隶属函数值，则需要更大的m值以削弱边界决策的振荡。

对于第二个问题，决定向量隶属值的准则是：① 如果向量等于所属类的平均值，它应该是1；② 如果向量等于其他类的平均值，它应该是0.5；③ 如果向量是两个平均值的中间，它应该接近于0.5；④ 隶属函数决不应小于0.5；⑤ 当一个向量接近其均值且均值远离另一个平均值时，隶属函数应以指数趋近于1；⑥ 它应取决于类别的相对距离，而不是绝对距离。满足上述这些条件赋隶属函数值的方法可从数学上描述如下：

对在类别Ⅰ的$\boldsymbol{x}_k$：

$$\mu_1(\boldsymbol{x}_k) = 0.5 + \frac{e^{f(d_2-d_1)/d} - e^{-f}}{2(e^f - e^{-f})} \tag{6.51}$$

$$\mu_2(\boldsymbol{x}_k) = 1 - \mu_1(\boldsymbol{x}_k) \tag{6.52}$$

对在类别Ⅱ的 $\boldsymbol{x}_k$：

$$\mu_2(\boldsymbol{x}_k) = 0.5 + \frac{e^{f(d_1-d_2)/d} - e^{-f}}{2(e^f - e^{-f})} \tag{6.53}$$

$$\mu_1(\boldsymbol{x}_k) = 1 - \mu_2(\boldsymbol{x}_k) \tag{6.54}$$

上述方程中，d_1 是向量离类别Ⅰ均值的距离，d_2 是向量离类别Ⅱ均值的距离。d 是两个均值之间距离。常数 f 必须为正，它控制隶属函数下降到0.5的速率。可以看到，f 的选择与式(6.50)中 m 的选择以逆向相关，即 f 减小，m 必须增加以抵消在交叠区向量隶属度较高的作用。

第三个问题。当分类错误，即当向量隶属度在两个类中都接近0.5时，不确定向量不应再产生另一个迭代。算法停止判断可以检查以下条件：

$$\mu_1(\boldsymbol{x}_k) > 0.5 + \beta \text{ 或 } \mu_2(\boldsymbol{x}_k) < 0.5 - \beta \tag{6.55}$$

β 是0.5附近的范围，

$$\beta = \frac{1 - e^{-f}}{2(e^f - e^{-f})} + \varepsilon \quad \varepsilon \geqslant 0 \tag{6.56}$$

由经验研究，$\varepsilon = 0.02$ 可以产生很好的结果。

2. 模糊联想存储器

模糊联想存储器(FAM)是一个模糊系统，它把模糊集映射到模糊集。它是4.4节介绍的双向联想存储器的模糊化。FAM的特性如同联想存储器，它将闭输入映射到闭输出。最简单的FAM是将FAM规则或关联(A_i, B_i)进行编码。关联(A_i, B_i)就是将模糊集 B_i 与模糊集 A_i 关联起来。例如结构知识形式："如果某方向交通繁忙，则绿灯亮的时间长一些"。它表示成关联(繁忙，长一些)。可以用FAM的相关矩阵直接编成FAM。一般情况下，FAM系统由一系列不同的关联(A_i, B_i)，…，(A_m, B_m)组成。每一个关联相应于一个不同的数值FAM矩阵或语言FAM存储单元中不同的记录。我们不采用将这些矩阵组合(例如：把神经联想存储器(外积)矩阵组合起来)，而是将矩阵分别存储起来，并平行地对它们进行访问以防止交叉干扰。

现在先看一下单个联想FAM的工作原理，以了解如何建立数值FAM矩阵将模糊集结(A, B)进行编码。设 A 和 B 分别为 X 和 Y 的模糊子集，我们把论域 X 量化成 n 个数值变量 $x_1, x_2, \cdots, x_n$，$(X=\{x_1, x_2, \cdots, x_n\})$。把 Y 量化成 p 个数值变量 $y_1, y_2, \cdots, y_p$，$(Y=\{y_1, y_2, \cdots, y_p\})$。例如，令模糊集对编成交通控制的关联(繁忙，长一些)，则 X 可代表交通密度，Y 是绿灯点亮时间。因而 x_1 可代表交通密度为零；y_p 可代表30秒。A 和 B 定义了隶属函数 μ_A 和 μ_B，它们把 X 的 x_i 元素和 Y 中的 y_i 元素映射成[0，1]间的隶属度。隶属值说明 x_i 属于 A 多少以及 y_i 属于 B 多少。令 $a_i=\mu_A(x_i)$ 和 $b_i=\mu_B(y_i)$，即 $A=a_1/x_1+a_2/x_2+\cdots+a_n/x_n$ 和 $B=b_1/y_1+b_2/y_2+\cdots+b_p/y_p$。因而我们分别用数值隶属度向量 $\boldsymbol{A}=(a_1 \quad a_2 \quad \cdots \quad a_n)$和 $\boldsymbol{B}=(b_1 \quad b_2 \quad \cdots \quad b_p)$来代表 $\boldsymbol{A}$ 和 $\boldsymbol{B}$。

为了将模糊关联$(\boldsymbol{A}, \boldsymbol{B})=\{(a_1 \quad a_2 \quad \cdots \quad a_n),(b_1 \quad b_2 \quad \cdots \quad b_p)\}$编码成数值FAM矩阵，我们可来用模糊的Hebb学习规则

$$m_{ij} = \min(a_i, b_j) \tag{6.57}$$

式中 m_{ij} 是 BAM 输入节点 i 至输出节点 j 之间的连接权值。这种编码方法称为**相关最小编码**，它给出了模糊外积 Hebb FAM 相关矩阵(这里我们稍稍错用了概念，把 A 当作了模糊集的向量)，

$$\boldsymbol{M} = \boldsymbol{A}^{\mathrm{T}} \circ \boldsymbol{B} \tag{6.58}$$

如果上式中 $\boldsymbol{A}=\boldsymbol{B}$，则成为自联想的模糊 Hebb FAM 矩阵。作为例子，我们假定 $\boldsymbol{A}=(0.2\ \ 0.5\ \ 0.9\ \ 1.0)$和 $\boldsymbol{B}=(0.9\ \ 0.5\ \ 0.6)$，我们就有

$$\boldsymbol{M} = \boldsymbol{A}^{\mathrm{T}} \circ \boldsymbol{B} = \begin{pmatrix} 0.2 \\ 0.5 \\ 0.9 \\ 1.0 \end{pmatrix} (0.9\ \ 0.5\ \ 0.6) = \begin{pmatrix} 0.2 & 0.2 & 0.2 \\ 0.5 & 0.5 & 0.5 \\ 0.9 & 0.5 & 0.6 \\ 0.9 & 0.5 & 0.6 \end{pmatrix}$$

很自然地要问：利用 max－min 复合 $\boldsymbol{A}\circ\boldsymbol{M}$，能否联想起(记忆)$B$?

$$\boldsymbol{A} \circ \boldsymbol{M} = [0.9\ \ 0.5\ \ 0.6] = \boldsymbol{B}$$

$$\boldsymbol{B} \circ \boldsymbol{M}^{\mathrm{T}} = [0.2\ \ 0.5\ \ 0.9\ \ 0.9] = \boldsymbol{A}' \subset \boldsymbol{A}$$

因此在正向可以获得很好的回忆，$\boldsymbol{A}\circ\boldsymbol{M}=\boldsymbol{B}$，但反向 $\boldsymbol{B}\circ\boldsymbol{M}^{\mathrm{T}}\neq\boldsymbol{A}$

另外一种模糊 Hebb 编码方法称之为**相关乘积**编码。在这种编码中，标准的隶属向量 $\boldsymbol{A}$ 和 $\boldsymbol{B}$ 的数学外积组成 FAM 矩阵 $\boldsymbol{M}$，

$$\boldsymbol{M} = \boldsymbol{A}^{\mathrm{T}}\boldsymbol{B} \tag{6.59}$$

式中

$$m_{ij} = a_i b_i \tag{6.60}$$

再考虑上面的例子，则

$$\boldsymbol{M} = \boldsymbol{A}^{\mathrm{T}}\boldsymbol{B} = \begin{pmatrix} 0.18 & 0.1 & 0.12 \\ 0.45 & 0.25 & 0.3 \\ 0.81 & 0.45 & 0.54 \\ 0.9 & 0.5 & 0.6 \end{pmatrix}$$

注意：如 $\boldsymbol{A}'=(0\ \ 0\ \ 0\ \ 1)$，则 $\boldsymbol{A}'\circ\boldsymbol{M}=\boldsymbol{B}$。即 FAM 联想输出 $\boldsymbol{B}$ 达到最大程度。如果 $\boldsymbol{A}'=(1\ \ 0\ \ 0\ \ 0)$，则 $\boldsymbol{A}'\circ\boldsymbol{M}=(0.18\ \ 0.1\ \ 0.12)$，FAM 只回忆起输出 $\boldsymbol{B}$ 的 20%(0.2)。可以看到，相关一乘积编码产生比例的模糊集 $\boldsymbol{B}$；而相关极小编码产生削幅的模糊集 $\boldsymbol{B}$。比例化的模糊集 $a_i\boldsymbol{B}$ 的隶属函数与 $\boldsymbol{B}$ 具有相同形式，而削幅的模糊集 $a_i \wedge \boldsymbol{B}$ 在等于 a_i 或高于 a_i 值时是平的。从这个意义上讲，相关一乘积编码比相关一极小编码保留更多的信息。

下面考虑由一系列不同 FAM 关联($\boldsymbol{A}_1$, $\boldsymbol{B}_1$)，…，($\boldsymbol{A}_m$, $\boldsymbol{B}_m$)组成的 FAM 系统。按式(6.58)或式(6.59)的编码方法，可得到 m 个 FAM 矩阵 $\boldsymbol{M}_1$, $\boldsymbol{M}_2$, …, $\boldsymbol{M}_m$ 对关联进行编码。不象在通常的神经网络所做的那样，将 m 个矩阵按点叠加，把 m 个关联编码在一个单独的 FAM 存储单元上，而是将 m 个关联($\boldsymbol{A}_k$, $\boldsymbol{B}_k$)分别存储在 FAM 存储库中，把 m 个记忆向量 $\boldsymbol{B}_k'$叠加起来，即

$$\boldsymbol{B}_k' = \boldsymbol{A} \circ \boldsymbol{M}_k = \boldsymbol{A} \circ (\boldsymbol{A}_k^{\mathrm{T}} \circ \boldsymbol{B}_k) \qquad k=1, 2, \cdots, m \tag{6.61}$$

式中，$\boldsymbol{A}$ 是平行地加于 FAM 规则($\boldsymbol{A}_k$, $\boldsymbol{B}_k$)中隶属向量输入。所记忆的隶属向量输出 $\boldsymbol{B}$ 等于各记忆向量 $\boldsymbol{B}_k'$的加权和，

$$\boldsymbol{B} = \sum_{k=1}^{m} \boldsymbol{W}_k \boldsymbol{B}_k' \tag{6.62}$$

式中非负权 W_k 综合了第 k 个 FAM 规则($\boldsymbol{A}_k$，$\boldsymbol{B}_k$)的强度或可信度。若我们需要在输出论域 $Y=\{y_1 \quad y_2 \quad \cdots \quad y_p\}$中一个单独的数值输出，则需要有一个去模糊化过程。例如，使用面积中心去模糊法，相对于输出空间 Y 隶属向量 $\boldsymbol{B}$ 的模糊中心 $\overline{B}$，

$$\overline{B}=\sum_{i=1}^{p} y_i \mu_B(y_i) \Big/ \sum_{i=1}^{p} \mu_B(y_i) \tag{6.63}$$

整个(非线性)FAM 系统 F 的结构表示如图 6.13，图中 F 将模糊集映射到模糊集 $F(A)=B$。因此，F 定义了模糊系统的变换 $F: I^n \rightarrow I^p$。在极端情况下，A 代表精确测量值 x_i 的出现，例如交通密度值 30。在这种情况下，A 等于具有单位值 $a_j=1$ 的位(bit)向量，而其他隶属值为零 $a_j=0$，即 A 是一模糊单点。同样，如果用面积中心技术进行去模糊，输出 B 在输出论域产生精确的元素 y_i。事实上，去模糊化产生一个输出二进制的向量，一个元素为 1，其余为 0。已经证明，FAM 系统可以任何精度逼近紧(闭和有界)集上任意连续函数。换句话说，FAM 也是一个通用逼近器。

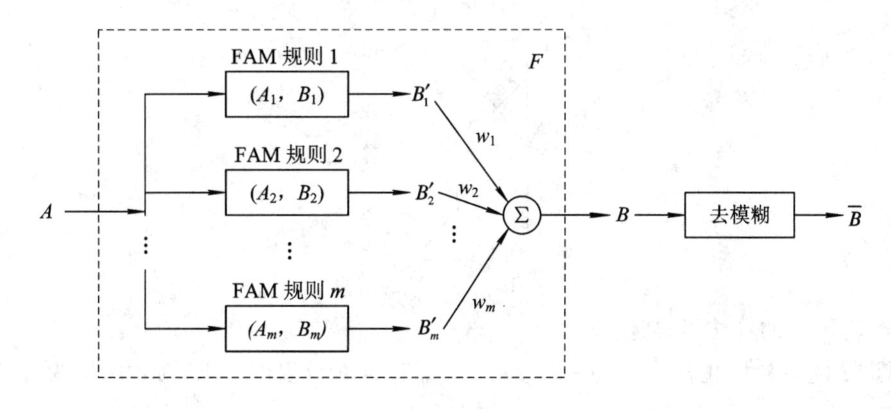

图 6.13 FAM 系统的结构

3. 模糊 Kohonen 聚类网络

在 4.4.1 节中我们介绍过 Kohonen 自组织网络，它可用于输入数据的聚类。但这种网络存在以下的缺点：① 它们是一个启发式的过程，所以训练终止不是基于任何模型或其数据的优化过程；② 最后权值常常取决于输入序列；③ 不同的初始条件得到不同的结果；④ 在学习期间 Kohonen 自组织算法的几个参数：学习速率、更新邻域函数的规模以及改变这两个参数的策略必须随不同数据集变化以达到所期望的结果。

本节我们介绍模糊 Kohonen 聚类网络(FKCN)。它把模糊 C—平均(FCM)与 Kohonen 聚类网络(KCN)的学习速率和更新策略结合起来。因为 FCM 算法是优化过程，而 KCN 不是优化过程，两者结合是解决 KCN 存在问题的一种方法。此外，这种结合可以使 KCN 产生模糊聚类的连续值输出，而不是硬聚类。

现在先考虑 KCN 和 FCM 部分的结合方法，称为部分 FKCN。其结构表示于图 6.14。与原始的 Kohonen 网络比较，FKCN 在输出层(距离层)附加了额外的一层，即隶属层。对于一个给定的样本 $\boldsymbol{x}_j$，在距离层的节点 i，$i=1, 2, \cdots, c$，计算 $\boldsymbol{x}_j$ 和第 i 个原型向量 $\boldsymbol{v}_i$ 之间的距离 d_{ij}，即

$$d_{ij}=\|\boldsymbol{x}_j-\boldsymbol{v}_i\|^2=(\boldsymbol{x}_j-\boldsymbol{v}_i)^{\mathrm{T}}(\boldsymbol{x}_j-\boldsymbol{v}_i) \tag{6.64}$$

式中，$\boldsymbol{v}_i$ 是距离层节点 i 输入权向量，代表了第 i 个聚类的原始向量，隶属层则是按下式把

距离 d_{ij} 映射成隶属函数值 u_{ij}，

$$u_{ij} = \left(\sum_{k=1}^{C} d_{ij} / d_{kj} \right)^{-1} \tag{6.65}$$

这里 c 是聚类数，如果 $d_{ij}=0$，则 $u_{ij}=1$；如果 $d_{kj}=0$，$i \neq k$，则 $u_{ij}=0$。输出 u_{ij} 代表输入 $\boldsymbol{x}_j$ 属于类别 i 的程度。在学习过程中，这些输出需要反馈，经过如图 6.14 所示的新的第三层与输入节点之间的反馈路径更新聚类中心。

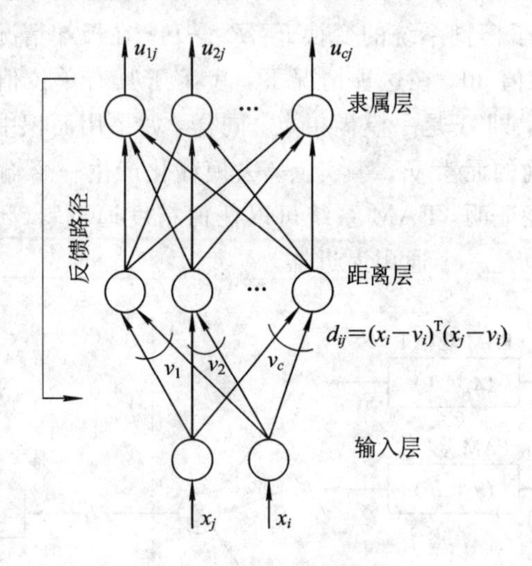

图 6.14　FKCN 的结构

部分 FKCN 的算法可描述如下：

步骤 1：随机初始化权值 $\boldsymbol{v}_i$，$i=1, 2, \cdots, c$。设定邻域规模(NE)为 $c/2$。c 为分类数目。

步骤 2：对每一输入 $\boldsymbol{x}_j$，选择输出节点 i^*，$1 \leqslant i^* \leqslant c$，使 d_{i^*j} 最小，d_{ij} 定义如式(6.65)，用以下规则更新 $\boldsymbol{v}_i$：

$$\boldsymbol{v}_i(t+1) = \boldsymbol{v}_i(t) u_{ij} [\boldsymbol{x}_j - \boldsymbol{v}_i(t)] \tag{6.66}$$

其中 i 包括输出节点 i^* 和围绕该节点的邻域的各节点。重复步骤 2 直到权值无变化。

步骤 3：检查 NE 是否为零。如果是，算法停止；否则 NE 减 1，返回步骤 2。

上述算法自动地包括了因子 u_{ij}^2（隐含在 d_{ij} 的定义和步骤 2 中 $\boldsymbol{v}_i(t)$ 的修正）。就更新计算次数而言，算法的计算的复杂性与 FCM 一样。但它的优点是线性更新规则，更大的优点是算法中包括了领域规模的减少。因为在步骤 2 中不是所有节点都包含其中，所以减少了更新计算的总数。

注意到部分 FKCN 算法中没有为 KCN 聚类建立数学模型，也没有确立有关收敛终止的性质，其终止是靠领域缩减成空集而实现的。因此部分 FKCN 的算法还可以进一步改进，读者可进一步参阅有关文献资料。

4. 模糊 CMAC

在 4.3 节中，我们曾经介绍过小脑连接控制器网络(CMAC)，现在将模糊概念引入 CMAC，构成模糊 CMAC(FCMAC)。基于模糊逻辑的 CMAC 表示于图 6.15，这是一个 4 层结构，把 X 空间的输入向量映射到 Y 空间的输出向量。由模糊传感器层 S 产生的隶属度与联想层 A 结合起来。在 A 层中每一节点是一个模糊单元，它输出隶属度以表明其活动。

各模糊单元按模糊“与”功能进行操作(譬如 min 运算)，从 S 层到 A 层的映射与 CMAC 有相同结构，即构成一个稀疏而又规则的连接，使得对任何输入 $\boldsymbol{x}$，正好只有 C 个 A 层的节点接收非零的隶属度。这用来产生相近的输入向量之间的泛化和相距较远输入向量之间的异化。

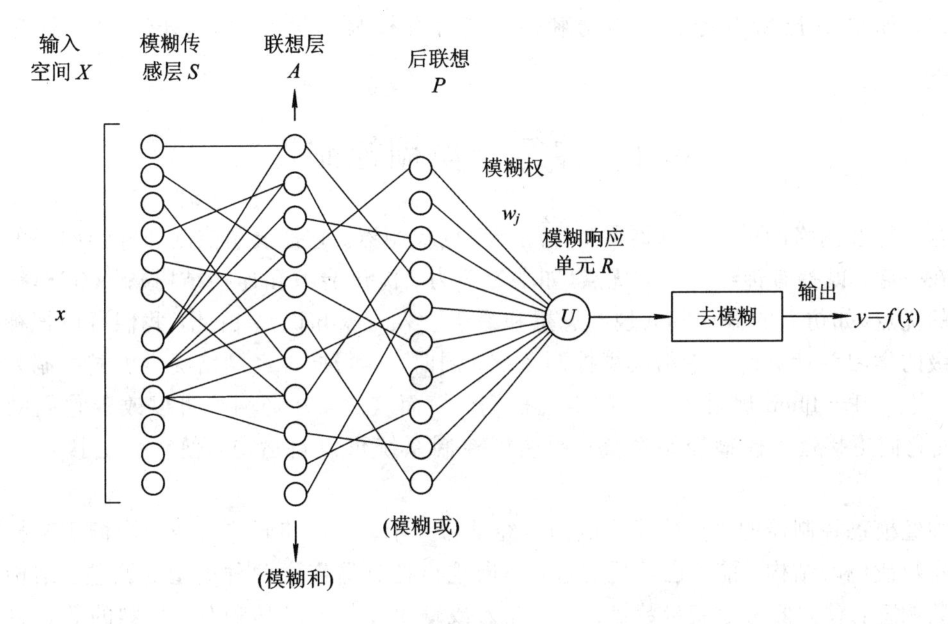

图 6.15 FCMAC 的系统结构

如同 CMAC 一样，为了避免保存存储权值需用不合理的大规模存储器，A 层中各模糊单元的输出随机地映射到后联想层 P。该 P 点只有数量较少的模糊单元，且各个单元按模糊“或”功能进行运算(譬如 max 运算)。令 P^* 表示 P 层中模糊单元集合，它对输入 $\boldsymbol{x}$ 具有非零的隶属度。因为有可能产生映射冲突，我们必须使 $|P^*|\leqslant C$。所有 P 层的模糊单元都通过可变的模糊权 W_j 连接到最后的响应单元。W_j 是定义在输出范围 Y 中的模糊数。实际上模糊权通常是中心为相应值的对称三角形或梯形，P 层的模糊单元 P_j 和相应的模糊权值 W_j 可以认为是根据模糊规则的联想：$\mu_{P_j}(\boldsymbol{x})\longrightarrow\mu_{w_j}(\boldsymbol{x})$。响应单元的模糊集覆盖了输出的所有值，它由 P 层的节点活动所决定，具有隶属函数：

$$\mu_R(y)=\bigvee_{1\leqslant j\leqslant N_p}\mu_{P_j}(\boldsymbol{x})\wedge\mu_{w_j}(y)=\bigvee_{P_j\in P^*}\mu_{P_j}(\boldsymbol{x})\wedge\mu_{w_j}(y) \tag{6.67}$$

式中 N_P 是 P 层的节点数目。如果需要精确的输出 $f(\boldsymbol{x})$ 可以用中心去模糊化方法如下：

$$f(\boldsymbol{x})=\overline{y}=\int_Y\mu_R(y)y\mathrm{d}y\bigg/\int_Y\mu_R(y)\mathrm{d}y \tag{6.68}$$

FCMAC 的学习问题是确定模糊权值 W_j 的合适隶属函数，以在感兴趣的范围内表示所期望的函数 f。假如有一个训练数据的元素$(\boldsymbol{x},\ y^d)$，式中 y^d 是 $\boldsymbol{x}$ 所期望的输出，首先计算修正因子 δ：

$$\delta=\beta(y^d-f(\boldsymbol{x})) \tag{6.69}$$

式中学习速率 β 介于 0 和 1 之间。假如所有联想模糊权值 w_j 相对于论域 Y 偏移 δ，则对新的模糊权值 w_j' 就有隶属函数，$\mu_{w_j'}(y+\delta)=\mu_{w_j}(y)$。因此，新的模糊响应节点 R' 有隶属函数 $\mu_R'(y+\delta)=\mu_R(y)$，且模糊中心变为 $\overline{y}'=\overline{y}+\delta$。这说明所有联想模糊权值相对于论域的移动会导致输出响应移动同样的量。根据这个规则，FCMAC 的学习规则可以叙述如下：

对每一个训练样本$(\boldsymbol{x}, y^d)$，δ按式(6.69)计算，联想模糊权W_j移动δ，有

$$\mu_{w_j(t+1)}(y+\delta)=\mu_{w_j(t)}(y) \tag{6.70}$$

由上可知，FCMAC 利用在系统结构和数学数据中引入模糊的方法扩充了 CMAC。容易明白，如果S层所有传感器为精确值，且所有权为非模糊单点，FCMAC 就简化成 CMAC。

6.4 神经一模糊控制器

基于神经网络的模糊控制器称为神经－模糊控制器。它把模糊控制和神经网络的概念融合在一起，既拥有神经网络的优点(如学习能力、优化能力和连接结构)；又有模糊控制系统的优点(如仿人的 if－then 规则思想和易于置入专家知识)。由此，我们可以把神经网络低级的学习和计算能力带给模糊控制系统；同时，也可向神经网络提供模糊控制系统高级的、仿人 if－Then 规则的思想和推理机制。简而言之，神经网络可以改善它们的透明性，使它们更接近于模糊控制系统；而模糊控制系统可以自适应，使它们更接近于神经网络。

神经模糊控制器的主要作用是应用神经学习技术，寻求和调整神经－模糊逻辑控制系统的参数或(和)结构。前面已经提到过，模糊逻辑控制器需要两种类型的调整：结构调整和参数调整：譬如要考虑变量数目；每一输入或输出变量论域的划分；规则的数目以及组成规则的配合。一旦获得了满意的规则结构，神经模糊控制系统就需要参数调整。要调整的参数包括与隶属函数有关的参数，如中心、宽度和斜率、参数化的模糊连接参数以及模糊逻辑规则的权值。

本节将着重介绍几种类型具有结构或(和)参数调整的神经－模糊控制器。

6.4.1 模糊自适应学习控制网络

模糊自适应学习控制网络(FALCON)是一种前向多层网络，它把一个传统的模糊逻辑控制器的基本元件和功能与具有分布学习能力的连接式结构结合在一起。在这种连接式结构中，输入和输出节点分别代表输入状态和输出控制或决策信号。在隐层中，节点功能为产生隶属函数和模糊逻辑规则。按照网络结构的学习能力，FALCON 与传统的模糊逻辑控制和决策系统形成明显的对照。FALCON 可用神经学习技术由训练样本构成，而且连接式结构可以接受训练来开发模糊逻辑规则和决定合适的输入－输出隶属函数。这种连接式模型也给常规多层前馈网络提供人们可理解的意义。多层前馈网络其内部的单元通常对用户是透明的。如果需要，专家知识可容易地置入到 FALCON。这种连接式结构也省略了传统的模糊控制系统中推理机的规则匹配时间。下面，我们介绍 FALCON 的结构和功能，并阐述它的学习方式。

图 6.16 表示了 FALCON 的结构，此系统共有五层。第一层的节点为输入节点(语言节点)，它接收输入语言变量。第五层为输出层，每一输出变量有两个语言节点，一个作为训练数据(期望输出)送到网络；另一个是决策信号(实际输出)作为网络的输出。第 2 层和第 4 层节点是术语节点，它们工作如隶属函数，代表相应变量的术语。实际上，第 2 层的节

点可以是一个简单的单节点，完成简单的隶属函数(譬如三角形或钟形函数)；也可由多层节点(子神经网)组成，实现一个复杂的隶属函数。故这种连接式模型的总层数可以多于5层。第3层的节点是代表一个模糊逻辑规则的规则节点。因此，层3所有节点组成了一个模糊规则库。层3和层4的连接及其功能如同一个连接式的推理机，它免去了规则匹配过程。层3的连接定义了规则节点的前提，而层4的节点定义了规则节点的结论。所以，对每条规则，最多只有一个(也可没有)从语言节点来的某个术语的连接。对前提连接(层3的连接)和结论连接(层4连接)就是如此。在层2和层1的连接是语言节点和相应术语节点之间的全连接。连接的箭头表示网络建立和训练之后，运行时的正常信号流向。所以，我们将会按照箭头方向一层层地说明信号的传递，信号流只在学习或训练过程中反向。

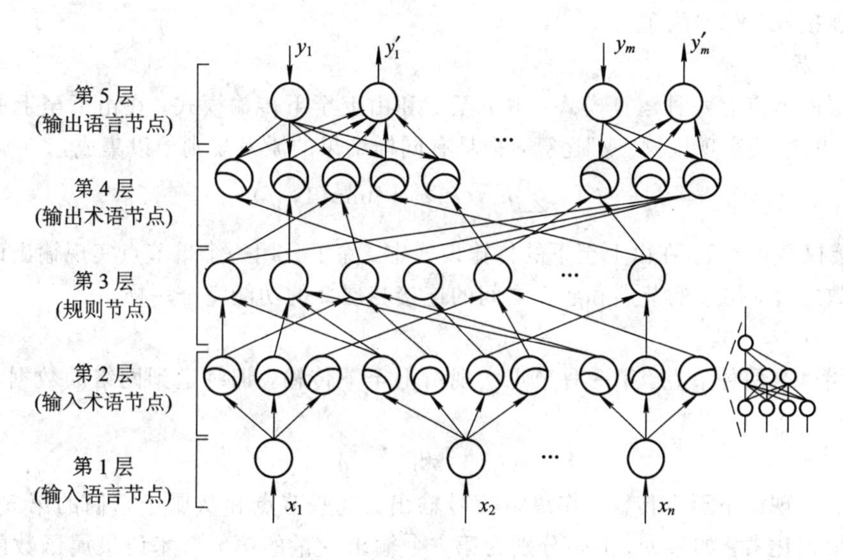

图 6.16　FALCON 的结构

对这种具有5层结构的 FALCON，我们要定义每一个节点的基本功能。FALCON 由某些有限数目的扇入连接节点和扇出连接节点组成。前者由来自其他节点的权值表示；后者再连接到其他节点。与扇入节点有关的是一个积分函数 f，它把来自别的节点的信息、激励或论据组合起来，这个函数 f 向节点提供总的输入

$$\text{net}_i = f(u_1^{(k)}, u_2^{(k)}, \cdots, u_p^{(k)}; W_1^{(k)}, W_2^{(k)}, \cdots, W_p^{(k)}) \tag{6.71}$$

式中，$u_1^{(k)}, u_2^{(k)}, \cdots, u_p^{(k)}$ 是节点的输入；$W_1^{(k)}, W_2^{(k)}, \cdots, W_p^{(k)}$ 是有关连接的权。式中上标 k 表明层数，各节点的第二个行为是输出一个激励值，它是总输入的函数

$$\text{Output} = O_i^{(k)} = a(\text{net}_i) = a(f) \tag{6.72}$$

式中 $a(\cdot)$ 表示激励函数，下面描述 FALCON 5层中各节点的功能。

1) 第1层

在第1层的节点只是把输入值直接传送给下一层，即

$$f = u_i^{(1)} \text{ 和 } a = f \tag{6.73}$$

由此公式，层1的连接权($W_i^{(1)}$)为1。

2) 第2层

如果我们用单一节点完成简单的隶属函数，则该节点的输出应该是一个隶属函数。例如，对一钟形函数，我们有

$$f = M_{x_i}^j(m_{ij}, \sigma_{ij}) = -\frac{(u_i^{(2)} - m_{ij})^2}{\sigma_{ij}^2} \text{ 和 } a = e^f \tag{6.74}$$

式中 m_{ij} 和 σ_{ij} 分别为第 i 个输入语言变量 x_i 的第 j 个术语的钟形函数的中心(或平均值)和宽度(或均方差)。因此，在层 2 中连接权值 $m_{ij}^{(2)}$ 可以当作为 m_{ij}。如果我们用一组节点完成一个隶属函数，则每一个节点的函数可以是标准的形式(譬如 Sigmoid 函数)，且整个子网络用标准学习算法(如反传法)进行离线训练，实现期望的隶属函数。

3) 第 3 层

这层连接用于实现模糊逻辑规则的前提匹配，规则节点完成模糊“与”运算，

$$f = \min(u_1^{(3)}, u_2^{(3)}, \cdots, u_p^{(3)}) \text{ 和 } a = f \tag{6.75}$$

在第 3 层连接权($W_i^{(3)}$)为 1。

4) 第 4 层

在这层的节点有两种运算模式：由下至上和由上至下传输模式。在由下至上的传输模式中，层 4 的连接实现模糊“或”运算，把具有同样结果的激发规则予以集成，

$$f = \sum_i u_i^{(4)} \text{ 和 } a = \min(1, f) \tag{6.76}$$

因此，连接权 $W_i^{(4)}=1$。在由上至下的传输模式中，除了只用一个单节点实现输出语言变量的隶属函数之外，层 4 的节点和层 5 之间的连接与层 2 的功能完全一样。

5) 第 5 层

在该层也有两种节点。第一种节点实现由上至下传输，训练送到网络的数据。对这种节点

$$f = y_i \quad \text{和} \quad a = f \tag{6.77}$$

第二种节点实现由下至上传输，作决策信号输出。这些节点和从属于它们的第 5 层连接，工作如去模糊化器。如果 m_{ij} 和 σ_{ij} 分别为第 i 个输出变量的第 j 个术语隶属函数的中心和宽度，则以下的函数可以用来仿真面积中心去模糊方法：

$$f = \sum_j W_{ij}^{(5)} u_{ij}^{(5)} = \sum_j (m_{ij}\sigma_{ij}) u_{ij}^{(5)} \tag{6.78}$$

$$a = \frac{f}{\sum_j \sigma_{ij} u_{ij}^{(5)}}$$

因此，第 5 层的连接权 $W_{ij}^{(5)}$ 为 $m_{ij}\sigma_{ij}$。

根据上述连接式结构，可采用二阶段混合学习算法决定层 2 和层 4 中术语节点隶属函数的合适的中心(m_{ij})和宽度(σ_{ij})。同样，根据层 3 和层 4 连接的类型的存在性，学习模糊逻辑规则，即规则节点的前提和结果的连接。

混合学习算法由一个学习策略的两个独立的阶段组成。它把无监督学习和有监督的梯度递减学习过程结合起来以建立规则节点并训练隶属函数。这种混合学习算法比纯粹的有监督学习(譬如 BP 算法)要好，因为在学习之前，通过交叠的接收区，训练数据事先分类。

在混合学习第一阶段采用自组织学习方法(即无监督学习)，设置初始隶属函数并检测模糊逻辑规则的存在。在第二阶段采用有监督学习方法，为期望输出最佳地调整隶属函数的参数。为了启动学习，训练数据期望的或猜测的模糊划分(即各输入一输出语言变量的术语集的规模)必须由外部世界(或专家)提供。

在网络被训之前，首选构造网络的初始结构。然后在学习期间，初始结构中某些节点

和连接将被删除或合并以组成最终的结构。在初始形式中(见图 6.16)，它具有$\prod_i |T(x_i)|$个规则节点。该节点的输入来自输入语言变量术语的一种可能组合，但受一个约束，即输入语言变量集合中只有一个术语可以成为规则节点的输入。这里，$|T(x_i)|$表示 x_i 术语的数目(即输入状态语言变量 x_i 模糊划分的数目)。故输入状态空间分成$|T(x_1)|\times|T(x_2)|\times\cdots\times|T(x_n)|$个语言上定义的节点(或模糊单元)，它代表了模糊逻辑规则的前提。同样，规则节点和输出术语节点之间的连接开始是全连接，这意味规则节点的结论尚未决定。在学习之后，只有各输出变量术语集合中合适的术语才被选中。

现在我们来阐述两个阶段的学习过程。

1. 自组织学习阶段

自组织学习问题可叙述为：给定训练输入数据 $x_i(t)$，$i=1, 2, \cdots, n$ 相应的期望输出值$y_i^d(t)$，$i=1, 2, \cdots, m$；模糊划分$|T(x_i)|$、$|T(y_i)|$和期望的隶属函数形式，我们要找出隶属函数并求出模糊逻辑规则。在这个阶段，网络以双边的方式工作，即层 4 的节点和连接处在由上至下的传输模式，故训练输入和输出数据可以双边送给网络。

首先，隶属函数的中心(或平均值)和宽度(或方差)由类似于统计聚类技术的自组织学习来确定。通过设置隶属函数的论域，使它只覆盖输入－输出空间中出现数据的那些区域，这样有利于有效地分配网络资源，这里采用 Kohonen 学习规则算法寻求 x 的第 i 个隶属函数的中心 m_i，x 代表输入或输出语言变量 x_1，$\cdots$，x_n，y_1，$\cdots$，y_m 中的任意一个。

$$\| x(t) - m_{\text{clost}}(t) \| = \min_{1\leqslant i\leqslant k} \{ \| x(t) - m_i(t) \| \} \tag{6.79}$$

$$m_{\text{clost}}(t+1) = m_{\text{clost}}(t) + \alpha(t)[x(t) - m_{\text{clost}}(t)] \tag{6.80}$$

$$m_i(t+1) = m_i(t), \qquad \text{对 } m_i \neq m_{\text{clost}} \tag{6.81}$$

式中，$\alpha(t)$是单调递减标量学习速率，$k=|T(x)|$。对各输入和输出的语言变量，这个自适应公式是独立地运行的。通过胜者取全线路，哪一个 m_i 是 m_{clost}的确定可在固定时间内完成。一旦找到隶属函数的中心，可以将下列目标函数对度 σ_i 取极小来确定宽度：

$$E = \frac{1}{2}\sum_{1=i}^{N}\left[\sum_{j\in N_{\text{N}}}\left(\frac{m_i - m_j}{\sigma_i}\right)^2 - r\right]^2 \tag{6.82}$$

式中 r 是一个重叠参数，N 是邻点个数，而 N_{N} 是最近的邻点个数，可由启发式方法选定。因为在第二学习阶段，会最佳地调节隶属函数中心和宽度，所以宽度在这个阶段也可由最近邻点优先的启发式方法确定为

$$\sigma_i = | m_i - m_{\text{clost}} | / r \tag{6.83}$$

式中 r 为用户开始设定的一个合适的值。

在隶属函数的参数找到之后，从外界两边来的信号可到达层 2 和层 4 术语节点的输出端(参见图 6.16)。而且，通过层 3 的初始连接，层 2 术语节点的输出可传输到规则节点，于是可得到各规则节点的激发强度。根据这些规则激发强度(记为 $O_i^{(3)}$)和层 4 中术语节点输出(记为 $O_j^{(4)}$)，我们来确定各规则节点的正确的结论(层 4 连接)，并用竞争学习算法寻求现存的模糊逻辑规则。如前所述，层 4 的初始连接为全连接。我们将第 i 条规则节点与第 j 个输出术语节点之间连接的权值表示为 W_{ji}，对每一个训练数据组，用以下竞争学习法则更新这些权值：

$$\dot{W}_{ji}(t) = O_j^{(4)}(-W_{ji} + O_i^{(3)}) \tag{6.84}$$

式中 $O_j^{(4)}$ 当作第 4 层中第 j 个术语节点的输一赢指数。这个法则的实质是胜者学习。在极端情况下，如果 $O_j^{(4)}$ 是一个 0/1 阈值函数，则此规则说明只有胜者才学习。

在涉及到整个数据集的竞争学习之后，在第 4 层中连接权代表了相应规则结果的存在强度。从连接规则节点和输出语言节点的术语节点的连接中，最多选择一个具有最大权值的连接，其他都删除。因此，在一个输出语言变量的术语集中只有一个术语能变成一条模糊逻辑规则的结论之一。如果所有规则节点和输出语言节点的术语节点之间连接都很小，那么所有相应的连接都删除。这说明，这个规则节点与该输出语言变量没有关系或关系很小。如果一个规则节点和层 4 节点之间所有连接都删除，那么该节点就可消去，因为它不影响输出。

在规则节的结果确定之后，利用规则合并以减少规则数目。把一组规则节点合并成一个单独规则节点的法则是：① 它们有完全相同的结果；② 在该集合中，对所有规则的节点而言，某些前提条件是共同的；③ 这些规则的其余前提的并组成了某些输入语言变量的整个术语集合。如果一组节点满足这些判据，则只具有公共前提的一个新规则节点可以替代该组规则节点。图 6.17 表示了其中一例。

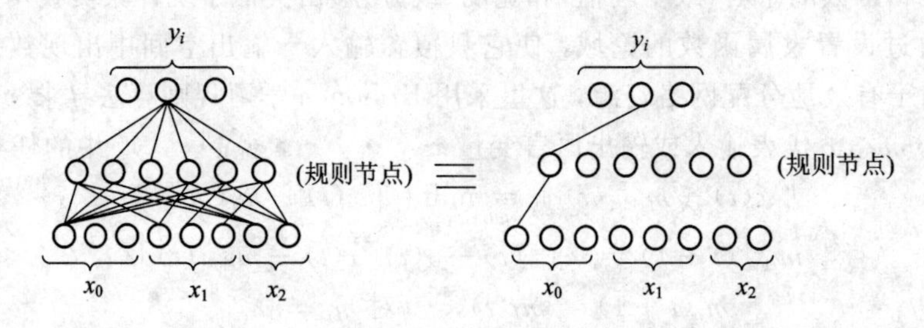

图 6.17　在 FALCON 的混合学习算法规则节点合并的例子

2. 监督学习阶段

模糊逻辑规则确定之后，整个网络结构就建立。网络进行第二学习阶段，即最佳地调整输入和输出隶属函数的参数。监督学习问题可叙述如下：给定训练输入数据 $x_i(t)$，$i=1, 2, \cdots, n$，相应的期望输出值 $y_i^d(t)$，$i=1, 2, \cdots, m$；模糊划分 $|T(x_i)|$ 和 $|T(y_i)|$ 和模糊逻辑规划，最佳地调节输入和输出的隶属函数的参数。该网络的模糊逻辑规则已在第一阶段学习中确定，或者在某些应用领域，它们已由专家提供。在第二阶段学习中，网络以前馈方式工作，即在层 4 和层 5 的节点和连接处在由下至上的传输模式。在监督学习中采用 BP 算法。为了清楚起见，考虑一个单输出情况，其目标是使以下误差函数极小：

$$E = \frac{1}{2}(y^d(t) - y(t))^2 \tag{6.85}$$

式中 $y^d(t)$ 是期望输出，$y(t)$ 是当前输出。对每一训练数据集合，从输入节点开始，用正向传送方法计算网络中所有节点的活动程度以获得当前输出 $y(t)$。然后，从输出节点开始，用反向传输送方法计算所有隐节点 $\partial E/\partial W$。假定 W 是在一个节点中可调参数（例如 m_{ij} 和 σ_{ij}），常用的学习规则是

$$\Delta W \propto - \partial E/\partial W \tag{6.86}$$

$$W(t+1) = w(t) + \eta(- \partial E/\partial W) \tag{6.87}$$

式中 η 是学习速率，而

$$\partial E/\partial W = (\partial E/\partial(\text{激励函数}))\cdot(\partial(\text{激励函数})/\partial W) = \frac{\partial E}{\partial a}\cdot\frac{\partial a}{\partial W} \tag{6.88}$$

为了说明各参数的学习规则，我们一层一层地，从输出节点开始，指明$\partial E/\partial W$的计算，并且在计算中，我们采用具有中心 m_i 和宽度 σ_i(单输出情况)的钟形隶函数。

1）第 5 层

利用式(6.88)和式(6.78)，中心 m_i 的自适应规则推导如下：

$$\frac{\partial E}{\partial m_i} = \frac{\partial E}{\partial a^{(5)}}\frac{\partial a^{(5)}}{\partial m_i} = -[y^d(t) - y(t)]\frac{\sigma_i u_i^{(5)}}{\sum_i \sigma_i u_i^{(5)}} \tag{6.89}$$

式中 $a^{(5)}$ 是网络输出 $y(t)$，因此中心参数的更新为

$$m_i(t+1) = m_i(t) + \eta[y^d(t) - y(t)]\frac{\sigma_i u_i^{(5)}}{\sum_i \sigma_i u_i^{(5)}} \tag{6.90}$$

同样，利用式(6.88)和(6.75)，宽度 σ_i 的自适应规则为

$$\frac{\partial E}{\partial \sigma_i} = \frac{\partial E}{\partial a^{(5)}}\frac{\partial a^{(5)}}{\partial \sigma_i} = -[y^d(t) - y(t)]\frac{m_i u_i^{(5)}\left(\sum_i \sigma_i u_i^{(5)}\right) - \left(\sum_i m_i\sigma_i u_i^{(5)}\right)u_i^{(5)}}{\left(\sum_i \sigma_i u_i^{(5)}\right)^2} \tag{6.91}$$

因此，宽度参数的更新为

$$\sigma_i(t+1) = \sigma_i(t) + \eta[y^d(t) - y(t)]\frac{m_i u_i^{(5)}\left(\sum_i \sigma_i u_i^{(5)}\right) - \left(\sum_i m_i\sigma_i u_i^{(5)}\right)u_i^{(5)}}{\left(\sum_i \sigma_i u_i^{(5)}\right)^2} \tag{6.92}$$

传到前一层的误差为

$$\delta^{(5)} = -\partial E/\partial a^{(5)} = -\partial E/\partial y = y^d(t) - y(t) \tag{6.93}$$

2）第 4 层

在由下至上的传送模式中，这层无参数要调节，只有误差信号需要计算并传送，误差信号推导如下：

$$\delta_i^{(4)} = -\partial E/\partial a_i^{(4)} = -\partial E/\partial u_i^{(5)}$$

$$= -\partial E/\partial a^{(5)}\cdot\partial a^{(5)}/\partial u_i^{(5)} \tag{6.94}$$

式中[从方程(6.78)]

$$\partial a^{(5)}/\partial u_i^{(5)} = \frac{m_i\sigma_i\left(\sum_i \sigma_i u_i^{(5)}\right) - \left(\sum_i m_i\sigma_i u_i^{(5)}\right)\sigma_i}{\left(\sum_i \sigma_i u_i^{(5)}\right)^2} \tag{6.95}$$

从式(6.93)有

$$-\partial E/\partial a^{(5)} = \delta^{(5)} = y^d(t) - y(t) \tag{6.96}$$

因此误差信号为

$$\delta_i^{(4)} - [y^d(t) - y(t)]\frac{m_i\sigma_i\left(\sum_i \sigma_i u_i^{(5)}\right) - \left(\sum_i m_i\sigma_i u_i^{(5)}\right)\sigma_i}{\left(\sum_i \sigma_i u_i^{(5)}\right)^2} \tag{6.97}$$

在多输出情况下，层 4 和层 5 的计算完全与上述相同，且对多输出语言变量独立进行处理。

3）第 3 层

如同第 4 层，只需计算误差信号，根据式(6.76)，误差信号可推导如下：

$$\delta_i^{(3)} = \partial E/\partial a_i^{(3)} = -\partial E/\partial u_i^{(4)} = -\frac{\partial E}{\partial a_i^{(4)}} \cdot \frac{\partial a_i^{(4)}}{\partial u_i^{(4)}} = -\frac{\partial E}{\partial a_i^{(4)}} = \delta_i^{(4)} \tag{6.98}$$

因此，误差信号 $\delta_i^{(3)} = \delta_i^{(4)}$。如果是多输出，则误差信号成为 $\delta_i^{(3)} = \sum_k \delta_k^{(4)}$，式中求和是对规则节点的结论进行，即一个规则的误差是其结论误差之和。

4）第 2 层

利用(6.78)和(6.74)。m_{ij} 的自适应规则可推导如下：

$$\frac{\partial E}{\partial m_{ij}} = \frac{\partial E}{\partial a_i^{(2)}} \frac{\partial a_i^{(2)}}{\partial m_{ij}} = \frac{\partial E}{\partial a_i^{(2)}} e^{fi} \frac{2(u_i^{(2)} - m_{ij})}{\sigma_{ij}^2} \tag{6.99}$$

式中

$$\frac{\partial E}{\partial a_i^{(2)}} = \frac{\partial E}{\partial u_i^{(3)}} = \frac{\partial E}{\partial a_i^{(3)}} \frac{\partial a_i^{(3)}}{\partial u_i^{(3)}} \tag{6.100}$$

其中[从式(6.98)]

$$\partial E/\partial a_i^{(3)} = -\delta_i^{(3)} \tag{6.101}$$

从式(6.75)，有

$$\frac{\partial a_i^{(3)}}{\partial u_i^{(3)}} = \begin{cases} 1 & \text{如 } u_i^{(3)} = \min(\text{规则节点 } i \text{ 的输入}) \\ 0 & \text{其他} \end{cases} \tag{6.102}$$

因此

$$\frac{\partial E}{\partial a_i^{(2)}} \triangleq -\delta_i^{(2)} = \sum_k g_k \tag{6.103}$$

式中求和对由 $a_i^{(2)}$ 供给的规则节点进行，且

$$g_k = \begin{cases} -\delta_k^{(3)} & \text{如果 } a_i^{(2)} \text{ 是第 } k \text{ 条规则节点输入的最小} \\ 0 & \text{其他} \end{cases} \tag{6.104}$$

故 m_{ij} 的更新法则为

$$m_{ij}(t+1) = m_{ij}(t) + \eta \delta_i^{(2)} e^{fi} \frac{2(u_i^{(2)} - m_{ij})}{\sigma_{ij}^{\ 2}} \tag{6.105}$$

同样，利用式(6.78)和式(6.74)以及式(6.100)～(6.104)，σ_{ij} 的更新规则可推导如下：

$$\frac{\partial E}{\partial \sigma_{ij}} = \frac{\partial E}{\partial a_i^{(2)}} \frac{\partial a_i^{(2)}}{\partial \sigma_{ij}} = \frac{\partial E}{\partial a_i^{(2)}} e^{fi} \frac{2(u_i^{(2)} - m_{ij})^2}{\sigma_{ij}^{\ 3}} \tag{6.106}$$

因此，σ_{ij} 的更新规则成为

$$\sigma_{ij}(t+1) = \sigma_{ij}(t) \eta \delta_i^{(2)} e^{fi} \frac{2(u_i^{(2)} - m_{ij})^2}{\sigma_{ij}^{\ 3}} \tag{6.107}$$

上述算法的收敛速度证明优于常规的反传算法。因为在第一阶段自组织学习过程已提前做了许多学习工作。最后，必须注意上述的反传算法(BP)可以容易地推广到训练由子神经网络而不是第 2 层中单个术语节点实现的隶属函数。因此，从上面分析，误差信号可以传输到子神经网络的输出节点。而后，利用相同的 BP 规则可以调节在该子神经网络的参数。

6.4.2 神经－模糊控制器的参数学习

这里所指的参数学习是网络结构已经确定的情况下，调节神经模糊控制系统的隶属函数和其他参数。参数学习问题考虑为：给定一组输入－输出训练数据对和神经模糊网络结构，确定合适的网络参数。我们着重讨论应用较广泛的具有 T－S 模型的神经模糊控制器，

T－S 的规则形式为

$$R^j: \text{if} \quad x^1 \text{ 是 } A_1^j \text{ 和 } x_2 \text{ 是 } A_2^j \cdots \text{ 和 } x_n \text{ 是 } A_n^j,$$

$$\text{then} \quad y = f_j = \alpha_0^j + a_1^j x_1 + a_2^j x_2 + \cdots + a_n^j x_n \tag{6.108}$$

式中 x_i，$i=1, 2, \cdots, n$ 是输入变量，y 是输出变量，A_i^j 是前提部分语言项，具有隶属函数 $\mu_{A_i^j}(x_i)$，$a_i^j \in R$ 是线性方程 $f(x_1, x_2, \cdots, x_n)$ 的系数，$j=1, 2, \cdots, m$。为了简化讨论，我们只研究基于自适应网络的模糊推理系统，并假定所考虑的系统具有两个输入和一个输出。其 T－S 规则如下：

$$R^1: \text{if} \quad x_1 \text{ 是 } A_1^1 \text{ 和 } x_2 \text{ 是 } A_2^1, \text{ then} \quad y=f_1=a_0^1+a_1^1 x_1+a_2^1 x_2$$

$$R^2: \text{if} \quad x_1 \text{ 是 } A_1^2 \text{ 和 } x_2 \text{ 是 } A_2^2, \text{ then} \quad y=f_2=a_0^2+a_1^2 x_1+a_2^2 x_2$$

对给定的输入 x_1 和 x_2，推理输出 y^* 可计算如下：

$$y^* = \frac{\mu_1 f_1 + \mu_2 f_2}{\mu_1 + \mu_2} \tag{6.109}$$

式中，μ_j 为规则 R_j 的激励强度，由下式给出(利用乘积推理)：

$$\mu_j = \mu_{A_1^j}(x_1) \cdot \mu_{A_2^j}(x_2) \qquad j = 1, 2 \tag{6.110}$$

相应的神经模糊推理系统(ANFIS)的结构如图 6.18 所示。其同一层中的节点函数描述如下：

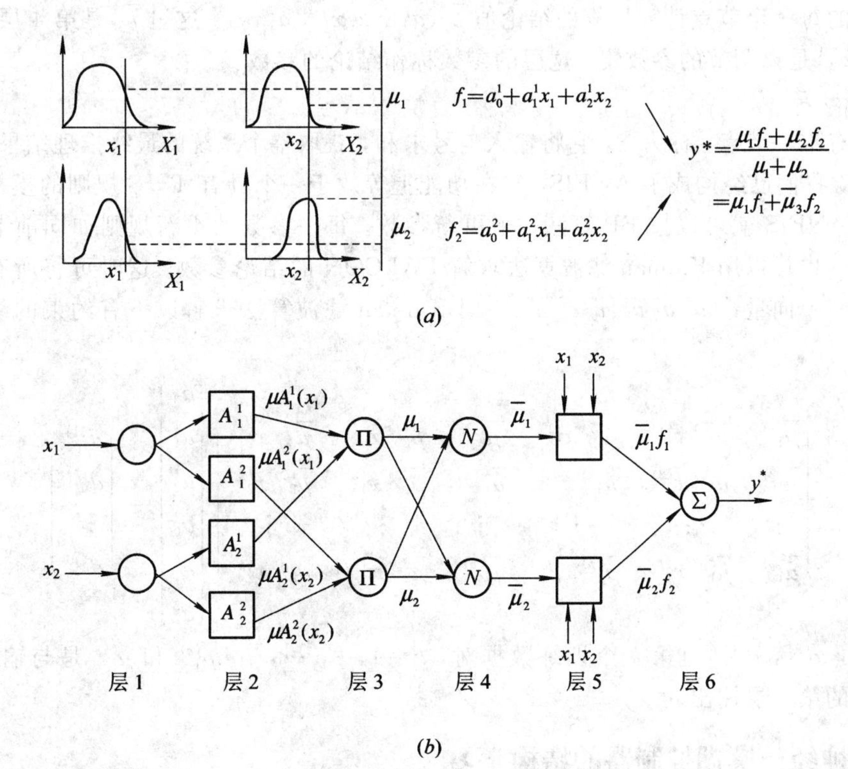

图 6.18　ANFIS 的结构

(*a*) 模糊推理系统；(*b*) 等效的 ANFIS

1) 第 1 层

在该层的节点是输入节点，只是把外加信号传给下一层。

2）第 2 层

在该层的每一个节点作用为隶属函数 $\mu_{A_i^j}(x_i)$，其输出确定了给定的 x_i 满足 A_i^j 的程度。通常我们选 $\mu_{A_i^j}(x_i)$为钟形函数，最大为 1，最小为 0，使

$$\mu_{A_i^j}(x_i) = 1/(1 + \{[(x_i - m_i^j)/\sigma_i^j]^2\}^{b_i^j}) \tag{6.111}$$

或

$$\mu_{A_i^j}(x_i) = \exp\left\{-\left[\left(\frac{x_i - m_i^j}{\sigma_i^j}\right)^2\right]^{b_i^j}\right\} \tag{6.112}$$

其中$\{m_i^j, \sigma_i^j, b_i^j\}$是要调节的参数。事实上任何连续的和分段可微函数，如常用的梯形或三角形隶属函数，也可以作为这层的节点函数。在这层的参数称作为前提参数。

3）第 3 层

在该层的每一节点标记为 $\prod$，把输入信号相乘，将乘积输出。多节点的输出表示规则的激励强度。事实上，其他的三角范式算子可以用作节点函数的通用“与”运算。

4）第 4 层

在该层的每一节点标记为 N。计算规则的归一化激励强度，即第 j 个节点计算第 j 条规则激励强度与所有规则激励强度的比值：$\overline{\mu}_j = \mu_j/(\mu_{A_1^j}(x_1) + \mu_{A_2^j}(x_2))$

5）第 5 层

该层的每一个节点计算加权的结论值 $\overline{\mu}_j(a_0^j + a_1^j x_1 + a_2^j x_2)$。这里 $\overline{\mu}_j$ 是第 4 层的输出，$\{a_0^j, a_1^j, a_2^j\}$是要调节的参数集，这层的参数称作结论的参数。

6）第 6 层

该层有唯一节点，标为 Σ，它将输入信号求和，获取整个系统的最终推理结果。

这样，我们已经构成了 ANFIS，它在功能上等效于一个具有 T－S 规则的模糊控制系统。这个 ANFIS 就可以按 BP 算法，来更新参数。每一参数的更新规则如同前节所述的 FALCON。也可以用 Kalman 滤波算法求解 FALCON 的结论参数。这时可将所有结论参数安排成一个向量：$(a_0^1\ a_1^1\ a_2^1\ a_0^2\ a_1^2\ a_2^2)$，用 Kalman 滤波算法求解以下有约束的线性齐次方程：

$$\begin{bmatrix} \overline{\mu}_1^{(1)} & \overline{\mu}_1^{(1)} x_1^{(1)} & \overline{\mu}_1^{(1)} x_2^{(1)} & \overline{\mu}_2^{(1)} & \overline{\mu}_2^{(1)} x_1^{(1)} & \overline{\mu}_2^{(1)} x_2^{(1)} \\ \overline{\mu}_1^{(2)} & \overline{\mu}_1^{(2)} x_2^{(2)} & \overline{\mu}_1^{(2)} x_2^{(2)} & \overline{\mu}_2^{-(2)} & \overline{\mu}_2^{(2)} x_1^{(2)} & \overline{\mu}_2^{(2)} x_2^{(2)} \\ \vdots & \vdots & \vdots & \vdots & \vdots & \vdots \\ \overline{\mu}_1^{(p)} & \overline{\mu}_1^{(p)} x_1^{(p)} & \overline{\mu}_1^{(p)} x_2^{(p)} & \overline{\mu}_2^{(p)} & \overline{\mu}_2^{(p)} x_1^{(p)} & \overline{\mu}_2^{(p)} x_2^{(p)} \end{bmatrix} \begin{bmatrix} a_0^1 \\ a_1^1 \\ a_2^1 \\ a_0^2 \\ a_1^2 \\ a_2^2 \end{bmatrix} = \begin{bmatrix} d^{(1)} \\ d^{(2)} \\ \vdots \\ d^{(p)} \end{bmatrix} \tag{6.113}$$

式中$(x_1^{(k)}, x_2^{(k)}, d^{(k)})$是第 k 个训练数据对，$k=1, 2, \cdots, p$。$\overline{\mu}_1^{(k)}$ 和 $\overline{\mu}_2^{(k)}$ 是与输入$(x_1^{(k)}, x_2^{(k)})$有关的第 3 层输出。

6.4.3 神经－模糊控制器的结构学习

结构学习是指从数值训练数据中抽取模糊逻辑规则，且调整输入和输出的模糊划分。下面我们先介绍某些从数据抽取规则的方法，然后讨论输入(样板)空间的模糊划分。

1. 基于乘积空间聚类的模糊规则抽取

现在考虑一个几何模糊规则的抽取过程。它在模糊系统的输入－输出乘积空间中把样

本数据自适应地聚类。每一个在输入—输出乘积空间中所形成的类，相应于一个潜在的模糊逻辑规则。为了说明起见，假定要抽取的规则为“if x 是 A_i，then y 是 B_i”或(A_i，B_i)，式中 $x \in X$，$y \in Y$。输入—输出空间为 $X \times Y$。假定输入论域量化成 r 个模糊集合 A_1，A_2，…，A_r，输出论域量化成 S 个模糊集合 B_1，B_2，…，B_s。换句话说，语言变量 x 设为模糊集 A_i，语言变量 y 设为模糊集 B_i。这里我们认为 r 和 s，以及 A_i 和 B_i 的隶属函数已由用户指定。模糊$\{A_i\}$和$\{B_i\}$在输入—输出空间中已定义了 rs 个模糊 F_{ij} 格栅。每一个模糊格栅定义了一个可能的模糊逻辑规则。

从数值训练数据(x_i，y_i)中，$i=1$，2，…，自动产生规则的基本概念是：利用向量量化寻求训练数据的量化向量并把它们定位到模糊划分的输入—输出乘积空间的模糊格栅上。然后，根据落入格栅的量化向量数目，确定每一格栅的权值。向量量化算法包括 Kohonen 学习规则，微分竞争学习规则等。令 t_1，t_2，…，t_m 表示 m 个(二维)在输入—输出空间中要学习的量化向量，m 值选择的一个指导思想是使 $m \geq rs$。因为原则上 m 个量化向量可描述乘积空间轨迹数据的一致分布。在这种情况下，rs 模糊格栅的每一个至少含有一个量化向量，量化向量自然地对估计的模糊逻辑规则加权。对一个模糊规则(即模糊格栅)聚类的量化向量越多，其存在的可能性(权值)越大。假定 k_i 个量化向量聚集在第 i 个模糊格栅，则 $k \triangleq k_1 + k_2 + \cdots + k_{rs} = m$，且第 i 条模糊规则的权为

$$W_i = k_i / k \tag{6.114}$$

实际上，我们也许只要固定数目的最频繁的模糊规则，或只要具有至少为某个最少权值 $W_{\min}$ 的规则。因为绝大多数模糊格栅只包含零或很少几个量化向量。

上述讨论可扩展到复合模糊规则和乘积空间。例如，考虑模糊规则“If x 是 A 和 y 是 B，then z 是 C”或(A，B，C)。假设 t 个模糊集 C_1，C_2，…将输出空间 Z 量化，因此有 rst 个模糊格栅 F_{ijk}。式(6.114)也可以同样进行扩展。

下面举一个例子。令 X 和 Y 各等于实线，假定交迭模糊集合 NL，NM，NS，ZE，PS，PM，PL 将输入空间 X 量化，并设 7 个相同的模糊集量化输入空间 Y。模糊集合可任意定义，实际上它们往往是对称的梯形或三角形。有界的 NL 和 PL 通常是斜坡函数或箝位的梯形。典型模糊规则为：“if x 是 NL，then y 是 PS”或(NL，PS)。

图 6.19(a)代表在平面乘积空间 $X \times Y$ 中输入—输出训练数据。这些采样数据输入采用 Kohnen 学习算法，学习后的 49 个 2 维量化向量 t_1，t_2，…，t_{pq}分布在如图 6.19(b)所示的乘积空间中。为了方便起见，模糊格栅在图 6.19(a)中并不交迭。图 6.19(b)表明了 19 个样本数据类。按照式(6.114)可以确定各类的权值。譬如，规则(NS，PS)具有权值 8/49 =0.16；规则(NL，PL)权值为 2/49=0.04；(PL，NL)的权值 1/49=0.02。绝大数模糊格栅值为零，不产生模糊规则。如果对每一模糊格栅，设两个量化向量为阈值(例如：$W_{\min}$ = 0.03)，则乘积空间聚类将获得 10 条模糊规则。

注意到，如果上述过程用于寻求模糊控制规则，则对每一个论域的模糊集 A 只能映射到唯一范围的模糊集 B。模糊集 A 不可映射到多个模糊集 B，B'，B''等等。在这种情况下，图 6.19(b)中每一模糊格栅的列，最多取一条模糊规则。最简单的办法是每列中取最大权值模糊格栅。如果一列中两个模糊格栅具有相等的权值，则可任取一个。例如在图 6.19(b)中，7 条控制规则为(NL ；PL)，(NM；PM)，(NS；PS)，(ZE；PM)，(PS；PS)，(PM；NM)和(PL；NL)。

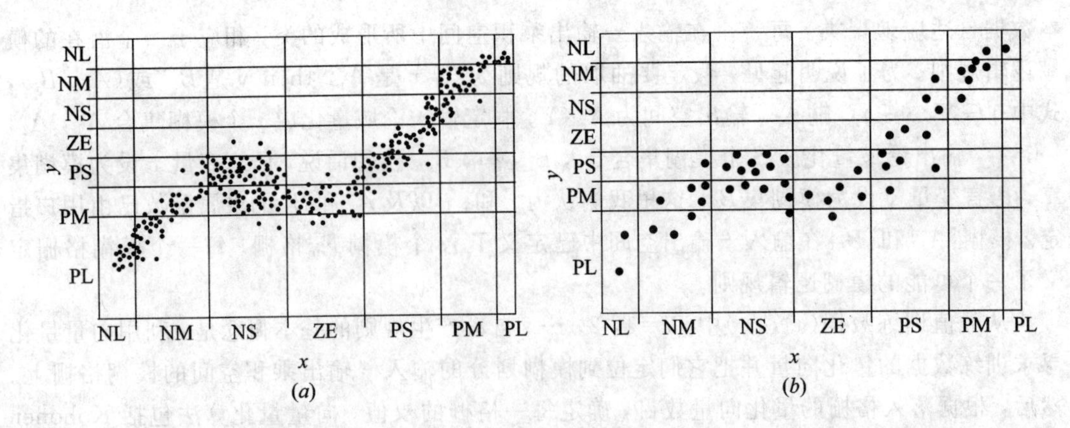

图 6.19 带有向量量化的乘积空间

(a) 小点表示采样数据的分布；(b) 大点表示量化的分布

2. 基于遗传算法的输入空间模糊划分

我们已经注意到模糊规则的前提部分可以认为是在多维输入空间中的一个模糊超矩形。输入空间的合适模糊划分在神经模糊网络控制(分类)系统中起重要作用。标准的模糊划分往往基于自适应模糊格栅方法。如图 6.20(a)所示。这是一个二维输入空间模糊格栅

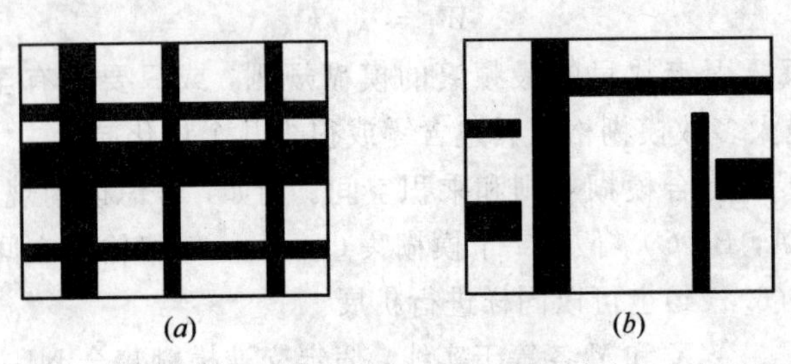

图 6.20 二维输入空间的模糊划分

(a) 自适应模糊栅格；(b) 模糊 $k-d$ 树

的划分。开始时，空间采取均匀划分的格栅，当前提隶属函数中参数调节时，格栅随之演化。格栅(模糊区)的位置和大小以及它们之间交迭的程度由最陡梯度法进行优化。这种划分方法有两个问题：① 各输入变量的语言项数目要预先确定，主要靠启发式，凭经验的；② 随着输入的增加，学习的复杂性按指数上升。

为了解决上述问题，可采用灵活的划分方法，即模糊 $k-d$ 树方法。如图 6.20(b)所示，$k-d$ 树是由一系列横断切割所形成。所谓横断切割，意指切割完全地横越被划分的子空间。由此产生的每一个区可以独立地再被横断切割。在第 i 个迭代步时，输入空间被划分成 i 个区，然后在其中之一区施加横断切割，进一步把整个空间划分成($i+1$)区。有很多策略来决定每一步中哪一维和哪一区进行切割。我们现在用遗传算法进行此工作。

为了用 GA 来识别输入空间中合适的模糊 $k-d$ 树，十分重要的是定义与应用对象有关的交换和变异操作，使得所产生的新模糊划分在求解空间中都是合法的点。为了输入空间的划分，我们定义以下格式的染色体：

$$[C_1, C_2, \cdots, C_{n-1}] \tag{6.115}$$

式中 C_i 汇集了输入空间横断切割的信息，n 是规则的总数。每一个 C_i 包涵两部分信息：子

空间中应切割的方向和应切割的点。给定一个染色体，我们可以解码获得一个划分，然后计算划分的性能指标。按照式(6.115)式中染色体的定义，所有由交换所产生的新的模糊划分都是合法的。图 6.21 表示交换操作。假定图 6.21(a)是由染色体[C_1^a，C_2^a，C_3^a，C_4^a]划分，而图 6.21(b)是由[C_1^b，C_2^b，C_3^b，C_4^b]划分，在中间点进行交换操作之后，产生了两个新的染色体[C_1^a，C_2^a，C_3^b，C_4^b]和[C_1^b，C_2^b，C_3^a，C_4^a]分别对应于图 6.21(c)和图 6.21(d)。

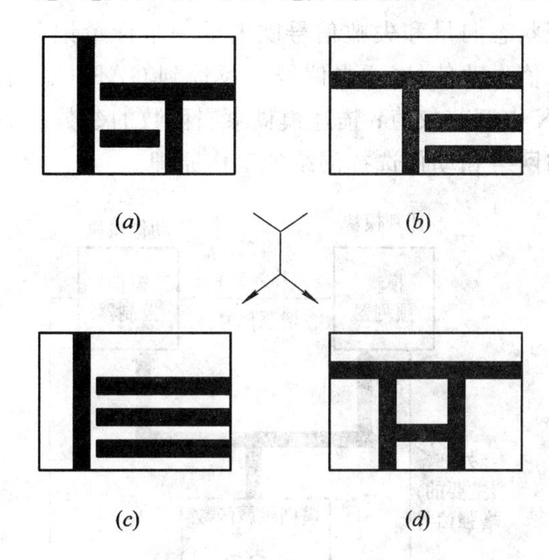

图 6.21　输入空间划分的交换操作

变异操作随机改变单个模糊切割，使模糊划分稍微与父辈模糊划分相区别。我们定义两个与应用有关变异操作以开拓新的模糊划分。其一是交换两个切割的次序，交换的位置由一个随机数确定，如图 6.22(a)所示，染色体[$C_1C_2C_3C_4$]改变成[$C_1C_3C_2C_4$]。其二是旋转切割，位移的长度随机确定。如图 6.22(b)所示，染色体[$C_1C_2C_3C_4$]改变成[$C_2C_3C_4C_1$]。

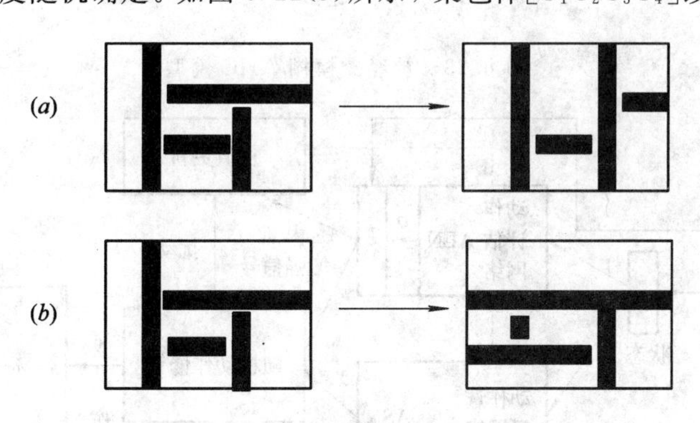

图 6.22　输入空间变异操作

6.4.4　具有增强学习的神经－模糊控制器

我们在 4.3.3 节中已经介绍过增强学习的神经元网络，它采用时间差(TD)学习方法，按自适应启发式判断(AHD)原理，实现增强学习。而模糊增强学习的基本思想是把模糊划分方法用到连接的状态空间并引入语言解释。神经模糊的 AHC 模型表示如图 6.23。由图可知，它用模糊神经元网络替代了原来的单纯由神经网络组成的判断和动作模块。

有两种具有代表性的神经模糊增强学习控制器：① 基于通用近似推理的智能控制器(GARIC)；② 基于增强神经网络的模糊逻辑控制系统(RNN－FLCS)。本节着重讨论GARIC。

图 6.24 表示了 GARIC 的结构。它包含两个网络：① 动作选择网络(ASN)，它用模糊推理方法把一个状态向量映射成一个推荐的动作 y，然后随机产生一个实际动作；② 动作评估网络(AEN)，它把状态向量和失败信号映射成一个标量记分，说明状态的良好程度。环境生成的状态随机二值失败信号(增强信号)r 反馈到 GARIC。细调两个网络的自由参数就是学习过程：在 AEN 中调节权值；描述模糊隶属函数的参数在 ASN 中进行改变。

现在说明动作评估网络和动作选择网络的工作原理。

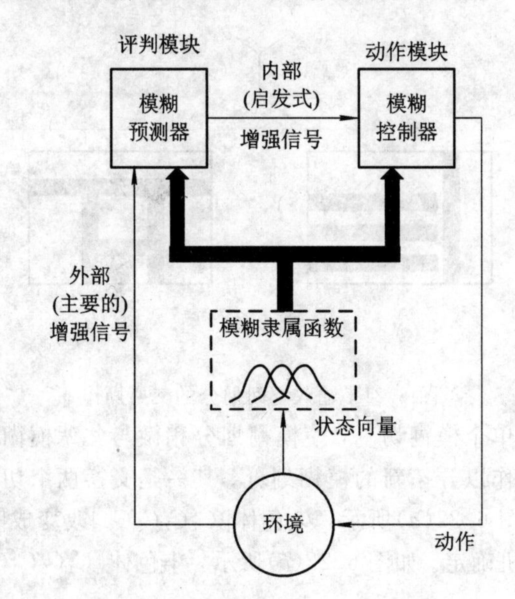

图 6.23　神经－模糊 AHC 模型

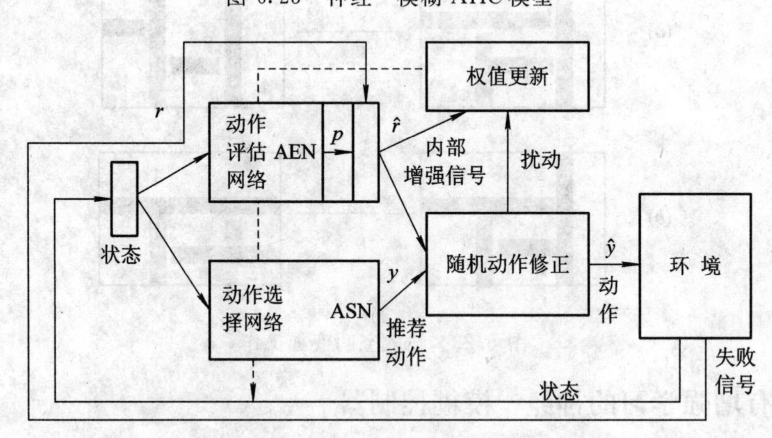

图 6.24　GARIC 的结构

1. 动作评估网络

AEN 不断地预测与不同输入状态有关的增强信号。它是一个标准的二层前馈网络。如图 6.25 所示，具有 Sigmoid 的激励函数。注意：这里从输入节点到输出节点有直接的连

接。AEN 的输入是过程的状态。输出是状态的评估（或等效地，是外部增强信号的预测），

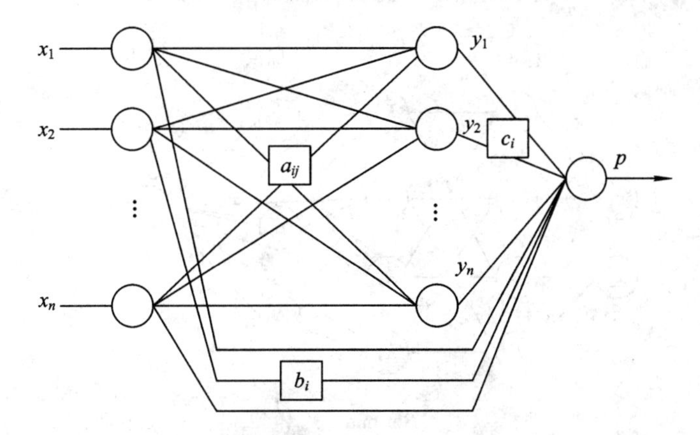

图 6.25 动作评估网络

表示为 $P(t)$。AEN 每一节点的输出由下列方程计算：

$$y_i(t) = a\Big(\sum_{j=1}^{n} a_{ij}(t)x_j(t)\Big) \tag{6.116}$$

$$P(t) = \sum_{i=1}^{n} b_i(t)x_i(t) + \sum_{i=1}^{h} c_i(t)y_i(t) \tag{6.117}$$

式中 $a(\cdot)$是 Sigmoid 函数，P 是增强信号的预测，a_{ij}，b_i 和 c_i 是图 6.25 所示相应的连接权。

AEN 的学习基于输出误差 $\hat{r}(t)$，更新规则通过 BP 可推导如下：

$$\Delta b_i(t) = \eta\hat{r}(t)x_i(t-1) \tag{6.118}$$

$$\Delta c_i(t) = \eta\hat{r}(t)y_i(t-1) \tag{6.119}$$

$$\Delta a_{ij}(t) = \eta\hat{r}(t)[y_i(1-y_i)\mathrm{sgn}(c_i)x_j]_{t-1} \tag{6.120}$$

注意：式(6.120)中采用了隐节点输出的符号而不是其值的符号。这个变化是基于经验的结果。说明结果用权值符号而不用其值，该算法有更强的鲁棒性。

2. 动作选择网络

如图 6.26 所示，ASN 是一个 5 层网络。每层实行推理过程的一个阶段。这结构与图 6.16 FALCON 的结构相似。各层的功能简述如下：

1) *层 1*

输入层。只是把输入数据传至下一层。

2) *层 2*

该层每一节点的功能如同一个输入隶属函数，这里采用三角形隶属函数：

$$\mu_A(x) = \begin{cases} 1-|x-m|/r & x\in[m, m+r] \\ 1-|x-m|/l & x\in[m-l, m] \\ 0 & \text{其他} \end{cases}$$

式中，$A \triangleq (m, l, r)$说明了输入语言变量；而 m，l 和 r 分别相应于三角形隶属函数 μ_A 的中心，左基和右基。

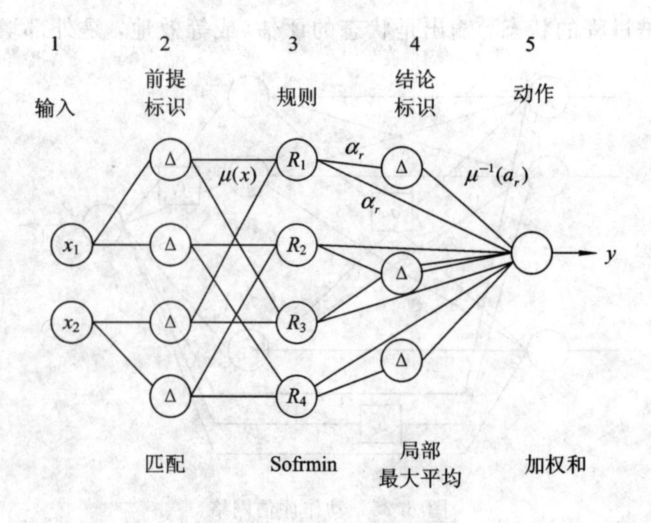

图 6.26　动作选择网络

3）层 3

该层的各节点代表一个模糊规则并实现所有前提的联合。它的输出 α_r 表明该规则的激励强度，计算如下：

$$\alpha_r = \frac{\sum_i \mu_i e^{-k\mu_i}}{\sum_i e^{-k\mu_i}} \tag{6.121}$$

式中 μ_i 是层 2 节点的输出，它表明作为规则 r 前提之一的模糊标识与相应的输入变量之间的匹配程度，式(6.121)实现了前述的 Softmin 运算。

4）层 4

该层节点相当于结论标识。例如 B_j 在规则 r 的输出域中具有隶属函数 $\mu_{B_j}(y)$。对各输入到节点的 α_r，它计算由规则 r 所提议的相应输出动作，这个映射写成 $\mu_{B_j}^{-1}(\alpha_r)$。这里逆运算表示可用于各个规则的合适的去模糊化过程。如果 $\mu_{B_j}(\cdot)$是严格单调的，则逆存在，并可直接计算。这种类型的函数之一 μ_T 定义如下：

$$\mu_T(x) = \begin{cases} \dfrac{-x+a}{a-b} & x \in [a,\, b],\, \alpha \leqslant b \text{ 或 } x \in [b,\, a],\, a > b \\ 0 & \text{其他} \end{cases} \tag{6.122}$$

因此，其逆函数可方便地推导出为

$$x = \mu_T^{-1}(y) = -y(a-b) + a,\ y \in [0,\, 1] \tag{6.123}$$

显然　　　$\mu_T(a)=0,\ \mu_T(b)=1$

一般而言，如果函数非严格单调，μ_{B_j} 的数学逆不一定存在。在这种情况下，确定逆的简单过程如下：如果 α_r 是规则 r 的满足程度，则 $\mu_{B_j}^{-1}(\alpha_r)$是集合$\{y:\ \mu_{B_j}(y) \geqslant \alpha_r\}$中心的 Y 坐标。对一个三角模糊集 $B_j=(m_j,\, l_j,\, r_j)$而言，我们有

$$\mu_{B_j}^{-1}(\alpha_r) = m_j + \frac{1}{2}(r_j - l_j)(1-\alpha_r) \tag{6.124}$$

这相似于最大平均去模糊化方法，但后者是用于所有规则结论都已合并之后，而式(6.124)是在结论合并之前局部地用于各条规则，这称之为局部最大平均法。这使得层 4 中

节点有一个不寻常的特征：它允许有不同值的多个输出，因为这里允许共享结论的标识。对层 3 各规则节点供给它一个 α_r，它应产生一个供给下一层的相应输出动作。

5）层 5

在该层的各节点是一个输出节点，用以下的加权和，合并所有模糊控制规则所推荐的动作

$$y = \frac{\sum_r \alpha_r \mu_{B_j}^{-1}(\alpha_r)}{\sum_r \alpha_r} \tag{6.125}$$

式中 μ_{B_j} 是规则 r 结论隶属函数，期望的输出 y 不直接加于环境而是要经过随机探索，产生实际动作 $\hat{y}$ 再加于环境。

我们把输出 y 当作平均(期望)动作，实际动作 $\hat{y}$ 是从环绕该平均点的范围内进行随机探索而选择的，这个探索的范围相当于正态分布的概率函数的方差。探索量 $\sigma(t)$ 是预测增强信号某种非负单调递减函数。例如，我们可用

$$\sigma(t) = \frac{k}{2}[1 - \tanh(P(t)] = \frac{k}{1 + e^{2P(t)}} \tag{6.126}$$

式中 k 是搜索范围比例常数，可简单地设置为 1，式(6.126)是 0 与 k 之间的单调递减函数。$\sigma(t)$ 可以理解为输出节点搜索更好动作的程度。因为 $P(t+1)$ 是预测的奖励信号，如果 $P(t+1)$ 小，探索范围 $\sigma(t)$ 就大；相反，如 $P(t+1)$ 大，$\sigma(t)$ 就小。如果预测增强信号大，环绕均值 $y(t)$ 的搜索范围变窄。这样可以提供更高的概率，选择十分接近于 $y(t)$ 的实际动作 $\hat{y}(t)$。因为我们希望，对当前给定的输入向量，平均动作 $y(t)$ 非常接近于可能的最佳动作。相反，如果预测增强信号小，环绕平均 $y(t)$ 的搜范围加宽，使得实际动作 $\hat{y}(t)$ 有更高的概率与平均动作有很大差别。因此，若期望动作有较小的预测增强信号，我们有更多的新的试探。根据搜索，利用在随机节点(动作网络的输出节点)的多参数分布，可以对初搜索的位置和位置周围的搜索宽度进行独立的控制。如果我们把搜索范围 $\sigma(t)$ 设定为常数，就把多参数概率分布方法简化为单参数方法。

在上述两参数分布法中，预测的增强信号 $P(t)$ 必须确定搜索范围 $\sigma(t)$，这个预测的增强信号可以从判断网络中获得。一旦方差确定，随机节点的实际输出可以设定为

$$\hat{y}(t) = N((y(t), \sigma(t)) \tag{6.127}$$

即 $\hat{y}(t)$ 是一个正态或高斯随机变量，具有以下密度函数：

$$\text{prob}(\hat{y}) = \frac{1}{\sigma \cdot \sqrt{2\pi}} \exp\left\{\frac{-(\hat{y} - y)^2}{2\sigma^2}\right\} \tag{6.128}$$

对实际应用，$\hat{y}(t)$ 应该适当地换算成最终输出以适应受控对象的输入指标。

在 ASN 中，可调节的权值只出现在层 2 和层 4 的输入连接上，其他权值都定为 1，梯度下降过程只在 2 层权值有效。ASN 的学习目的在于使外部增强信号 r 最大，故学习规则可由基于估计的梯度信息的 BP 算法来推导。对具有通用参数 W(代表 m_j，l_j 或 r_j)的结论标识 B_j，我们有

$$W(t+1) = W(t) + \frac{\eta\partial r}{\partial W} \tag{6.129}$$

$$\frac{\partial r}{\partial W}=\frac{\partial r}{\partial y}\cdot\frac{\partial y}{\partial W} \tag{6.130}$$

式中

$$\partial r/\partial y \cong \hat{r}(t)\left[\frac{\hat{y}(t-1)-y(t-1)}{\sigma(t-1)}\right]=\hat{r}(t)\left[\frac{\hat{y}-y}{\sigma}\right]_{t-1} \tag{6.131}$$

按式(6.125)

$$\frac{\partial y}{\partial W}=\frac{\sum\limits_{B_j=\mathrm{con}(R^r)}\alpha_r\left[\partial\mu_{B_j}^{-1}(\alpha_j)/\partial W\right]}{\sum\limits_r\alpha_r} \tag{6.132}$$

故

$$\frac{\partial r}{\partial W}=\hat{r}(t)\left[\frac{\hat{y}-y}{\sigma}\right]_{t-1}\cdot\frac{\sum\limits_{B_j=\mathrm{con}(R^r)}\alpha_r\left[\partial\mu_{B_j}^{-1}(\alpha_j)/\partial W\right]}{\sum\limits_r\alpha_r} \tag{6.133}$$

式中分子的求和是对所有具有相同结论[$B_j=\mathrm{con}(R^r)$是规则 R^r 的结论]的规则进行。因此，从(6.124)我们有

$$\frac{\partial\mu_{B_j}^{-1}(\alpha_j)}{\partial m_j}=1$$

$$\frac{\partial\mu_{B_j}^{-1}(\alpha_j)}{\partial r_j}=\frac{1}{2}(1-\alpha_j)$$

$$\frac{\partial\mu_{B_j}^{-1}(\alpha_j)}{\partial l_j}=\frac{1}{2}(1-\alpha_j) \tag{6.134}$$

对前提标识，计算过程类似。动作依赖于激励强度 α_r，它反过来又决定于在层 2 产生的隶属度 μ_i，

$$\frac{\partial r}{\partial\mu_i}=\frac{\partial r}{\partial y}\frac{\partial y}{\partial\mu_i}=\hat{r}(t)\left[\frac{\hat{y}-y}{\sigma}\right]_{t-1}\frac{\partial y}{\partial\mu_i} \tag{6.135}$$

式中

$$\frac{\partial y}{\partial\mu_i}=\sum_r\frac{\partial y}{\partial\alpha_r}\cdot\frac{\partial\alpha_r}{\partial\mu_i} \tag{6.136}$$

式中 r 表示送入 μ_i 的规则 R^r。从式(6.125)和式(6.121)，我们得到

$$\frac{\partial y}{\partial\alpha_r}=\frac{\mu_{B_j}^{-1}(\alpha_r)+\alpha_r(\mu_{B_j}^{-1})'(\alpha_r)-y}{\sum\limits_r\alpha_r} \tag{6.137}$$

$$\frac{\partial\alpha_r}{\partial\mu_i}=\frac{\mathrm{e}^{-k\mu_i}(1+k(\alpha_r-\mu_i))}{\sum\limits_i\mathrm{e}^{-k\mu_i}} \tag{6.138}$$

式中，$(\mu_{B_j}^{-1})'(\cdot)$是对 α_r 的导数。导数$\partial r/\partial\mu_i$ 存在，则前提部分参数 W 可以按导数$\partial r/\partial W=(\partial r/\partial\mu_i)(\partial\mu_i/\partial W)$进行调整，而后者可从式(6.120)导出。

与 GARIC 相比较，RNN－FLCS 的结构特点在于判断模块(模糊预测器)和动作模块(模糊控制器)都采用神经－模糊网络(GARIC 的判断模块是用神经网络)，而且两者享用一个输入模糊隶属函数。

6.5 神经一模糊网络在智能控制中的应用

在以上各节中，我们介绍和讨论了各种类型的神经一模糊网络。由于神经一模糊网络兼有模糊逻辑和神经元网络的优点，因此它在智能控制中，尤其在系统辨识或建模中有更好的性能。本节将通过两个具体的例子来说明神经一模糊网络技术的应用。

6.5.1 控制系统在线辨识

在 Narendra 等论文里，曾用 1—20—10—1 反传多层传感器(MLP)对控制系统中非线性部件进行辨识，现在我们用自适应神经一模糊推理系统(ANFIS)来进行同样工作，看它的优越性所在。

设要考虑的对象由以下差分方程描述：

$$y(k+1)=0.3y(k)+0.6y(k-1)+f(u(k)) \tag{6.139}$$

式中 $y(k)$和 $u(k)$分别是在时间步 k 的输入和输出，未知函数 $f(\cdot)$具有以下形式：

$$f(u)=0.6\sin(\pi u)+0.3\sin(3\pi u)+0.1\sin(5\pi u) \tag{6.140}$$

为了辨识该过程，利用由下式给出的串一并列模型：

$$\hat{y}(k+1)=0.3\hat{y}(k)+0.6\hat{y}(k-1)+F(u(k)) \tag{6.141}$$

式中 $F(\cdot)$是由 ANFIS 实现(见图 6.18)的函数，它的参数在每个时间步更新。ANFIS 结构在输入端有 7 个 MF(因此有 7 条规则，35 个适配参数)，所采用的学习方法的学习率 $\eta=0.1$，遗忘因子 $\lambda=0.99$。输入到对象和模型的是一个正弦函数 $u(k)=\sin(2\pi k/250)$。适配过程开始于 $k=1$，停止于 $k=250$。如图 6.27 所示，模型的输出几乎是立即跟随对象的输出，甚至在 $k=250$ 适配结束和在 $k=500$ 时，$u(k)$ 改变成 $0.5\sin(2\pi k/250)+0.5\sin(2\pi k/25)$也是如此。在用多层传感器辨识同一系统时，当 $k=500$，模型的输出就不能跟随对象输出，其辨识过程必须用随机输入，持续 50 000 时间步。表 6.4 综合了比较的结果。

表 6.4 ANFIS 和多层传感器辨识比较

方　法	参数数目	适配时间步数
MLP	261	50 000
ANFIS	35	250

在前面仿真中，规则数是由试探方法确定的。如果 MF 的数目少于 7 个，那么模型的输出在 250 步适配之后，将不能满意地跟随。利用更有效的离线学习方法，可以减少规则的数目。图 6.28、图 6.29 和图 6.30 表示了当 MF 数目分别为 5、4 和 3 个时，在 49.5 步以后离线学习的结果。从这些图可以看出，即使利用 3 个 MF，ANFIS 显然还是一个很好的模型。然而当规则数减少时，$f(u)$和规则的输出之间关系变得不太清楚。在这个意义上，较困难地从各规则的输出来构造 $f(u)$。换句话说，当参数数目适当地减少时，ANFIS 显然还能满意地工作，但它的代价是牺牲了按模糊的 if—then 规则局部描述事物实质的语义。在这种情况下，ANFIS 缺少了结构知识的表示，更像一个黑箱模型，诸如反传的 MLP。

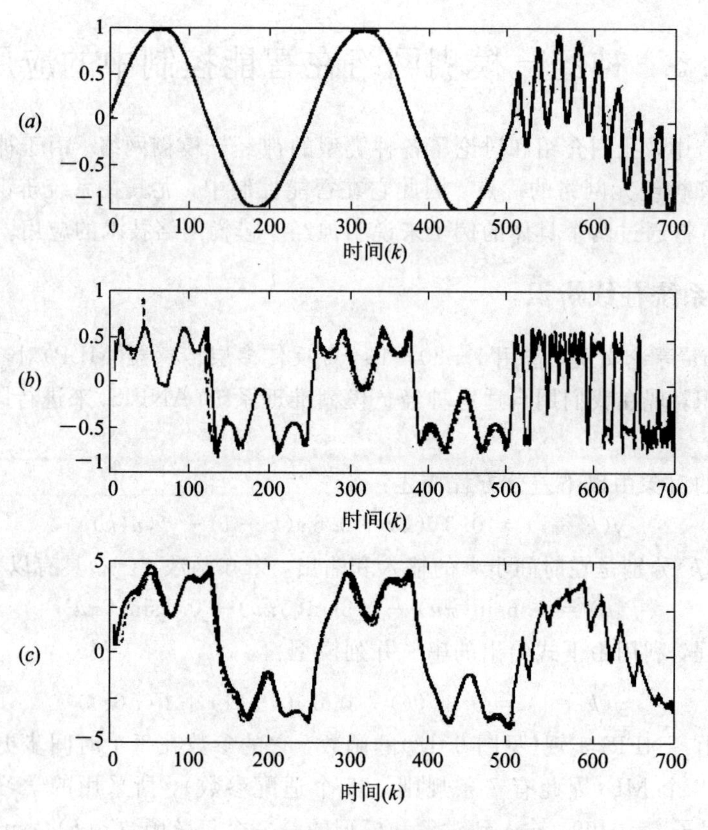

图 6.27　用 ANFIS 辨识控制系统

(a) $u(k)$；(b) $f(u(k))$；(c)对象和模型输出

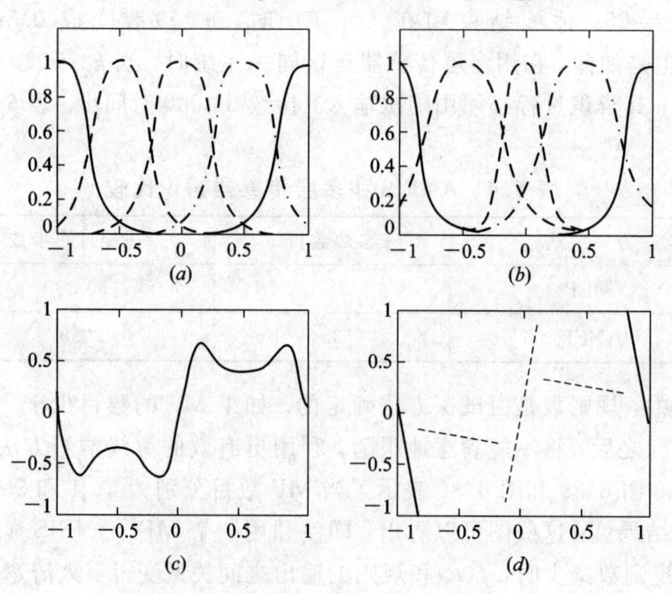

图 6.28　具有 5 个 MF 的仿真结果

(a) 初始 MF；(b) 最后 MF；

(c) $f(u)$和 ANFIS 输出关系；(d) 各规则输出

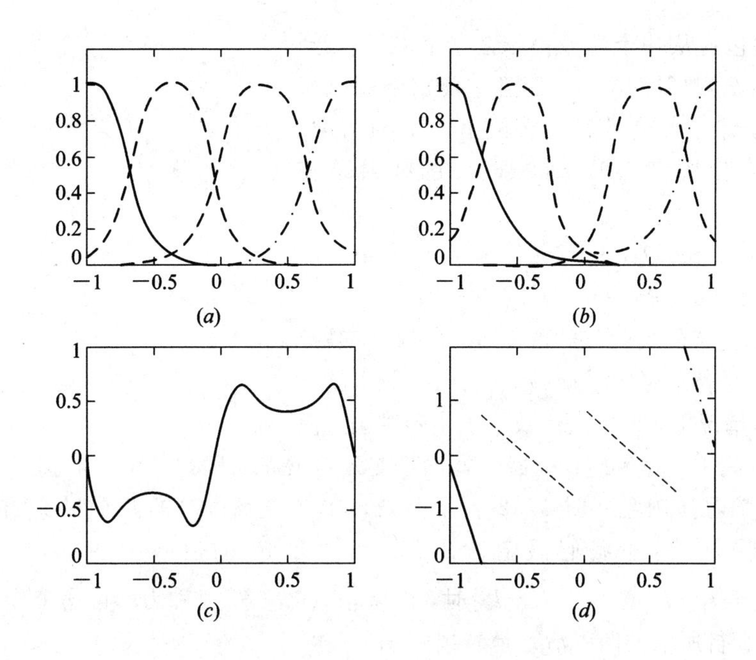

图 6.29 具有 4 个 FM 的仿真结果

(*a*) 初始 MF；(*b*) 最后 MF

(*c*) $f(u)$和 ANFIS 输出关系；(*d*) 各规则输出

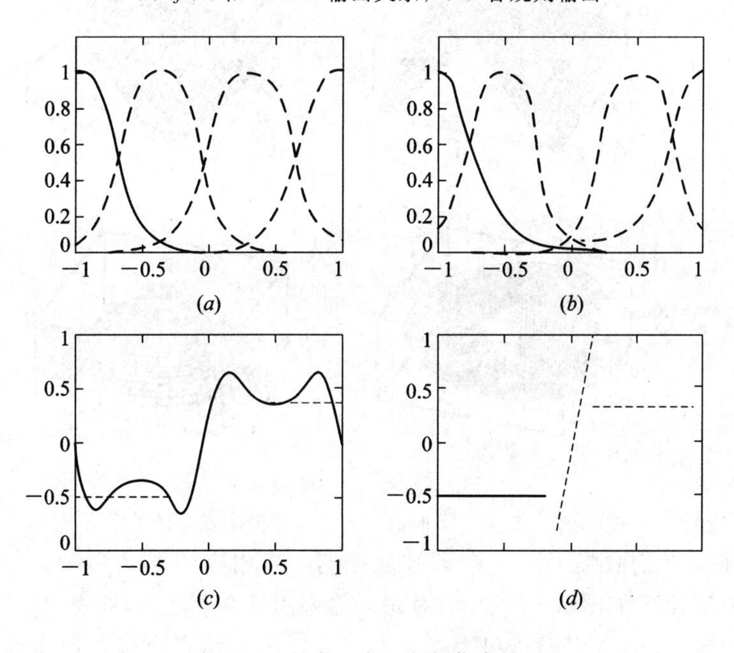

图 6.30 具有 3 个 MF 的仿真结果

(*a*) 初始 MF；(*b*) 最后 MF；

(*c*) $f(u)$和 ANFIS 输出关系；(*d*) 各规则输出

6.5.2 逆向运动学问题

在这一节中，我们用 ANFIS 对图 6.31 所示的二关节平面机器人手臂的逆运动学建模，这个问题包含从一个端点笛卡尔位置(x, y)到关节角度(θ_1, θ_2)映射的学习，而且它要求末端执行器（“手”）能跟踪参考信号而不必给出关节的角度。正向运动学方程从(θ_1, θ_2)到(x, y)的映射是直接的，

$$x = l_1\cos(\theta_1) + l_2\cos(\theta_1 + \theta_2)$$
$$y = l_1\sin(\theta_1) + l_2\sin(\theta_1 + \theta_2)$$

式中，l_1 和 l_2 是臂的长度；θ_1 和 θ_2 是它们相应的角度（见图 6.31）。然而逆映射从(x, y)到(θ_1, θ_2)就不清楚。在这种情况下，可以从代数上求出逆映射。但通常在三维空间中，对多关节机器人臂的解是不存在的。因此，我们不直接求解方程，而用 ANFIS 来学习逆映射。图 6.32 表示从(θ_1, θ_2)到(x, y)的正向映射和从(x, y)到(θ_1, θ_2)的逆映射。这里我们假定 $l_1 = 10$，$l_2 = 7$，θ_2 的值限制在$[0, \pi]$。注意到当$\sqrt{x^2+y^2}$，大于l_1+l_2 或小于$|l_1-l_2|$时，没有相应(θ_1, θ_2)。称为不可达工作空间。这可以从图 6.32 第 2 行所示的图中清楚地看出来。

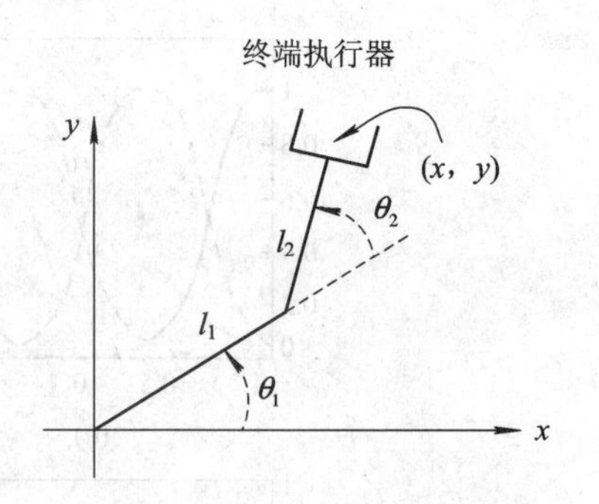

图 6.31　二关节平面机器人手臂

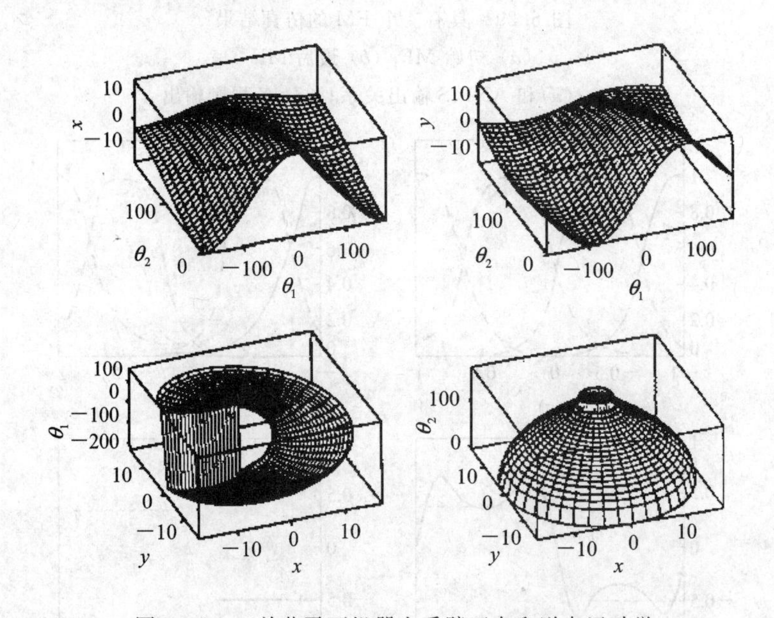

图 6.32　二关节平面机器人手臂正向和逆向运动学

从第一象限，我们收集了 229 个训练数据对，其相应的形式为(x, y, θ_1)和(x, y, θ_2)，所训练的 ANFIS 如图 6.33 所示。对每一输入用 3 个 MF，因此每一个 ANFIS 有 9 条规则和 45 个参数。2 个 ANFIS 各训练 50 次。图 6.34 表示了当椭圆选作参考路径时的试验结果。实线表示根据 2 个 ANFIS 所学习的逆映射，末端执行器如何跟踪参考路径。而叉号说明训练数据的位置。2 个 ANFIS 几乎非常完美地跟踪所要求的轨迹。然而，当椭圆的某些部分处在训练数据所覆盖的区域外面时，那么在所希望轨迹到达该“未训练”部分时，机器人手臂行为不可预料。这说明当 ANFIS 数据有冗余时，内插很好；但当数据少时外插不很好。这种现象在所有回归模型中是很普遍的，因此了解数据要比选择一个想象的模型

更重要。

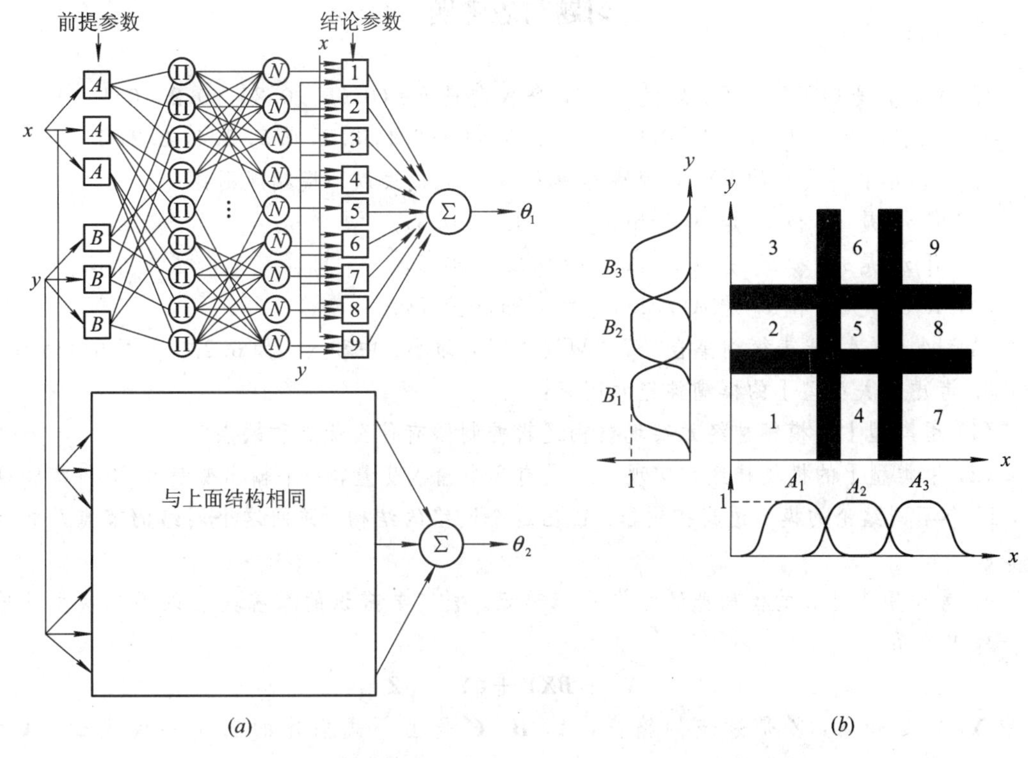

图 6.33 逆运动学映射的 ANFIS
(*a*) 系统结构；(*b*) 隶属函数

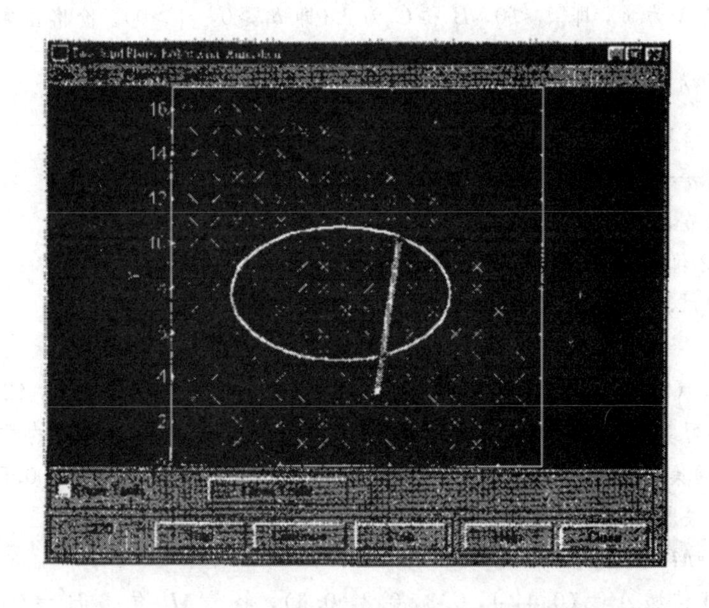

图 6.34 二关节平面机器人手臂轨迹跟踪

这里描述的方法与 4.5.2 节的逆向建模的内容有些类似，我们可以用其他在线方法迫使末端执行器在整个时间段更好地跟踪轨迹。

习题与思考题

1. 假设 f 是 OWA 算子，规模 $n=6$，令权向量 $\boldsymbol{v}=(0.05\quad 0.25\quad 0.2\quad 0.1\quad 0.05\quad 0.35)^{\mathrm{T}}$，试求 $f(0.8, 1.2, 0.3, 0.9, 1.5, 2.6)$ 和 $f(2.1, 3.5, 0.5, 1.4, 2.2, 1.6)$。

2. 画出第Ⅱ种类型的 FMN(模糊建模网络)，它代表以下模糊规则：

if x_1 是 A_1 和 x_2 是 A_2，then $y=0.1x_1+0.5x_2$

if x_1 是 A_1 和 x_2 是 A_2，then $y=0.2x_1+0.7x_2$

if x_1 是 A_2 和 x_2 是 A_3，then $y=0.3x_1+0.7x_2$

式中 A_1，A_2 和 A_3 代表模糊集合"S"、"M"和"L"，即小、中和大，如 6.2 节中图 6.1 所示。

3. 考虑有关类型Ⅰ的模糊神经元问题：

(1) 用类型Ⅰ的模糊神经元实现模糊逻辑控制器有什么优点和缺点？

(2) 用类型Ⅰ的模糊神经元实现一个具有 2 个输入变量，一个输出变量和 20 条模糊规则，11 个不同结论的模糊逻辑控制器。画出这个网络的结构，并问这个网络的节点总数有多少？

4. 考虑用类型Ⅱ的模糊神经元作系统辨识。假定要辨识的系统具有以下二次型的输入—输出关系：

$$\boldsymbol{A}\boldsymbol{X}^2+\boldsymbol{B}\boldsymbol{X}\boldsymbol{Y}+\boldsymbol{C}\boldsymbol{Y}^2=\boldsymbol{Z}$$

式中 $\boldsymbol{X}$, $\boldsymbol{Y}$ 是输入，$\boldsymbol{Z}$ 是系统的输出，$\boldsymbol{A}$, $\boldsymbol{B}$, $\boldsymbol{C}$ 是由下式描述的三角形模糊数：$\boldsymbol{A}=(a_1\quad a_2\quad a_3)$，$\boldsymbol{B}=(b_1\quad b_2\quad b_3)$，$\boldsymbol{C}=(c_1\quad c_2\quad c_3)$，给定训练对$((X_k, Y_k), Z_k^d)$，$k=1, 2, \cdots, p$，式中 $\boldsymbol{X}_k=(x_{k1}\quad x_{k2}\quad x_{k3})$ $\boldsymbol{Y}_k=(y_{k1}\quad y_{k2}\quad y_{k3})$和 $\boldsymbol{Z}_k^d=(z_{k1}^d\quad z_{k2}^d\quad z_{k3}^d)$是三角形模糊数，$x_{k_1}\geqslant 0$，$y_{k_1}\geqslant 0$。假定 A 为负，即 $a_3<0$，B 和 C 为正(即 $b_1>0$，$c_1>0$)。价格函数定义为：$E=\frac{1}{2}\sum_{k=1}^{p}\sum_{i=1}^{3}(z_{k_j}-z_{ki}^d)^2$，问题是要调节 a_i，b_i，$c_i(1\leqslant i\leqslant 3)$，使 E 最小。

(1) 证明对给定的训练输入数据，网络输出一个三角形模糊数；

(2) 推导在 $\alpha=0$ 和 $\alpha=1$ 的 α—切割中计算 z_{k1}，z_{k2}，z_{k3} 的方程式；

(3) 推导调节 a_i，b_i 和 c_i 的学习规则。

5. 考虑在 2 维模式空间中以下 2 类的模式：

$\{(-3\quad -2)^{\mathrm{T}}, (0.5\quad -3)^{\mathrm{T}}, (-4\quad -2)^{\mathrm{T}}, (2\quad 1.5)^{\mathrm{T}}, (-2\quad -1)^{\mathrm{T}}, (-0.5\quad 4)^{\mathrm{T}}\}$：类 1

$\{(4\quad 2.5)^{\mathrm{T}}, (3.5\quad -3)^{\mathrm{T}}, (0.5\quad 2.5)^{\mathrm{T}}, (3\quad -1.5)^{\mathrm{T}}, (-1\quad 2.5)^{\mathrm{T}}, (2.5\quad 3)^{\mathrm{T}}\}$：类 2

分别用感知器学习算法和模糊感知器学习算法分类，比较这两种学习算法的学习速度。

6. 假定模糊集合：$A=(0.3, 0.8, 0.1, 0.1, 0.6)$，$B=(0.9, 0.3, 0.5, 0.2)$，请：

(1) 利用相关极小编码求模糊外积 Hebb FAM 相关矩阵 $\boldsymbol{M}=\boldsymbol{A}^{\mathrm{T}}\circ\boldsymbol{B}$；

(2) 证明 $\boldsymbol{A}\circ\boldsymbol{M}=\boldsymbol{B}$ 和 $\boldsymbol{B}\circ\boldsymbol{M}^{\mathrm{T}}=\boldsymbol{A}$；

(3) 经过 $\boldsymbol{M}$ 传递 $A'=(0.4, 1, 0.3, 0.2, 0.6)$，经过 $\boldsymbol{M}^{\mathrm{T}}$ 传递 $B'=(0.7, 0.4, 0.6, 0.4)$，分别比较回忆到的模糊集合 A 和 B；

(4) 用相关乘积编码，重复(1)～(3)。

7. 考虑以下对于具有混合和在线学习算法的 FALCON 问题：

(1) 说明

$$f = \sum_j W_{ij}^{(5)} u_{ij}^{(5)} = \sum_j (m_{ij}\sigma_{ij}) u_{ij}^{(5)} \text{和} a = f \Big/ \sum_j \sigma_{ij} u_{ij}^{(5)}$$

如何近似于面积中心去模糊方法？

(2) 画一个具有 3 个输入变量 x_1，x_2，和 x_3，2 个输出变量 y_1 和 y_2 的全连接的 FALCON 可能的结构。这里假定 $|T(x_1)|=2$，$|T(x_2)|=3$，$|T(x_3)|=2|$，$|T(y_1)|=5$，$|T(y_2)|=3$。

(3) 考虑一个具有等边三角形的输入和输出隶属函数，推导：① 第二阶段一个混合(离线)的学习算法；② 一个在线的监督学习算法。

8. 用不同的具有模糊单点规则的神经模糊系统辨识以下非线性系统：

$$y = 4\sin(\pi x_1) + 2\cos(\pi x_2)$$

训练神经模糊系统的输入一输出数据由改变输入变量(x_1，x_2)在[−1，1]区间内随机数准备。所期望的输出 y^d 在[−1，1]区间内归一化。为了计算和辨识上述非线性系统，采用 20 对输入一输出数据，所学习到的模糊逻辑规则表示了训练数据的输入一输出关系。在本问题中，用 20 条规则。当辨识数据的推理误差小于 0.02 时学习停止，$E = \sum_{k=1}^{20} (y_k - y_k^d)^2$。请用以下结构和学习方法推行辨识：

(1) 利用 ① 纯梯度下降学习算法；② 梯度下降和 Kalman 滤波学习算法，辨识具有三角形隶属函数的模糊单点规则。

(2) 利用 ① 纯梯度下降学习算法；② 梯度下降和 Kalman 滤波学习算法，辨识具有钟形(高斯)隶属函数的模糊单点规则。

(3) 同(1)和(2)，辨识具有梯形隶属函数的模糊单点规则。

9. 根据：① 纯梯度下降法和② 梯度下降和 Kalman 滤波学习算法，详细推导具有 $T-S$ 模糊规则的神经模糊控制器的学习算法，编制所推导算法的程序以实现算法。并在题 8 的系统辨识上进行测试。

10. 构造一个自适应神经一模糊推理系统(ANFIS)，使它等效于 2 输入、单输出、4 规则的模糊模型：

if X 是小和 Y 是小，then Z 是负大

if X 是小和 Y 是大，then Z 是负小

if X 是大和 Y 是小，then Z 是正小

if X 是小和 Y 是小，then Z 是正大

模型具有 max—min 复合运算和中心去模糊化。说明你用于近似的面积中心去模糊函数。指明在最后所得的 ANFIS 结构中如何把该函数转换成节点函数？

参考文献

[1] Zadeh L A. Fuzzy Logic，Neural Networks，and Soft Computing. Communication ACM，1994，37(3)：77-84

[2] Eklund D，Klawonn F. Neural Fuzzy Logic Programming. IEEE Trans. on Neural Network，1992，3(5)：815-818

[3] Lin C T, Georgelee C. S Nearal Fuzzy Systems: A Neauo-Fuzzy Synergism to Intellent Systems. Prentice-Hall, Inc. , 1997

[4] Fukuka T, Shilata T. Fuzzy-Neuro-Gabased Intelligent robotics//Zurada J M, et al. Computation Intelligent Imitating Life. New York: IEEE Press, 1994

[5] Gupta M M, Qi J. On Fuzzy Neuron Models, Proc. Int. Joint Conf. Networks. 1994, 435-436

[6] Hayashi Y E, Czogala, Bucklag J J. Fuzzy Neural Controller. Proc. IEEE Int. Conf. Fuzzy Syst. San Diego, 1992, 197-202

[7] Hirota K, Pedrycz W. Fuzzy Logic Neural Networks: Design and Computation. Proc. Int. Joint Conf. Neural Networke. Singapore, 1991, 152-157

[8] Horikawa S, Furuhashi T, Uchikawa T. On Fuzzy Modelling Using Fuzzy Neural Neworks with the Back-Progagation Algorithm. IEEE Trans. on Neural Networks, 1992, 3(5): 801-806

[9] Horikawa S, Furuhashi T, Uchikawa Y. On Identification of Structure in Premise of a Fuzzy Model Using a Fuzzy Neural Network. Proc. IEEE Int. Conf. Fuzzy Syst, San Francisco, 1993, 661-666

[10] Hung C C. Building a Neuro-Fuzzy learning Control System. AI Expert, 1993, 12: 40-50

[11] Ichihashi H, Tokunaga M. Neuro-Fuzzy Optemal Control of Backing up a Trailer Truck. IEEE Trans. on Neural Networks, 1993, I: 306-311

[12] Jou C C. A Fuzzy Cerebelar Model Articaulation Controller. Proc. IEEE Int. Conf. Fuzzy Systems. San Diego, 1992, 1171-1178

[13] Jou C C. Comparing Learning Performance of Neural Networke and Fuzzy Systems. Pro. IEEE Int. Conf. Neural Networks. San Francisco, 1993, 2: 1028-1033

[14] Kosko B. Neural Networks and Fuzzy Systems: A Dynamical Systems approch to Machine Intelligence. Englewood Clifts, NJ: Prentic-Hall, 1992

[15] Lin C T. Neural Fuzzy Control Systems with Structure and Parameteters Learning. Singapore World Scienfific, 1994

[16] Jang J S R, Sun C T. Neuro-Fuzzy Modeling and Control. Proedings of the IEEE, 1995, 83(3): 378-406

[17] Lin C T, Lu Y C. A Neural Fuzzy System with Fuzzy Supervised Learning , IEEE Trans, Syst. Man, 1995, 26(10)

[18] Nie J, Linkens D A. A Fuzzifed CMAC Selft-Learning Controller. Proc, IEEE Int. Conf. Fuzzy Syst. San Francisco, 1993, 500-505

[19] Ozawa J, Hayashi I, Wakami N. Formulation of CMAC-Fuzzy System. Pro, IEEE Int. Conf. Fuzzy Syst, 1179-1186, San Diego, 1992, 1179-1186

[20] Sutton R S, Barto A G, Williams R J. Reinforcement Learning Is Direct Adaptive Optimal Control. IEEE Control Syst, 1994, 12: 19-22

[21] Sutton R S. Learning to Predict by the Method of Temporal Difference. Mach learning, 1988, 3: 9-44

[22] Tesauro G. Practical Issue in Temporal Difference Learning, 8: 257-278, 1992

[23] Xu H Y, Vukovich G. Robotic modeling and Control Using A Fuzzy Neural Network. Proc. IEEE Int. Conf. Neural Networks. San Francisco, 1993, 1004-1009

[24] Yamaguchi T, Takagi, Mita T. Self organizing Control Using Fuzzy Neural Networks. Int. J, Control, 1992, 56(2): 415-439

[25] Jang J S R, San C T, Mizutani. Neuro-Fuzzy and Soft Computing. Prentice-Hall Inc. , 1997

第7章 蚁群算法及其在智能控制中的应用

7.1 引言

20世纪90年代意大利学者 Marco Dorigo 等人通过观察蚁群觅食的过程，发现众多蚂蚁在寻找食物的过程中，总能够找到一条从蚂蚁巢穴到食物源之间的最短路径。M. Dorigo 等人对这一发现产生了浓厚的研究兴趣。于是，重新在实验室中对蚁群觅食行为进行了实验，即当蚁群在蚂蚁巢穴和食物之间建立取食路径后，人为地在蚂蚁巢穴和食物之间设置一定的障碍物。研究发现，在人为设置障碍物之后，蚁群经过一段时间的探索，又重新走出一条蚂蚁巢穴到食物之间的最短路径。通过对蚁群觅食机制的深入研究，M. Dorigo 等人提出了蚁群算法[1]。进一步的实验表明，蚁群算法具有正反馈、分布式计算以及贪婪的启发式搜索等特点。这些特点为更好地解决复杂的组合优化问题提供了可能。用这种算法来求解旅行商问题[2]，即 TSP(Traveling Salesman Problem)问题时，结果比较理想。

7.2 蚁群觅食奥秘

7.2.1 蚁群觅食

蚂蚁属节肢动物门，昆虫纲、膜翅目、蚁科，有成千上万种。任何一种都是群体生活，建有独特的蚂蚁社会，具有合作、品级分化和个体利他等特点。

觅食是蚁群最重要且有趣的社会活动之一[3]。据昆虫学家的观察和研究，发现蚂蚁食性甚杂，各种蚂蚁喜欢不同的食物和取食方式。比如，当弓背蚁属(学名：Camponotus，又名巨山蚁属、木匠蚁属，俗称木匠蚁、木蚁)的一只工蚁发现食物时，它在食物的周围释放一种分泌物作标记，然后回巢，并一路释放分泌物作为示踪标记。在巢内，它以“摇摆表演”的方式告知同伴它发现了食物。随即，巢穴内的工蚁跟随它或沿着分泌物的气味来到食物源。如果食物源有足够多的食物，就会吸引大批的工蚁一起涌向食物源，于是成百上千的工蚁在蚂蚁巢穴和食物源之间来回忙碌，将食物搬运回蚂蚁巢穴。在蚁群取食一段时间后，人们发现，蚂蚁竟然找到一条从蚂蚁巢穴到食物源之间最短的路径，并沿着这条路径搬运食物。当人为地在上述路径上设置一障碍物时，经一段时间后，蚁群又能找到一条从蚂蚁巢穴到食物源之间最短的搬运食物路径。图 7.1 所示实验展示了蚂蚁这一觅食行为。

图 7.1(a)为蚂蚁已经在蚂蚁巢穴与食物之间建立了最短的取食路径 AE(或 EA)。图 7.1(b)为研究人员在图 7.1(a)所示的蚂蚁取食路径上设置一障碍物 HC，从而使蚂蚁的可取食路径为 AHE(或 EHA)或 ACE(或 ECA)，蚂蚁只能选其一。显然，AHE 路径较 ACE 路径长。图 7.1(c)为蚂蚁经过一段时间的探索、寻找，找到了食物源到蚂蚁巢穴之间最短的取食路径 ACE(或 ECA)。

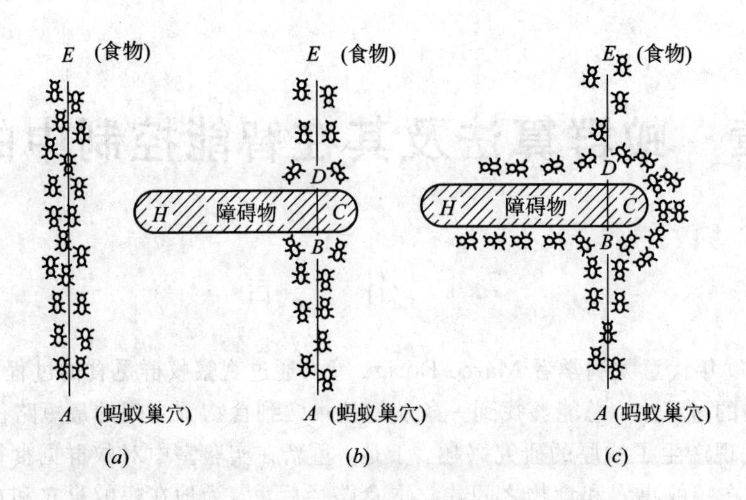

图 7.1　在蚂蚁取食路径设置障碍的实验

小小的爬行蚂蚁靠什么总能够准确寻找到最短的取食路径?

7.2.2　蚁群的信息系统及使用机制

蚁群有着令人称奇的信息系统，其中包括视觉、声音、无声语言及其有效的信息机制，特别是蚂蚁独门绝技的无声语言及相应的使用机制。研究发现，当蚂蚁外出觅食或在回巢穴的途中，它们都会释放一种特殊的信息素(pheromone)气味(通常称信息素)来标示行进的轨迹，蚂蚁用这种独有的无声语言来设置类似人类路标的蚁踪。有了示踪的信息素，蚂蚁就能顺利回"家"。进一步的研究发现，蚂蚁在寻找食物过程中，在它们经过的地方所留下的信息素，不仅能被同一蚁群中的其他蚂蚁感知到，而且其强度也能被感知，蚂蚁会倾向于沿信息素浓度较高的方向移动，而移动过程又会留下新的信息素，对原有的信息素进行加强。如此，越多蚂蚁经过的路径，信息素会越强，而后续的蚂蚁选择走该路径的可能性也越大。最后，几乎所有的蚂蚁都走信息素最强的路径。基于信息素及信息素的使用机制，蚂蚁就能在食物源和蚂蚁巢穴之间建立一条最短的取食路径。

下面通过图 7.2，结合具体示例数据来说明蚁群在食物源和蚂蚁巢穴之间建立一条最短的取食路径的原理。

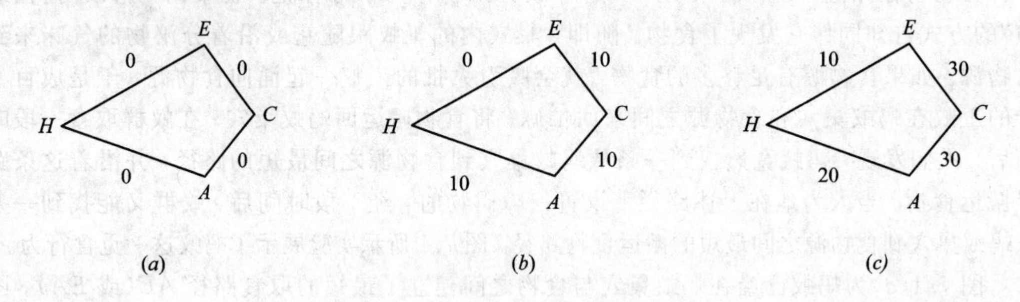

图 7.2　蚁群取食最短路径产生示意图

在图 7.1(b)中，A 是蚂蚁巢穴，E 是食物源，HC 是障碍物。图中有两条路径从蚂蚁巢穴通向食物源，抽象其如图 7.2(a)所示，称图中的 $A-C-E$(或 $E-C-A$)为路径Ⅰ；称 $A-H-E$(或 $E-H-A$)为路径Ⅱ。为方便说明，我们假定路径Ⅱ的长度是路径Ⅰ长度的两倍，分别为 2 和 1 个单位长度。现假设所有蚂蚁在一个单位时间可移动的距离为 1 单位长度。任何蚂蚁在行走时，都会在 1 个单位长度上均匀留下浓度为 1 个单位的信息素。在 $t=0$ 时刻前，上述两条路径上均无信息素，信息素量为 0(也可以设为不为 0 的初始值)。

设 $t=0$ 时刻，有 20 只蚂蚁从 A 点出发，由于此时两条路径上的信息素相同均为 0，所以 20 只蚂蚁选择两条路径的概率相等。不妨假设有 10 只蚂蚁选择了路径Ⅰ，另外 10 只蚂蚁选择了路径Ⅱ。

在 $t=1$ 时刻，第二批 20 只蚂蚁从 A 点准备出发，由于此时路径Ⅱ上 AH 段和路径Ⅰ上 AC 段的信息素相同，所以第二批 20 只准备出发的蚂蚁选择两条路径的概率相等。不妨再假设有 10 只蚂蚁选择了路径Ⅰ，另外 10 只蚂蚁选择了路径Ⅱ。而此时，选择路径Ⅰ的第一批 10 只蚂蚁已到达了食物源 E，选择路径Ⅱ的第一批 10 只蚂蚁也行进 1 个单位的距离，到达 H 点。此时，路径Ⅰ和路径Ⅱ上面的信息素积累情况见图 7.2(b)。

在 $t=2$ 时刻，第一批选择路径Ⅰ的 10 只蚂蚁带着食物以很大概率沿原路返回到 A 点，这些蚂蚁在返回时每只蚂蚁在路径Ⅰ上又留下 1 个单位的信息素。而选择路径Ⅱ的第一批 10 只蚂蚁也行进 1 个单位的距离，到达 E 点即食物源处。同时，选择路径Ⅱ的第二批 10 只蚂蚁也行进 1 个单位的距离，到达 H 点。此时，路径Ⅱ上 AH 段上累积 20 个单位的信息素，HE 段上有 10 个单位的信息素。选择路径Ⅰ的第二批十只蚂蚁到达食物源 E 点。此时，路径Ⅰ上的信息素累积到 30 个单位。路径Ⅰ和路径Ⅱ上面的信息素积累情况见图 7.2(c)。当第三批 20 只蚂蚁从 A 点准备出发，由于此时两条路径上的信息素不同，所以第三批 20 只蚂蚁选择两条路径的概率不相等。不妨假设有多于 10 只蚂蚁选择了路径Ⅰ，剩余的蚂蚁选择了路径Ⅱ。同时，第二批选择路径Ⅱ的十只蚂蚁从食物源准备返回蚁群巢穴，由于路径Ⅰ上的信息素量大于路径Ⅱ上的信息素量，故这批蚂蚁中的大部分会选择路径Ⅰ返回巢穴。随着时间推移，后续的蚂蚁会以越来越大的概率选择路径Ⅰ，前往食物源 E 或携带食物返回蚁群巢穴。最终所有蚂蚁以很大概率选择路径Ⅰ，前往食物源 E 或携带食物返回蚁群巢穴。蚁群从而在食物源和蚂蚁巢穴之间建立起一条最短的取食路径。注意，在这里我们假设信息素没有挥发，每只蚂蚁留下信息素的能力相同、方式相同。

从以上分析可以看出，蚂蚁的群体觅食行为表现出一种正反馈现象。正是通过这个正反馈机制，蚁群找到从巢穴到食物源的最短路径，并且能随环境变化(如在已有路径上突然出现障碍物)而变化，很快地重新找到从其巢穴到食物源之间的最短路径。

7.3 基本人工蚁群算法

7.3.1 人工蚁群与真实蚁群

蚁群算法(ACO，Ant Colony Optimization)是模拟蚂蚁群体觅食行为的仿生优化算法，由意大利学者 M. Dorigo 于 1991 年在他的博士论文中首次提出来。在蚁群算法中，需要建立与真实蚂蚁对应的人工蚁群概念。人工蚁群与真实蚁群有许多相同之处，也有一些不同之处。一方面，人工蚁群是真实蚁群行为特征的抽象，这种抽象体现在将真实蚁群觅食行为中最重要的信息机制赋予人工蚁群；另一方面，因人工蚁群是需要解决实际问题中的复杂优化问题，为了能使蚁群算法更加有效，人工蚁群具备真实蚁群所不具备的一些特征。

1. 真实蚁群和人工蚁群的异同

人工蚁群主要的行为特征都是源于真实蚁群的，故两者具有下面的共性：

(1) 人工蚁群和真实蚁群有相同的任务，就是寻找起点(蚁穴)和终点(食物源)之间的最优解(最短路径)。

(2) 人工蚁群和真实蚁群都是相互合作的群体，最优解(最短路径)是整个蚁群中每个蚂蚁个体相互协作，共同不断探索的结果。

(3) 人工蚁群和真实蚁群都是通过信息素进行间接通信。人工蚁群算法中信息素轨迹是通过状态变量来表示的。状态变量用一个二维信息素矩阵 t 来表示。矩阵中的元素 τ_{ij} 表示在节点 i 选择节点 j 作为移动方向的指标值，该指标值越大，在节点 i 选择去节点 j 的可能性越大。该状态矩阵中的各元素设置初值后，随着蚂蚁在所经过的路径上释放信息素的增多，矩阵中的相应元素项的值也随之改变。人工蚁群算法就是通过修改矩阵中元素的值，来模拟真实蚁群中信息素更新的过程。

(4) 人工蚁群还应用了真实蚁群觅食过程中的正反馈机制。蚁群的正反馈机制使得问题的解向着全局最优的方向不断进化，最终能够有效地获得相对较优的解。

(5) 人工蚁群和真实蚁群都存在着信息素挥发机制。这种机制可以使蚂蚁逐渐忘记过去，不会受过去经验的过分约束，这有利于指引蚂蚁向着新的方向进行搜索，避免算法过早收敛。

(6) 人工蚁群和真实蚁群都是基于概率转移的局部搜索策略，即蚂蚁在节点 i 基于概率转移到节点 j。蚂蚁转移时，所应用的策略在时间和空间上是完全局部的。

2. 人工蚁群的特征

人工蚁群主要的行为特征都是源于真实蚁群的，但是不完全等同于真实蚁群。从算法模型的角度出发，人工蚁群具有真实蚁群不具备的下列特性：

(1) 人工蚁群生活在一个离散的空间中。它们的移动，本质上是从一个离散状态向另一个离散状态的变化。

(2) 人工蚁群具有记忆它们过去行为的特征。

(3) 人工蚂蚁释放信息素的量，是由蚁群所建立的问题解决方案优劣程度的函数来决定。

(4) 人工蚁群信息素更新的时间，随问题的不同而变化，不反映真实蚁群的行为。如：有的人工蚁群算法模型中，人工蚁群算法在产生一个解后，才去改变解所对应的路径上信息素的量；在有的人工蚁群算法模型中，则是蚂蚁只要做出一步选择(即从当前城市 i 选择去城市 j，在到达城市 j)的同时就更新所选路段(ij)上信息素的量。

(5) 为了改善算法的性能，对人工蚁群可以赋予一些特殊本领，如前瞻性、局部优化、原路返回等。在一些应用中，人工蚁群算法可以有局部更新能力。

7.3.2 基本人工蚁群算法原理

旅行商问题是数学领域中著名的问题之一。它假设有一个旅行商人要去 n 个城市，他需要规划所要走的路径，路径规划的目标是必须经历所有 n 个城市，且所规划路径对应的路程为最短。规划路径的限制是每个城市只能去一次，而且最后要回到原来出发的城市。

显然，TSP 问题的本质是一个组合优化问题，该问题已经被证明具有 NP 计算复杂性。所以，任何能使该问题求解且方法简单的算法，都受到高度的评价和关注。本节结合求解 TSP 问题来介绍基本的人工蚁群算法的原理。

基本蚁群算法求解旅行商问题的原理是：首先将 m 个人工蚂蚁随机地分布于多个城市，且每个蚂蚁从所在城市出发，n 步(蚂蚁从当前所在城市转移到任何另一城市为一步)后，每个人工蚂蚁回到出发的城市(也称走出一条路径)。如果 m 个人工蚂蚁所走出的 m 条路径对应的路程中最短者不是 TSP 问题的最短路程，则重复这一过程，直至寻找到满意的 TSP 问题的最短路程为止。在此迭代过程的一次循环中，任何一只蚂蚁不仅要遵循约束即每个城市只能访问一次，而且从当前所在城市 i 以概率确定将要去访问的下一个城市 j。这个概率是它所在城市 i 与下一个要去城市 j 之间的距离 d_{ij} 以及城市 i 与城市 j 之间道路(这里把两个城市 i 与 j 抽象为平面上两个点，城市 i 与 j 之间的道路抽象为这两个点之间的连线，称其为边，记为 e_{ij})上信息素量的函数。当蚂蚁确定好下一个要访问的城市 j，且到达这个城市 j 时，会以某种方式在这两个城市之间的路段上释放(贡献)信息素。

7.3.3 基本人工蚁群算法模型

为了说明算法，首先定义如下符号：

m：蚁群中蚂蚁数量；

$b_i(t)$：在 t 时刻位于城市 i 的蚂蚁个数，$m = \sum_{i=1}^{n} b_i(t)$；

d_{ij}：城市 i 和城市 j 之间的距离；

η_{ij}：城市 i、j 之间的能见度，反映由城市 i 转移到城市 j 的启发程度，这个量在蚁群算法运行中保持不变；

τ_{ij}：城市 i 和城市 j 之间边 e_{ij} 上的信息素残留强度；

$\Delta\tau_{ij}$：一次循环后边 e_{ij} 上信息素的增量；

$\Delta\tau_{ij}^k$：蚂蚁 k 在一次循环中在边 e_{ij} 上贡献信息素的增量；

p_{ij}^k：蚂蚁 k 从当前所在城市 i 前去访问城市 j 的概率。

基本蚁群算法的流程如图 7.3 所示。

初始化主要将 m 只人工蚂蚁随机分布在多个城市(当 $m \geqslant n$ 时，有蚂蚁的城市数最多为 n；当 $m < n$ 时，有蚂蚁的城市数最多为 m。换句话说，初始化后有部分城市中是没有蚂蚁的)。

在 t 时刻(也可以视为一次循环中的第 t 步，$t=0, 1, 2, \cdots, n-1$)，位于城市 i 中的蚂蚁 k 选择要转移去城市 j 的概率 p_{ij}^k 为

$$p_{ij}^k(t) = \begin{cases} \dfrac{\tau_{ij}^{\alpha}(t)\eta_{ij}^{\beta}(t)}{\sum\limits_{s \in \text{allowed}_k} \tau_{is}^{\alpha}(t)\eta_{is}^{\beta}(t)} & j \in \text{allowed}_k \\ 0 & \text{否则} \end{cases} \tag{7.1}$$

其中 allowed_k 表示允许蚂蚁 k 下一步可容许去的城市集合。p_{ij}^k 与 $\tau_{ij}^{\alpha}(t)\eta_{ij}^{\beta}(t)$ 成正比，τ_{ij}^{α} 为边 e_{ij} 上信息素因数，η_{ij}^{β} 为城市 i、j 间能见度因数，α, β 参数分别反映了蚂蚁在转移过程中，城市之间边上所累积信息素和城市间启发信息，在蚂蚁选择转移时的相对重要性。

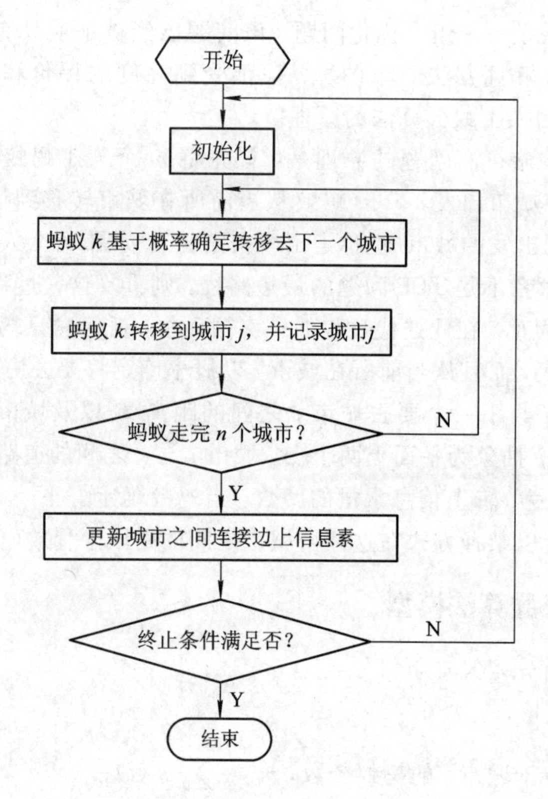

图 7.3　基本蚁群算法流程图

在 t 时刻，位于城市 i 中的蚂蚁 k 决定要转移到城市 j，在 $t+1$ 时刻，蚂蚁 k 转移来到了城市 j，则在边 e_{ij} 上可贡献的信息素量为 $\Delta\tau_{ij}^{k}(t, t+1)$，蚂蚁 k 对边 e_{ij} 上所贡献信息素增量在 t 到 $t+1$ 期间完成(蚂蚁 k 对边 e_{ij} 上所贡献信息素增量也可以不在 t 到 $t+1$ 期间完成，而是在一次循环结束后进行。贡献信息素增量的具体实现见后面内容)，蚂蚁转移的同时，完成对边 e_{ij} 上所贡献信息素的添加。对任意两个城市 i，j 之间道路对应的边 e_{ij} 信息素增量按照下式进行：

$$\begin{cases}\tau_{ij}(t+1) = \rho\tau_{ij}(t) + \Delta\tau_{ij}(t, t+1) \\ \Delta\tau_{ij}(t, t+1) = \sum_{k=1}^{m}\Delta\tau_{ij}^{k}(t, t+1)\end{cases} \tag{7.2}$$

其中，$\Delta\tau_{ij}^{k}(t, t+1)$为蚂蚁 k 对边 e_{ij} 上所贡献信息素增量；$\Delta\tau_{ij}(t, t+1)$是经过边 e_{ij} 的所有蚂蚁对边 e_{ij} 的信息素增量贡献；ρ 为信息素残留系数，通常设置 $0<\rho<1$，以避免边 e_{ij} 上信息素量的无限累积。同时，将城市 j 记录在蚂蚁 k 相应的禁忌表中，意在本次循环中蚂蚁 k 将不能再访问城市 j。

蚂蚁对本次循环所走过的边 e_{ij} 上所贡献信息素增量的实现也可以在本次循环结束时完成，即经过 n 步，m 个蚂蚁同时各自完成一次循环，每个蚂蚁给出了一个解决方案，每只蚂蚁对所经过的边上信息素的贡献量，是走出的解决方案即路径对应的路程长度的函数，每只蚂蚁只要参照其对应的禁忌表就知道本次循环的路径，对该路径对应的每段边上的信息素进行调整，具体见公式(7.5)。

每完成一次循环，对截至当前的结果进行评估，如果满足条件，则算法结束，否则，m

个蚂蚁再次进入一次新的循环。

在蚁群算法中，对 $\Delta\tau_{ij}^{k}$ 可以用不同的方式实现，对 $\Delta\tau_{ij}^{k}$ 用不同的方式实现就产生不同的蚁群算法。M. Dorigo 给出三种不同的模型，分别称之为蚁密模型、蚁量模型和蚁周模型。

7.3.4 蚁群算法的蚁密模型、蚁量模型和蚁周模型

蚁群算法的蚁密模型、蚁量模型和蚁周模型的区别主要在于对 $\Delta\tau_{ij}^{k}(t, t+1)$ 调整方式的不同。在蚁密模型中，一只蚂蚁 k 在经过城市 i、j 之间边 e_{ij} 时，对该边 e_{ij} 所贡献的信息素增量为常量，即每单位长度上为 Q：

$$\Delta\tau_{ij}^{k}(t, t+1)=\begin{cases}Q & \text{若第}k\text{只蚂蚁在一次循环中从城市}i\text{到城市}j\\ 0 & \text{否则}\end{cases} \tag{7.3}$$

在蚁量模型中，一只蚂蚁 k 在经过城市 i、j 之间边 e_{ij} 时，对该边 e_{ij} 所贡献的信息素增量为变量，即每单位长度上为 Q/d_{ij}，它与城市 i 和城市 j 之间路段的长度 d_{ij} 有关，d_{ij} 越小，则贡献的信息素越多，具体为

$$\Delta\tau_{ij}^{k}(t, t+1)=\begin{cases}Q/d_{ij} & \text{若第}k\text{只蚂蚁在一次循环中从城市}i\text{到城市}j\\ 0 & \text{否则}\end{cases} \tag{7.4}$$

以上两种模型中，一只蚂蚁 k 若从城市 i 选择到达城市 j，对两城市之间边 e_{ij} 上信息素贡献的增量在蚂蚁 k 经过边 e_{ij} 的同时完成。

在蚁群算法的蚁周模型中，一只蚂蚁 k 在经过城市 i、j 之间边 e_{ij} 时，对边 e_{ij} 上贡献的信息素增量为每单位长度 Q/L_k，L_k 为蚂蚁 k 在本次循环中所走出路径对应路程的长度，

$$\Delta\tau_{ij}^{k}(t+1)=\begin{cases}Q/L_k & \text{若蚂蚁}k\text{在本次循环中从城市}i\text{到达过城市}j\\ 0 & \text{否则}\end{cases} \tag{7.5}$$

在蚁周模型中，一只蚂蚁 k 在一次循环中，若从城市 i 到达过城市 j，对城市 i、j 之间边 e_{ij} 上信息素贡献的增量在本次循环结束时才进行更新调整。显然，蚂蚁 k 表现越优秀，L_k 会越小，对所经过路径上信息素增量的贡献会越大。

以上几个模型的主要区别在于信息素的更新策略，蚁周模型用的是全局信息，即完成一次循环后对所经过整条路径上的信息素进行更新，整体性较强；而蚁量和蚁密两种模型用的是局部信息，即蚂蚁每完成一步后就对刚经过路径上的信息素进行更新。由于蚁周模型中信息增量 $\Delta\tau_{ij}^{k}(t+1)$ 考虑了全局变化，因而很好地保证了残留信息不至于无限积累，非最优路径会逐渐随时间推移被忘记。

上述蚁量和蚁密模型的实现过程可以用伪码表示如下：

(1) 初始化。

置循环次数计数器 $N_c=0$；

城市 i 与城市 j 之间边 e_{ij} 上信息素初始值 $\tau_{ij}(t)=c$；

城市 i 与城市 j 之间边 e_{ij} 上信息素增量 $\Delta\tau_{ij}(t)=0$；

城市 i 与城市 j 之间的能见度 $\eta_{ij}=l$；

每一次循环始，置步数计数器 $t=0$；

置禁忌表 $\text{tabu}_k=\varnothing$，该表记录一次循环过程蚂蚁 $k(k=1, 2, \cdots, m)$ 访问过的城市，用它保障每个城市只访问一次的约束；

设置禁忌表的索引 $s=1$。

将 m 个人工蚂蚁随机分布在 n 个城市中(或这 n 个城市的一部分中)，并将分布的情况记录在禁忌表中，具体如下：

for $i=1$ to n do

for $k=1$ to $b_i(t)$ do

$\text{tabu}_k(s)=i$

(2) 每只蚂蚁建立一个解决方案即完成一次循环。

$s=0$

for $i=1$ to n do

$s=s+1$

for $k=1$ to $b_i(t)$ do

蚂蚁 k 以概率 p_{ij}^k 选择城市 j；

将蚂蚁 k 转移到城市 j；

将蚂蚁 k 到达的城市 j 加到蚂蚁 k 的禁忌表，$\text{tabu}_k(s)=j$；

计算蚂蚁 k 对经过的边 e_{ij} 上信息素贡献的增量，蚁密模型按式(7.3)$\Delta\tau_{ij}^k(t, t+1)=Q$ 计算，蚁量模型按式(7.4)$\Delta\tau_{ij}^k(t, t+1)=Q/d_{ij}$ 计算；

按式 $\tau_{ij}(t, t+1)=\rho\tau_{ij}(t)+\Delta\tau_{ij}^k(t, t+1)$ 更新蚂蚁 k 经过边(ij)的信息素。

(3) 依据禁忌表计算每只蚂蚁 k 在本次循环所走出解决方案的路径长度 L_k。

(4) 计算本次循环后所有蚂蚁走出的最短路径并与历史上的最短路径 L_s 比较，且将短路径赋予 L_s。

(5) 评估最新计算结果。

如果循环次数大于算法运行时设定的最大循环次数或最短路径长度满足预期，则算法运行结束。

对于蚁周模型，由于蚂蚁采用一次循环后对它所经过的路径上的信息素进行更新。故蚂蚁对所经过路径上信息素的更新按照下面进行，其他同蚁量、蚁密模型。

计算一次循环中蚂蚁 k 所走出解决方案的路径对应路程长度 L_k，

for $k=1$ to m do

$L_k=0$

for $s=1$ to n do

$L_k=L_k+L[\text{tabu}_k(s-1), \text{tabu}_k(s)]$ {$L(x, y)$求城市 x 和城市 y 距离函数}

每次循环后每两个城市之间边上信息素增量为 $\Delta\tau_{ij}$，且 $\Delta\tau_{ij}$ 初始值置为 $0(i, j=1, 2, \cdots, n)$：

for $k=1$ to m do

for $s=1$ to n do

$$\Delta\tau_{\text{tabu}_k(s-1)\text{tabu}_k(s)}=\Delta\tau_{\text{tabu}_k(s-1)\text{tabu}_k(s)}+\frac{Q}{L_k}$$

$$\Delta\tau_{\text{tabu}_k(s)\text{tabu}_k(0)}=\Delta\tau_{\text{tabu}_k(s)\text{tabu}_k(0)}+\frac{Q}{L_k}$$

蚁群算法在解决一些小规模的组合优化比如 TSP 问题时，表现令人满意，但是随着问题规模的增加，蚁群算法很难在可接受的循环次数内找出最优解。为此，研究者针对蚁群算法的不足，进行了大量的改进研究工作。之后几节中，将详细介绍一些改进的蚁群算法。

7.3.5 蚁群算法的参数

蚁群算法在其实现过程之中，有几个参数(这些参数有 α、β、m、Q、ρ)[4]需要设定其初值，这些参数初值的设定对算法的性能影响较大。

1. 信息启发因子 α

信息启发因子 α 反映了蚂蚁在从城市 i 向城市 j 转移时，这两个城市之间道路(边)上所累积的信息素在指导蚁群搜索中选择从城市 i 向城市 j 转移时的相对重要程度，反映了蚁群在路径搜索中随机性因素作用的强度。α 值越大，蚂蚁选择以前走过的路径的可能性越大，搜索的随机性越弱。α 值过大也可能使蚁群的搜索过早陷于局部最优。

2. 期望值启发式因子 β

期望值启发式因子 β 反映蚂蚁在搜索过程中启发信息(即期望值 η_{ij})在指导蚁群搜索中的相对重要程度。期望值启发式因子 β 的大小反映了蚁群在道路搜索中先验性、确定性因素作用的强度，其值越大，蚂蚁在某个局部点上选择局部最短路径的可能性越大。虽然它使搜索的收敛速度得以加快，但蚁群在最优路径的搜索过程中随机性减弱，易于陷入局部最优。

蚁群算法的全局寻优性能首先要求蚁群的搜索过程必须有很强的随机性，而蚁群算法的快速收敛性能又要求蚁群的搜索过程必须要有较高的确定性。因此，必须对与此密切相关的 α、β 两者在随机性和确定性进行平衡。

3. 蚂蚁数 m

蚁群算法是一种随机搜索算法，它通过多个候选解组成群体的进化过程来寻求最优解，在这个进化过程中，既需要每个个体的自适应能力，更需要群体的相互协作，这个相互协作，通过个体之间的信息交流来完成。在 TSP 中，单个蚂蚁在一次循环中所经过的路径为 TSP 问题的一个候选解，m 个蚂蚁在一次循环中所经过的路径，则为 TSP 问题的一个解子集。显然，子集越大(即蚁群数量多)可以提高蚁群算法的全局搜索能力以及算法的稳定性。然而，蚂蚁数目较大时，会使大量的曾被搜索过的解(路径)上的信息量的变化比较平均，信息正反馈的作用不明显，搜索的随机性虽然得到了加强，但收敛速度减慢。反之，子集较小(即蚁群数量少)，特别是当要处理的问题规模比较大时，会使那些很少被搜索到的路段（或解)上的信息素量减小到接近于 0，搜索的随机性减弱，虽然收敛速度加快，但会使算法的全局性能降低，算法的稳定性差，容易出现过早停滞现象。

4. 信息素总量 Q

在蚁群算法的蚁周模型中，信息素总信息量 Q 为蚂蚁循环一周后向所经过的路径上释放信息素的总量。Q 越大，则蚂蚁在已经走过的路径上信息素的累积加快，可以加强蚁群搜索时的正反馈性能，有助于算法的快速收敛。

5. 信息素残留系数 ρ

在蚁群算法中，随着时间的推移，蚂蚁在道路上留下的信息素气味将会逐渐消逝，用

参数 ρ 表示信息素气味消逝快慢程度(或称信息素挥发度)。信息素残留系数 ρ 的大小直接关系到蚁群算法的全局搜索能力及其收敛速度。当信息素残留系数 ρ 过小，而要处理的问题规模比较大时，会使那些很少被搜索到的路段(或路径)上的信息素量快速减小到接近于0，从而会降低算法的全局搜索能力；当信息素残留系数 ρ 过大时，以前搜索过的路径被再次选择的可能性过大，也会影响到算法的随机性能和全局搜索能力。

7.3.6 用蚁群算法求解 TSP 问题仿真示例

1. 20 城市 TSP 问题的坐标

20 城市 TSP 问题的坐标如下：

5.326，2.558；4.276，3.452；4.819，2.624；3.165，2.457；
0.915，3.921；4.637，6.026；1.524，2.261；3.447，2.111；
3.548，3.665；2.649，2.556；4.399，1.194；4.660，2.949；
1.479，4.440；5.036，0.244；2.830，3.140；1.072，3.454；
5.845，6.203；0.194，1.767；1.660，2.395；2.682，6.072

2. 20 城市 TSP 问题的仿真结果

取 $\alpha=1$，$\beta=2$，$\rho=0.4$，$Q=80$，$m=20$，循环次数设为 4000 次，实验共进行 10 次，采用蚁密模型、蚁量模型、蚁周模型的仿真结果见表 7.1。

表 7.1 蚁密模型、蚁量模型、蚁周模型的仿真结果

实验次数	蚁密模型	蚁量模型	蚁周模型
1	25.2444	23.6674	24.5919
2	25.2618	24.8620	23.6674
3	25.7550	24.8620	24.5536
4	24.6046	24.5919	24.6046
5	24.7117	23.6674	24.5756
6	24.6046	24.8620	23.6674
7	24.9155	24.6950	24.8081
8	25.7550	25.0851	23.6674
9	25.9477	24.6384	23.8172
10	25.7550	24.8522	24.5919
平均长度	25.2555	24.5783	24.2545
最优长度	24.6046	23.6674	23.6674

7.3.7 基本蚁群算法的收敛性

蚁群算法在求解复杂优化问题(尤其是离散优化问题)方面具有优越性，并得到广泛应用。但蚁群算法是一种仿生算法，对其收敛性的理论研究较薄弱。迄今为止，有关蚁群算法收敛性分析、证明的文献[5, 6, 7, 8, 9, 10, 11, 12]有限。本节引用文献[10]，从解 TSP 问题的蚁群算法入手，对其收敛性进行分析。

假设蚂蚁都是从城市 A 出发，走遍其他城市后又回到城市 A，且产生 s 个解决方案，

也仅有 s 个解决方案，分别表示为 l_1，l_2，…，l_s，其对应的路程长度分别为 d_1，d_2，…，d_s。为便于理解，假设从 A 出发又回到 A 的 s 条路径为 Al_1A，Al_2A，…，Al_sA，如图 7.4 所示。

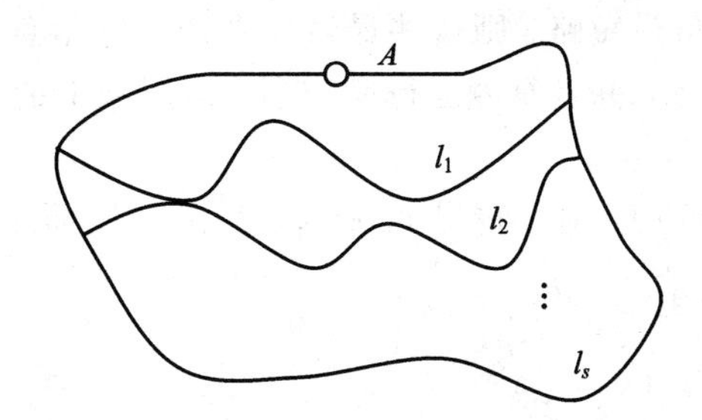

图 7.4　从 A 出发最终回到 A 共 s 条路径

最优路径的数目分为下列两种情况：

情况 1：$d_1<d_2\leqslant d_3\leqslant\cdots\leqslant d_s$，即只有一条最优路径。

情况 2：$d_1=d_2=\cdots=d_r<d_{r+1}\leqslant d_{r+2}\leqslant\cdots\leqslant d_s$，即有 $r(r\leqslant s)$条最优路径。

m 只蚂蚁在 s 条路径上往返爬行。依照蚁群算法，随着时间的推移，大多数蚂蚁选择最短路径。以下分析推导，证明随着迭代次数的增加，求解 TSP 的蚁群算法选择最短路径的概率趋于 1。

假设 τ_{ik} 表示蚂蚁爬行第 k 趟后，留在路径 $l_i(1\leqslant i\leqslant s)$上的平均信息素，$p_{ik}$ 表示蚂蚁爬行第 k 趟后选择路径 $l_i(1\leqslant i\leqslant s)$的平均概率。初始时刻，各条路径上的信息素量均相等为常数 $C(C>0)$。

定理 1　当 $\alpha\geqslant 0$，$\beta\geqslant 0$ 时，对于情况 1，有 $\tau_{1k}>\tau_{2k}\geqslant\cdots\geqslant\tau_{sk}$，则 $p_{1k}>p_{2k}\geqslant\cdots\geqslant p_{sk}$；对于情况 2，有 $\tau_{1k}=\tau_{2k}=\cdots=\tau_{rk}>\tau_{r+1k}\geqslant\cdots\geqslant\tau_{sk}$，则 $p_{1k}=p_{2k}=\cdots=p_{rk}>p_{r+1k}\geqslant\cdots\geqslant p_{sk}$。

(1) 情况 1 的证明：

由于有

$$p_{i,0}=\frac{C^\alpha/d_i^\beta}{\left|\sum_{j=1}^{s}(C^\alpha/d_j^\beta)\right|},\quad d_1<d_2\leqslant d_3\leqslant\cdots\leqslant d_s$$

故可知

$$p_{1,0}>p_{2,0}\geqslant p_{3,0}\geqslant\cdots\geqslant p_{s,0}$$

又由于

$$\tau_{i,1}=\rho C+mp_{i,0}Q/d_i$$

从而有

$$\tau_{1,1}>\tau_{2,1}\geqslant\tau_{3,1}\geqslant\cdots\geqslant\tau_{s,1},\qquad p_{i,1}=\frac{\tau_{i,1}^\alpha/d_j^\beta}{\left|\sum_{j=1}^{s}(\tau_{j,1}^\alpha/d_j^\beta)\right|}$$

故

$$p_{1,1}>p_{2,1}\geqslant p_{3,1}\geqslant\cdots\geqslant p_{s,1}$$

以此类推，可以得到

$$\tau_{i,k}=\rho\tau_{i,k-1}+mp_{i,k-1}Q/d_i,\quad p_{i,k}=\frac{\tau_{i,k}^\alpha/d_j^\beta}{\left|\sum_{j=1}^{s}(\tau_{j,k}^\alpha/d_j^\beta)\right|}$$

由数学归纳法可知，当 $\alpha \geqslant 0$，$\beta \geqslant 0$ 时，有

$$\tau_{1,k} > \tau_{2,k} \geqslant \tau_{3,k} \geqslant \cdots \geqslant \tau_{s,k}, \quad p_{1,k} > p_{2,k} \geqslant p_{3,k} \geqslant \cdots \geqslant p_{s,k}$$

(2) 情况 2 的证明，与情况 1 的证明类似。

定理 1 说明，若有多条最短路，则这些最短路上的平均信息素量相等。因此，选择这些最短路的平均概率也相等，并且每趟运行完成后，最短路上的平均信息素量最多，选择最短路的平均概率最大。

定理 2 当 $\alpha \geqslant 1$，$\beta \geqslant 0$ 时，对于情况 1，有 $p_{1,k} > p_{1,k-1}$；而对于情况 2，则有 $p_{1,k} + p_{2,k} + \cdots + p_{r,k} > p_{1,k-1} + p_{2,k-1} + \cdots + p_{r,k-1}$。

(1) 情况 1 的证明：

因为有

$$p_{1,k} = \frac{\tau_{1,k}^{\alpha}/d_i^{\beta}}{\sum_{j=1}^{s}(\tau_{j,k}^{\alpha}/d_j^{\beta})} = \frac{1}{1+\left(\frac{d_1}{d_2}\right)^{\beta}\left(\frac{\tau_{2,k}}{\tau_{1,k}}\right)^{\alpha}+\left(\frac{d_1}{d_3}\right)^{\beta}\left(\frac{\tau_{3,k}}{\tau_{1,k}}\right)^{\alpha}+\cdots+\left(\frac{d_1}{d_s}\right)^{\beta}\left(\frac{\tau_{s,k}}{\tau_{1,k}}\right)^{\alpha}}$$

故有

$$\frac{1}{p_{1,k}} - \frac{1}{p_{1,k-1}} = \left(\frac{d_1}{d_2}\right)^{\beta}\left[\left(\frac{\tau_{2,k}}{\tau_{1,k}}\right)^{\alpha} - \left(\frac{\tau_{2,k-1}}{\tau_{1,k-1}}\right)^{\alpha}\right] + \cdots + \left(\frac{d_1}{d_s}\right)^{\beta}\left[\left(\frac{\tau_{s,k}}{\tau_{1,k}}\right)^{\alpha} - \left(\frac{\tau_{s,k-1}}{\tau_{1,k-1}}\right)^{\alpha}\right]$$

又由于有

$$\frac{\tau_{i,k}/\tau_{1,k}}{\tau_{i,k-1}/\tau_{1,k-1}} = \frac{\rho\tau_{i,k-1} + mp_{i,k-1}Q/d_i}{\rho\tau_{1,k-1} + mp_{1,k-1}Q/d_1} \cdot \frac{\tau_{1,k-1}}{\tau_{i,k-1}} = 1 - \frac{mQ(p_{1,k-1}\tau_{i,k-1}/d_1 - p_{i,k-1}\tau_{1,k-1}/d_i)}{\rho\tau_{1,k-1}\tau_{i,k-1} + mQp_{1,k-1}\tau_{i,k-1}/d_1}$$

而

$$\frac{p_{1,k-1}\tau_{i,k-1}}{d_1} - \frac{p_{i,k-1}\tau_{1,k-1}}{d_i} = \frac{\tau_{1,k-1}\tau_{i,k-1}}{\sum_{j=1}^{s}(\tau_{j,k-1}^{\alpha}/d_j^{\beta})}\left|\frac{\tau_{1,k-1}^{\alpha-1}}{d_1^{\beta+1}} - \frac{\tau_{i,k-1}^{\alpha-1}}{d_i^{\beta+1}}\right|$$

此外，由于 $\alpha \geqslant 1$，$\beta \geqslant 0$，$\tau_{1,k-1} > \tau_{i,k-1}$，$d_1 < d_i$，因此，

$$\frac{\tau_{1,k-1}^{\alpha-1}}{d_1^{\beta+1}} - \frac{\tau_{i,k-1}^{\alpha-1}}{d_i^{\beta+1}} > 0$$

故

$$\frac{\tau_{i,k}/\tau_{i,k}}{\tau_{i,k-1}/\tau_{1,k-1}} < 1$$

即

$$\frac{\tau_{i,k}}{\tau_{1,k}} < \frac{\tau_{i,k-1}}{\tau_{1,k-1}}, \quad \frac{1}{p_{1,k}} - \frac{1}{p_{1,k-1}} < 0, \; p_{1,k} > p_{1,k-1}$$

(2) 情况 2 的证明，与情况 1 证明类似。

定理 2 说明，随着时间的推移，选择最短路径的概率越来越大。

定理 3 当 $\alpha \geqslant 1$，$\beta \geqslant 0$ 时，对于情况 1，$i > 1$，有

$$\lim_{k \to \infty} \frac{\tau_{i,k}}{\tau_{1,k}} = 0$$

而对于情况 2，$i>r$，有

$$\lim_{k\to\infty}\frac{\tau_{i,k}}{\tau_{1,k}}=0$$

（1）情况 1 的证明：

由定理 2 可得

$$\frac{\tau_{i,k}/\tau_{1,k}}{\tau_{i,k-1}/\tau_{1,k-1}}=1-\frac{mQ(p_{1,k-1}\tau_{i,k-1}/d_1-p_{i,k-1}\tau_{1,k-1}/d_i)}{\rho\tau_{1,k-1}\tau_{i,k-1}+mQp_{1,k-1}\tau_{i,k-1}/d_1}$$

且

$$\frac{p_{1,k-1}\tau_{i,k-1}}{d_1}-\frac{p_{i,k-1}\tau_{1,k-1}}{d_i}=\frac{\tau_{1,k-1}\tau_{i,k-1}}{\sum\limits_{j=1}^{s}(\tau_{j,k-1}^{\alpha}/d_j^{\beta})}\left|\frac{\tau_{1,k-1}^{\alpha-1}}{d_1^{\beta+1}}-\frac{\tau_{i,k-1}^{\alpha-1}}{d_i^{\beta+1}}\right|$$

又由定理 1，可知 $\tau_{1,k-1}>\tau_{i,k-1}$，所以有

$$\frac{\tau_{1,k-1}^{\alpha-1}}{d_1^{\beta+1}}-\frac{\tau_{i,k-1}^{\alpha-1}}{d_i^{\beta+1}}>\frac{\tau_{1,k-1}^{\alpha-1}}{d_1^{\beta+1}}-\frac{\tau_{i,k-1}^{\alpha-1}}{d_i^{\beta+1}}=\tau_{1,k-1}^{\alpha-1}\left|\frac{1}{d_1^{\beta+1}}-\frac{1}{d_i^{\beta+1}}\right|$$

由 $d_1<d_2\leqslant d_3\leqslant\cdots\leqslant d_s$，可知

$$\tau_{1,k-1}^{\alpha-1}\left|\frac{1}{d_1^{\beta+1}}-\frac{1}{d_i^{\beta+1}}\right|\geqslant\tau_{1,k-1}^{\alpha-1}\left|\frac{1}{d_1^{\beta+1}}-\frac{1}{d_2^{\beta+1}}\right|$$

则有

$$\begin{aligned}\frac{p_{1,k-1}\tau_{i,k-1}}{d_1}-\frac{p_{i,k-1}\tau_{1,k-1}}{d_i}&>\frac{\tau_{1,k-1}^{\alpha}}{\sum\limits_{j=1}^{s}(\tau_{j,k-1}^{\alpha}/d_j^{\beta})}\cdot\tau_{i,k-1}\cdot\left|\frac{1}{d_1^{\beta+1}}-\frac{1}{d_2^{\beta+1}}\right|\\&=p_{1,k-1}\tau_{i,k-1}\cdot d_1^{\beta}\cdot\left|\frac{1}{d_1^{\beta+1}}-\frac{1}{d_2^{\beta+1}}\right|\end{aligned}$$

$$\begin{aligned}\frac{mQ(p_{1,k-1}\tau_{i,k-1}/d_1-p_{i,k-1}\tau_{1,k-1}/d_i)}{\rho\tau_{1,k-1}\tau_{i,k-1}+mQp_{1,k-1}\tau_{i,k-1}/d_1)}&>\frac{mQp_{1,k-1}\tau_{i,k-1}\cdot d_1^{\beta}\cdot\left|\frac{1}{d_1^{\beta+1}}-\frac{1}{d_2^{\beta+1}}\right|}{\rho\tau_{1,k-1}\tau_{i,k-1}+mQp_{1,k-1}\tau_{i,k-1}/d_1}\\&=\frac{\left|mQ\cdot d_1^{\beta}\cdot\left|\frac{1}{d_1^{\beta+1}}-\frac{1}{d_2^{\beta+1}}\right|\right|}{\left|\rho\frac{\tau_{1,k-1}}{p_{1,k-1}}+\frac{mQ}{d_1}\right|}\end{aligned}$$

又由定理 2，可知 $p_{1,k-1}>p_{1,0}$，所以有

$$\frac{\tau_{1,k-1}}{p_{1,k-1}}<\frac{\tau_{1,k-1}}{p_{1,0}}$$

因为有

$$\begin{aligned}\tau_{1,k-1}&=\rho\tau_{1,k-2}+mp_{1,k-2}\frac{Q}{d_1}\\&=\rho\left(\rho\tau_{1,k-3}+mp_{1,k-3}\frac{Q}{d_1}\right)+mp_{1,k-2}\frac{Q}{d_1}\\&=\rho^2\tau_{1,k-3}+\rho mp_{1,k-3}\frac{Q}{d_1}+mp_{1,k-2}\frac{Q}{d_1}\\&=\cdots\\&=\rho^{k-1}C+m\frac{Q}{d_1}(\rho^{k-2}p_{1,0}+\rho^{k-3}p_{1,1}+\cdots+p_{1,k-2})\end{aligned}$$

由 $\rho\in(0,1)$，$p_{1,i}<1(i=1,2,\cdots,k-2)$，可知

$$\begin{aligned}&\rho^{k-1}C+m\frac{Q}{d_1}(\rho^{k-2}p_{1,0}+\rho^{k-3}p_{1,1}+\cdots+p_{1,k-2})\\&<C+m\frac{Q}{d_1}(\rho^{k-2}+\rho^{k-3}+\cdots+1)\\&<\lim_{k\to\infty}\left(C+m\frac{Q}{d_1}(\rho^{k-2}+\rho^{k-3}+\cdots+1)\right)\\&=C+\frac{mQ}{d_1(1-\rho)}\end{aligned}$$

所以有

$$\frac{\tau_{1,k-1}}{p_{1,k-1}}<\frac{C+[mQ/d_1(1-\rho)]}{p_{1,0}}$$

$$\frac{mQ\cdot d_1^{\beta}\cdot\left|\dfrac{1}{d_1^{\beta+1}}-\dfrac{1}{d_2^{\beta+1}}\right|}{\rho\dfrac{\tau_{1,k-1}}{p_{1,k-1}}+\dfrac{mQ}{d_1}}$$

令

$$1-\frac{\left|mQ\cdot d_1^{\beta}\cdot\left|\dfrac{1}{d_1^{\beta+1}}+\dfrac{1}{d_2^{\beta+1}}\right|\right|}{\left|\dfrac{\rho\left|C+\dfrac{mQ}{d_1(1-\rho)}\right|}{p_{1,0}}+\dfrac{mQ}{d_1}\right|}=\theta$$

θ 为常数且 $\theta\in(0,1)$，则有

$$\frac{\tau_{i,k}/\tau_{1,k}}{\tau_{i,k-1}/\tau_{1,k-1}}<\theta\frac{\tau_{i,k}}{\tau_{1,k}}<\theta\frac{\tau_{i,k-1}}{\tau_{1,k-1}}<\theta^2\frac{\tau_{i,k-2}}{\tau_{1,k-2}}<\cdots<\theta^k\frac{\tau_{i,0}}{\tau_{1,0}}=\theta^k$$

所以，当 $i>1$ 时可得

$$0\leqslant\lim_{k\to\infty}\frac{\tau_{i,k-1}}{\tau_{1,k-1}}\leqslant\lim_{k\to\infty}\theta^k=0$$

即

$$\lim_{k\to\infty}\frac{\tau_{i,k-1}}{\tau_{1,k-1}}=0$$

(2) 情况 2 的证明，与情况 1 证明类似。

定理 4 当 $\alpha\geqslant1$，$\beta\geqslant0$ 时，对于情况 1，

$$\lim_{k\to\infty}p_{1,k}=1$$

对于情况 2，

$$\lim_{k\to\infty}(p_{1,k}+p_{2,k}+\cdots+p_{r,k})=1$$

(1) 情况 1 证明：

由定理 3 可知，当 $i>1$ 时，有

$$\lim_{k\to\infty}\frac{\tau_{i,k}}{\tau_{1,k}}=0$$

所以有

$$\lim_{k\to\infty}p_{1,k}=\lim_{k\to\infty}\left|1+\left(\frac{d_1}{d_2}\right)^{\beta}\left(\frac{\tau_{2,k}}{\tau_{1,k}}\right)^{\alpha}+\left(\frac{d_1}{d_3}\right)^{\beta}\left(\frac{\tau_{3,k}}{\tau_{1,k}}\right)^{\alpha}+\cdots+\left(\frac{d_1}{d_s}\right)^{\beta}\left(\frac{\tau_{s,k}}{\tau_{1,k}}\right)^{\alpha}\right|^{-1}=1$$

(2) 情况 2 的证明，与情况 1 证明类似。

定理 4 说明，随着时间的推移，选择最短路径的平均概率趋近于 1。

7.4 改进的蚁群优化算法

7.4.1 带精英策略的蚁群算法

对蚁群算法最早的一种改进是带精英策略(Elitist Strategy)的蚁群算法。其改进的思想是在算法每次循环后，对目前为止已找出的最佳路径给予额外的信息素增量，这将在接下去的下一次循环中对蚂蚁更有吸引力。并将该路径记为 L^*(全局最优行程)，同时将经过这些行程(或找出该路径)的蚂蚁记为“精英”。每次循环结束后，各路径上的信息素按照下式进行更新：

$$\tau_{ij}(t+1)=\rho\tau_{ij}(t)+\Delta\tau_{ij}+\Delta\tau_{ij}^{*} \tag{7.6}$$

其中，

$$\Delta\tau_{ij}=\sum_{k=1}^{m}\Delta\tau_{ij}^{k}$$

$$\Delta\tau_{ij}^{k}=\begin{cases}\dfrac{Q}{L_k} & \text{如果蚂蚁 } k \text{ 在本次循环中经过边 } e_{ij}\\ 0 & \text{否则}\end{cases}$$

$$\Delta\tau_{ij}^{*}=\begin{cases}\delta\dfrac{Q}{L^{*}} & \text{如果边 } e_{ij} \text{ 是目前所找出最优解的组成}\\ 0 & \text{否则}\end{cases}$$

δ 是精英蚂蚁的个数，L^* 是目前为止所找出的最优路径的长度。

这种改进型算法能够以更快的速度获得更好的解。但是，若选择的精英蚂蚁过多，对路径的搜索可能会很快集中在极优值附近，从而导致算法较早地收敛于局部次优解，即所有蚂蚁都沿着同一条路径移动，重复地建立相同的解决方案，导致搜索过早停滞，不能找出更好的方案。因此，需要确定适当的精英蚂蚁的数量。

7.4.2 基于优化排序的蚁群算法

基于优化排序的蚁群算法[13]原理是每次循环后，对每只蚂蚁所走出的路径按其长度进行排序，$L_{k_1}^{N_c}\leqslant L_{k_2}^{N_c}\leqslant\cdots\leqslant L_{k_m}^{N_c}$，蚂蚁对所走路径上信息素增量的更新根据该蚂蚁的排名位次进行加权调整，其量正比于该蚂蚁的排名次序。而且只考虑路径长度小的 δ 只优秀蚂蚁。此外，找出到目前为止最优路径蚂蚁所经过的边，这些边也将获得额外的增量(这相当于带精英策略的蚁群算法中精英蚂蚁的信息素更新)。在这样一个带精英和排序混合策略的设置中，轨迹上的信息素量根据下式进行更新：

$$\tau_{ij}(t,t+1)=\rho\tau_{ij}(t)+\Delta\tau_{ij}+\Delta\tau_{ij}^{*} \tag{7.7}$$

其中，

$$\Delta\tau_{ij}=\sum_{k=1}^{\delta}\Delta\tau_{ij}^{k} \quad \text{一次循环后排名前 } \delta \text{ 只优秀蚂蚁}$$

$$\Delta\tau_{ij}^{k}=\begin{cases}\mu^{k}\dfrac{Q}{L_k} & \text{如果第 } k \text{ 只蚂蚁排名在前 } \delta \text{ 中，且经过边 } e_{ij}\\ 0 & \text{否则}\end{cases}$$

$$\Delta\tau_{ij}^{*} = \begin{cases} \delta \dfrac{Q}{L^{*}} & \text{如果边 } e_{ij} \text{ 是所找出最优解的一部分} \\ 0 & \text{否则} \end{cases}$$

一次循环后排名前 δ 只优秀蚂蚁，其序号为 $k(k=1, 2, \cdots, \delta)$，$L_k$ 为序号为 k 的蚂蚁走过路径的对应的长度，δ 为本次循环中的精英蚂蚁个数，L^{*} 是最优解对应的长度，$\mu(0<\mu<1)$是加权系数。

7.4.3 最大—最小蚁群算法

1. 最大—最小值蚁群算法

基本的蚁群算法，尤其是带精英策略的蚁群算法，会将蚂蚁搜索行为集中到最优解附近，从而更容易发生早熟收敛行为。Thomas 等人提出的最大—最小蚁群算法[14]（MMAS, MAX - MIN Ant System），在解决早熟收敛问题中取得了较好的效果。MMAS 算法对蚁群算法的信息素更新方式进行了改进，它在每次循环之后，并不是所有蚂蚁都进行信息素更新，只构造了最佳解的那只蚂蚁(这只蚂蚁可以是找出当前循环中最优解的蚂蚁，也可以是找出自算法开始运行以来最优解的蚂蚁)，有资格进行信息素更新。为了进一步避免出现早熟停滞现象，MMAS 算法中对每条路径的信息素浓度规定了最大最小值，取值范围被限制在$[\tau_{\min}, \tau_{\max}]$，并在初始化每条路径上，规定信息素值为上限值，从而提高了初始阶段算法的搜索能力。MMAS 蚁群算法对信息素的更新方法如下：

$$\tau_{ij}(t+1) = \rho\tau_{ij}(t) + \Delta\tau_{ij}^{k_{\text{best}}}$$

$$\Delta\tau_{ij}^{k_{\text{best}}} = \frac{Q}{L_{k_{\text{best}}}} \tag{7.8}$$

其中，k_{best}是本次循环中，经历最短路径长度($L_{k_{\text{best}}}$)的那只蚂蚁标记为 k_{best}^{ib}。k_{best}也可以是自算法开始运行以来产生最优解的那只蚂蚁 k_{best}^{gb}。MMAS 算法中，每次循环只对一个解进行信息素的更新调整。显然，频繁地在最优解中出现的解元素边 e_{ij}，它的信息素将得到极大的增强。当选择蚂蚁 k_{best}^{gb}方案时，搜索可能会过快地集中到这个解的周围，从而限制了对更优解的进一步搜索。为解决这一问题，每次循环中得到的最佳解的解元素和自算法开始运行以来所产生的最佳解的解元素，往往会有很大不同，故选择蚂蚁 k_{best}^{ib} 方案时，将会有更多数量的解元素，有机会获得信息素增强。显而易见，采用混合策略会更好。比如，默认选择蚂蚁 k_{best}^{ib} 方案，但在一定的循环次数后，使用一次选择蚂蚁 k_{best}^{gb} 方案，然后再使用默认选择蚂蚁 k_{best}^{ib} 方案，如此循环直至找到最优解为止。

不管采用选择蚂蚁 k_{best}^{ib}方案或选择蚂蚁 k_{best}^{gb} 方案，都有可能导致搜索停滞。以 TSP 问题为例，当两个城市 i，j 之间的边 e_{ij} 上的信息素明显高于其他边时，蚂蚁会更倾向于选择这个解元素。正反馈机制使得该解元素上的信息素会更进一步增强，从而蚂蚁将会重复建立同一个解，空间搜索将会停止。这一问题的根源在于某解上信息素与其他解上信息素的差异过大，且蚂蚁趋向选择信息素量大的边。为此，MMAS 算法对任意解上信息素量规定了最大 $\tau_{\max}$和最小 $\tau_{\min}$ 的限制，在算法运行始终都有 $\tau_{\min} \leqslant \tau_{ij}(t) \leqslant \tau_{\max}$，即在算法运行中，若 $\tau_{ij}(t) > \tau_{\max}$则设置 $\tau_{ij}(t) = \tau_{\max}$，若 $\tau_{ij}(t) < \tau_{\min}$ 则设置 $\tau_{ij}(t) = \tau_{\min}$。

前面提到，每条路径上信息素值初始化为上限值 $\tau_{\max}$，从而提高初始阶段算法的搜索能力。当每条路径上信息素值初始化为上限值 $\tau_{\max}$时，在第一次循环后，至多差$(1-\rho)\tau_{\max}$

(ρ 为信息素残留系数)。第二次循环后，最优解元素与其他边上信息素至多差$(1-\rho^2)\tau_{max}$。以此类推，由于ρ较大，故最优解元素与其他边上信息素差异不是很大。进一步知道，蚂蚁按照方程(7.1)的选择概率将增加得更加缓慢，从而有利于蚂蚁倾向于探索新的解。

2. 最大—最小值蚁群算法仿真

对7.3.6节20城市TSP问题，采用最大—最小模型，每隔500次采样，路径上信息素的变化和最优路径的变化情况见图7.5。

该20城市TSP问题，采用最大—最小模型，实验仿真结果见图7.6。

3. 蚁密、蚁量、蚁周和最大—最小值蚁群算法仿真对比

对7.3.6节20城市TSP问题，采用蚁密、蚁量、蚁周和最大—最小模型蚁群算法进行仿真对比。α、β、ρ、Q和m取两组不同值，循环次数仍设为4000次，实验共进行10次，仿真结果见表7.2和表7.3。

表7.2　$\alpha=1$，$\beta=5$，$\rho=0.4$，$Q=80$，$m=20$的仿真结果

实验次数	蚁密模型	蚁量模型	蚁周模型	最大—最小
1	24.5536	23.6674	24.8620	23.2803
2	24.7251	24.5152	23.6674	23.4300
3	24.5919	23.6674	24.5919	24.8744
4	24.3373	23.8172	24.5919	23.2803
5	24.7117	23.6674	24.5756	23.8770
6	24.3041	23.4300	24.6046	24.6401
7	24.6744	24.8620	24.8620	24.5623
8	23.6617	24.1979	23.2803	23.8770
9	24.5152	24.1804	23.6674	23.4300
10	24.6046	24.3880	24.1801	23.8770
平均长度	24.4680	24.0393	24.2883	23.9128
最优长度	23.6617	23.4300	23.2803	23.2803

表7.3　$\alpha=3$，$\beta=2$，$\rho=0.4$，$Q=80$，$m=20$的仿真结果

实验次数	蚁密模型	蚁量模型	蚁周模型	最大—最小
1	25.1318	24.6046	25.4155	26.6858
2	26.9302	24.5919	25.6422	27.1317
3	26.2061	24.5756	25.2739	26.4737
4	27.1501	24.5919	25.2618	25.7460
5	25.1496	24.8620	25.2526	26.9879
6	26.1697	24.6046	26.8272	26.4138
7	25.5826	25.6116	25.7552	25.1880
8	26.4498	24.6046	26.1127	25.1984
9	25.4155	25.2745	25.9438	24.8744
10	25.7110	24.5919	27.8716	24.8094
平均长度	25.9896	24.7913	25.9356	25.9509
最优长度	25.1318	24.5756	25.2526	24.8094

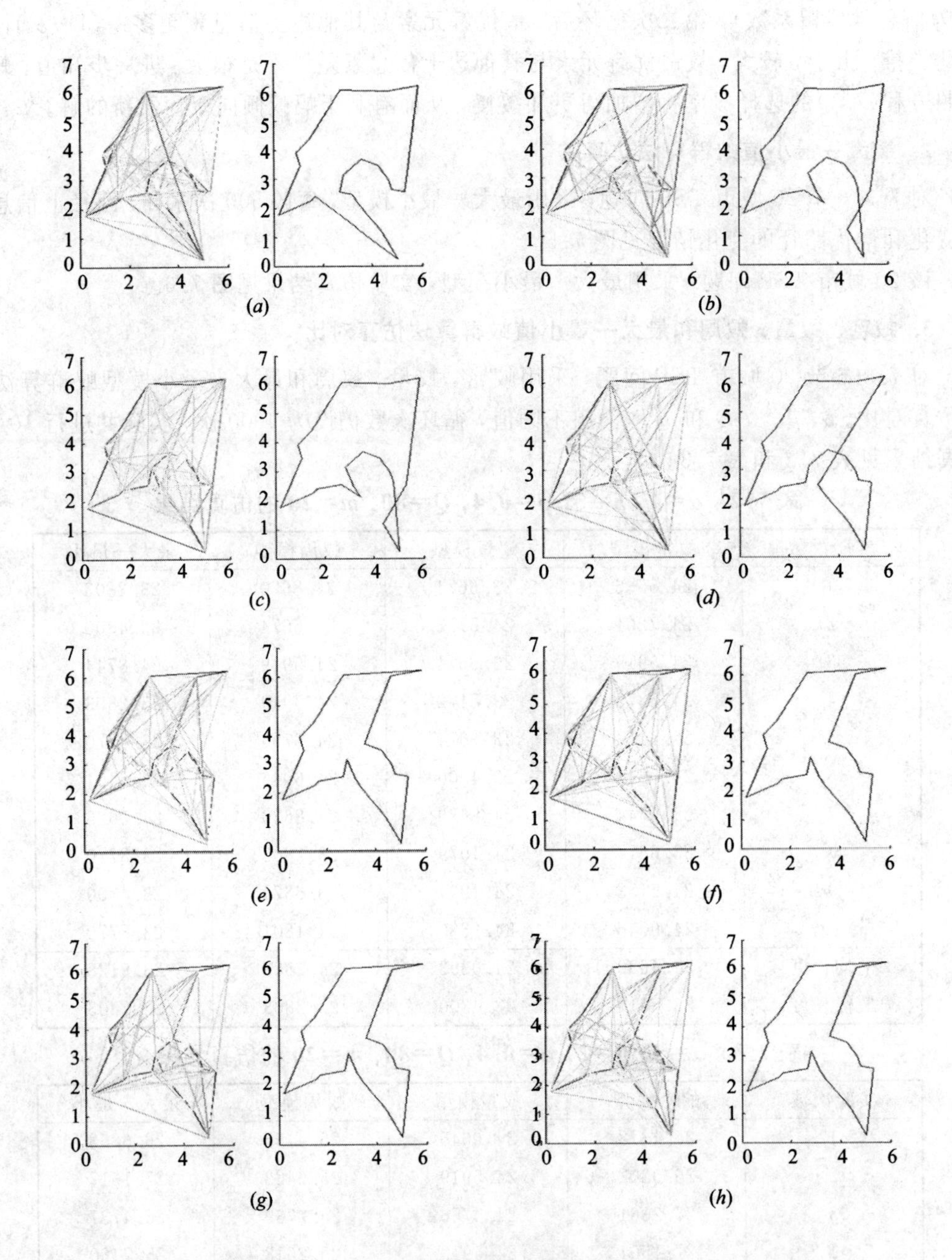

图 7.5　每隔 500 次采样路径上信息素的变化和最优路径的变化情况

(a) 第 500 次；(b) 第 1000 次；(c) 第 1500 次；(d) 第 2000 次；

(e) 第 2500 次；(f) 第 3000 次；(g) 第 3500 次；(h) 第 4000 次

上述实验中，当人工蚁群算法的参数取值为上表所列时，多次试验不同模型的平均长度和最优长度较接近。这些参数应该取什么范围值的组合对 TSP 问题总能比较快速求得全局最优解，且不出现搜索的过早停滞现象或陷入局部最优问题？文献[4]给出的参考值为：$m=\sqrt{n}\sim n/2$，$\alpha=1\sim5$，$\beta=1\sim5$，$\rho=0.7$，$Q=100$。

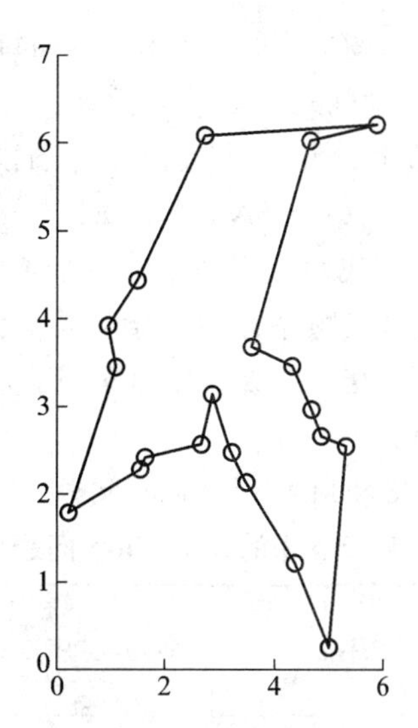

图 7.6 20 城市 TSP 问题采用最大—最小模型最短路径示意图

7.5 用蚁群算法求解 Job Shop 问题

7.5.1 经典 Job Shop 问题的描述

1. 经典 Job Shop 问题

Job Shop Scheduling Problem(JSSP, Job Shop 调度问题)是车间生产调度[15,16]中最经典的问题之一。一个 $n\times m$ 的 Job Shop 问题可以描述为 n 个工件在 m 台机器上进行加工，且每个工件都有其明确的加工顺序(称其为工序)。

Job Shop 调度最基本约束条件如下：

(1) 顺序约束，工件的每道工序必须在它前面的工序加工完成后才能开始加工；

(2) 在同一时刻，每个工件仅能在一台机器上进行加工；

(3) 在同一时刻，每台机器仅能对一个工件进行加工。

Job Shop 调度目标是找到最小化最大流程时间的工序处理序列，即设计的目标函数是使完成所有工件工序加工的总时间最小。

Job Shop 问题的变量：

J：工件集合，$J=\{j_1, j_2, \cdots, j_n\}$；

I：加工机器集合，$I=\{i_1, i_2, \cdots, i_m\}$；

o：加工工序集合，$o=\{o_{xy} \mid x\in J, y\in I\}$，即某工件 $j_x(1\leqslant x\leqslant n)$ 在机器上 $i_y(1\leqslant y\leqslant m)$ 完成工艺加工；

S_j：工件加工顺序向量，$S_j=[o_{jp_1}, o_{jp_2}, \cdots, o_{jp_k}]$，$j\in J$，$p_i\in I(1\leqslant i\leqslant m)$，且不违背顺序约束。

t_j：完成工件 j 各工序加工所需时间向量，$t_j=\{\Delta t_{jp_1}, \Delta t_{jp_2}, \cdots, \Delta t_{jp_k}\}$，$\Delta t_{jp_i}$ 为完成工件 j 第 $p_i(1\leqslant i\leqslant k\leqslant m)$ 工序所需要的时间。

2. Job Shop 调度问题析取图描述

用基本蚁群算法求解 Job Shop 调度问题的关键是将 Job Shop 调度问题转化为适合于

蚁群算法的一个自然表达，TSP问题应用蚁群算法求解的直观形式是图模式。可以考虑用类似图的形式来建立 Job Shop 调度问题的图模型。

参照 TSP 问题图模式，构造 Job Shop 调度问题的图模型为

$$G = (N, A \cup E)$$

其中 N 是图中节点集合，每个节点代表工序集中的一个工序 o_{xy}；A 为合取弧，表示同一工件各工序的加工顺序方向，按照加工顺序方向，合取弧均为单向箭头(用单向弧表示)；E 是可以先后进行加工的工序间的连接，构成析取弧集(用连线表示)。G 中每一合取弧的权值为所对应起点工序的加工时间。

例如表 7.4 所示一个规模为 3×3 的 Job Shop 问题。

表 7.4 3×3 的 Job Shop 问题示例

工件＼工序	工序 1	工序 2	工序 3
工件 1	$1/M_1(1)$	$8/M_2(2)$	$4/M_3(3)$
工件 2	$6/M_2(4)$	$5/M_1(5)$	$3/M_3(6)$
工件 3	$4/M_1(7)$	$7/M_3(8)$	$9/M_2(9)$

表 7.4 中元素可表示为 $t/M_i(o)$ 形式，这里 t 表示工序 o 在机器上 M_t 的加工时间，比如，$1/M_1(1)$ 表示工件 1 的工序 1 在 1 号机器上加工，并且它的加工时间为 1 个时间单位。该表给出 3 个工件共 9 个加工工序，统一编号为 1，2，…，9，工序的集合为{1，2，3，4，5，6，7，8，9}。同时，每行自左至右也给出每个工件的加工顺序，$1/M_1(1)$ 表示工序 1 是工件 1 的第 1 道工序，$8/M_2(2)$ 表示工序 2 是工件 1 的第 2 道工序，$4/M_3(3)$ 表示工序 3 是工件 1 的第 3 道工序，而工件 1 的 3 道工序先后在机器 M_1、M_2、M_3 上进行加工。图7.7 为该问题的析取图。

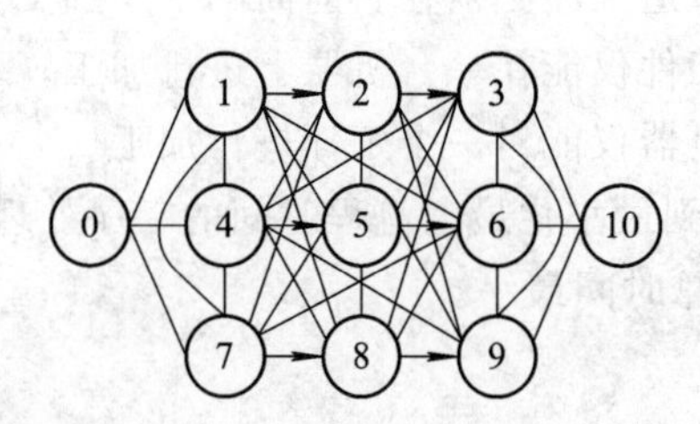

图 7.7 3×3 Job Shop 问题的析取图

图 7.7 中，节点的集合为{0，1，2，3，4，5，6，7，8，9，10}，其中节点 0 与节点 10 是虚节点，分别表示作业的开始工序和结束工序，其他为加工工序的集合，析取弧(图中表示为顶点间连接线)表示相邻工序对，合取弧(图中表示为单箭头)表示了具有工艺约束偏序关系的工序对。

Job Shop 调度问题的可行解为一个代表加工顺序的节点(工序)序列。JSSP 的目标是找到最小化最大完工时间的作业处理序列；蚂蚁在图 G 中搜索是通过遍历图中所有的节点来构造问题的解。因而 Job Shop 调度问题可转化为在析取图中寻找最佳路径的问题。

7.5.2 基于蚁群算法 Job Shop 调度问题求解

用蚁群算法求解 Job Shop 调度问题时，每只蚂蚁从一个虚构的起始节点(工序 0)出发，经过析取图中所有节点而到达终止节点，蚂蚁走过节点的顺序便构造了一个可行解。在图 7.7 所示的析取图上，蚂蚁表 k 从一个节点 i 转向另一个节点 j 时，蚂蚁根据转移概率公式(7.1)来计算可达节点的概率：

$$p_{ij}^{k}(t)=\begin{cases}\dfrac{\tau_{ij}^{\alpha}(t)\eta_{ij}^{\beta}(t)}{\sum\limits_{s\in \text{allowed}_k}\tau_{is}^{\alpha}(t)\eta_{is}^{\beta}(t)} & j\in \text{allowed}_k \\ 0 & \text{否则}\end{cases}$$

其中，$\tau_{ij}(t)$为析取图中弧(ij)上的信息素的浓度；η_{ij}为与弧(ij)相关联的启发式信息，$\eta_{ij}=1/d_{ij}$，d_{ij}为弧(ij)的权值即工序 i 所对应加工时间；α，β分别为τ，η的权重参数。弧(ij)上的信息素的值可根据公式(7.2)来计算：

$$\tau_{ij}(t+1)=\rho\tau_{ij}(t)+\Delta\tau_{ij}(t,\ t+1)$$

$$\Delta\tau_{ij}(t,\ t+1)=\sum_{k=1}^{m}\Delta\tau_{ij}^{k}(t,\ t+1)$$

其中，ρ为残留因子。经过多个蚂蚁多次循环，即以上过程反复地迭代，不断地优化性能指标，最终可以找到满意的解。如图 7.8 所示为蚂蚁在析取图上走遍所有节点构造的一个解，图中用带箭头实线将工序连接，走过节点的顺序为{0，7，1，5，8，4，2，9，6，3，10}，这样可以得到各台机器上操作的加工顺序，机器 1 上操作的加工顺序为{7，1，5}，机器 2 上操作的加工顺序为{4，2，9}，机器 3 上操作的加工顺序为{8，6，3}。

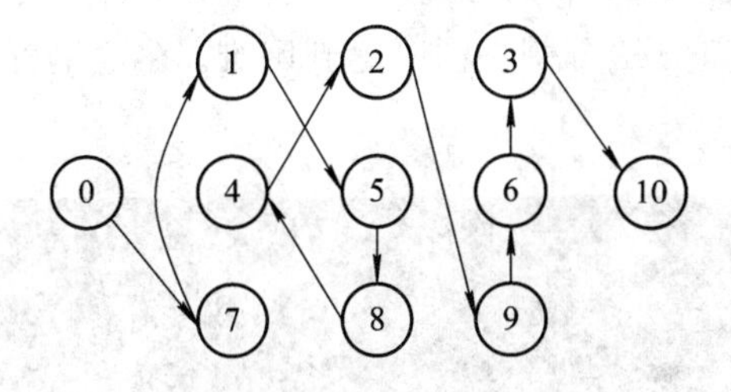

图 7.8 蚂蚁在析取图上构造的一个解

由于 JSSP 讨论的是工件在机器上的排序，工序加工受基本约束条件的限制，所以在 JSSP 的析取图中蚂蚁的移动与 TSP 中蚂蚁的移动不完全相同。主要是在 TSP 中蚂蚁可以从任何一个城市 i 移动到城市 j，也可以从城市 j 移动到城市 i。但是在 JSSP 的析取图中所有的合取弧是偏序关系，不允许蚂蚁从后一个工序节点移动到前一个工序节点。所以，在用蚁群算法求解 JSSP 时，需要对蚂蚁的搜索过程加以限制以满足工序加工基本约束。为此，设置 3 个工序集合：蚂蚁 $k(1\leqslant k\leqslant m$，$m$ 为蚂蚁数量)未访问的工序集合 G_k；蚂蚁 k 在当前迭代中，下一个可访问的工序集合 allowed_k；蚂蚁 k 在当前迭代中已经访问的工序集合 tabu_k。对于规模为 3×3 的 Job Shop 问题来说，在蚂蚁搜索之初即蚂蚁从 0 节点出发时，由于工件加工工艺约束条件的限制，蚂蚁 k 未访问的节点集合为$G_k=\{1,\ 2,\ 3,\ \cdots,\ 9,\ 10\}$，当前迭代中下一个可访问的工序集合是 $\text{allowed}_k=\{1,\ 2,\ 3\}$，是由所有工件的第一个工序所组成的。蚂蚁 k 在当前迭代中已经访问的工序集合 $\text{tabu}_k=\{0\}$。当蚂蚁 k 从

$allowed_k$集合中以概率 p_{oj}^k 选择好下一个要转移的工序时，就从未访问的集合 G_k 中去掉该工序，并遵循基本约束动态调整 $allowed_k$。依次搜索，直至所有工序都被选择，蚂蚁完成一轮搜索。

习题与思考题

1. 基本人工蚁群算法的核心思想是什么?

2. 在基本人工蚁群算法的每次循环中，有多个蚂蚁同时在探索寻找最优解，它与并行处理系统有何异同?

3. 在基本人工蚁群算法中，蚂蚁 k 从当前所在城市 i 以概率 p_{ij}^k 选择城市 j，如何具体实现概率选择?

4. 在基本人工蚁群算法中，蚂蚁 k 从当前所在城市 i 以概率 p_{ij}^k 选择城市 j，如何理解公式(7.1)中能见度因数 η_{ij}^{β}，信息素因数 τ_{ij}^{α}，以及相对重要性的参数 α、β?

5. 怎样理解真实蚂蚁 k 从城市 i 到城市 j 与人工蚂蚁 k 从城市 i 到城市 j 爬行的差异?

6. 在基本人工蚁群算法中，蚂蚁数对算法计算速度和收敛性有无影响? 如何影响?

7. 蚁群算法适应解决哪类优化问题?

8. 试用蚁群算法求解 12 城市的 TSP 问题。12 城市的坐标如下：

5.326，2.558；0.915，3.921；4.637，6.026；1.524，2.261；

3.447，2.111；2.649，2.556；4.660，2.949；1.479，4.440；

2.830，3.140；5.845，6.203；0.194，1.767；1.660，2.395

9. 试采用蚁群算法实现图 7.9 的分割。（提示：由于背景复杂、老虎纹理很多以及噪声等影响，使传统图像分割方法分割下图时遇到困难。在这里可以视对下图的分割为大量数据的聚类问题。）

图 7.9　两只老虎的照片

参 考 文 献

[1] Colorni A，Dorigo M，Maniezzo V，et al. Distributed Optimization by Ant Colonies. Proceedings of European Conference on Artificial Life，Paris，1991：134-142

[2] Dorigo M，Gambardella L M. Ant Colony System：A Cooperative Learning Approach to the Trave-

ling Salesman Problem[J]. IEEE Trans on Evolutionary Computation, 1997, 1(1): 53-66.

[3] 杨沛. 蚁群社会生物学及多样性[J]. 昆虫知识, 1999, 36(4): 243-247

[4] 詹士昌, 徐婕, 吴俊. 蚁群算法中有关算法参数的最优选择[J]. 科技通报, 2003, 19(5): 381-386

[5] Cutjahr W J. A Graph-based Ant System and Its Convergence[J]. Future Generation Computer Systems, 2000, 16(8)

[6] Badr A, Fahmy A. A Proof of Convergence for Ant Algorithms[J]. International Journal of Intelligent Computing and Information, 2003, 3(1): 22-32

[7] Stuezle T, Dorigo M. A Short Convergence Proof for a Class of Ant Colony Optimization Algorithms [J]. IEEE Transactions on Evolutionary Computation, 2002, 6(4): 358-365

[8] 李士勇, 陈永强, 李妍. 蚁群算法及其应用[M]. 哈尔滨: 哈尔滨工业大学出版社, 2004

[9] 段海滨, 王道波, 于秀芬. 基本蚁群算法的 A. S. 收敛性研究[J]. 应用基础与工程科学学报, 2006, 14(2): 297-301

[10] 徐强, 宋海洲, 田朝薇. 解 TSP 问题的蚁群算法及其收敛性分析[J]. 华侨大学学报(自然科学版), 2011, 32(5): 588-591

[11] 高尚, 杨静宇. 最短路的蚁群算法收敛性分析[J]. 科学技术与工程, 2006, 6(3): 273-277

[12] 朱庆保. 蚁群优化算法的收敛性分析[J], 控制与决策, 2006, 21(7): 763-766

[13] Bullnheimer B, Hartl R F, Strauss C. A New Rank-based Version of The Ant System: A Computational Study. Technical Report POM-03/97[R]. Institute of Management Science, University of Vienna, 1997. Accepted for Publication in the Central European Journal for Operations Research and Economics

[14] Stutzle T, Hoos H. Improvements on the Ant System: Introducing Max-Min Ant System[J]. Proceedings of the International Conference on Artificial Networks and Genetic Algorithms, Springer Verlag, Wien, 1997: 245-249

[15] 薛拾贝, 席裕庚. 用蚁群算法求解 Job - Shop 问题的机器分解方法[J]. 计算机仿真, 2008, 25(11): 187-190

[16] 陈知美, 顾幸生. 改进型蚁群算法在 Job Shop 问题中的应用[J]. 华东理工大学学报(自然科学版), 2006, 32(4): 466-470

第8章 人工免疫算法及其在智能控制中的应用

8.1 引 言

自然免疫系统(IS, Immune Systems)是生物体在长期的种系发育和进化过程中逐步建立起来的，是一个高度复杂的系统，也是生命能够不断延续所不可缺少的，被认为是脊椎动物的“第二大脑”[1]。其主要功能是发现未被大脑所感知的有害微生物(细菌、病毒等)的入侵并将其消除。免疫系统通过利用多种免疫细胞(T细胞、B细胞、抗原提呈细胞等)[1,2,3,6]区分自我和非我的能力识别抗原/病原体，并对识别抗原的抗体进行克隆扩增(克隆选择)，完成对外部入侵抗原的识别和杀灭，从而形成高度分布、自适应、自组织和抗体记忆的特性[2]。正因为如此，很多计算机、控制等领域的科学家和工程技术人员努力从中获得新的灵感和启发，不断地研究和开发新的算法，以解决多种多样且愈来愈复杂的计算和控制问题。于是，出现了一个新的研究领域——人工免疫系统。

8.1.1 自然免疫系统的组成

自然免疫系统是由分子、细胞、组织和器官组成的一个有机联合体。它是一个多层次的防御系统，主要有物理屏障层(皮肤、粘膜等)、生理屏障层(泪液、唾液、胃酸和汗液等)、先天免疫和适应性免疫系统。

通常，免疫系统主要是由参与适应性免疫响应的器官、组织、细胞和免疫活性介质组成的。免疫系统的组成如表8.1所示[5]。

表8.1 免疫系统的组成

组 成	类 别	备 注
免疫细胞	免疫细胞	淋巴细胞(B细胞、T细胞、自然杀伤细胞)、单核吞噬细胞、巨噬细胞等
免疫分子	膜型分子	T细胞受体(TCR)、B细胞受体(BCR)、MHC分子、其他分子
	分泌型分子	抗体分子、补体分子、细胞因子
免疫器官	中枢免疫器官	骨髓、胸腺
	外围免疫器官	脾脏、淋巴结、粘膜免疫系统、皮肤免疫系统

8.1.2 自然免疫系统的机理

先天免疫系统为人类提供了第一道能抵抗和消灭入侵病原体的防卫。它主要包括皮肤、粘膜和屏障结构的屏障作用(外部的)以及某些具有杀菌和吞噬作用的免疫细胞(如粒细胞、单核巨噬细胞)等。

在人类的生存环境中，某些病原体能突破人的先天免疫系统防线，在人体内生长繁殖，引起感染，此时机体会经历同某一种病原体(抗原)斗争(识别与杀灭)的过程。这一过程称为适应性免疫。参与适应性免疫的细胞有多种，主要有免疫细胞(T细胞、B细胞等)及它们相互作用后产生的特异性免疫效应物质(又称为淋巴免疫球蛋白)。抗体的一种主要形式是依附于B细胞表面的膜结合形态。抗体与细胞膜结合后形成的复合体也称B细胞受体(见图8.1)。抗体是Y形状的一种感受器分子，生在B细胞的表面，其主要作用是通过互补配合，识别抗原，并与抗原粘合。抗原被抗体所识别的部位叫表位，又称抗原决定簇。一个抗原可以与多个抗体相粘合(见图8.2)。抗原和抗体之间的匹配程度称为它们之间的亲和度。

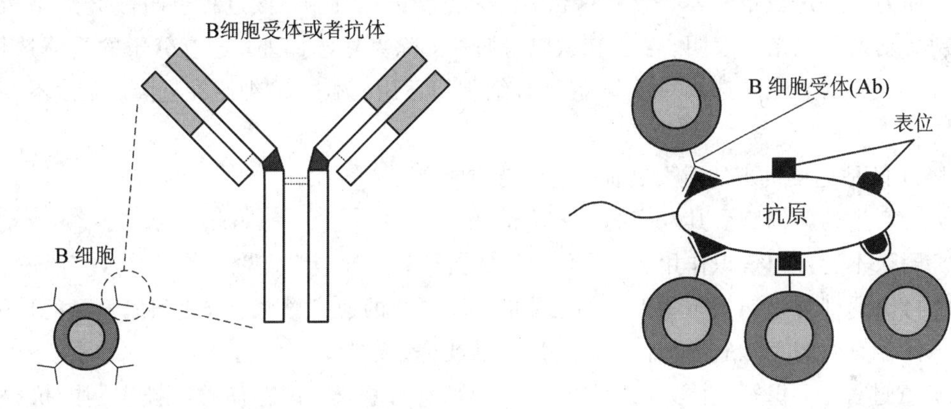

图8.1 B细胞受体或者抗体的结构　　　　图8.2 一个抗原和多个抗体粘合

在适应性免疫系统中，抗原一旦进入机体，抗原分子中的抗原表位就被T和B细胞识别，从而诱导产生免疫细胞活化、适应性地识别特异抗原、分化和响应过程。此一系列过程被称为免疫响应。过程中生产的免疫细胞具有记忆特性，当下一次再遇同一特异抗原时能产生更快的响应。免疫的响应过程如图8.3所示。

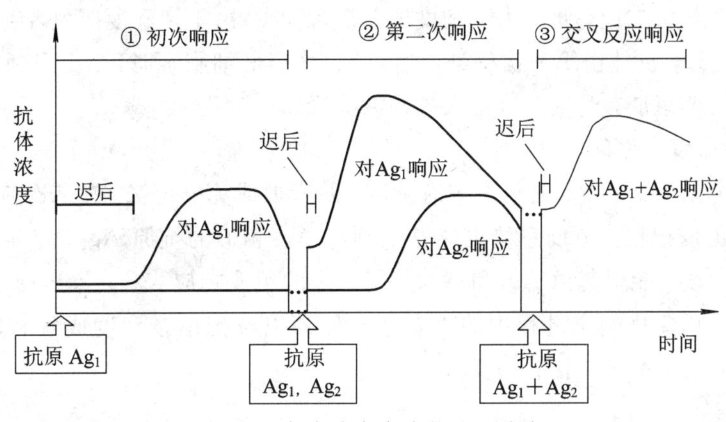

图8.3 免疫响应多阶段过程图示

从图 8.3 中，我们可以看出免疫响应过程有以下几个阶段。

1）初次响应阶段

在抗原通过某种途径进入机体的同时，免疫系统为了保护机体免于被病原体伤害，把机体自身的组成成份——“自己”和外部入侵的抗原——“非己”能够加以区分。抗原被初次识别后，就激活免疫响应，即未成熟的 B 细胞表面受体(即抗体)与抗原相结合，并在 T 辅助细胞的协助下变得成熟。上面我们已经提到，抗体与抗原的结合有如下特点：一个抗原通常带有多个不同的抗原决定簇，而每一个 B 细胞只产生一种抗体，因而一个抗原可同时和多个抗体结合。抗体是免疫系统受抗原刺激引起免疫响应后，B 淋巴细胞产生的免疫球蛋白，它能与相应抗原发生特异性结合，产生各种免疫效应。抗原和抗体一经结合，在细胞因子的作用下，可使 B 细胞活化[1,3,6]。

在图 8.3 中，Ag_1为开始出现的抗原。经一定的时延，免疫系统对 Ag_1产生响应，即形成抗体(B 细胞)，它再经克隆选择扩增[2,10]后，达到足够的浓度。其中，大部分 B 细胞变为浆细胞，而另外一定数量的 B 细胞被保留，作为免疫记忆细胞。该过程也叫做 B 细胞亲和度的成熟。新的研究结果表明[6]：在初次响应阶段，除克隆选择外，还有分子的受体选择，会产生全新的受体。克隆选择对 T 细胞和 B 细胞均适用，不过 T 细胞在克隆之后，不发生超变异。

克隆选择是免疫机理的重要特征。它的特点是：

(1) 所产生的新细胞受其双亲高变异率的约束；

(2) 删除不起抗原辨识作用、新分化出来的抗体；

(3) 再次遇到与首遇抗原相近似的抗原时，以更快的速率繁殖、分化和成熟新的抗体；

(4) 保存有效的克隆后的抗体，防止其过早被抗原消除。

在免疫过程中，识别抗原后的记忆功能，特别具有意义。即存储首次被识别的抗原数据，当再次产生相同的或相关的抗原免疫响应时，克隆得以恢复和加强，产生更多的抗体。值得注意的是，这种记忆是鲁棒的。

2）第二次响应阶段

如图 8.3 所示，在第二次碰到相同或相似的抗原时，例如 Ag_2，由于记忆细胞的存在，免疫系统能够在记忆细胞的基础上，快速形成新的免疫响应，且所产生的抗体与抗原的结合能力明显高于初次响应，此即为亲和度成熟现象[7,8]。由于亲和度成熟，免疫响应的效果会大大增强。此时，抗体由第一次感染产生的细胞(记忆细胞)和第二次遇到相同或相似的抗原所形成的抗体组成，产生一次更大规模的克隆。

3）交叉反应响应阶段

从图 8.3 可见，针对 Ag_1的初次响应阶段，并未形成免疫记忆。在二次响应阶段，由于形成了牢固的免疫记忆，免疫系统也能够识别与 Ag_1相似的抗原 Ag_2，产生克隆扩增。在交叉反应响应阶段，能引起由 Ag_1和 Ag_2共同产生的免疫响应。

人们正是运用免疫响应过程中的克隆选择原理以及抗体亲和度成熟和超变异[9]等原理，构建了人工免疫系统和相关的算法。

8.2 人工免疫系统与基本免疫算法简介

8.2.1 人工免疫系统定义

人工免疫系统(AIS)的定义最早由 H. Sidburg 等人在 1990 年提出[4]。人工免疫系统有几种不同的定义。De Castro 和 Timmis 概括了几种定义后，将 AIS 定义[4]为："人工免疫系统是受理论免疫学和所观察到的免疫功能、原理和模型启发的自适应系统，被应用于复杂问题领域。"这种人工免疫系统的定义，重点在于将自然免疫系统中所获取的现象作为隐喻，用于计算问题，属于生物学推动的计算。在某些文献中，也有把人工免疫系统叫做免疫学计算、计算免疫学或基于免疫的系统等。

8.2.2 基本的人工免疫算法

基本的人工免疫算法是按照自然免疫系统对病原体的检测、识别、克隆选择、超变异、免疫记忆等原理进行设计的。算法一开始随机地初始化抗体群(相当于随机列出求解问题的候选解)。接着，辨识抗原，计算抗体群中抗体同抗原的亲和度。根据亲和度对抗体进行克隆选择，然后得到新的群体。由于新群体一般是亲和度高的抗体，它们被优先克隆，以继承上一代的优良特性，并记忆、存储。如此反复迭代，直至满足终止条件。基本的人工免疫算法的基本过程如图 8.4 所示。

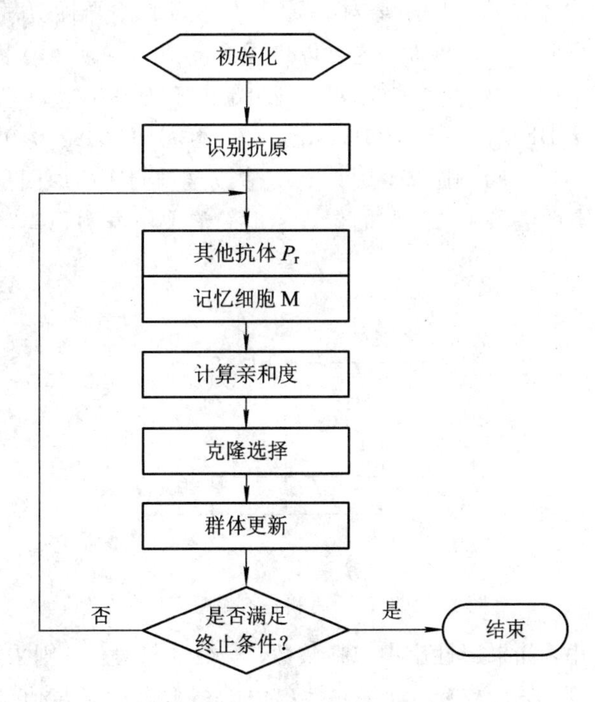

图 8.4 基本的人工免疫算法的流程

从图 8.4 可见，基本的人工免疫算法的几个基本运算是：计算亲和度、克隆选择、群体更新。下面我们简单地阐述这些基本运算。

1. 计算亲和度

基本的人工免疫算法中，亲和度表示抗体和抗原之间的相互作用程度，也反映了抗体适应环境的程度。一般简记为 aff。aff 表示为属性串之间距离 d 的函数，即 aff$=f(d)$，即 B 细胞或者抗体和抗原之间匹配程度。结合具体的问题，函数关系 f 可选取不同的形式。也可直接简记为距离 dis。距离越小，说明抗体越相似，且它们之间的相互抑制能力越强。

对实值属性串，距离 d 可以表示为欧氏距离(式(8.1))、曼哈顿(Manhattan)距离(式(8.2))或海明距离(式(8.3))。

欧氏距离

$$d=\sqrt{\sum_{i=1}^{L}(b_i-\mathrm{Ag}_i)^2} \tag{8.1}$$

曼哈顿距离

$$d=\sum_{i=1}^{L}|b_i-\mathrm{Ag}_i| \tag{8.2}$$

海明距离

$$d=\sum_{i=1}^{L}\delta_i \quad \delta_i=\begin{cases}1 & b_i\neq \mathrm{Ag}_i\\ 0 & 否\end{cases} \tag{8.3}$$

和欧氏距离相比较，曼哈顿距离更有效，因为它没有指数和开平方运算。此外，两者对算法有效性的影响也不同。欧氏距离对各属性值之间的差异性更敏感，因此对噪声敏感。而曼哈顿距离对噪声具有鲁棒性。这可以由图 8.5 进行说明[13]。图中抗原 Ag(0,0)，抗体 B1 坐标为(4,4)，抗体 B2 坐标为(6,1)，欧氏距离 d(B1,Ag)＝5.66，d(B2,Ag)＝6.08，而曼哈顿距离 d(B1,Ag)＝8，d(B2,Ag)＝7。距离抗原 Ag(0,0)最近的抗体，若按欧氏距离，则为 B1；如按曼哈顿距离，则为 B2。造成这种问题的原因是欧氏距离和曼哈顿距离的偏好不同。当属性值采用二进制的位表示时，常采用海明距离。整数属性值可视为海明距离的特殊情况。

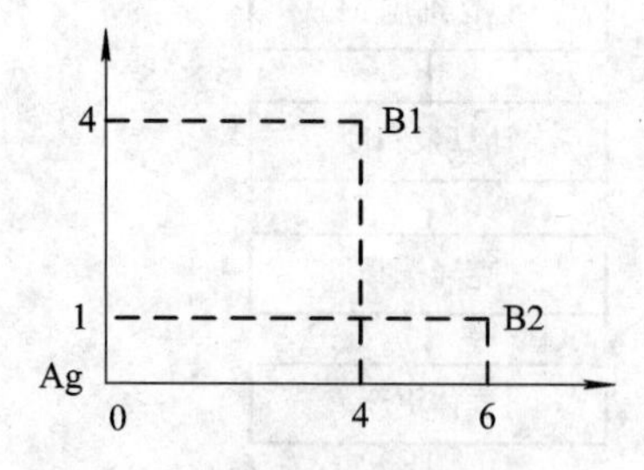

图 8.5　欧氏距离和曼哈顿距离比较

对于混合型属性串，如果属性串中包括整数、实数和符号值，则采用逐一匹配的方法，类似于海明距离的计算，然后求和。如果属性串中的多数属性是数值型，少部分是非数值型，则对数值属性采用欧氏距离或曼哈顿距离，对非数值属性采用海明距离分别计算，然后求和作为总的距离 d。例如，设 $B=[b_1, b_2, \cdots, b_i, \cdots, b_L]$由混合属性组成，由于空间距离的计算与各属性的次序没有关系，因此我们总可以将抗体表示为：前 i 个属性为数值型，后 $L-i$ 个为非数值型。则具有混合属性的抗体和抗原之间的距离计算如下：

$$d=\sqrt{\sum_{j=1}^{i}(b_j-\mathrm{Ag}_j)^2+W_j\sum_{j=i+1}^{L}\delta(b_j,\mathrm{Ag}_j)} \tag{8.4}$$

式中，

$$\delta=\begin{cases}1 & b_j\neq \mathrm{Ag}_j\\ 0 & 否\end{cases}$$

W_j是不同的非数值型属性的权重系数。

抗体属性串之间的距离计算和上述计算抗体和抗原之间的距离方法类似。

2. 克隆选择和群体更新

克隆选择和群体更新的核心作用是：使抗体种群既能够更快地识别抗原，又能保证抗体群中的多样性。克隆繁衍原则是：使得在与抗原亲和度高的抗体优先繁殖的同时，又能抑制已有抗体群中浓度过高的抗体增长，并淘汰亲和度低的抗体。

抗原和抗体对不同的工程问题有不同的定义。在数据分析问题中，抗原为被分析或被训练的数据或训练样本，抗体为分类的网络或类的元素。在函数优化问题中，抗原成为优化问题的辨识对象，抗体成为问题的侯选解。在车间作业调度问题中，抗原为迫使调度发生变化的一组布局，抗体为调度本身。

下面我们用一个多峰值函数寻优问题，具体说明基本人工免疫算法的应用。

我们知道，多峰值函数寻优问题是一类典型的复杂优化问题。因为，多峰值函数一般局部极值数量多，全局最优解难以确定。

假定被优化的函数为

$$f(x,y)=x\cdot\sin(4\pi\cdot x)-y\cdot\sin(4\pi\cdot y)+1$$

参照基本人工免疫算法(克隆选择算法)的基本步骤，解题的程序如下：

Step1 随机产生候选解 P(抗体)，包括记忆细胞子集 C 和其他个体 P_r。

Step2 计算抗原(训练数据)和 P 的亲和度，并对其递减排序，选择前 n 个最佳个体 P_n。

Step3 (克隆算子)按照式(8.5)克隆繁殖 P_n，得到临时克隆细胞集 C：

$$N_C=\sum_{i=1}^{n}\mathrm{round}\left(\frac{\beta n}{i}\right) \tag{8.5}$$

其中，N_C为克隆后的种群规模；β 为克隆系数，用来控制克隆后的种群规模；round 为取整函数；i 是最佳抗体 P_n的编号，$1<i<n$。

Step4 (超变异算子)对克隆后的群体 C 完成超变异，得到抗体集 C^*。

Step5 (选择算子)计算抗体集 C^* 同抗原的亲和度，并选取亲和度高的抗体替换 P 中相对应的亲和度低的抗体。

Step6 将 P_r中 d 个低亲和度的抗体引入到种群 P 中，以维持抗体多样性。

Step7 判断是否满足结束条件(一般为找到最优值，或者迭代次数达到最大值)，如果满足，则停止迭代，输出结果，否则继续执行 Step1。

按此算法，迭代运行 200 次后，其结果如图 8.6 所示，最终找到的最优值为 2.26(图 8.6 中 4 个黑点)。图 8.7 是种群亲和度随迭代次数的变化过程。

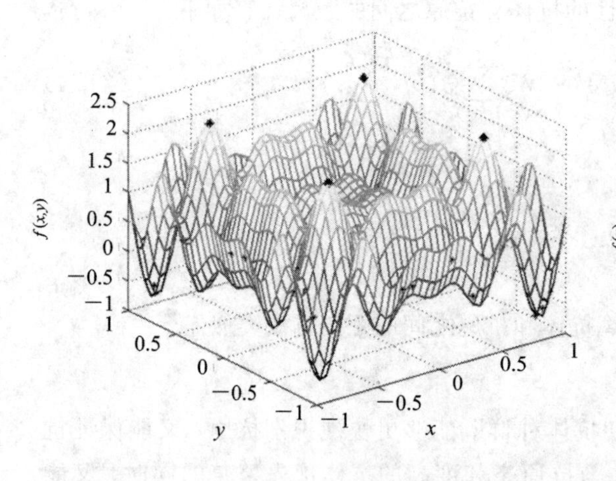

图 8.6　多峰值函数曲面图

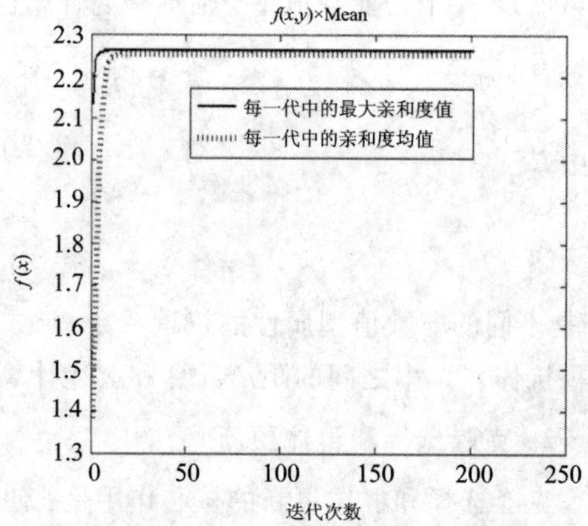

图 8.7　随着迭代次数变化的种群亲和度

由仿真结果可知，利用基本人工免疫算法，可以较好地解决多峰值函数寻优问题。但仍存在一些问题，例如收敛速度慢，以及由于抗体的多样性不足，算法容易陷入局部最优。为了消除种群中老的抗体，避免早熟的产生，有研究者[15]引入带选择性的衰减算子，即最佳亲和度抗体的衰减算子设为 0，而设定其他抗体允许在群体中存在的最大代数。

文献[14]指出，一个进化算法完全收敛及均值收敛到全局最优，只要它符合以下两个条件：

条件 1　群体中的每一个体能以概率 $p(p>0)$经一步变异改变到其他任一个体。

条件 2　群体中的最优个体以概率 $p=1$ 存活在每一代中。

文献[15]基于以上两个条件，证明了针对优化问题，克隆选择算法的收敛性。文中指出：不管初始值如何，基本免疫算法（克隆选择算法）完全收敛及均值收敛到全局最优的条件是算法必须引入带选择性的衰减算子。

基本免疫算法收敛性证明的基本思想是：

首先，由于克隆算子和衰减算子都不改变已存在的抗体，也不产生不同的抗体，只有超变异算子和选择算子可能第一次产生群体中的最优解。所以，设长度为 L 的位串为搜索空间的一个点，并通过向量$\{0, 1\}^L$来表示。如果群体中的一个抗体与最优解相比时，有 c 个位不匹配，也就是说有 $L-c$ 个位匹配，同时若设定一步变异中的 c 个位变异都是在不同的位上进行，那么，该抗体利用一步超变异算子到达全局最优的概率为

$$p_c^{(L)}=\frac{c!}{L^c}\times\frac{1}{L}$$

其中，第一项表示从 L^c个可能的选择中选择 c 个位的排列，这个概率还要乘以实际随机选择要进行变异的 c 个位的概率 $1/L$。

若假设字符集的基数为 K，搜索空间的每个点用一个向量$\{0, 1, 2, \cdots, K-1\}^L$表示，则该概率公式变为

$$p_c^{(L)}=\frac{c!}{L^c}\times\frac{1}{(K-1)^c}\times\frac{1}{L}$$

其中，$1/(K-1)$为一步变异中的一位变异到最优解相应基因位值的概率（均匀变异）。由

于 $p_c^{(L)}$ 总是为正，就说明一般克隆选择算法满足条件 1。

其次，要证明条件 2 也成立，就要证明一旦最优解被找到，对种群执行的任何一个算子都不会再丢失全局最优解。克隆算子只产生个体的拷贝，不会改变任何个体的值，因此它不会丢失最优解。超变异算子只对克隆选择算子所产生的中间种群 $p^{(c|0)}$ 执行操作，也不改变由其他任何算子(包括它自己)所产生的抗体。衰减算子尽管删除了老的个体，但由于每一代种群的最优候选解的衰减值被设置为 0，因而不可能丢失最优解。至于选择算子，因为其删除了最小亲和度的个体，取而代之的是随机新生成的个体，所以最优解不会失去。如果群体中有多个最优解，那么也至少有一个最优解存活下来。由此可见，一般克隆选择算法中的所有算子满足条件 2。

鉴于此，可知只要满足条件 1 和条件 2，基本免疫算法是完全收敛及均值收敛到全局最优的。

为了改善算法的搜索能力，提高算法的收敛速度和效率，有人[12]提出基于生发中心反应的人工免疫算法。

8.3 基于生发中心反应的全局优化算法

8.3.1 生发中心反应机理

基本人工免疫算法模拟了免疫系统的免疫响应，而生发中心反应不同于此机理。生发中心反应是脊椎动物免疫系统为抵抗外界抗原的入侵而形成的具有自适应性的自然模型。它构成了免疫机理的另一种诠释，也构造了人工免疫系统的另外一种方法。Kepler 和 Perelson[9]认为超变异过程和 B 细胞的繁殖发生在外周淋巴组织的生发中心(Germinal Centers)，有一定的生命期限。

简单地说来，生发中心反应经历了下述几个阶段。

第一阶段：B 细胞单克隆扩张。抗原激活的 B 细胞(抗体)，在树突状细胞(FDC)环境中克隆(繁殖)。此时的 B 细胞可以称为中心母细胞，通常由 3～6 个种子细胞分裂而成，细胞的分裂速度比其在生物体的其他部分更快。

第二阶段：中心母细胞超变异。中心母细胞继续繁殖，繁殖期间经历了很高的体细胞超突变，变异率可达 50%以上。于是产生了大量的不同类型的中心母细胞。

第三阶段：中心母细胞凋亡。中心母细胞分化为中心细胞。由于超突变的随机性，导致变异了的基因变成无功能的或者自反应性的中心细胞。其中大部分低亲和度的中心细胞和自反应细胞会被消除，少部分通过细胞受体的基因重组(受体编辑)又重新成为有效的免疫细胞。

第四阶段：中心母细胞与抗原粘合(选择)，或者称中心细胞和 FDC 的相互作用。在这一阶段，与抗原有较高亲和度的中心细胞，因选择作用而被“拯救”出来。被“拯救”出来的中心母细胞，一部分分化为记忆细胞和分泌抗体的浆细胞离开生发中心，另一部分开始再循环。

第五阶段：中心细胞的再循环。再循环是中心细胞重新转化为中心母细胞再次进入单克隆扩增、超变异和选择过程。

上述生发中心反应过程随新入侵抗原的刺激而启动，先于生发中心的消失而结束，结果产生了大量不同种类的高亲和度的抗体分泌细胞和记忆细胞。这个过程从另外一种角度，解释了免疫系统识别和消除各种抗原的机理。图 8.8 所示为生发中心反应过程的框图。

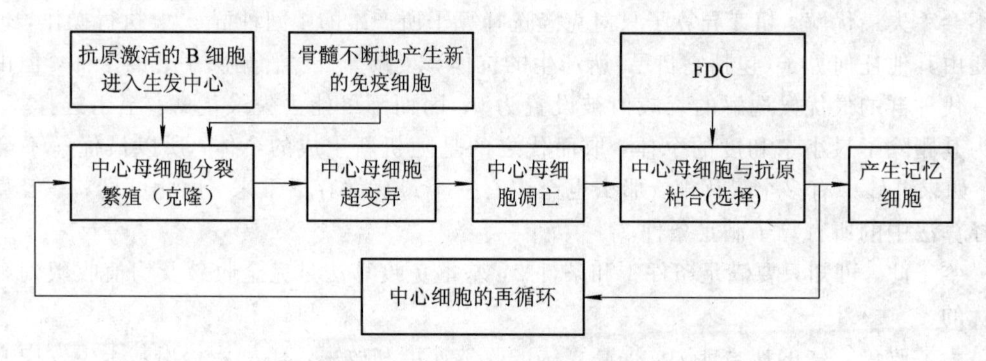

图 8.8　生发中心反应过程

我们可以从生发中心反应的机理解释中得到一种启示，并用于产生一种新的人工免疫算法。

显然，生发中心反应具有进化特性。从计算的观点看，一个进化系统是基于群体的搜索技术，它包含繁殖、遗传变异和选择等过程。生发中心反应中具备这些特点和组成要素。超突变使得后代细胞不同于父代中心母细胞，产生了更好的多样性；FDC 递呈的抗原作用于抗体的选择，使变异有积累效应；记忆细胞的作用在于保持已有的阶段性结构；再循环的作用在于继续搜索更好的结构。这样，使免疫系统能够不断地产生新的抗体以适应抗原的不断变化。

另外，生物体中淋巴细胞的总数基本恒定，亲和度相近的抗体之间存在竞争和抑制作用，和抗原之间亲和度较低的一部分抗体会被淘汰，由骨髓新产生的细胞会不断地补充进来，使得生发中心反应中的抗体具有丰富的多样性。

生发中心反应也具有学习能力。在生发中心反应中，抗体之间的亲和度，后次比前次的提高，均是在前次与同类抗原频繁遭遇中获得知识而实现的。也就是学习的结果，使记忆细胞的种类随之发生变化。

在自然免疫的研究中，我们知道，可以根据特异性免疫产生的机理，运用人工接种的办法，使机体产生或获得特异性免疫的能力，它被称为人工免疫或免疫接种。接种中最常用的一种生物制剂就是疫苗。它是激发机体开始免疫响应、产生免疫记忆、预防感染性疾病的有效手段。

从以上分析可知，在生发中心反应的生命期内，其反应是循环往复、不断重复的，免疫系统能够不断地产生新的抗体以识别不同的抗原，最终消除抗原。这种机理的解释，强调了抗体的多样性和与环境交互的适应性。此外，我们还可以借鉴人工接种的原理，对受体(抗体)进行编辑，来加强免疫的功能。

对人工免疫系统而言，抗原相应于系统的外部环境，抗原选择与其高亲和度的抗体，或者说，与抗原有不同亲和度的抗体竞争识别抗原。通过系统与环境之间的相互作用，依靠自身的进化与学习机制，人工免疫系统就有更强的适应环境变化的能力，能更好地解决基本人工免疫算法所存在的不足。

此外，如果我们引入待解决问题的先验知识，可以进一步提高算法的应用效率。例如，我们在求解优化问题时，抗体采用二进制编码，往往会产生等位基因缺失现象，即对应染色体(抗体个体)上的每个基因完全相同，出现病态个体。这时，我们按接种疫苗的思想，用先验知识，选择疫苗，对病态个体进行接种，则产生新抗体，引导优化求解过程。

8.3.2 基于生发中心的全局优化算法

现在我们利用上述生发中心的机理，阐述基于生发中心的算法[12]，简称GOAIA-GCR。

假设我们所要求解的问题为

$$\min f(\boldsymbol{x}) = f(x_1, x_2, \cdots, x_n) \tag{8.6}$$

$$\text{subject to } \boldsymbol{x} = (x_1, x_2, \cdots, x_n) \in S^* \subset \boldsymbol{R}^n \tag{8.7}$$

众所周知，式(8.10)是目标函数，式(8.11)是条件约束。利用基于生发中心的全局优化算法，其步骤大致如下：

Step 1 初始化。设定算法结束条件(如最大迭代次数或期望的近似解精度)；采用二进制编码，在可行域内随机产生 N 个抗体的初始解，组成初始抗体群体 $\boldsymbol{B}(n)$。设置算法迭代次数计数器 $n=0$，则 $\boldsymbol{B}(0)=\{B_1, B_2, \cdots, B_i, \cdots, B_N\}$，其中，$B_i=\{b_{i1}, b_{i2}, \cdots, b_{iL}\}(1\leqslant i\leqslant N)$表示一个B细胞，它是 L 个属性值组成的一个属性串。

Step 2 抗原激活的抗体进入生发中心。计算当前抗体群 $\boldsymbol{B}(n)$中每一个抗体和抗原之间的亲和度 $\text{aff}(\boldsymbol{B}(n))$，并按亲和度从高到低排序。从 $\boldsymbol{B}(n)$中选择出25%的高亲和度抗体，作为克隆、超变异和受体编辑的对象，即 $B_s(n)=S_o(\boldsymbol{B}(n))$。同时，这一部分抗体也存入记忆单元中，即 $B_s(n)\rightarrow M_B$(记忆细胞的保存仅在第一次迭代时执行)。

Step 3 参与生发中心反应的抗体完成以下相应的运算操作。

Step 3.1 克隆。对 $B_s(n)$实施克隆操作，$B_c(n)=C(B_s(n))$。采用等量克隆的方法，即每个抗体克隆的数目均相同。

Step 3.2 超变异。对 $B_c(n)$施行变异操作，$B_m(n)=M_H(B_c(n))$。将 $B_c(n)$群体按亲和度从高到低排序，然后按1∶2∶1的比例将其划分为高亲和度、中等亲和度和低亲和度三部分。对应设置三个不同变异率 P_{m1}、P_{m2}和 P_{m3}，且它们满足关系式：$P_{m1}<P_{m2}<P_{m3}$。

Step 3.3 受体编辑。判断此时的抗体 $B_m(n)$是否存在基因缺失现象？若存在，则接种疫苗；否则，算法继续。

Step 3.4 抗原对高亲和度抗体进行选择(衰减)。从 $B_m(n)\cup B_s(n)$中选择出部分和抗原有高亲和度的抗体 M_{B1}，取代记忆单元 M_B中与 M_{B1}中相似但其亲和度较小的抗体，完成相似性抑制，取抑制阈值为 δ。

Step 3.5 再循环。由记忆单元中 M_B的抗体和新补充的抗体 B_{new}组成新一代抗体群体，即 $M_B\cup B_{new}\rightarrow\boldsymbol{B}(n+1)$。

Step 4 终止条件检测。若 $\boldsymbol{B}(n+1)$满足终止条件，则输出 $\boldsymbol{B}(n+1)$中具有最大亲和度的抗体，以此作为最优解，算法结束；否则，将迭代得到的解作为当前解群，$n\leftarrow n+1$，转Step2。

我们选用以下四个函数作为算法的测试函数，对 GOAIA - GCR 算法进行测试。

$$f_1(x_1, x_2) = 100(x_1^2 - x_2)^2 + (1 - x_1)^2 \quad x_1, x_2 \in [-2.048, 2.048] \tag{8.8}$$

$$f_2(x_1, x_2) = 0.002 + \sum_{j=1}^{25} \frac{1}{j + \sum_{i=1}^{2}(x_i - a_{ij})^6}, \quad -65.536 \leqslant x_i \leqslant 65.536, i = 1, 2 \tag{8.9}$$

$$a_{ij} = \begin{bmatrix} -32 & -16 & 0 & 16 & 32 & -32 & -16 & \cdots & -32 & -16 & 0 & 16 & 32 \\ -32 & -32 & -32 & -32 & -32 & -16 & -16 & \cdots & 32 & 32 & 32 & 32 & 32 \end{bmatrix}$$

$$f_3(x, y) = 0.5 + \frac{\sin^2\sqrt{x^2 + y^2} - 0.5}{[1.0 + 0.001(x^2 + y^2)]^2}, \quad x, y \in [-100, 100] \tag{8.10}$$

$$f_4(x_1, x_2) = ({x_1}^2 + {x_2}^2)^{0.25}[\sin^2 50({x_1}^2 + {x_2}^2)^{0.1} + 1.0], \quad -100 \leqslant x_1, x_2 \leqslant 100 \tag{8.11}$$

f_1是二维连续的凹函数，也称 Rosonbrock 马鞍函数，具有一个全局极小点 $f_1(1,1)=0$。该函数虽然是单峰值函数，但它却是病态的，许多算法难以求其全局最小值。函数 f_1 的三维空间结构如图 8.9 所示。

f_2是一个多峰值函数，具有 25 个稀疏尖峰，且最优点邻域的变化范围很小，因此要求算法具有较强的搜索能力。其三维空间结构如图 8.10 所示。

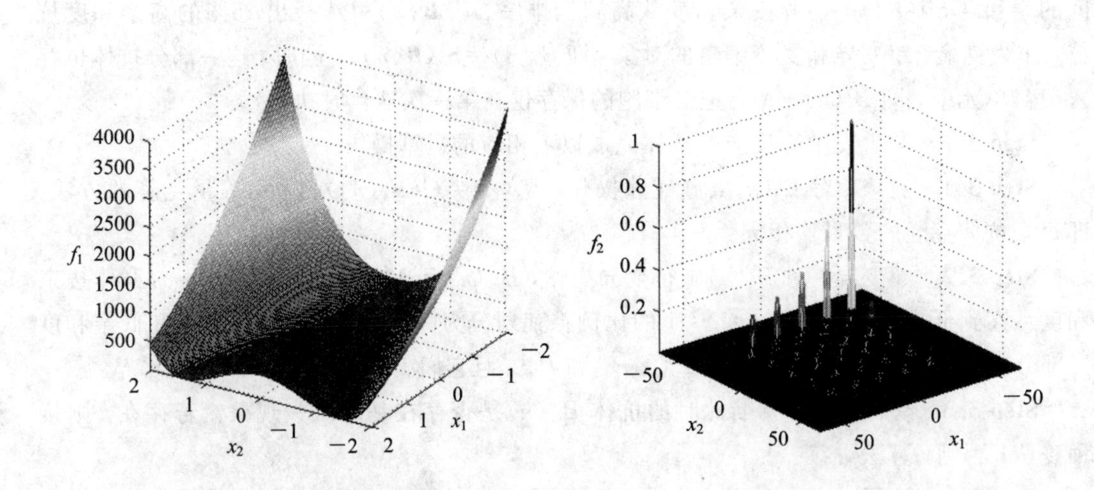

图 8.9 函数 f_1的三维图 图 8.10 函数 f_2的三维图

f_3是快速变化的多峰值函数，形状相对原点对称，越接近最优点，函数变化越剧烈。在全局最大值周围有一圈脊使得函数有无数个局部极大值，且极大值与全局最大值非常接近，这样算法在搜索时很容易陷入局部极大值。但函数只有一个全局最大值。函数 f_3 在给定的定义域范围内有 $f_3(x, y) \geqslant 0$。其三维空间结构如图 8.11 所示。

f_4和 f_3类似，各局部极值点分布较近，只是接近最优值时，函数变化幅度较小；远离最优值时，函数变化幅度较大。其三维空间结构如图 8.12 所示。

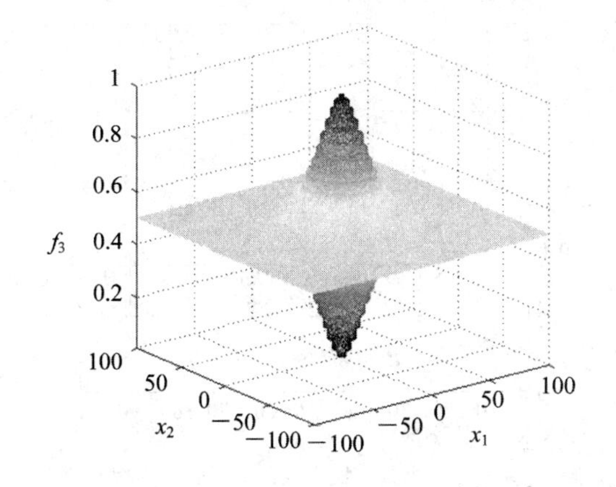

图 8.11　函数 f_3 的三维图

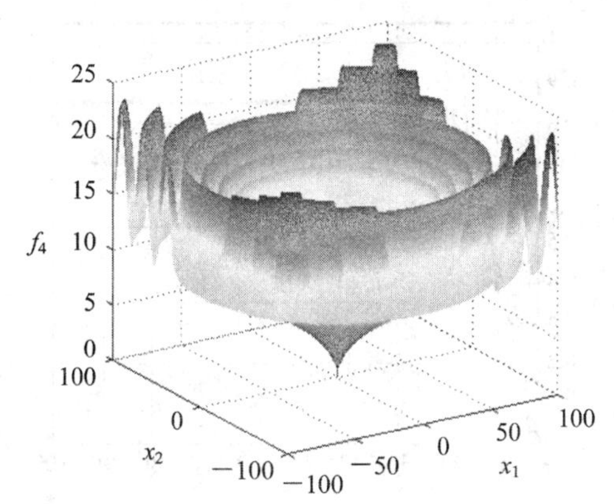

图 8.12　函数 f_4 的三维图

仿真实验的条件见表 8.3。

表 8.3　GOAIA－GCR 的仿真实验条件

函数	群体大小/编码长度 GOAIA－GCR	亲和度/适应度 阈值	最大评价次数	运算量	阻滞次数
f_1	20/24	≤0.001	60 000	2618.42	0
f_2	40/24	≥1.0	40 000	1973.63	0
f_3	40/44	≥0.997	60 000	1616.45	0
f_4	40/44	≤0.01	100 000	9247.27	0

仿真计算的结果如表 8.4 所示。表的左边为未使用接种疫苗操作的结果，右边为使用接种疫苗操作的结果。

表 8.4　GOAIA－GCR 仿真计算的结果

函数	未使用时 GOAIA－GCR		GOAIA－GCR	
	运算量	阻滞次数	运算量	阻滞次数
f_1	3032.65	0	2618.42	0
f_2	2134.26	0	1973.63	0
f_3	1847.48	0	1516.45	0
f_4	10 158.76	0	9247.27	0

从表 8.4 中我们可以看出，接种疫苗对 GOAIA－GCR 的性能有所改进，但是作用比较小。原因在于对采用比例选择和以交叉操作为主的算法来说，发生基因缺失的可能性较大；对于以变异操作为主的算法来说发生的可能性较小。而 GOAIA－GCR 采用确定性选择，以变异操作为主，因此，对 GOAIA－GCR 来说接种疫苗所起的作用相对较小。

图 8.13～图 8.16 表示了迭代过程中，函数 f_2 和 f_4 最佳个体适应度和群体平均适应度变化的过程。

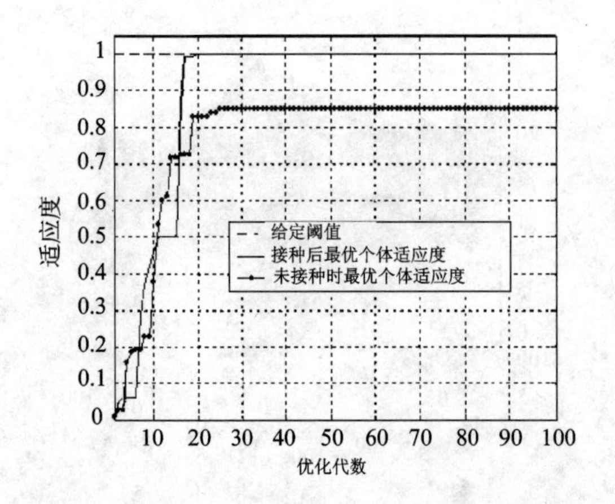

图 8.13　f_2最佳个体适应度的变化

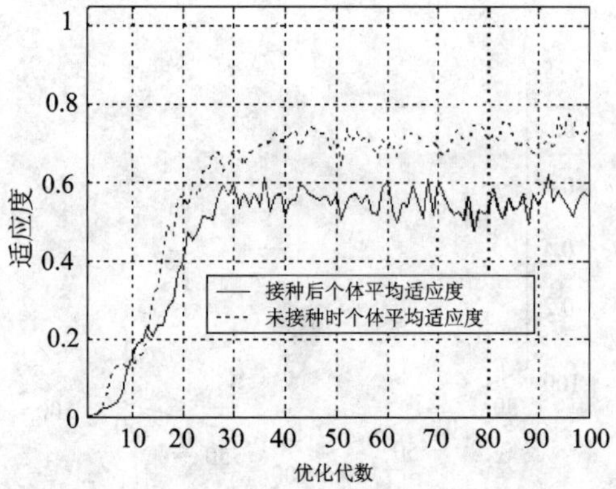

图 8.14　f_2群体平均适应度的变化

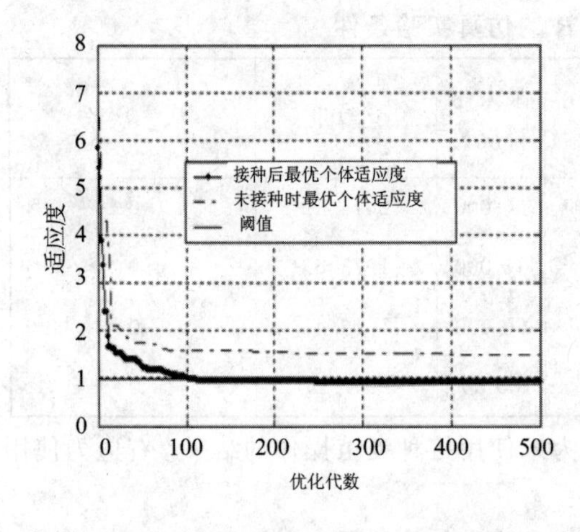

图 8.15　f_4最佳个体适应度的变化

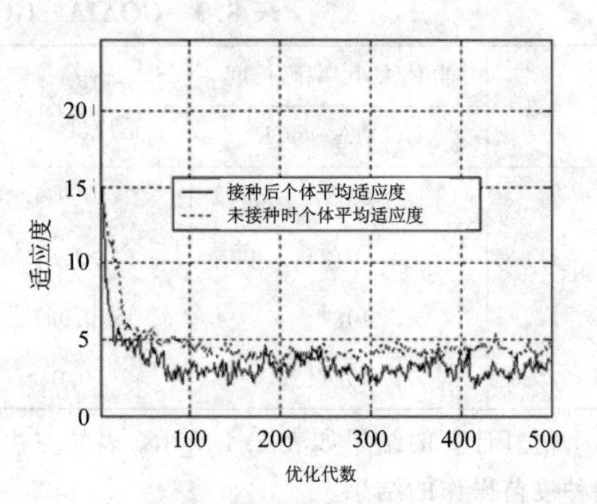

图 8.16　f_4群体平均适应度的变化

对 GOAIA－GCR、基本免疫算法和 SGA(简单遗传算法)的优化性能做对比，其结果如表 8.5 所示。可见，GOAIA－GCR 比基本免疫算法、SGA 在收敛速度和克服早期成熟方面，性能有较大的改善。

表 8.5　GOAIA－GCR、免疫算法和 SGA 的优化性能对比

算法	实验条件(个体编码长度 L，群体规模 N，迭代次数 T)	实验结果(算法“搜”到的峰值个数)	计算量
基本免疫算法	L＝16 bit，N＝100，T＝200	5	20 000
SGA	L＝16 bit，N＝100，T＝200	1	20 000
GOAIA－GCR	L＝12 bit，N＝60，T＝100	5	6000

注：① 优化目标函数为：$\max f_1(x)=\exp\left(-20\ \ln 2.0\cdot\left(\frac{x-0.1}{0.8}\right)^2\right)\cdot\sin^6(5.0\pi x)$；

② 每个算法都重复实验 20 次，表中为平均值；

③ 交换率 P_c＝1.0，变异率 P_m＝0.01。

8.3.3 GOAIA－GCR的收敛性证明

如果把GOAIA－GCR的每一代群体看做一种状态，则可以把算法整个演化过程的所有状态作为一个随机过程来加以考察。这样，就可以利用Markov链来对整个演化过程的性能进行分析[12]。其中，B细胞属性串采用二进制编码表示。

定义8.1 长度为L的B细胞属性串，可编码为长度为L的0和1字符串，简称B细胞个体，个体的全体称为个体空间，记为$H_L=\{0,1\}^L$。N个B细胞个体组成的集合，简称B细胞群体，N称为群体规模。称$H_L^N=\{\boldsymbol{B}=(B_1, B_2, \cdots, B_N), B_i\in H_L(1\leqslant i\leqslant N)\}$为B细胞群体空间。

定义8.2 一个满意集B_0是一个由B细胞个体组成的子集，它的每一个个体的亲和度均大于它之外的个体的亲和度。显然，待解决问题的全局最优解集B^*是满意集。

引理8.1 由GOAIA－GCR的各代状态$\boldsymbol{B}(n)$所组成的搜索序列$\{\boldsymbol{B}(n)\}$是齐次的马氏链。

证明 从GOAIA－GCR的算法演变过程，可把$\{\boldsymbol{B}(n), n\geqslant 0\}$看做一取值离散的随机变量，离散值的全体记为$H_L^N$。则对于任意$n\geqslant 1$，$i_k\in H_L^N(k\leqslant n+1)$，可知，$\boldsymbol{B}(n+1)$群体的状态仅与$\boldsymbol{B}(n)$及其相同代的$M_{\mathrm{B}}$和$B_{\mathrm{new}}$有关，与过去状态无关，即无后效性，可写为

$$\begin{aligned} &P\{\boldsymbol{B}(n+1)=i_{n+1} \mid \boldsymbol{B}(0)=i_0, \boldsymbol{B}(1)=i_1, \cdots, \boldsymbol{B}(n)=i_n\} \\ &\quad = P\{\boldsymbol{B}(n+1)=i_{n+1} \mid \boldsymbol{B}(n)=i_n\} \end{aligned} \tag{8.12}$$

因此可认为$\{\boldsymbol{B}(n)\}$描述的随机搜索过程是马氏链。

进一步，对于马氏链$\{\boldsymbol{B}(n)\}$来说，每一次迭代时的状态转移概率只与超变异率及该次的群体有关，与迭代时的起始时间点无关。由齐次马氏链定义可知，$\{\boldsymbol{B}(n)\}$描述的随机搜索过程是一个齐次的马氏链。

证毕。

定义8.3 超变异的作用方式。它是独立地分别作用于种群$\boldsymbol{B}$上的每一个个体B_i，以预先指定的概率生成超变异后的个体$M_H(B_i)$，即$M_H(\boldsymbol{B})=(M_H(B_1), M_H(B_2), \cdots, M_H(B_n))$。

定义8.4 点变异。是指以某一概率独立地改变B_i的一些属性值的进化操作，变异率为P_{m}。

定理8.1 设有任意的两个B细胞个体$X=(x_1, x_2, \cdots, x_L)$、$Y=(y_1, y_2, \cdots, y_L)\in H_L$，如果对个体$X$施加点变异操作后，由个体$X$产生个体$Y$的概率为

$$P\{M_H(X)=Y\}=(1-P_{\mathrm{m}})^{L-d(X,Y)}P_{\mathrm{m}}{}^{d(X,Y)} \tag{8.13}$$

式中，$d(X,Y)$是X、Y之间的海明距离。

证明 将Y的分量分为两种情况：一种是$y_i\neq x_i$；另一种是$y_i=x_i$。显然，$y_i\neq x_i$的个数为$d(X,Y)$。这时，每个x_i变异为y_i的概率为P_{m}。$y_i=x_i$的个数为$L-d(X,Y)$，这时，x_i不变异，而不变异的概率为$1-P_{\mathrm{m}}$。B细胞个体X的各个属性值的变异是独立的，故式(8.13)成立。

证毕。

定理8.2 设M_H是点变异操作，X、$Y\in H_L$是任意的两个B细胞个体，则$P\{M_H(X)=Y\}>0$的充分必要条件是$0<P_{\mathrm{m}}<1$。

证明　X、$Y\in H_L$是任意的两个B细胞个体，且M_H是点变异操作。由定理8.1有

$$P\{M_H(X)=Y\}=(1-P_m)^{L-d(X,Y)}{P_m}^{d(X,Y)}$$

若$0<P_m<1$，则必有$P\{M_H(X)=Y\}>0$；反之，若$P_m=0$且$X\neq Y$，则有$P\{M_H(X)=Y\}=0$；若$P_m=1$且$L\neq d(X,Y)$，则$P\{M_H(X)=Y\}=0$。于是，若对任何X、$Y\in H_L$，有$P\{M_H(X)=Y\}>0$，必有$0<P_m<1$。

证毕。

定理8.2说明变异操作有能力从任何个体出发搜索到H_L中的任何其他一个个体，即整个空间H_L是变异操作的搜索可达域。

引理8.2　$\{\boldsymbol{B}(n)\}$是有限的齐次马氏链。

证明　由于H_L中有2^L个个体，种群空间H_L^N中有2^N个个体，H_L^N是种群序列$\{\boldsymbol{B}(n)\}$的状态空间，从而是有限的。所以$\{\boldsymbol{B}(n)\}$是有限的齐次马氏链。

证毕。

定理8.3　设$\{\boldsymbol{B}(n)\}$是有限的齐次马氏链，$p_{ij}^{(n)}$为n步转移概率，如果存在某个$n_0\geqslant 1$使得$p_{ij}^{(n_0)}>0$，则称状态i可达状态j，记为$i\rightarrow j$。否则，称i不达状态j。进一步，若有$i\rightarrow j$和$j\rightarrow i$同时成立，称i与j互通，记为$i\leftrightarrow j$。

证明　因为，$\{\boldsymbol{B}(n)\}$是有限的齐次马氏链，所以，$p_{ij}^{(n)}=P^n$($n\geqslant 1$，P一步转移概率)。由定理8.2知，$0<P_m<1$时，$P\{M_H(X)=Y\}>0$，所以$p_{ij}^{(n)}>0$，则有$i\rightarrow j$。在定理8.2中，X和Y是H_L中的任意两个B细胞个体。所以，同样可证得$j\rightarrow i$。故我们有结论i与j互通，即$i\leftrightarrow j$。

证毕。

定义8.5　若有$i\rightarrow j$时，必有$j\rightarrow i$，则称i是本质状态(Essential States)，记为E；若存在j使$i\rightarrow j$，但是j不达i，则称i为非本质状态(Inessential States)，记为I。

定义8.6　任何有限马氏链的状态集可分解为本质状态和非本质状态，即$H_L=E\cup I$。

通过重新排列状态，转移概率P的规范形式可写为$P=\begin{pmatrix}\boldsymbol{p}_1 & \boldsymbol{0}\\ \boldsymbol{R} & \boldsymbol{Q}\end{pmatrix}$。$\boldsymbol{p}_1$是本质状态间的转移概率矩阵，$\boldsymbol{R}$是非本质状态到本质状态的转移概率矩阵，而$\boldsymbol{Q}$是非本质状态间的转移概率矩阵。

引理8.3　如果$\{\boldsymbol{B}(n)\}$是一个马氏链，则当$n\rightarrow\infty$时，$P(\boldsymbol{B}(n)\in I)\rightarrow 0$，且独立于初始分布。

证明思路　相似的证明方法见文献[14]，这里不再重复。为了证明GOAIA-GCR的各代状态$\boldsymbol{B}(n)$所组成的搜索序列$\{\boldsymbol{B}(n)\}$是全局收敛的，即就是要证明$n\rightarrow\infty$时，$P(\boldsymbol{B}(n)\subset B^*)\rightarrow 1$。

定理8.4　GOAIA-GCR的各代状态$\boldsymbol{B}(n)$所组成的搜索序列$\{\boldsymbol{B}(n)\}$是有限的齐次马氏链，它以概率1收敛到全局最优解。

证明　引理8.3说明，$\{\boldsymbol{B}(n)\}$包含当前最优值的状态，如果该状态不是问题的全局最优解，则该状态是非本质状态。换句话说，包含全局最优解的状态是本质状态。本质状态的类不可能达到别的类，非本质状态可以转到本质状态。这意味着本质状态以概率1存活(符合文献[14]中的条件2)，同时定理8.2保证了文献[14]中的条件1的成立。

因此，我们有：

$$P(\boldsymbol{B}(n) \subset B^*) = P(\boldsymbol{B}(n) \in E) = 1 - P(\boldsymbol{B}(n) \in I) \to 1 - 0 = 1(\text{当 } n \to \infty \text{ 时}) \tag{8.14}$$

即 GOAIA - GCR 的各代状态 $\boldsymbol{B}(n)$所组成的搜索序列$\{\boldsymbol{B}(n)\}$以概率 1 收敛到全局最优解。

证毕。

8.4 人工免疫网络算法(aiNet)

人工免疫网络算法(aiNet)是人工免疫的另一种算法，它在数据分析和分类中应用十分广泛和有效。该算法建立在免疫系统内部构成网络的机理上。该算法本质上是不断地进行抗体克隆与抑制过程，使被选的抗体数目也即网络节点数不超过一定的范围。

8.4.1 人工免疫网络简介

1974 年，Jerne 根据现代免疫学对抗体分子独特性的认识，在克隆选择学说的基础上，提出了著名的独特性网络学说，以阐明免疫系统内部对免疫响应的自我调节[11]。该学说认为抗原上的表位能够被抗体识别。同样，抗体上也存在能被其他抗体识别的表位。如图 8.17 所示，如果抗原 Ag 能够被抗体 Ab_1识别，Ab_1的独特性又被 Ab_2的抗体结合部位识别，而 Ab_2又被其他抗体识别，依此类推就形成了抗体相互作用的网络。

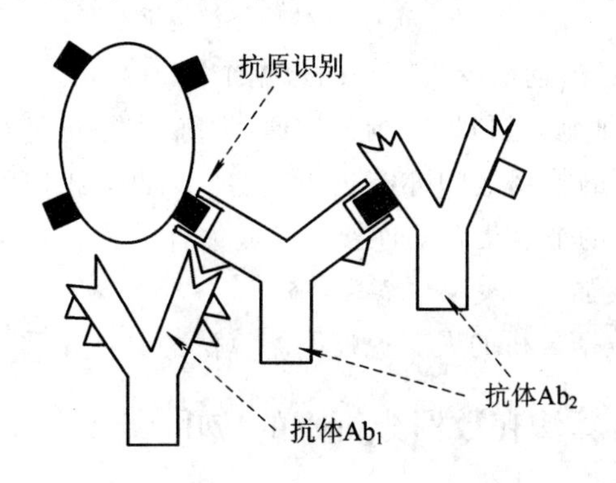

图 8.17 生物免疫系统的免疫网络假设示意图

我们知道，免疫系统在抗原刺激发生之前，抗体集处于一种相对的免疫稳定状态。当抗原进入机体后 ，打破了这种平衡，导致特异抗体分子的产生，在体内形成淋巴细胞与抗体分子所组成的网络结构。由于抗体之间存在相互刺激和抑制关系，制约了抗体总量的无限增大，从而保证了适当的免疫强度，并维持免疫应答的稳定平衡。这也就使它成为一种不同于免疫应答、生发中心反应的另一种免疫学机理。

从数据分析和处理的角度看，抗原 Ag 可以看成是训练数据，抗体是网络节点，经过学习过程，形成映射关系，如图 8.18 所示。

通过抗体之间的相互刺激和抑制关系，被训练的数据(抗原)可以映射成网络节点。图 8.19(a)中表示了一组数据在运行 aiNet 算法之后，通过抗体的不断克隆和进化，改变抗体网络结构，映射成网络节点之间的连接，再经适当的修正，去除不重要的连接，如图 8.19(a)中的虚线，形成了图 8.19(b)，使原来的被训练的数据集合分类成三类。从映射结果可

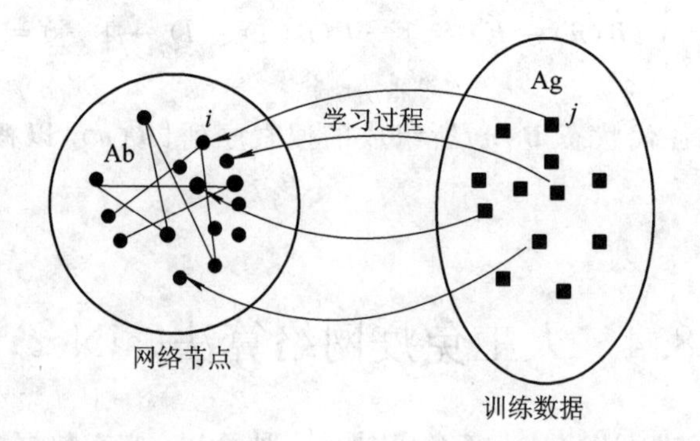

图 8.18　免疫抗体和抗原映射图

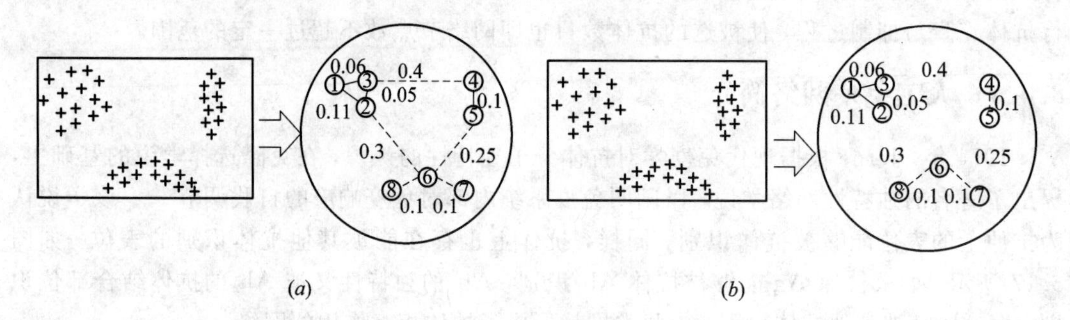

图 8.19　aiNet 抗体网络结构示意图

以看出，aiNet 的节点数目远远地少于原来的数据个数。

这些网络节点(记忆细胞)近似地刻画了抗原(训练数据)的特征和结构。三类数据之间的距离有远近，三类内部的数据之间亦有远近之分。因此，我们可把 aiNet 看做是一个边界加权图，也可称为细胞的节点集合的连接。节点集合的连接也称为边界，每一个连接的边界具有分配的权或连接强度。

下面详细阐述面向数据分析的人工免疫网络算法的具体步骤。

8.4.2　人工免疫网络算法在数据分析中的应用

如前所述，人工免疫网络算法的基本思想是，不断地进行抗体克隆与抑制过程，使被选的抗体数也即网络节点数不超过一定的范围。

具体的算法流程如下：

输入：数据集合 X；包含所有 N_t 个细胞的矩阵 $\boldsymbol{C}$；记忆细胞矩阵 $\boldsymbol{M}$。

输出：抗体集 Ab。

初始化：设置抑制门限阈值 δ_s 和自然死亡门限阈值 δ_d 的初始值。

Step 1　对每一个抗原模式 Ag_j ($j=1, 2, \cdots, M$)，$\mathrm{Ag}_j \in \mathrm{Ag}$，其中 M 是数据集的个数。

Step 1.1　确定 Ag_j 对所有的 Ab_i 的亲和度 $f_{i,j}$，

$$f_{i,j}=\frac{1}{D_{i,j}},\quad i=1,2,\cdots,N \quad (N \text{ 是记忆网络中抗体细胞的总数}) \tag{8.15}$$

$$D_{i,j}=\|\mathrm{Ab}_i-\mathrm{Ag}_j\|,\quad i=1,\cdots,N \tag{8.16}$$

Step 1.2 选择 n 个最高亲和度抗体，形成子集合 Ab$\{n\}$。

Step 1.3 对集合 Ab$\{n\}$中 n 个抗体进行繁殖(克隆)，产生克隆集合 C。其中，每一个细胞的克隆后代的数目 N_c正比于它们同抗原的亲和度 $f_{i,j}$。这意味着亲和度越高，被选择的抗体的克隆数量就越多。

Step 1.4 异变。集合 C 完成一个受控的亲和度成熟过程，即有引导的变异。产生经变异的集合 C^*。C^* 集合中每个抗体 k 经受变异，变异率 α_k 反比于父抗体和抗原的亲和度 $f_{i,j}$，即

$$C_k^* = C_k - \alpha_k(C_k - \text{Ag}_j);$$
$$\alpha_k \propto 1/f_{i,j}, \quad k = 1, 2, \cdots, N_c; i = 1, 2, \cdots, n$$

Step 1.5 计算变异后集合 C^* 中所有元素同 Ag_j的亲和度 $d_{k,j}=1/D_{k,j}$，其中

$$D_{k,j} = \| C_k{}^* - \text{Ag}_j \|, \quad k = 1, 2, \cdots, N_c$$

Step 1.6 筛选。从 C^* 中重新选择 $\zeta\%$具有最高亲和度($d_{k,j}$)的抗体，并把它放入克隆记忆矩阵 $\boldsymbol{M}_j$。

Step 1.7 消亡。从 M_j消去所有亲和度 $D_{k,j}>\delta_d$的记忆克隆。

Step 1.8 在记忆克隆中确定亲和度 $s_{i,k}$：

$$s_{i,k} = \| M_{j,i} - M_{j,k} \|, \ \forall i, k$$

Step 1.9 克隆抑制。消去 $s_{i,k}<\delta_d$的那些记忆克隆，即消去差异小的克隆。

Step 1.10 新旧抗体集成。把总的抗体记忆矩阵与最终对 Ag_j所形成的克隆记忆矩阵 M_j^* 链接起来：

$$\text{Ab}\{m\} \leftarrow [\text{Ab}\{m\}; M_j^*]$$

Step 2 从 Ab$\{m\}$中再确定所有记忆抗体之间的亲和度：

$$s_{i,k} = \| \text{Ab}_{\{m\}}^i - \text{Ab}_{\{m\}}^k \|, \ \forall i, k$$

Step 3 再选择。网络抑制：消去 $s_{i,k}<\delta_d$的抗体。

Step 4 建立总的抗体集 Ab：Ab←[$\text{Ab}_{\{m\}}$；$\text{Ab}_{\{d\}}$]，其中 d 是新加入的抗体数目。

Step 5 测试终止判据。判据成立，结束；否则执行 Step 1。

该算法的终止条件判据有四种(它们之间也可以组合使用)：

(1) 在预定迭代次数之后，停止迭代过程。

(2) 当网络达到预定抗体数目之后，停止迭代过程。

(3) 通过计算各个网络抗体到各个抗原的距离，估计所有抗原和网络记忆抗体 $\text{Ab}_{\{m\}}$之间的平均误差。如果该平均误差大于预定阈值，则停止迭代过程。这个策略对不过于简洁的解有用。

(4) 如果在 k 次连续迭代之后，平均误差上升，则认为网络必须收敛。

由 aiNet 算法可见，对每一个所出现的抗原模式，引出一个克隆免疫响应。这里存在两个抑制步骤：克隆抑制和网络抑制(Step 1.9 和 Step 3)。

就对每一个所出现的抗原而言，为了消去克隆内部自相识的抗体，克隆抑制是必需的；网络抑制要求搜索不同克隆集合之间的相似性。

学习阶段之后，网络抗体代表了呈现于抗体的抗原(或抗原群)的内部映射。网络的输

出可以是记忆抗体坐标(Ab{m})和它们的亲和度矩阵。而矩阵 Ab{m} 是呈现给 aiNet 的抗原网络内部映射。

下面为两个应用例子。

(1) 原始数据有 5 类(见图 8.20),每类 10 个样本。

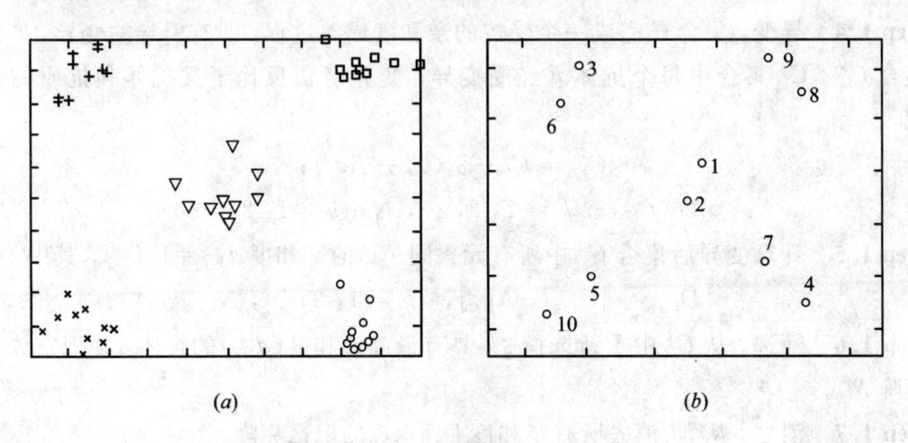

图 8.20 数据和数据分类结果

(a) 原始数据;(b) 分类结果

aiNet 的训练参数:最高亲和度的抗体数目为 $n=4$,$\zeta=0.2$,$\sigma_d=1.0$,$\sigma_s=0.14$,$d=10$。停止判据为:迭代次数 $N_{gen}=10$。其中 d 是每次加入的新抗体数目。

最终网络只有 10 个细胞,问题的复杂度是原来的 20%,压缩 80%。

(2) 2D 螺旋线数据(见图 8.21)聚类的例子。

aiNet 算法参数设置为 $\delta_s=0.07$,$\delta_d=0.01$,$\zeta(\%)=10\%$,$n=4$,$d=10$。经过 $N_{gen}=20$ 的迭代,最终得到如图 8.22 图所示的正确数据划分。如果仅改变 $\delta_s=0.1$,则获得不正确数据划分的结果(如图 8.23 所示)。这说明 δ_s 对抗体细胞之间的抑制计算很关键。如果抗体之间的抑制阈值设置过大,易导致亲和度较近的抗体抑制增强,数据划分错误。

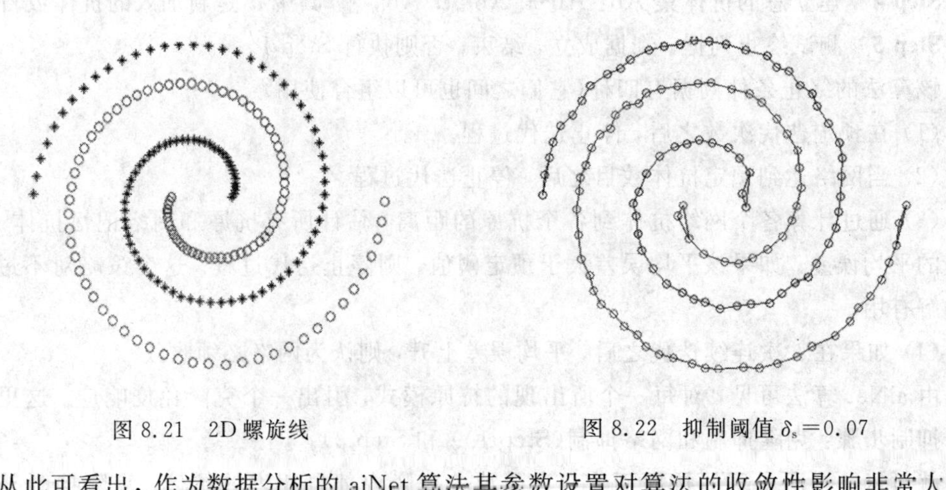

图 8.21 2D 螺旋线　　　　图 8.22 抑制阈值 $\delta_s=0.07$

从此可看出,作为数据分析的 aiNet 算法其参数设置对算法的收敛性影响非常大。如果参数设置不合理,易导致不能搜索到所需的全部数据模式,即搜索到的数据模式不完备。因此,我们认定此算法是不稳定的。

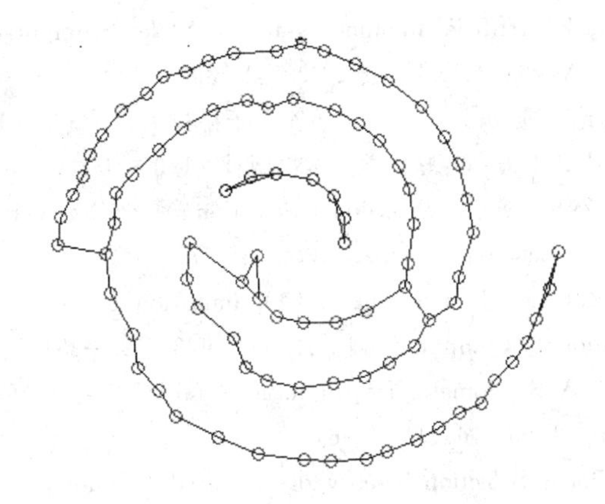

图 8.23 抑制阈值 $\delta_s=0.1$

习题与思考题

1. 请思考基本的免疫算法同基本遗传算法的区别。

2. 请思考免疫算法中抗原和抗体的编码特点。

3. 请思考神经网络与人工免疫算法的区别。

4. 请对比 aiNET 和 AIS 算法，说出它们的异同点。

5. 假设在一次种群迭代中有 3 个最佳二进制编码抗体(1 0 1 1)、(1 1 0 1)、(1 1 1 1)，它们的亲和度值分别为 2.40、2.21、2.15。

(1) 若克隆系数为 7，请求出 3 个抗体分别的克隆数目。

(2) 若超突变系数设为 5%，请采用随机数方式设计一段代码，完成对克隆繁殖抗体的超突变操作。

(3) 还有其他方式完成超突变操作吗?

6. 按照否定负选择机制设计一个免疫算法。

7. 在 aiNet 计算过程中，抗体集中存在与某一抗原最佳亲和度的 $n=4$ 个抗体，其亲和度值为 0.0364、0.0911、0.41260、0.61355，若最佳亲和度的抗体为(0.0975, 0.14188)，重新选择 $\zeta(\%)$为 0.2。

(1) 按照 8.4 节的方法，计算每一个抗体的被克隆数以及克隆总数。其中克隆放大因子 $N=10$)。

(2) 列出此次最佳亲和度抗体克隆后的集合。

(3) 按照重新选择 $\zeta(\%)$计算出待引入抗体数目。

参 考 文 献

[1] 林学颜，张玲. 现代细胞与分子免疫学[M]. 北京：科学出版社，2003：455-458

[2] De Castro L N, Von Zuben F J, Artificial Immune Systems：Part Ⅰ - Basic Theory and Applications [R]. RT - DCA 01/1999, Campinas：State University of Campinas, 1999：1-22

[3] 王重庆. 分子免疫学基础[M]. 北京：北京大学出版社，1999：1-200

[4] De Castro L N, Timmis J. Artificial Immune Systems: A New Computational Intelligence Approach [M]. Berlin: Springer - Verlag, Heidelberg, 2002:1-336
[5] 王磊. 免疫进化计算理论及应用[D]. 西安：西安电子科技大学，2001：1-70
[6] 陆德源. 现代免疫学[M]. 上海：上海科学技术出版社，1995：1-130
[7] De Castro L N, Von Zuben F J. The Clonal Selection Algorithm with Engineering Applications. Proc. GECCO'2000[C]. Las Vegas, USA, 2000: 36-37
[8] De Castro L N, Von Zuben F J. Learning and Optimization Using the Clonal Selection Principle. IEEE Trans. on Evolutionary Computation [J]. 2002, 6(3): 239-251
[9] Kepler T B, Perelson A S. Somatic Hyprmutation in B Cells: An Optimal Control Treatment. Theoretical Biology [J]. 1993, 164(1): 37-64
[10] Burnet F M. The Clonal Selection Theory of Acquired Immunity [M]. Cambridge: Cambridge University Press, 1959
[11] Jerne N K. The Immune System. Scientific American [J]. 1973, 229(1): 51-60
[12] 罗印升. 人工免疫算法及其在优化中的应用研究[D]. 西安：西安交通大学，2005
[13] Alex A F, Timmis J. Revisiting the Foundations of Artificial Immune Systems: A Problem－Oriented Perspective//Timmis J, Bentley P, Haet E. Artificial Immune Systems - Proc. of ICARIS - 2003[C]. Berlin: Springer - Verlag, 2003. 229-241
[14] Rudolph G. Finite Markov Chain Results in Evolutionary Computation: A Tour D'Horizon [J]. Fundamental Informatica, 1998, 35 (1-4): 67-89
[15] 方贤进，李龙澍. 一般克隆选择算法的收敛性证明[J]. 计算机应用研究，27(5)：1683-1685

第9章 粒子群算法及其在智能控制中的应用

9.1 引　　言

Craig Reynolds在1986年提出一个仿真鸟群体飞行行为的模型Boid(bird-oid)[1]，并设定鸟群的飞行行为遵循以下规则：

(1) 碰撞的避免，即个体应避免和附近的同伴碰撞；

(2) 速度的匹配，即个体必须同附近个体的速度保持一致；

(3) 向中心聚集，即个体必须飞向邻域的中心。

该模型较成功地模拟了真实鸟群聚集飞行的行为。之后，Heppner在Boid模型的基础上，又加入了栖息地的仿真条件，即鸟群的活动范围不会越出栖息地。这两个鸟群飞行模型都只使用一些较为基本的规则(比如个体之间的速度匹配)来指导鸟个体的飞行，并没有谁对群体进行集中的控制，即整个群体组织起来(鸟群一起飞行)，却没有一个组织者；整个群体中的个体被协调起来(鸟群集体在蓝天整齐划一、任意翱翔)，却没有一个协调者。实际上，这就是一种群体智能模型。

进一步的研究发现，鸟在搜寻食物的过程中，群体中每个鸟个体能得益于群体中所有其他成员的发现和先前的经历。当食物地点不可预测，且零星分布时，这种协作带来优势是非常明显的，远远大于鸟个体间对食物竞争带来的劣势。这种协作的本质是生物群体中存在着一种社会信息共享机制，它为群体的某种目标(如鸟的觅食)提供了一种优势。

在以上研究的基础上，1995年，Kennedy和Eberhart模拟鸟群觅食行为，提出了一种新颖而有效的群体智能优化算法，称为粒子群优化算法(PSO，Particle Swarm Optimization)[2,3]。

9.2 基本粒子群算法

9.2.1 基本粒子群算法的原理

设想有这样一个场景：一群鸟在某一个区域里随机搜寻食物。在这个区域里，只存在一处食物源，而所有的鸟都不知道食物的具体位置，但是每只鸟知道自己当前的位置离食物源有多远，也知道哪一只鸟距离食物源最近。在这样的情况下，鸟群找到食物的最优策略是什么呢？最简单有效的方法就是搜寻目前离食物源最近的那只鸟的周围区域。PSO就是从这种搜寻食物的场景中得到启示，并用于解决优化问题。PSO的形象图示见图9.1。

在PSO算法中，每个优化问题的潜在解都类似搜索空间中的一只鸟，称其为“粒子”。粒子们追随当前群体中的最优粒子，在解空间中不断进行搜索以寻找最优解。PSO算法首先初始化一群随机粒子(随机解集)，通过不断迭代，且在每一次迭代中，粒子通过跟踪两个极值来更新自己；第一个极值是粒子本身截至目前所找到的最优解，这个解称为个体极值 pb(pbest)；另一个极值是整个粒子群迄今为止所找到的最优解，称为全局极值 gb (gbest)，最终找到最优解。

图 9.1　PSO 的形象图示

9.2.2　基本粒子群算法

在基本 PSO 算法中，首先初始化一群粒子。设有 N 个粒子，每个粒子定义为 D 维空间中的一个点，第 i 个粒子 p_i 在 D 维空间中的位置记为 $X_i=(x_{i1}, x_{i2}, \cdots, x_{iD})$，$i=1, 2, \cdots, N$，粒子 p_i 的飞翔速度记为 V_i，$V_i=(v_{i1}, v_{i2}, \cdots, v_{iD})$，$i=1, 2, \cdots, N$。粒子 p_i 从诞生到目前为止(第 k 次迭代后)，搜索到最好位置称其为粒子 p_i 的个体极值，表示为 $\mathrm{pb}_i^k=(\mathrm{pb}_{i1}^k, \mathrm{pb}_{i2}^k, \cdots, \mathrm{pb}_{iD}^k)$。在整个粒子群中，某粒子是迄今为止(第 k 次迭代后)所有粒子搜索到的最好位置，称其为全局极值，表示为 $\mathrm{gb}^k=(\mathrm{gb}_1^k, \mathrm{gb}_2^k, \cdots, \mathrm{gb}_D^k)$，则 PSO 算法进行优化迭代中，第 i 个粒子 p_i 按照下面公式来更新自己的速度和位置：

$$v_{id}^{k+1} = v_{id}^k + c_1 r_1(\mathrm{pb}_{id}^k - x_{id}^k) + c_2 r_2(\mathrm{gb}_d^k - x_{id}^k) \tag{9.1}$$

$$x_{id}^{k+1} = x_{id}^k + v_{id}^{k+1} \tag{9.2}$$

其中，$i=1, 2, \cdots, N$，是粒子群体中第 i 个粒子 p_i 的序号；$k=1, 2, \cdots, m$，为 PSO 算法的第 k 次迭代；$d=1, 2, \cdots, D$，为解空间的第 d 维；v_{id}^k 表示第 k 次迭代后粒子 p_i 速度的第 d 维分量值；x_{id}^k 表示第 k 次迭代后粒子 p_i 在 D 维空间中位置的第 d 维分量值；pb_{id}^k 表示截至第 k 次迭代后，粒子 p_i 历史上最好位置的第 d 维分量值；gb_d^k 表示截至第 k 次迭代后，全体粒子历史上处于最好位置的粒子的第 d 维分量值；r_1，r_2 是介于[0, 1]之间的随机数；c_1，c_2 是学习因子，是非负常数，分别调节向 PB_i^k 和 GB^k 方向飞行的步长，学习因子使粒子具有自我总结和向群体中优秀粒子学习的能力，合适的学习因子可以加快算法的收敛且不易陷入局部最优；$x_{id}\in[-x_{\max d}, x_{\max d}]$，根据实际问题将解空间限制在一定的范围；$v_{id}\in[-v_{\max d}, v_{\max d}]$，根据实际问题将粒子的飞行速度设定在一定的范围。

$$v_{\max d} = \rho x_{\max d} \tag{9.3}$$

基本粒子群算法流程见图 9.2。

基本粒子群算法流程描述如下：

(1) 初始化一群共 N 个粒子，给每个粒子随机赋予初始位置(从初始位置开始，不断迭代最终可以寻找到全体粒子中最好的位置)和初始速度，并将 i 初始化为 1，将 k 初始化为 0；

(2) 计算粒子 p_i 的适应度；

(3) 当粒子 p_i 在第 k ($k\geqslant 1$) 次迭代时发现了一个好于它以前所经历的最好位置时，将此坐标记入 PB_i^k，如果这个位置也是群体中迄今为止搜索到的最优位置，则将此坐标记入 GB^k；

(4) 将 PB_i^k 与粒子 p_i 当前位置向量之差随机加入到下一代速度向量中，同时，将 GB^k 与粒子 p_i 当前位置向量之差随机加入到下一代速度向量中，并根据式(9.1)和式(9.2)更新粒子 p_i 的速度和位置；

(5) 粒子群中如果还有粒子的速度和位置没有更新，则置 $i=i+1$，转(2)，否则转(6)；

(6) 检查结束条件，如果算法达到设定的迭代次数或满足寻优误差，则算法结束，否则置 $i=1$，$k=k+1$，返回(2)继续进行搜索。

其中，(3)和(4)这两项对粒子的调整，将使粒子围绕全局最优和个体最优两个极值附近展开搜索。

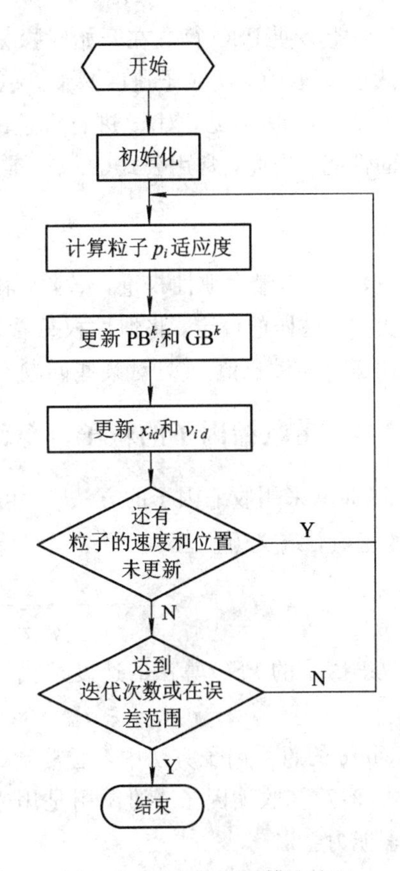

图 9.2　基本粒子群算法流程

9.2.3　带惯性权重的粒子群算法

用公式(9.1)迭代计算 v_{id}^{k+1} 时，若仅考虑粒子先前的速度 v_{id}^k，即 $v_{id}^{k+1}=v_{id}^k$，$d=1, 2, \cdots, D$，则粒子将以当前的速度飞行，直至达到解空间的边界。显然，这样将很难找到最优解。若仅考虑反映粒子自身到目前为止最好位置信息和整个粒子群迄今为止最好位置信息对 v_{id}^{k+1} 的影响，即

$$v_{id}^{k+1}=c_1 r_1(\mathrm{pb}_{id}^k-x_{id}^k)+c_2 r_2(\mathrm{gb}_d^k-x_{id}^k)$$

那么当粒子自身到达目前为止最好位置，且是整个粒子群迄今为止最好位置时，粒子将不再飞行，直到粒子群出现一个新的最好点代替此粒子。于是，每个粒子始终都将向它自身最好位置和群体最好位置方向飞去。此时，粒子群算法的搜索空间随着进化而收缩。在这种情况下，PSO 算法更多地显示其局部的搜索能力。为了改善基本 PSO 算法的搜索性能，我们必须在一次寻优过程中，平衡全局搜索和局部搜索的作用。为此，我们在速度进化方程中引入惯性权重系数 w，即

$$v_{id}^{k+1}=wv_{id}^k+c_1 r_1(\mathrm{gb}_{id}^k-x_{id}^k)+c_2 r_2(\mathrm{gb}_d^k-x_{id}^k) \tag{9.4}$$

式中，w 称为惯性权重系数。称式(9.2)与式(9.4)构成的方程组为标准 PSO 算法(也称其为带惯性权重的 PSO 算法)。基本 PSO 算法是标准 PSO 算法中惯性权重系数 $w=1$ 的特殊情况。惯性权重系数 w 的不同取值使粒子保持不同运动惯性，使其有扩展搜索空间的趋势，有能力探索新的区域。如果 w 较大，则速度 v_{id}^k 的影响也较大，能够快速搜索以前所未达到的区域，整个算法的全局搜索能力加强；若 w 较小，则速度 v_{id}^k 的影响也较小，主要在当前解附近搜索，局部搜索能力加强。显然，理想的情况是算法开始阶段应设定较大的 w

取值，能够使 PSO 算法在开始时探索较大的区域，较快地定位最优解的大致位置，随后逐渐减小 w 取值，使粒子速度减慢，以便精细地进行局部搜索(这里，w 类似于模拟退火中的温度参数)。显见，对 w 进行合适的动态设定，可加快 PSO 算法收敛速度，提高 PSO 算法的性能。为此，常用公式(9.5)，自适应地改变惯性权重系数：

$$w = w_{\max} - \frac{k}{k_{\max}}(w_{\max} - w_{\min}) \tag{9.5}$$

其中，$w_{\max}$ 为最大惯性权重，$w_{\min}$ 为最小惯性权重，k 为当前迭代次数，$k_{\max}$ 为设定的最大迭代次数。这样的设定，将惯性权重看做迭代次数的函数，使 w 线性度减小。值得注意的是，线性递减惯性权值 w 只对某些问题有效。

9.2.4 带收缩因子的粒子群算法

Clerc 采用收缩因子的方法[4, 5]可以保证 PSO 算法收敛。收缩因子 ξ 是关于参数 c_1 和 c_2 的函数，定义为

$$\xi = \frac{2}{\left|2 - \varphi - \sqrt{\varphi^2 - 4\varphi}\right|} \quad \varphi = c_1 + c_2,\ \varphi > 4 \tag{9.6}$$

带收缩因子的 PSO 算法的速度迭代定义为

$$v_{id}^{k+1} = \xi[v_{id}^k + c_1 r_1(\mathrm{pb}_{id}^k - x_{id}^k) + c_2 r_2(\mathrm{gb}_{id}^k - x_{id}^k)] \tag{9.7}$$

在 Clerc 的收缩因子方法中，通常 φ 取值为 4.1，从而使收缩因子 ξ 大致等于 0.729。分析公式(9.7)知收缩因子 ξ 的作用是用来控制与约束粒子的飞行速度，同时增强算法的局部搜索能力。

9.3 粒子群算法的分析

9.3.1 标准 PSO 算法分析

下面参考并部分引用文献[16]，对粒子群算法的收敛性进行分析。标准的 PSO 算法进化方程中，虽然 x_{id} 和 v_{id} 是 D 维变量，但各维之间相互独立。故此，对标准的 PSO 算法的分析[6~9]可以将其简化到一维进行。我们把方程(9.2)和(9.4)简化为一维后，就有

$$x_i^{k+1} = x_i^k + v_i^{k+1} \tag{9.8}$$

$$v_i^{k+1} = wv_i^k + c_1 r_1(\mathrm{PB}_i^k - x_i^k) + c_2 r_2(\mathrm{GB}^k - x_i^k) \tag{9.9}$$

令 $\varphi_1 = c_1 r_1$，$\varphi_2 = c_2 r_2$，$\varphi = \varphi_1 + \varphi_2$，代入上两式并进行整理，可得

$$v_i^{k+1} = wv_i^k - \varphi x_i^k + \varphi_1 \mathrm{PB}_i^k + \varphi_2 \mathrm{GB}^k \tag{9.10}$$

$$x_i^{k+1} = wv_i^k + (1 - \varphi)x_i^k + \varphi_1 \mathrm{PB}_i^k + \varphi_2 \mathrm{GB}^k \tag{9.11}$$

对公式(9.10)和(9.11)进一步整理可得

$$\begin{bmatrix} v_i^{k+1} \\ x_i^{k+1} \end{bmatrix} = \begin{bmatrix} w & -\varphi \\ w & (1-\varphi) \end{bmatrix} \begin{bmatrix} v_i^k \\ x_i^k \end{bmatrix} + \begin{bmatrix} 1 & 0 \\ 0 & 1 \end{bmatrix} \begin{bmatrix} \varphi_1 \mathrm{PB}_i^k + \varphi_2 \mathrm{GB}^k \\ \varphi_1 \mathrm{PB}_i^k + \varphi_2 \mathrm{GB}^k \end{bmatrix}$$

令 $G = \begin{bmatrix} w & -\varphi \\ w & (1-\varphi) \end{bmatrix}$，$B = \begin{bmatrix} 1 & 0 \\ 0 & 1 \end{bmatrix}$，则

$$\begin{bmatrix} v_i^{k+1} \\ x_i^{k+1} \end{bmatrix} = G\begin{bmatrix} v_i^k \\ x_i^k \end{bmatrix} + B\begin{bmatrix} \varphi_1 \mathrm{PB}_i^k + \varphi_2 \mathrm{GB}^k \\ \varphi_1 \mathrm{PB}_i^k + \varphi_2 \mathrm{GB}^k \end{bmatrix} \tag{9.12}$$

公式(9.12)为标准的离散时间线性系统方程。所以，标准 PSO 算法可表述为线性时间离散系统。依据线性离散时间系统稳定判据，粒子的状态取决于矩阵 G 特征值，即当 $k\to\infty$，v_i^k 和 x_i^k 趋于某一定值时，系统稳定的充分必要条件是 G 的全部特征值 λ_1、λ_2 的幅值均小于 1。

下面给出标准 PSO 收敛性分析，G 的特征值为式(9.13)的解：

$$\lambda^2 - (w + 1 - \varphi)\lambda + w = 0 \tag{9.13}$$

式(9.13)的解为

$$\lambda_{1,2} = \frac{(w + 1 - \varphi) \pm \sqrt{(w + 1 - \varphi)^2 - 4w}}{2} \tag{9.14}$$

(1) 当 $(w+1-\varphi)^2 \geqslant 4w$ 时，λ_1、λ_2 为实数，且

$$\lambda_{1,2} = \frac{w + 1 - \varphi \pm \sqrt{(w + 1 - \varphi)^2 - 4w}}{2}$$

此时

$$x_i^k = A_0 + A_1\lambda_1^k + A_2\lambda_2^k \tag{9.15}$$

其中，

$$A_0 = \frac{c_1 \mathrm{PB}_i^k + c_2 \mathrm{GB}^k}{c_1 + c_2}$$

$$A_1 = \frac{\lambda_2(x_i^0 - A_0) - [(1-\varphi)x_i^0 + wv_i^0 + \varphi_1 \mathrm{PB}_i^k + \varphi_2 \mathrm{GB}^k - A_0]}{\lambda_2 - \lambda_1}$$

$$A_2 = \frac{[(1-\varphi)x_i^0 + wv_i^0 + \varphi_1 \mathrm{PB}_i^k + \varphi_2 \mathrm{GB}^k - A_0] - \lambda_1(x_i^0 - A_0)}{\lambda_2 - \lambda}$$

(2) 当 $(w+1-\varphi)^2 < 4w$ 时，λ_1、λ_2 为复数，且

$$\lambda_{1,2} = \frac{w + 1 - \varphi \pm i\sqrt{4w - (w + 1 - \varphi)^2}}{2}$$

此时

$$x_i^k = A_0 + A_1\lambda_1^k + A_2\lambda_2^k \tag{9.16}$$

其中，

$$A_0 = \frac{c_1 \mathrm{PB}_i^k + c_2 \mathrm{GB}^k}{c_1 + c_2}$$

$$A_1 = \frac{\lambda_2(x_i^0 - A_0) - [(1-\varphi)x_i^0 + wv_i^0 + \varphi_1 \mathrm{PB}_i^k + \varphi_2 \mathrm{GB}^k - A_0]}{\lambda_2 - \lambda_1}$$

$$A_2 = \frac{[(1-\varphi)x_i^0 + wv_i^0 + \varphi_1 \mathrm{PB}_i^k + \varphi_2 \mathrm{GB}^k - A_0] - \lambda_1(x_i^0 - A_0)}{\lambda_2 - \lambda}$$

(3) 当 $(w+1-\varphi)^2 = 4w$ 时，且

$$\lambda = \lambda_1 = \lambda_2 = \frac{w + 1 - \varphi}{2}$$

此时

$$x_i^k = (A_0 + A_1 k)\lambda^k \tag{9.17}$$

其中，

$$A_0 = x_i^0$$

$$A_1 = \frac{(1-\varphi)x_i^0 + wv_i^0 + \varphi_1 \mathrm{PB}_i^k + \varphi_2 \mathrm{GB}^k}{\lambda} - x_i^0$$

当 $k \to \infty$ 时，x_i^k 有极限，即趋向于有限值，表示PSO算法收敛。若要上述三种情况下，对应的式(9.15)、式(9.16)、式(9.17)收敛，其条件只能是 λ_1、λ_2 的幅值均小于1。

9.3.2 PSO算法在二维空间的收敛分析

PSO算法在二维空间域中，第 i 个粒子 p_i 第 $k+1$ 步迭代的状态向量表示为 $[x_{i2}^{k+1}, v_{i2}^{k+1}]^{\mathrm{T}}$，把这个状态向量在二维上分别分解，对粒子 p_i 位置分解为：x_i^{k+1}(x 方向位移)与 y_i^{k+1}(y 方向位移)；速度可分解为：u_i^{k+1}(x 方向速度)和 v_i^{k+1}(y 方向速度)。于是，PSO算法在二维空间域中，第 i 个粒子 p_i 的第 $k+1$ 步迭代的状态向量可写为 $[x_i^{k+1}, y_i^{k+1}, u_i^{k+!}, v_i^{k+1}]^{\mathrm{T}}$。加入惯性权重改进后的标准PSO算法，可得各方向的方程为

$$x_i^{k+1} = x_i^k + u_i^{k+1}$$

$$y_i^{k+1} = y_i^k + v_i^{k+1}$$

$$u_i^{k+1} = \xi u_i^k + c_1 r_1 (px_i^k - x_i^k) + c_2 r_2 (gx^k - x_i^k)$$

$$v_i^{k+1} = \zeta v_i^k + d_1 r_3 (py_i^k - y_i^k) + d_2 r_4 (gy^k - y_i^k)$$

其中，ξ, ζ 为标准PSO算法中的权重系数；c_1，c_2，d_1，d_2 为加速常数；r_1，r_2，r_3，r_4 为随机数；px_i^k 为 x 方向的粒子 p_i 最优值；gx^k 为 x 方向全局最优值；py_i^k 为 y 方向的粒子 p_i 最优值；gy^k 为 y 方向的全局最优值。

为了便于分析PSO算法在二维域内的收敛，对随机参数 r_1，r_2，r_3，r_4 取下面的值：

$$r_1 = r_2 = r_3 = r_4 = 0.5$$

并令

$$c = \frac{c_1 + c_2}{2}$$

$$d = \frac{d_1 + d_2}{2}$$

$$px = \frac{c_1}{c_1 + c_2} px_i^k + \frac{c_2}{c_1 + c_2} gx^k$$

$$py = \frac{d_1}{d_1 + d_2} py_i^k + \frac{d_2}{d_1 + d_2} gy^k$$

则方程组可简化表示为

$$x_i^{k+!} = x_i^k + u_i^{k+!}$$

$$y_i^{k+1} = y_i^k + v_i^{k+1}$$

$$u_i^{k+1} = \xi u_i^k + c(px - x_i^k)$$

$$v_i^{k+1} = \zeta v_i^k + d(py - y_i^k)$$

写成向量形式为

$$\begin{bmatrix} x_i^{k+!} \\ y_i^{k+1} \\ u_i^{k+1} \\ v_i^{k+1} \end{bmatrix} = A \begin{bmatrix} x_i^k \\ y_i^k \\ u_i^k \\ v_i^k \end{bmatrix} + B \begin{bmatrix} \mathbf{0} \\ \boldsymbol{p} \end{bmatrix}$$

其中 A 为

$$A = \begin{bmatrix} 1-c & 0 & \xi & 0 \\ 0 & 1-d & 0 & \zeta \\ -c & 0 & \xi & 0 \\ 0 & -d & 0 & \zeta \end{bmatrix}$$

根据动态系统理论，粒子的时间行为依赖于动态矩阵 A 的特征值。对于给定的均衡点而言，均衡点稳定的必要充分条件是矩阵 A 的四个特征值小于 1。只有在这个条件下，粒子才最终达到均衡点，粒子群算法才会收敛。

矩阵 A 的特征值 λ_1、λ_2、λ_3、λ_4（实数或者复数）是下面方程的解：

$$[\lambda^2 - (\xi - c + 1)\lambda + \xi][\lambda^2 - (\zeta - d + 1)\lambda + \zeta] = 0$$

对上式的根进行分析，可以得到结论：当

$$\xi < 1, \quad c > 0, 2\xi - c + 2 > 0$$

或

$$\xi < 1, \quad d > 0, 2\zeta - d + 2 > 0$$

时，对于给定的任何初始位置和速度，只要算法的参数在这个区域内选定，粒子都会最终收敛于由式子所决定的均衡点。

同理，可采用类似的思想方法，研究 PSO 算法在多维空间域内的收敛性。

9.4 几种改进的粒子群算法

基本 PSO 算法，因其概念简单、容易实现，成为一种有效的智能优化算法。特别是 Trelea 和 Clerc 等人的研究，在理论上证明了算法的收敛性，给出了 PSO 算法参数的选择范围，使得 PSO 算法广泛应用于函数优化、神经网络训练，以及复杂工业过程的优化控制。PSO 算法对于低维函数的全局搜索能力强，寻优速度快。但是，当函数为高维且多峰值时，容易陷入局部最优，使得粒子趋于同化，有早熟的现象。另外，基本 PSO 算法最初针对连续函数进行优化搜索运算，不能直接解决离散空间的优化问题。为此，需要对基本 PSO 算法进行改进。下面介绍几种典型的改进粒子群算法。

9.4.1 离散粒子群优化算法

为了用 PSO 算法求解大量的离散组合优化问题，主要有两条完全不同的技术路线：一种是以基本的 PSO 算法为基础，针对具体问题，将离散问题空间映射到连续粒子运动空间，并适当修改基本 PSO 算法，对位置的表示采用离散形式，但在计算上仍保留基本 PSO 算法速度更新中的连续运算规则；另一种是针对离散优化问题，基于基本 PSO 算法搜寻求解更新的基本机理，在基本 PSO 算法的基本思想和算法框架下，重新定义粒子群离散表示方式以及操作算子，在位置的表示上采用离散形式。在计算上，以离散空间特有的对矢量的位操作，取代传统向量计算。但从信息的交流机制上看，仍保留了基本 PSO 算法特有的信息交换机制。

这两种方法的区别在于：前者将实际离散空间中的优化问题映射到粒子连续运动空间后，在连续空间中使用经典的 PSO 算法求解，称其为基于连续空间的 DPSO（Discrete

Particle Swarm Optimization)；后者则是将PSO算法机理引入到离散空间，在离散空间中进行计算和求解，称其为基于离散空间的DPSO。

1. 基于连续空间的DPSO优化算法

对基于连续空间DPSO算法的研究取得了很多进展，其中Kennedy和Eberhart于1997提出了二进制PSO算法[9](PBSO, Binary PSO)，并建立了不同于基本PSO算法的新计算模式。在BPSO中，粒子位置的每一维x_{id}定义为1或者0，但对速度v_{id}而言，则不作这种限制。通过粒子的速度来更新粒子位置时，根据粒子速度值大小，按概率来选择粒子p_i在每一维d的位置上取1或0。v_{id}^{k+1}越大，x_{id}^{k+1}越有可能选1；相反，v_{id}^{k+1}值越小，x_{id}^{k+1}则越接近0。BPSO的粒子状态更新公式为

$$x_{id}^{k+1}=\begin{cases}1 & \rho_{id}<\mathrm{sig}(v_{id}^{k+1})\\ 0 & \text{其他}\end{cases} \tag{9.18}$$

$$\mathrm{sig}(v_{id}^{k+1})=\frac{1}{1+\exp(-v_{id}^{k+1})} \tag{9.19}$$

其中，Sigmoid函数$\mathrm{sig}(v_{id}^{k+1})$可以保证向量$x_{id}^{k+1}$的每一分量取值在[0，1]之间，$\rho_{id}$为预设阈值，常用随机数。BPSO的其余部分与连续PSO相同。

2. 基于离散空间的DPSO优化算法

基于离散空间的DPSO算法，需要针对具体问题，构建相应的粒子表达方式，并重新定义粒子更新公式(9.1)和(9.2)。Clerc针对旅行商问题(TSP，Traveling Salesman Problem)所提出的TSP-DPSO算法[10, 13]，具有典型性。

在TSP-DPSO算法中，用所有城市的一个序列来表示粒子的一个位置，这个序列也表示了TSP问题的一个解。如n个城市的TSP-DPSO算法中某粒子p_i的一个位置为$p_{is}=(a_{ij})$，$j=1, 2, \cdots, n$，a_{ij}为某城市，从左向右表示访问城市的顺序。例如，对于5个城市，某粒子的一个位置为$p_{is}=(2\ \ 4\ \ 5\ \ 1\ \ 3)$，从左至右第1位置上的元素是城市2，第2位置上的元素是城市4，第3位置上的元素是城市5，第4位置上的元素是城市1，第5位置上的元素是城市3。这个序列表示从城市2出发去城市4，再去城市5，后去城市1，最后去城市3，然后返回城市2。全体城市所有可能的序列就构成了问题搜索空间。粒子位置的更新就意味粒子p_i从所有城市的一种序列变化到另一种序列。而这种更新是由粒子的飞翔引起的。基于此，速度定义为：粒子为达到目标状态(城市序列对应路径的路程最短)需要对其当前序列中的多个位置上的元素执行交换操作。为此，引入了交换子和交换序列概念。

一个交换子$s=\mathrm{Swap}p_i(k, l)$定义为：交换子s作用在粒子p_i上，使p_i的位置(序列)中位置k上元素和位置l上元素相互交换。例如，5个城市TSP的一个粒子p_1当前的位置(序列)为$(1\ \ 2\ \ 3\ \ 4\ \ 5)$，对其施加一个交换子$s=\mathrm{Swap}p_1(2, 4)$后，p_1新的位置(序列)变为$(1\ \ 4\ \ 3\ \ 2\ \ 5)$。在这里，交换子的作用可看做粒子的飞翔速度，它改变p_1的位置。

一组特定顺序的交换子集合称为一个交换序列$ss=\mathrm{Swap}p_i(s_1, s_2, \cdots, s_m)$，它定义为：$ss$对粒子$p_i$连续实施交换子$s_1$，$s_2$，…，$s_m$。例如粒子$p_1$，它当前位置为$(1\ \ 2\ \ 3\ \ 4\ \ 5)$，对其施加交换序列$ss=\mathrm{Swap}p_1[(1, 3), (2, 3), (3, 5), (4, 5)]$后，粒子$p_1$的最新位置为$(3\ \ 1\ \ 5\ \ 2\ \ 4)$。

为此，需要重新定义基本粒子群算法中的运算操作，重新定义后的粒子状态更新公

式为

$$v_i^{k+1} = v_i^k \oplus \alpha(\mathrm{pb}_i^k - x_i^k) \oplus \beta(\mathrm{gb}^k - x_i^k) \tag{9.20}$$

$$x_i^{k+1} = x_i^k + v_i^{k+1} \tag{9.21}$$

其中，v_i^k表示交换序列，α，$\beta\in[0, 1]$为随机数，pb_i^k、x_i^k、gb^k都是粒子的位置，视$(\mathrm{pb}_i^k - x_i^k)$和$(\mathrm{gb}^k - x_i^k)$为交换序列。比如，$A=(\mathrm{pb}_i^k - x_i^k)$，$A$为交换序列，该式子可理解为$A$施加在粒子$p_i$后，粒子$p_i$从位置$x_i^k$变为位置$\mathrm{pb}_i^k$。符号$\oplus$表示合并算子，$v_i^{k+1}$可理解为经合并算子运算后产生的交换序列。公式(9.21)中的符号"$+$"表示交换序列v_i^{k+1}施加在位置x_i^k上，产生新位置x_i^{k+1}。基于上述重新定义的粒子状态更新公式，就可实现离散空间上的DPSO算法。

9.4.2 小生境粒子群优化算法

Brits等人将小生境[11](Niche)技术引入PSO算法，提出一种小生境粒子群算法[12](NPSO，Niche Particle Swarm Optimization)。小生境是来自于生物学的一个概念，是指特定环境下的一种生存环境，处于该生存环境的生物在其进化过程中，一般总是与自己相同的物种生活在一起，共同繁衍后代。它们也都是在某一特定的地理区域中生存。引入小生境技术的NPSO算法保持了粒子群的多样性，在多峰函数优化问题中显示了比较好的性能。

Brits等人提出的小生境PSO算法，其最基本思想是，将生物学中处于分离状态且在孤立的地理小生境中的不同物种之间不进行竞争或交配而独立进化这一概念移植到粒子群算法中，以便在迭代过程中保持粒子群的多样性。小生境粒子群算法主要分为两个阶段，第一个阶段基于小生境概念，根据粒子之间的距离(欧氏距离)找到每个粒子的小生境群体(称其为子粒子群)，然后在每个小生境群体中利用基本粒子群算法进行速度和位置更新，其中子粒子群的最优值仅在该小生境群体中起作用。对于更新(一次迭代)后的每个子粒子群，更新其最优个体，并根据粒子间的距离，对进入小生境的粒子进行吸收，对符合合并条件的两个小生境粒子群进行合并。上述过程不断迭代，直到满足终止条件。

在算法迭代运行过程中，NPSO算法主要依赖于以下几种操作：

(1) 子粒子群s_j的半径r_{s_j}计算：

$$r_{s_j} = \max\{\| p_{s_{jg}} - p_{s_{ji}} \|\} \tag{9.22}$$

其中，$p_{s_{jg}}$是子粒子群s_j中最优粒子，$p_{s_{ji}}$表示子粒子群s_j中的任一非最优粒子；

(2) 当粒子p_i进入子粒子群s_j范围内时，子粒子群s_j吸收粒子p_i，即

$$\| p_{s_{jg}} - p_i \| \leqslant r_{s_j} \tag{9.23}$$

(3) 当两个子粒子群s_{j_1}和s_{j_2}相交时，即

$$\| p_{s_{j_1 g}} - p_{s_{j_2 g}} \| < (r_{j_1} + r_{j_2}) \tag{9.24}$$

两个子粒子群合并成一个新的子粒子群。

基于小生境的粒子群算法的具体步骤如下：

(1) 初始化粒子群体为

$$P = \{p_1, p_2, \cdots, p_N\}$$

(2) 确定小生境子粒子群及每个子粒子群中的个体。通过计算两个粒子个体的距离，

确定小生境子粒子群 s_{j_i}，$i=1, 2, \cdots, k$，共 k 个子粒子群，$p_{s_{j_i}}$ 为子粒子群 s_{j_i} 的元素个数。

(3) 按照基本PSO算法对每个小生境子粒子群进行运算，包括每个粒子的速度和位置更新、子粒子群半径计算和更新、子粒子群的合并及每个子粒子群对符合条件粒子的吸收。

(4) 计算每个子粒子群最优的粒子，检查是否达到优化条件。如果达到误差精度或所确定的迭代次数，算法结束；否则，转(3)进入下一次迭代。

9.5 粒子群算法在智能控制中的应用

9.5.1 用PSO算法求解TSP的应用

用PSO算法求解TSP问题时，首先对PSO算法公式(9.1)、式(9.2)中最关键的两点，即① 粒子的位置和粒子的速度，② 粒子位置和速度的更新，要在TSP中有一个明确对应的定义。对于TSP的一个解，是一条经过各城市一次且仅一次的路线。显然，可用所有城市的一个序列来表示TSP的一个可能的解，这个解可视为PSO算法中粒子的一个位置，故所有城市所有可能的序列就构成了问题搜索空间。粒子位置的更新就意味着将所有城市的一种序列变换到另一种序列，而这种更新是由粒子"飞翔"引起的，即粒子的速度可以看做是施加在粒子位置上的一种操作，这种操作可以使所有城市的一种序列发生变化。粒子速度的更新会引起粒子"飞翔"的变化，而这种变化最终还是引起粒子位置的变化。基于这样的粒子位置、位置变化、速度以及速度更新定义，下面参考并部分引用文献[13]说明用PSO算法解决TSP问题。

让我们先表述几个定义：

编码 对 n 个城市TSP的一个可能解进行编码，即每个城市用唯一的数 $i(i=1, 2, \cdots, n)$ 表示，所有城市的一个序列就是一个编码。例如设5个城市TSP问题的一个解的编码为 $p=(1\quad 2\quad 3\quad 4\quad 5)$，意为从城市1出发到城市2，再到城市3，…，最后经城市5返回到城市1。

交换子及操作 设 n 个城市TSP问题的一个解 $p_i=\{a_{ij}\}$，$i=1, 2, \cdots, n$，交换子 $s(a_{ik}, a_{il})$ 作用在 p_i 就意味交换解 p_i 对应编码中位置 a_{ik} 和位置 a_{il} 上元素，这个操作可表示为 $p_i'=p_i+s$，意思为TSP的一个解 p_i，经交换子 s 操作后得一新解 p_i'，这里符号"+"表示交换子 s 施加在 p_i 上。例如，对 $p_i=(1\quad 2\quad 3\quad 4\quad 5)$，有一交换算子 $s(2, 4)$，则

$$p' = p_i + s(2, 4) = (1\quad 2\quad 3\quad 4\quad 5) + s(2, 4) = (1\quad 4\quad 3\quad 2\quad 5)$$

交换序列及操作 两个或两个以上交换子的有序序列就是交换序列，记作SS。例如交换子 $s_1, s_2, \cdots, s_l$ 构成一个交换序列 $SS=(s_1, s_2, \cdots, s_l)$，在这里交换子的顺序是有意义的。交换序列SS作用于一个TSP的解 p_0，就意味着这个交换序列中的交换子 s_1 首先作用于该解 p_0 上，得到 p_1，随后交换子 s_2 作用于 p_1，得到 p_2，…，最后交换子 s_l 作用于 p_{l-1}，得到交换序列SS作用于 p_0 结果即

$$p' = p_0 + SS = p_0 + (s_1, s_2, \cdots, s_l) = ((p_0 + s_1) + s_2) + \cdots + s_l$$

例如，交换序列 SS=($s_1(2,4)$，$s_2(3,5)$)，作用在 $p_0=(1\ \ 2\ \ 3\ \ 4\ \ 5)$，结果为

$$p' = \{[(12345) + s_1(2,4)] + s_2(3,5)\} = (14325) + s_2(3,5) = (14523)$$

不同的交换序列作用于同一解上可能产生相同的新解，所有有相同效果的交换序列的集合称为交换序列的等价集。在交换序列的等价集中，拥有最少交换子的交换序列称为该等价集的基本交换序列。

合并算子 若干个交换子可以合并成一个新的交换序列，合并算子实现两个或多个交换子的合并，合并算子用符号⊕表示。设两个交换子 s_1 和 s_2，按先后顺序作用于解 p 上，得到新解 p'，如果另外有一个交换序列 s'作用于同一解 p 上，能够得到相同的解 p'，则可定义 $s'=s_1 \oplus s_2$，称 s'等价 s_1 和 s_2的合并。

例如，两个交换子 $s_1(2,4)$和 $s_2(3,5)$，作用在 $p=(1\ \ 2\ \ 3\ \ 4\ \ 5)$，结果为 $p'=$ (14523)，显然，交换序列 $s'=(s_1, s_2)$等价于 s_1和 s_2的合并。

"粒子"速度更新 基本 PSO 算法中的速度算式(9.1)已不适合 TSP 问题，重新构造粒子速度更新算式为

$$v_i^{k+1} = wv_i^k \oplus \alpha(\mathrm{pb}_i^k - x_i^k) \oplus \beta(\mathrm{gb}^k - x_i^k) \tag{9.25}$$

其中，α，$\beta \in [0, 1]$为随机数。$\alpha(\mathrm{pb}_i^k - x_i^k)$表示交换序列($\mathrm{pb}_i^k - x_i^k$)以概率 α 起作用；同理，$\beta(\mathrm{gb}^k - x_i^k)$表示交换序列($\mathrm{gb}^k - x_i^k$)以概率 β 起作用。由此可以看出，α 的值越大，交换子($\mathrm{pb}_i^k - x_i^k$)起作用的概率就越大；同理，β 的值越大，交换子($\mathrm{gb}^k - x_i^k$)起作的用概率就越大。

根据以上定义，求解 TSP 的 PSO 算法步骤可描述如下：

(1) 初始化粒子群，即给群体中的每个粒子赋一个随机的初始解和一个随机的交换序列。

(2) 如果解满足结束条件，则显示求解结果并结束求解过程，否则继续执行(3)。

(3) 根据粒子当前位置 x_i^k，计算其下一个位置 x_i^{k+1}，即新解，具体如下：

① 寻找 A，$A=(\mathrm{pb}_i^k - x_i^k)$，$A$ 是一交换序列，表示 A 作用于 x_i^k得到 pb_i^k；

② 寻找 B，$B=(\mathrm{gb}^k - x_i^k)$，$B$ 是一交换序列，表示 B 作用于 x_i^k得到 gb^k；

③ 根据式(9.25)计算速度 v_i^{k+1}，得到的 v_i^{k+1}是一交换序列；

④ 根据式(9.26)计算新解 x_i^{k+1}，

$$x_i^{k+1} = x_i^k + v_i^{k+1} \tag{9.26}$$

⑤ 如果所计算的 x_i^{k+1}即当前粒子是一个更好的解，则更新 pb_i^k。

(4) 如果 pb_i^k比 gb^k更优秀，用 pb_i^k代替 gb^k后转步骤(2)。

根据上述 DPSO 算法，TSP 问题 20 个城市的仿真情况如下：

(1) TSP 问题 20 个城市及对应坐标为：

5.326，2.558；4.276，3.452；4.819，2.624；3.165，2.457；
0.915，3.921；4.637，6.026；1.524，2.261；3.447，2.111；
3.548，3.665；2.649，2.556；4.399，1.194；4.660，2.949；
1.479，4.440；5.036，0.244；2.830，3.140；1.072，3.454；
5.845，6.203；0.194，1.767；1.660，2.395；2.682，6.072

(2) 具体仿真实验结果如表 9.1。

表 9.1　20 城市 TSP 问题仿真结果

实验次数	$\alpha=0.5$，$\beta=0.7$	$\alpha=0.7$，$\beta=0.5$	$\alpha=0.2$，$\beta=0.8$	$\alpha=0.8$，$\beta=0.2$
1	27.1304	26.2818	24.3880	23.6617
2	25.7943	28.4228	24.3880	27.4689
3	28.1079	24.8187	25.4418	28.6789
4	24.8620	24.3076	23.6617	23.6174
5	25.0284	23.2803	25.6470	23.6617
6	24.7106	26.9545	27.1074	24.3880
7	25.4171	27.5815	25.9161	26.4746
8	24.9212	25.4418	27.1330	27.8331
9	27.9741	23.6617	27.4295	26.1253
10	24.0438	27.2170	23.2803	26.1182
平均长度	25.7990	25.7968	25.4393	25.8028
最优长度	24.0438	23.2803	23.2803	23.6174

(3) 当 $\alpha=0.5$，$\beta=0.7$，粒子初始位置为取不同的编码和初始交换序列时，解与收敛过程见图 9.3。

实验显示，对应粒子初始位置为不同的编码且不同的初始交换序列，算法的收敛速度略有不同。当算法找到好的粒子位置(解)，只有好的粒子位置对应的路径没有交叉时，这些路径才是较优秀解。比如第 2、4、5、6、8、10 次实验。

9.5.2　在机器人控制领域的应用

路径规划是移动机器人最基本的研究问题之一，根据机器人对环境信息的掌握程度，路径规划可以分为两种类型：环境信息完全已知的全局路径规划和环境信息部分未知或完全未知的局部路径规划。下面参考并部分引用文献[14]，说明采用 PSO 算法解决移动机器人全局路径规划问题[15]。

1. 路径规划问题的描述与建模

对于移动机器人，路径规划就是寻找它在环境中移动时，所必须经过的合适的点的集合。首先，在机器人运动空间建模时，作如下假定：

(1) 移动机器人在二维平面凸多边形区域 AS 中移动；

(2) 视机器人为质点机器人，将机器人尺寸大小转换为对障碍物尺寸的适当拓展；

(3) 机器人移动空间中，分布着有限个已知的静态障碍物。

障碍物对机器人移动阻挡的范围，用障碍物在二维平面上的正投影区域来表征，即质点机器人无法进入也无法通过这个障碍的投影区域，换句话说，这个障碍投影区域中的点都是障碍点。

设 s 为机器人的出发点，g 为终点。从 s 移动到 g，因障碍物的存在，机器人移动的轨迹不可能是一个线段 sg，机器人的路径规划就是要寻找一个点的集合 p：

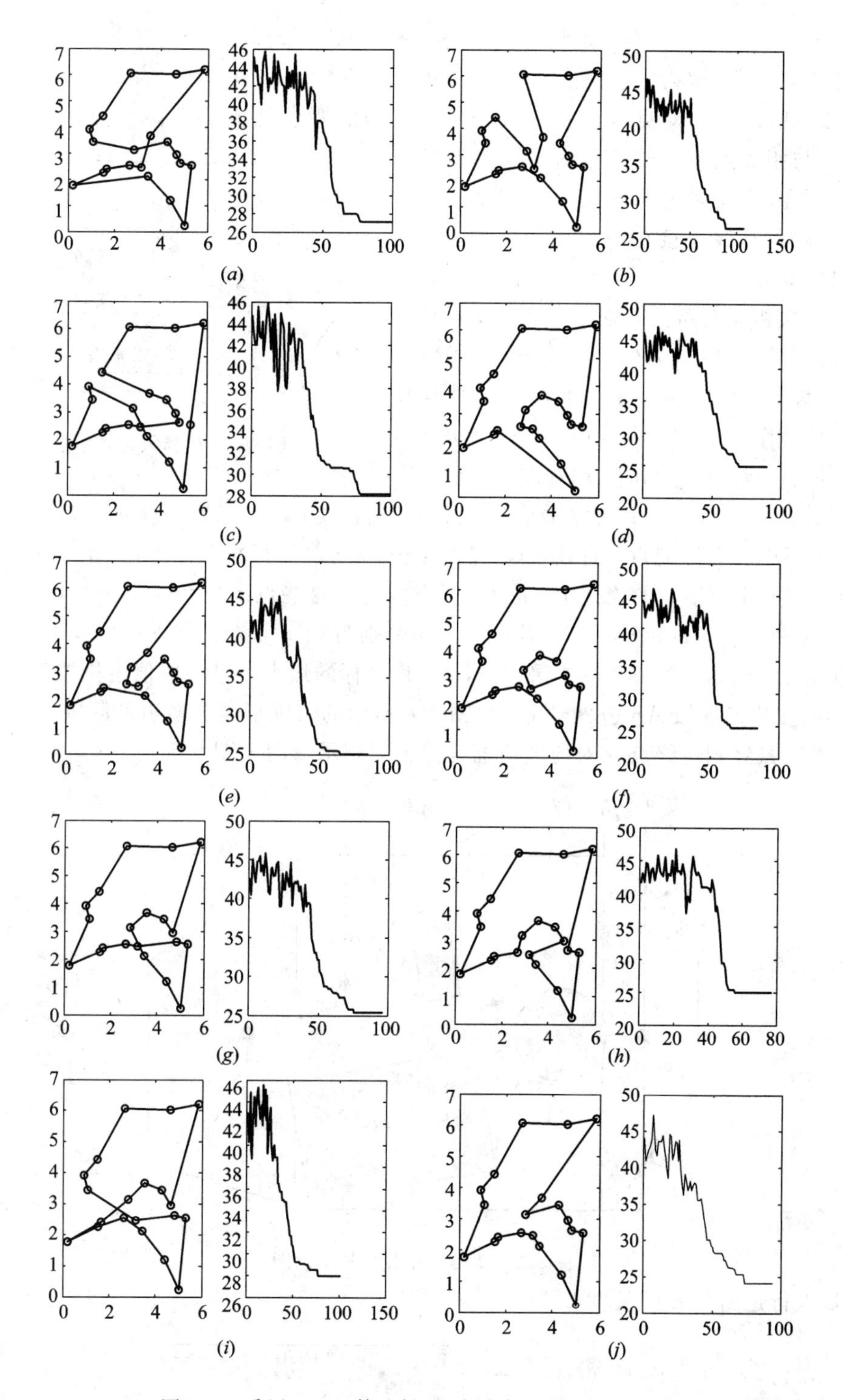

图 9.3　采用 DPSO 算法解 20 个城市 TSP 问题的仿真

(*a*) 第 1 次实验结果；(*b*) 第 2 次实验结果；(*c*) 第 3 次实验结果；(*d*) 第 4 次实验结果；(*e*) 第 5 次实验结果；(*f*) 第 6 次实验结果；(*g*) 第 7 次实验结果；(*h*) 第 8 次实验结果；(*i*) 第 9 次实验结果；(*j*) 第 10 次实验结果

$$p = \{s, p_1, p_2, \cdots, p_{n-1}, g\} \tag{9.27}$$

其中，出发点 s 可以视为 p_0，终点 g 可以视为 p_n，$(p_1, p_2, \cdots, p_{n-1})$ 为二维平面上一个点的序列，即规划目标。对点 $p_i(i=1, 2, \cdots, n-1)$ 的要求是 p_i 为非障碍点，$p_i(i=1, 2, \cdots, n-1)$ 与相邻点 p_{i-1} 或 p_{i+1} 的连线上不存在障碍点。机器人行走路径 L 就是由 p_i 到 $p_{i+1}(i=0, 2, \cdots, n)$ 的连线连接在一起而构成的。路径示意图见图 9.4。

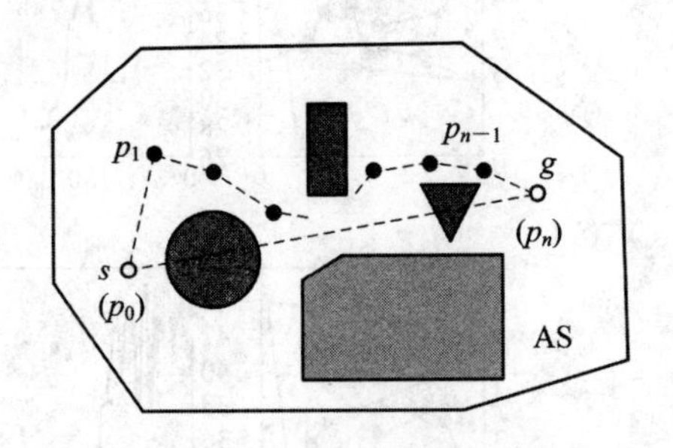

图 9.4　机器人路径示意图

对于一次机器人路径规划，假定已知障碍物位置、机器人出发点 s 和终点 g。为使问题简化，以过 s、g 两点的直线为 x 轴，垂直于 x 轴且经过 s 点的直线作为 y 轴。将线段 sg 进行 $(n+1)$ 等分，在每一个等分点处作 x 轴垂线，得到一簇平行直线 $(l_1, l_2, \cdots, l_n)$，l_0 与 y 轴重合。在每一条直线 $l_i(i=1, 2, \cdots, n-1)$，上，确定一个点 p_i，p_i 不但为非障碍点，而且 $p_i(i=1, 2, \cdots, n-1)$ 与相邻点直线 l_{i-1} 上点 p_{i-1} 的连线上或与直线 l_{i+1} 上点 p_{i+1} 的连线上，也不存在障碍点。这些点 $p_i(i=1, 2, \cdots, n-1)$ 就构成目标点序列 $(p_0, p_1, p_2, \cdots, p_n)$，其中 p_0、p_n 分别与 s、g 重合。点 $p_i(i=0, 1, 2, \cdots, n)$ 对应的坐标为 (x_{p_i}, y_{p_i})。$p_i(i=1, 2, \cdots, n-1)$ 坐标的最大—最小取值由机器人所移动的二维平面凸多边形区域 AS 边界确定。对图 9.4 所示的二维平面凸多边形区域 AS，机器人从 s 点出发，最终到达终点 g 对应的机器人路径规划示意图见图 9.5。

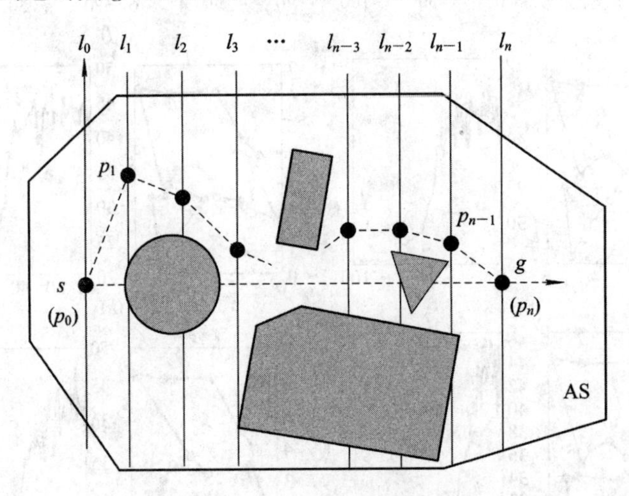

图 9.5　机器人路径规划示意图

机器人行走路径 L 的长度 L_l 为

$$\begin{aligned} L_l &= \sum_{i=0}^{n-1} L_{p_i p_{i+1}} = \sum_{i=0}^{n-1} \sqrt{(x_{p_i} - x_{p_{i+1}})^2 + (y_{p_i} - y_{p_{i+1}})^2} \\ &= \sum_{i=0}^{n-1} \sqrt{\left(\frac{L_{sg}}{n+1}\right)^2 + (y_{p_i} - y_{p_{i+1}})^2} \end{aligned} \tag{9.28}$$

其中，$L_{p_i p_{i+1}}$ 表示平面上从 p_i 点到 p_{i+1} 点的距离，L_{sg} 表示线段 sg 的长度。

显见，机器人从 s 点出发，最终到达终点 g 的最终路径规划问题本质上是对公式

(9.28)所示函数的优化，即在 $y_{p_i}(i=1, 2, \cdots, n-1)$的取值空间中寻找合适的 $y_{p_i}(i=1, 2, \cdots, n)$，以使 L_l最小。在这个模型描述中，障碍物的阻挡体现在对 $y_{p_i}(i=1, 2, \cdots, n)$的约束中，即在计算 L_l过程中，p_i不能为障碍点，而且 p_i与相邻点 p_{i-1}或 p_{i+1}的连线上也不存在障碍点。

2. 基于 PSO 的路径规划

为使粒子各维位置分量均具有明确的物理意义，定义粒子为 $n-1$ 维空间中的一个点。粒子的第 i 维($i=1, 2, \cdots, n-1$)对应 l_i，粒子在第 i 维的取值范围和约束与 p_i相同。粒子 p_i位置的优劣用下式评价：

$$f_i = \sum_{i=0}^{n} \sqrt{\left(\frac{L_{sg}}{n+1}\right)^2 + (y_{p_i} - y_{p_{i+1}})^2} \tag{9.29}$$

粒子 p_i在历史上取得的最好位置可通过公式(9.29)评价获得，而整群粒子在历史上取得的最好位置，可在所有粒子历史上取得的最好位置中寻找确定。

基于 PSO 的机器人路径规划算法流程见图 9.6。

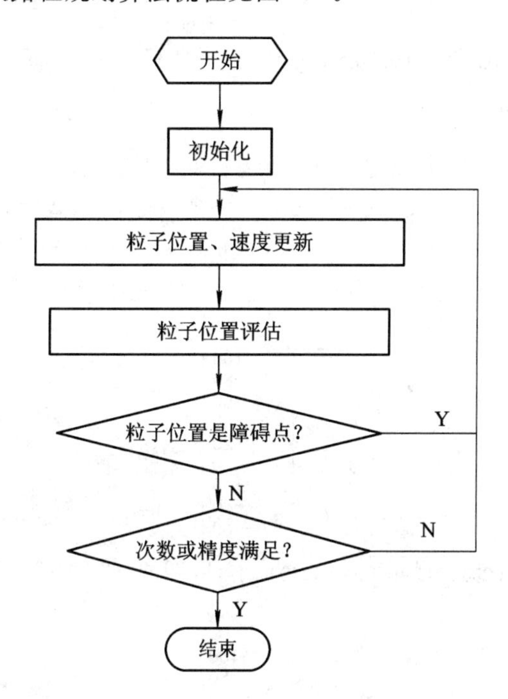

图 9.6 基于 PSO 的机器人路径规划算法流程

初始化包括：将线段 sg 进行($n+1$)等分。在等分点，作线段 sg 垂线($l_1, l_2, \cdots, l_{n-1}$)。通过 $l_i(i=0, 1, 2, \cdots, n)$和机器人所移动的二维平面凸多边形区域 AS 边界的交点，求出 $y_{\min}$、$y_{\max}$、粒子的个数 m、初始速度 v_{id}^0和初始位置 y_{id}^0。其中，初始位置一定要考虑到不能是障碍点。取加速常数 $c_1=c_2=2$，r_1，r_2取(0, 1)随机数；惯性权重 w 采用公式(9.5)，以自适应方法改变惯性权重值。

用公式(9.1)更新粒子各维的速度 v_{id}^k，用公式(9.4)更新粒子各维的位置 y_{id}^k。检查粒子各维的位置 y_{id}^k是否是障碍点，如果是，则对该粒子的位置再一次进行更新，直到粒子的位置不是障碍点。

用公式(9.29)对粒子的位置进行评估，更新每个粒子在每维上的最优以及全体粒子的最优位置。

检查 PSO 算法迭代次数是否达到设定的最大次数或精度是否达到要求，若是，则算法结束。

3. 基于 PSO 的路径规划仿真实验

(1) $n=20$，粒子数为 80，$C_1=C_2=2$，$r_1=0.5$，$r_2=0.1$，基于 PSO 的路径规划仿真实验见图 9.7。

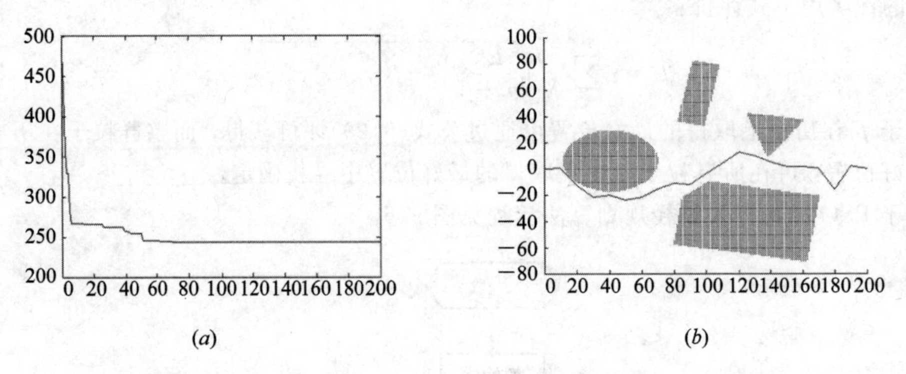

图 9.7 基于 PSO 的路径规划仿真实验 Ⅰ

(a) 实验路径演化图；(b) 实验路径示意图

(2) $n=20$，粒子数为 80，$C_1=C_2=2$，$r_1=0.1$，$r_2=0.5$，基于 PSO 的路径规划仿真实验见图 9.8。

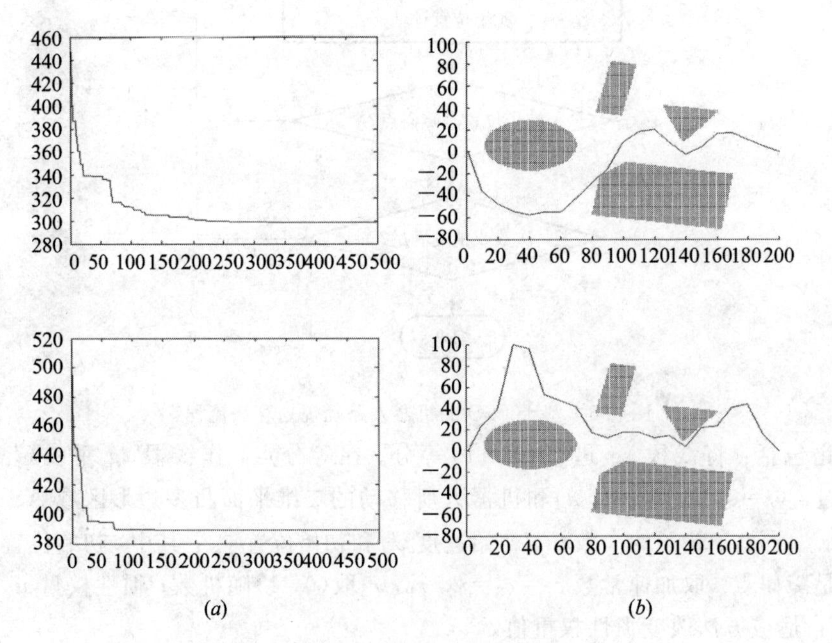

图 9.8 基于 PSO 的路径规划仿真实验 Ⅱ

(a) 实验路径演化结果图；(b) 实验路径示意图

(3) $n=20$，粒子数为 80，$C_1=C_2=5$，$r_1=0.5$，$r_2=0.1$，基于 PSO 的路径规划仿真实

验见图 9.9。

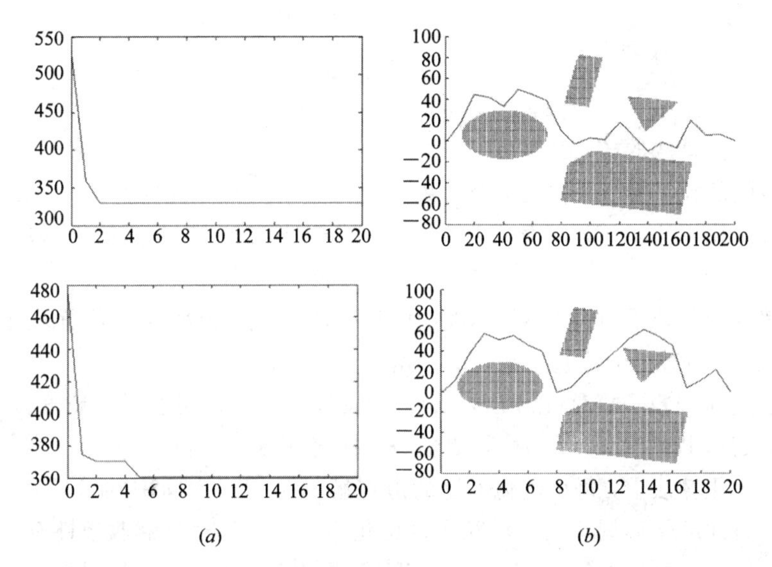

图 9.9　基于 PSO 的路径规划仿真实验Ⅲ

（a）实验路径演化结果图；（b）实验路径示意图

（4）$n=20$，粒子数为 80，$C_1=C_2=5$，$r_1=0.1$，$r_2=0.3$，基于 PSO 的路径规划仿真实验见图 9.10。

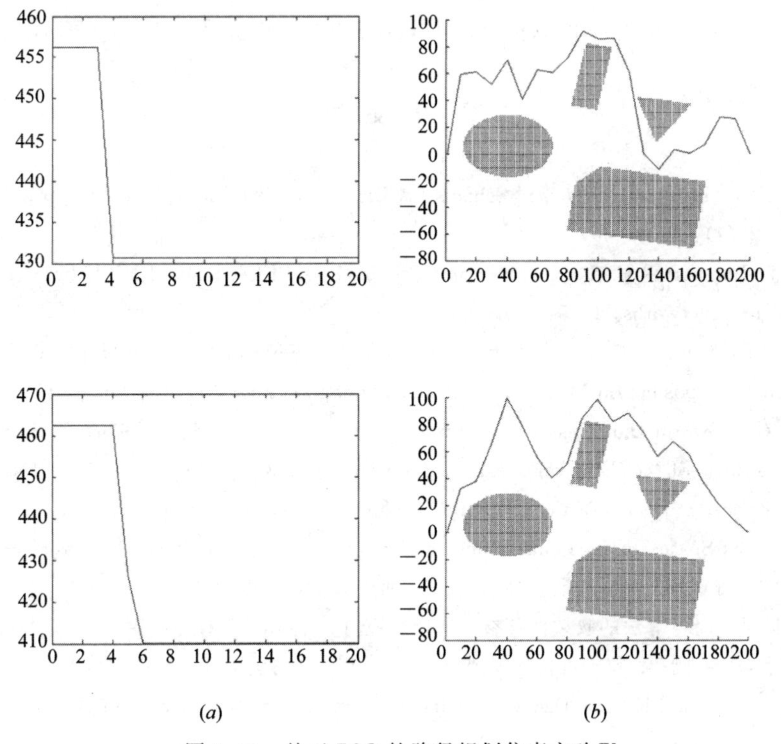

图 9.10　基于 PSO 的路径规划仿真实验Ⅳ

（a）实验路径演化结果图；（b）实验路径示意图

实验显示，尽管粒子数相同，但取不同的C_1, C_2，r_1，r_2组合时，实验结果差异较大。

习题与思考题

1. 粒子群优化算法的核心思想是什么？

2. 连续空间的粒子群优化算法，具体的寻优过程是怎样实现的？

3. 粒子群优化算法与蚁群优化算法的本质差异是什么？粒子群优化算法适于解决哪些方面的问题？

4. 对离散空间的粒子群优化算法，以TSP问题为例，说明粒子位置表示的是什么？其物理意义是什么？对粒子位置更新怎么理解？

5. 对离散空间的粒子群优化算法，以TSP问题为例，说明怎样去理解粒子的位置更新是由粒子的飞翔引起的？粒子的位置更新具体怎样实现？

6. 粒子群优化算法中，每个优化问题的潜在解都是搜索空间中的一只鸟，称其为“粒子”。粒子群数目即粒子群规模大小对粒子群优化算法的运算速度和收敛性有什么影响？

7. 用粒子群优化算法求解20个城市的TSP问题。20个城市的位置坐标为：

5.326，2.558；4.276，3.452；4.819，2.624；3.165，2.457；
0.915，3.921；4.637，6.026；1.524，2.261；3.447，2.111；
3.548，3.665；2.649，2.556；4.399，1.194；4.660，2.949；
1.479，4.440；5.036，0.244；2.830，3.140；1.072，3.454；
5.845，6.203；0.194，1.767；1.660，2.395；2.682，6.072

参 考 文 献

[1] Reynolds C W. Flocks，Herds，and Schools：A Distributed Behavioral Model [J]. Computer Graphics，1987，21(4)：25-34

[2] Kennedy J，Ebethart R C. Particle Swarm Optimization. Proceedings of IEEE International Conference on Neural Networks，1995：1492-1498

[3] Ebethart R C，Kennedy J. A New Optimizer Using Particle Swarm Theory. Proceedings of the Sixth International Symposium on Micro Machine and Human Science，Nagoya，Japan，1995：39-43

[4] Clerc M. The Swarm and Queen：Towards a Deterministic and Adaptive Particle Swarm Optimization. Proceedings of the IEEE Congress on Evolutionary Computation，1999：1951-1957

[5] Clerc M，Kennedy J. The Particle Swarm - Explosion，Stability，and Convergence in a Multidimensional Complex Space. IEEE Transactions on Evolutionary Computation，2002，6(1)：58-73

[6] 雷开友. 粒子群算法及其应用研究[D]. 重庆：西南大学，2006

[7] 刘晓峰，陈通. PSO算法的收敛性及参数选择研究[J]. 计算机工程与应用，2007，43(9)：14-17

[8] 潘峰，陈杰，甘明刚等. 粒子群优化算法模型分析[J]. 自动化学报，2006，32(3)：368-377

[9] Kennedy J，Eberhart R C. A Discrete Binary Version of the Particle Swarm Algorithm[C]//Proc. World Multiconference on Systemics，Cybernetics and Informatics. IEEE Press，1997：4104-4109

[10] Clerc M. Discrete Particle Swarm Optimization，Illustrated by the Traveling Salesman Problem[OL]. http://www.mauricecierc.net/，2000

[11] Brits R, Engelbrcht A P, Bergh F D. A Niching Particle Swarm Optimizer//Proc. Conf. on Simulated Evolution and Learning[C]. Singapore: IEEE Inc, 2002

[12] Brits R, Engelbrcht A P, Van den Bergh F. Solving Systems of Unconstrained Equations Using Particle Swarm Optimization//Proceedings of the IEEE International Conference on Systems[J]. Computer Networks, 2003, 15(4): 481-497

[13] 黄岚，王康平，周春光，等. 粒子群优化算法求解旅行商问题[J]. 吉林大学学报(理学版)，2003，41(4)：477-480

[14] 孙波，陈卫东，席裕庚. 基于粒子群优化算法的移动机器人全局路径规划[J]. 控制与决策，2005，20(9)：1052-1055

[15] 张利彪，周春光，刘小华，马铭. 粒子群算法在求解优化问题中的应用[J]. 吉林大学学报(信息科学版)，2005，23(4)：385-389

[16] 高尚，汤可宗，蒋新姿，杨静宇. 粒子群优化算法收敛性分析[J]. 科学技术与工程，2006，6(12)：1625-1627